全国高等职业教育规划教材

电机控制技术项目教程

主　编　张　玲
副主编　杨轶霞　王林杰　付　琛
参　编　胡冬青
主　审　潘峥嵘

机械工业出版社

本书是根据编者多年从事高职、高专教学实践及教学改革的成果和课程基本要求，将"电机与拖动基础"和"电气控制设备"两门课程有机地结合编写而成的。本书共有 6 个项目，包括变压器的应用与检修，三相异步电动机的原理、控制与检修，典型生产机械电气控制线路的安装与检修，直流电机的原理、控制与检修，其他常用电机的应用与检修，电气控制系统的设计与安装。

　　本书可作为高等职业院校、高等专科院校及本科院校的二级职业技术学院电气自动化技术、供用电技术、机电一体化、光伏发电技术及应用专业和相关专业的教材，也适用于五年制高职、中职相关专业，并可作为社会从业人士的业务参考书及培训用书。

　　为配合教学，本书配有电子课件，读者可以登录机械工业出版社教材服务网 www.cmpedu.com 免费注册后下载，或联系编辑索取（QQ: 1239258369，电话（010）88379739）。

图书在版编目（CIP）数据

电机控制技术项目教程/张玲主编. —北京：机械工业出版社，2014.9
全国高等职业教育规划教材
ISBN 978-7-111-47363-3

Ⅰ.①电…　Ⅱ.①张…　Ⅲ.①电机–控制系统–高等职业教育–教材
Ⅳ.①TM301.2

中国版本图书馆 CIP 数据核字（2014）第 155198 号

机械工业出版社（北京市百万庄大街 22 号　邮政编码 100037）
责任编辑：刘闻雨　　版式设计：赵颖喆
责任校对：肖　琳　　责任印制：李　洋
北京振兴源印务有限公司印刷
2014 年 11 月第 1 版第 1 次印刷
184mm×260mm · 18.75 印张 · 452 千字
0001—3000 册
标准书号：ISBN 978-7-111-47363-3
定价：39.80 元

全国高等职业教育规划教材机电专业
编委会成员名单

出 版 说 明

《国务院关于加快发展现代职业教育的决定》指出：到 2020 年，形成适应发展需求、产教深度融合、中职高职衔接、职业教育与普通教育相互沟通，体现终身教育理念，具有中国特色、世界水平的现代职业教育体系，推进人才培养模式创新，坚持校企合作、工学结合，强化教学、学习、实训相融合的教育教学活动，推行项目教学、案例教学、工作过程导向教学等教学模式，引导社会力量参与教学过程，共同开发课程和教材等教育资源。机械工业出版社组织全国 60 余所职业院校（其中大部分是示范性院校和骨干院校）的骨干教师共同策划、编写并出版的"全国高等职业教育规划教材"系列丛书，已历经十余年的积淀和发展，今后将更加紧密结合国家职业教育文件精神，致力于建设符合现代职业教育教学需求的教材体系，打造充分适应现代职业教育教学模式的、体现工学结合特点的新型精品化教材。

"全国高等职业教育规划教材"涵盖计算机、电子和机电三个专业，目前在销教材 300 余种，其中"十五""十一五""十二五"累计获奖教材 60 余种，更有 4 种获得国家级精品教材。该系列教材依托于高职高专计算机、电子、机电三个专业编委会，充分体现职业院校教学改革和课程改革的需要，其内容和质量颇受授课教师的认可。

在系列教材策划和编写的过程中，主编院校通过编委会平台充分调研相关院校的专业课程体系，认真讨论课程教学大纲，积极听取相关专家意见，并融合教学中的实践经验，吸收职业教育改革成果，寻求企业合作，针对不同的课程性质采取差异化的编写策略。其中，核心基础课程的教材在保持扎实的理论基础的同时，增加实训和习题以及相关的多媒体配套资源；实践性较强的课程则强调理论与实训紧密结合，采用理实一体的编写模式；涉及实用技术的课程则在教材中引入了最新的知识、技术、工艺和方法，同时重视企业参与，吸纳来自企业的真实案例。此外，根据实际教学的需要对部分课程进行了整合和优化。

归纳起来，本系列教材具有以下特点：

1）围绕培养学生的职业技能这条主线来设计教材的结构、内容和形式。

2）合理安排基础知识和实践知识的比例。基础知识以"必需、够用"为度，强调专业技术应用能力的训练，适当增加实训环节。

3）符合高职学生的学习特点和认知规律。对基本理论和方法的论述容易理解、清晰简洁，多用图表来表达信息；增加相关技术在生产中的应用实例，引导学生主动学习。

4）教材内容紧随技术和经济的发展而更新，及时将新知识、新技术、新工艺和新案例等引入教材。同时注重吸收最新的教学理念，并积极支持新专业的教材建设。

5）注重立体化教材建设。通过主教材、电子教案、配套素材光盘、实训指导和习题及解答等教学资源的有机结合，提高教学服务水平，为高素质技能型人才的培养创造良好的条件。

由于我国高等职业教育改革和发展的速度很快，加之我们的水平和经验有限，因此在教材的编写和出版过程中难免出现问题和疏漏。我们恳请使用这套教材的师生及时向我们反馈质量信息，以利于我们今后不断提高教材的出版质量，为广大师生提供更多、更适用的教材。

机械工业出版社

前　言

　　本书编者总结了多年来的教学和课程改革经验，在行业专家、课程专家的指导下，从职业岗位分析着手，通过对"电机控制技术"课程的知识、能力和素质分析，编写了这本"工学结合、项目引领、任务驱动"的项目教材。本书的主要特点是：在教材结构上，由6个项目组成，项目内设任务，项目和任务按照由易到难的顺序递进；在教学内容上，围绕职业岗位（群）需求和职业能力，以工作任务为中心，以技术实践知识为焦点，以技术理论知识为背景，形成了体现高职、高专教育特点和优势，符合高职、高专学生认知特点和学习规律的教材内容体系。

　　本书以电机控制为核心，将"电机与拖动基础"和"电气控制设备"课程进行了有机整合。全书共分6个项目，26个任务，主要介绍了变压器的应用与检修，三相交流异步电动机的原理、控制与检修，典型生产机械电气控制线路的安装与检修，直流电机的原理、控制与检修，其他常用电机的应用与检修，电气控制系统的设计与安装。本书内容具有通用性和实用性，适合高职、高专自动化、机电类及相关专业师生阅读和参考。

　　本书计划学时为120学时，计划学时安排如下：

项目内容	计划学时
项目1　变压器的应用与检修	16
项目2　三相异步电动机的原理、控制与检修	38
项目3　典型生产机械电气控制线路的安装与检修	32
项目4　直流电机的原理、控制与检修	16
项目5　其他常用电机的应用与检修	12
项目6　电气控制系统的设计与安装	6
合　　计	120

　　本书由甘肃工业职业技术学院张玲任主编并负责统稿。具体编写分工如下：张玲编写项目1、项目3，甘肃工业职业技术学院杨铁霞编写项目2、附录D，甘肃工业职业技术学院王林杰编写项目4、项目5、附录B、附录C，无锡商业职业技术学院付琛编写项目6；天水星火机床有限责任公司技术中心胡冬青编写附录A，并在交、直流电机的检修、典型生产机械电气控制线路的检修和电气控制系统的设计等内容的编写上，提出了许多宝贵的意见和建议。

　　本书由兰州理工大学潘峥嵘教授主审，编者在此致以诚挚的谢意。在编写过程中，编者查阅和参考了众多文献资料，受到许多教益和启发，在此向参考文献作者一并表示衷心的感谢。

　　由于编者水平有限，书中难免有不足之处，恳请读者提出宝贵意见，以便修改。

编　者

目 录

项目1 变压器的应用与检修

> **教学目标**

1. 熟练掌握变压器的基本工作原理。
2. 熟悉变压器的基本结构，理解变压器主要部件的构成。
3. 掌握变压器运行时的电磁关系、基本方程式和等效电路。
4. 了解变压器的参数测定方法。
5. 了解其他常用的变压器。
6. 掌握变压器的维护方法以及注意事项，能够判断出变压器的一些常见故障，并能够采用合理方法解决。

电力系统中使用的变压器称作电力变压器，它是电力系统中的重要设备。在输电方面采用高压输电较为经济，要将大功率的电能从发电站输送到远距离的用电区，输电线路的电压越高，线路中的电流和相应的线路损耗就越小。我国国家标准规定的输电电压有110kV、220kV、500kV等几种。通常发电机端电压因受到绝缘及制造技术的限制，还远远达不到这样高的电压，因而需用升压变压器把发电机发出的电压升高到输电电压。当电能输送到用电地区后，为了安全用电，必须用降压变压器逐步将输电线路上的高电压降到配电系统的配电电压，然后再经过降压变压器降压后供电给用户。故从发电、输电、配电到用户，通常需经过多次变压。变压器的总容量与发电机总容量之比为6∶1。

变压器是一种静止的电器，它利用线圈间的电磁感应作用，可以把一种电压等级的交流电能转换成同频率的另一种电压等级的交流电能。变压器不仅应用在电力系统中，在各种电气设备中，也都需要用到各种类型的变压器。

任务1.1 变压器基本结构的认识

1.1.1 任务描述

图1-1所示为几种常用变压器，观察变压器的外观，判断其所属类型，并说明其使用的场合。

图1-1 常用变压器的外观图

1.1.2 任务分析

变压器的种类繁多，分类的方法也会随着分类标准的不同而变化，但无论如何分类，对于各种变压器的结构和工作特性应该做到明确的认识，以便能对变压器进行正确的选型。

1.1.3 相关知识

1. 变压器分类

变压器的分类方法很多，通常可按用途、相数、绕组数目、铁心结构和冷却方式等分类。

按用途分：有电力变压器（降压变压器、升压变压器、配电变压器）和特种变压器（仪用互感器、电炉变压器、电焊变压器、整流变压器和试验用变压器）。

按相数分：有单相变压器、三相变压器和多相变压器。

按绕组数目分：有单绕组（自耦）变压器、双绕组变压器、三绕组变压器和多绕组变压器。

按铁心结构分：有壳式变压器和心式变压器。

按冷却方式分：有干式变压器、油浸变压器和充气式冷却变压器。

2. 变压器的结构

电力变压器主要由铁心、绕组和油箱等其他附件组成，如图1-2所示。铁心和绕组是变压器的主要组成部分，称为变压器的器身。下面着重介绍电力变压器的基本结构。

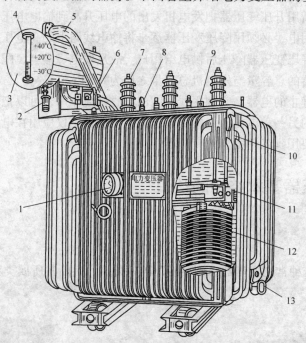

图1-2 油浸式电力变压器

1—信号式温度计 2—吸湿器 3—储油柜 4—油位计 5—安全气道 6—气体继电器 7—高压套管
8—低压套管 9—分接开关 10—油箱 11—铁心 12—绕组 13—放油阀门

（1）铁心

铁心是变压器的磁路，又是绕组的支撑骨架。铁心由铁心柱和铁轭两部分组成。铁心柱上套装有绕组，铁轭则有闭合磁路之用。为了减少铁心中的磁滞和涡流损耗，铁心一般由厚度为0.35mm、表面涂有绝缘漆的热轧或冷轧硅钢片叠装而成。

铁心的基本结构形式有心式和壳式两种，心式结构的特点是绕组包围着铁心。如图1-3a所示，这种结构比较简单，绕组的装配及绝缘也较容易，因此绝大部分国产变压器均采用心式结构。壳式结构的特点是铁心包围着绕组。如图1-3b所示，这种结构的机械强度较高，但制造工艺复杂，使用材料较多，因此目前除了容量很小的电源变压器以外，很少采用壳式结构。

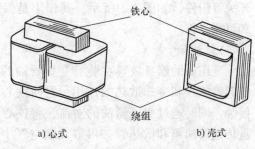

图1-3　心式和壳式变压器

变压器铁心的叠装方法是一般先将硅钢片裁成条形，然后再进行叠装。为了减小叠片接缝间隙以减小励磁电流，硅钢片在叠装时，一般均采用叠接式，即将上层和下层交错重叠的方式，如图1-4所示。

变压器的容量不同，铁心柱的截面形状也不一样。小容量变压器常采用矩形截面，大型变压器一般采用多级阶梯形截面，如图1-5所示。

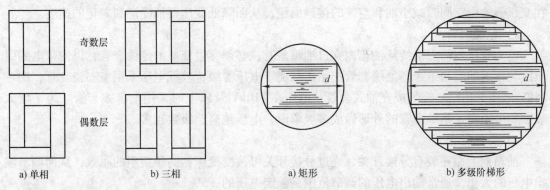

图1-4　变压器铁心的交错叠片　　　　图1-5　铁心柱截面

（2）绕组

绕组是变压器的电路部分，一般是由绝缘铜线或铝线绕制而成。接于高压电网的绕组称为高压绕组，接于低压电网的绕组称为低压绕组。根据高、低压绕组在铁心柱上排列方式的不同，变压器的绕组可分为同心式和交叠式两种。

同心式绕组的高、低压绕组同心地套在铁心柱上，如图1-6所示。为了便于绝缘，一般低压绕组套在里面，高压绕组套在外面。这种绕组具有结构简单、制造方便的特点，主要用在国产电力变压器中。

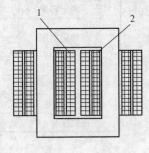

交叠式绕组一般都做成饼式，高、低压绕组交替地套在铁心柱上，如图1-7所示。为了便于绝缘，一般最上层和最下层的绕组都是低压绕组。这种绕组机械强度高，引线方便，漏电抗小，但绝缘比较复杂，主要用在大型电炉变压器中。

（3）油箱等其他附件

图1-6　同心式绕组

1—高压绕组　2—低压绕组

变压器除了器身之外，典型的油浸式电力变压器还有油箱、储油柜、绝缘套管、气体继电器、安全气道、分接开关等附件，如图1-2所示，其作用是保证变压器的安全和可靠运行。

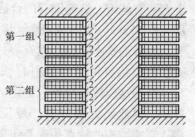

图1-7　交叠式绕组
1—高压绕组　2—低压绕组

1）油箱

变压器的器身放置在装有变压器油的油箱内，变压器油起着绝缘和冷却散热的作用，它使铁心和绕组不受潮湿侵蚀，同时通过变压器油的对流，将铁心和绕组产生的热量传递给油箱和散热管，再散发到空气中。油箱的结构与变压器的容量、发热情况密切相关。变压器的容量越大，发热问题就越严重。在20kV·A及以下的小容量变压器中采用平板式油箱；一般容量稍大的变压器都采用排管式油箱，在油箱壁上焊有散热管，以增大油箱的散热面积。

2）储油柜

储油柜亦称油枕，它是安装在油箱上面的圆筒形容器，它通过连通管与油箱相连，柜内油面高度随着油箱内变压器油的热胀冷缩而变动。储油柜的作用是保证变压器的器身始终浸在变压器油中，同时减小油和空气的接触面积，从而降低变压器油受潮和老化的速度。

3）绝缘套管

电力变压器的引出线从油箱内穿过油箱盖时，必须穿过瓷质的绝缘套管，以使带电的引出线与接地的油箱绝缘。绝缘套管的结构取决于电压等级，较低电压采用实心瓷套管；10~35kV电压采用空心充气或充油式套管；电压在110kV及以上时采用电容式套管。为了增大表面爬电距离，绝缘套管的外形做成多级伞形，电压越高，级数越多。

4）分接开关

油箱盖上面还装有分接开关，通过分接开关可改变变压器高压绕组的匝数，从而调节输出电压的大小。通常输出电压的调节范围是额定电压的±5%。

（4）铭牌

每台变压器上都有一个铭牌，在铭牌上标明了变压器的型号、额定值及其他有关数据。图1-8所示为某三相电力变压器的铭牌。

铝线电力变压器					
产品标准				型号	SJL－560/10
额定容量	560kV·A	相数	3	额定频率	50Hz
额定电压	高压	10kV	额定电流	高压	32.3A
	低压	400~230V		低压	808A
使用条件		户外式	线圈温升65℃		油面温升55℃
短路电压		4.94%	冷却方式		油浸自冷式
油重370kg		器身重1040kg	总重1900kg		联结组 Y，yn0
出厂序号		×××厂		年　月　出品	

图1-8　某变压器的铭牌

1）变压器的型号

变压器的型号表示了一台变压器的结构特点、额定容量、电压等级、冷却方式等内容。

例如，SJL – 560/10，其中"S"表示三相，"J"表示油浸式，"L"表示铝线式，"560"表示额定容量为560kV·A，"10"表示高压绕组额定电压等级为10kV。国家标准GB 1094—1996规定电力变压器产品型号代表符号的含义，见表1-1。

表1-1　电力变压器的分类和型号

代表符号排列顺序	分　类	类　别	代表符号
1	绕组耦合方式	自耦	O
2	相数	单相	D
		三相	S
3	冷却方式	油浸自冷	J
		干式空气自冷	G
		干式浇注绝缘	C
		油浸风冷	F
		油浸水冷	S
		强迫油循环风冷	FP
		强迫油循环水冷	SP
4	绕组数	双绕组	–
		三绕组	S
5	绕组导线材质	铜	–
		铝	L
6	调压方式	无励磁调压	–
		有载调压	Z

2）变压器的主要系列

目前我国生产的各种系列变压器产品有 SJL1（三相油浸铝线电力变压器）、SL7（三相铝线低损耗电力变压器）、S7 和 S9（三相铜线低损耗电力变压器）、SFL1（三相油浸风冷铝线电力变压器）、SFPSL1（三相强油风冷三线圈铝线电力变压器）、SWPO（三相强油水冷自耦电力变压器）等，基本上满足了国民经济各部门发展的要求。

3）额定容量 S_N

额定容量 S_N 指变压器在额定工作条件下输出能力的保证值，即视在功率，单位为 V·A、kV·A。对三相变压器而言，额定容量指三相容量之和。

4）额定电压 U_{1N} 和 U_{2N}

额定电压 U_{1N} 和 U_{2N} 表示变压器空载运行时，在额定分接下各绕组端电压的保证值，单位为 V 或 kV。U_{1N} 是指一次绕组的额定电压；U_{2N} 是指变压器一次绕组加额定电压，二次绕组开路（空载）时的端电压。对三相变压器而言，额定电压是指线电压。

5）额定电流 I_{1N} 和 I_{2N}

额定电流 I_{1N} 和 I_{2N} 指变压器在额定负载情况下，各绕组长期允许通过的电流，单位为 A。I_{1N} 是指一次绕组的额定电流；I_{2N} 是指二次绕组的额定电流。对三相变压器而言，额定电流是指线电流。

 特别提示

变压器的额定容量、额定电压、额定电流之间的关系有单相变压器：
$$I_{1N} = \frac{S_N}{U_{1N}}; \quad I_{2N} = \frac{S_N}{U_{2N}}$$

三相变压器：
$$I_{1N} = \frac{S_N}{\sqrt{3}\,U_{1N}}; \quad I_{2N} = \frac{S_N}{\sqrt{3}\,U_{2N}}$$

6）额定频率 f_N

我国规定标准工业用电的频率即工频为 50Hz。

此外，额定运行时变压器的效率、温升等数据均属于额定值。除额定值外，铭牌上还标有变压器的相数、联结组、接线图、短路电压（或短路阻抗）的标幺值、变压器的运行方式及冷却方式等。为方便运输，有时铭牌上还标出变压器的总重、油重、器身重量和外形尺寸等附属数据。

例 1-1 一台三相油浸自冷式铝线变压器，$S_N = 100\text{kV} \cdot \text{A}$，$U_{1N}/U_{2N} = 6000\text{V}/400\text{V}$，联结方式为 Yyn，试求一、二次绕组的额定电流。

解：
$$I_{1N} = \frac{S_N}{\sqrt{3}\,U_{1N}} = \frac{100 \times 10^3}{\sqrt{3} \times 6000}\text{A} = 9.63\text{A}$$

$$I_{2N} = \frac{S_N}{\sqrt{3}\,U_{2N}} = \frac{100 \times 10^3}{\sqrt{3} \times 400}\text{A} = 144.5\text{A}$$

1.1.4 任务实施

1. 观察外形

观察本任务中所介绍的各种变压器，根据外形，判断变压器的类型。

2. 任务拓展

多观察几种变压器，根据外形判定其类型，并简要说明其适用场合。

3. 现场观摩

参观学校配电室，观察变压器。（**注意**：穿上生产实习服装，一定要在专业教师的带领下参观，要遵守安全规程。）

任务 1.2 变压器工作原理的分析

1.2.1 任务描述

图 1-9 为电磁感应现象的验证实验，试分析磁铁上下运动时，检流计指针变动的原因。

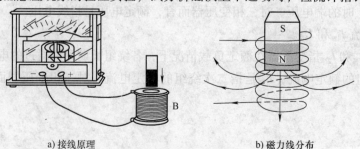

a）接线原理　　　　　　　　　　b）磁力线分布

图 1-9 电磁感应实验

1.2.2　任务分析

当闭合回路的磁通量发生变化时，在回路中产生电动势的现象称为电磁感应，这样，回路中产生的电动势称为感应电动势。如果导体是个闭合回路，在感应电动势的作用下，将有感应电流产生。变压器就是根据电磁感应原理进行工作的。

1.2.3　相关知识

1. 变压器的空载运行

变压器的空载运行是指变压器一次绕组接在额定频率和额定电压的交流电源上，而二次绕组开路时的运行状态，如图 1-10 所示，图中 N_1 和 N_2 分别为一、二次绕组的匝数。

（1）空载运行时的物理状况

由于变压器中电压、电流、磁通及电动势的大小和方向都是随时间作周期性变化的，为了能正确表明各量之间的关系，因此要规定它们的正方向。一般按电工学惯例来规定，其正方向（假定正方向）符合以下内容：

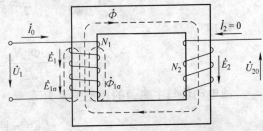

图 1-10　单相变压器的空载运行原理图

1）同一条支路中，电压 u 与电流 i 的正方向一致。

2）由电流 i 产生的磁动势所建立的磁通 Φ 与电流 i 的正方向符合右手螺旋定则。

3）由磁通 Φ 产生的感应电动势 e 的正方向与产生磁通 Φ 的电流 i 的正方向一致，并有

$e = -N\dfrac{\mathrm{d}\Phi}{\mathrm{d}t}$ 的关系。

当一次绕组加上交流电压 $\dot{U}_1$，二次绕组开路时，一次绕组中便有空载电流 $\dot{I}_0$ 流过，而二次绕组中没有电流，即 $\dot{I}_2 = 0$。空载电流 $\dot{I}_0$ 在一次绕组中产生空载磁动势 $F_0 = \dot{I}_0 N_1$，并建立空载时的磁场，由于铁心的磁导率比空气或油的磁导率大得多，因此绝大部分磁通 Φ 通过铁心闭合，同时交链一、二次绕组，这部分磁通称为主磁通；另一小部分磁通 $\Phi_{1\sigma}$ 通过非磁性介质（空气或变压器油）闭合，只交链一次绕组，这部分磁通称为漏磁通。根据电磁感应原理，主磁通 $\dot{\Phi}$ 在一、二次绕组中感应出电动势 $\dot{E}_1$、$\dot{E}_2$，漏磁通 $\Phi_{1\sigma}$ 只在一次绕组中感应漏电动势 $\dot{E}_{1\sigma}$，另外空载电流 $\dot{I}_0$ 流过一次绕组的电阻 r_1 还会产生电阻压降 $\dot{I}_0 r_1$。此过程的电磁关系如图 1-11 所示。

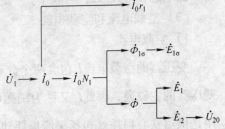

图 1-11　空载运行时的电磁关系

（2）感应电动势和漏电动势

1）感应电动势

若主磁通按正弦规律变化，即

$$\Phi = \Phi_{\mathrm{m}}\sin\omega t$$

按照图 1-10 中参考方向的规定，则绕组感应电动势的瞬时值为

$$e_1 = -N_1 \frac{\mathrm{d}\Phi}{\mathrm{d}t} = -N_1 \omega \Phi_\mathrm{m} \cos\omega t = 2\pi f N_1 \Phi_\mathrm{m} \sin(\omega t - 90°)$$
$$= E_{1\mathrm{m}} \sin(\omega t - 90°) \tag{1-1}$$

同理

$$e_2 = -N_2 \frac{\mathrm{d}\Phi}{\mathrm{d}t} = -N_2 \omega \Phi_\mathrm{m} \cos\omega t = 2\pi f N_2 \Phi_\mathrm{m} \sin(\omega t - 90°)$$
$$= E_{2\mathrm{m}} \sin(\omega t - 90°) \tag{1-2}$$

由上式可知，当主磁通 Φ 按正弦规律变化时，电动势 e_1、e_2 也按正弦规律变化，但 e_1、e_2 比 Φ 滞后90°，且感应电动势的有效值为

$$E_1 = \frac{E_{1\mathrm{m}}}{\sqrt{2}} = \frac{\omega \Phi_\mathrm{m} N_1}{\sqrt{2}} = \frac{2\pi f N_1 \Phi_\mathrm{m}}{\sqrt{2}} = 4.44 f N_1 \Phi_\mathrm{m}$$

同理

$$E_2 = \frac{E_{2\mathrm{m}}}{\sqrt{2}} = \frac{\omega \Phi_\mathrm{m} N_2}{\sqrt{2}} = \frac{2\pi f N_2 \Phi_\mathrm{m}}{\sqrt{2}} = 4.44 f N_2 \Phi_\mathrm{m}$$

故电动势与主磁通的相量关系为

$$\dot{E}_1 = -\mathrm{j}4.44 f N_1 \dot{\Phi}_\mathrm{m}$$
$$\dot{E}_2 = -\mathrm{j}4.44 f N_2 \dot{\Phi}_\mathrm{m} \tag{1-3}$$

2）漏电动势

根据前面电动势的分析方法可得漏电动势

$$\dot{E}_{1\sigma} = -\mathrm{j}4.44 f N_1 \dot{\Phi}_{1\sigma\mathrm{m}} \tag{1-4}$$

为了简化分析或计算，通常根据电工基础知识把上式由电磁表达形式转化为习惯的电路表达形式，即

$$\dot{E}_{1\sigma} = -\mathrm{j}\dot{I}_0 \omega L_1 = -\mathrm{j}\dot{I}_0 X_1 \tag{1-5}$$

式中　L_1——一次绕组的漏电感；

　　X_1——一次绕组漏电抗，反映漏磁通 $\Phi_{1\sigma}$ 对一次侧电路的电磁效应，$X_1 = \omega L_1$。

由于漏磁通的路径是非铁磁性物质，磁路不会饱和，是线性磁路，因此对已制成的变压器，漏电感 L_1 为常数，当频率 f 一定时，漏电抗 X_1 也是常数。

（3）空载电流和空载损耗

1）空载电流

变压器的空载电流 $\dot{I}_0$ 包含两个分量，一个是无功分量 $\dot{I}_\mu$，与主磁通相同，其作用是建立变压器的主磁通，因此 $\dot{I}_\mu$ 又称为励磁电流；另一个是有功分量 $\dot{I}_{\mathrm{Fe}}$，超前于主磁通90°，其作用是供给铁心损耗（包括磁滞损耗和涡流损耗），因此，$\dot{I}_{\mathrm{Fe}}$ 又称为铁损耗电流，故空载电流 $\dot{I}_0$ 可表示为

$$\dot{I}_0 = \dot{I}_\mu + \dot{I}_{\mathrm{Fe}} \tag{1-6}$$

在电力变压器中，由于 $I_\mu \gg I_{\mathrm{Fe}}$，当忽略 I_{Fe} 时，$I_0 \approx I_\mu$，因此把空载电流近似称为励磁电流。

空载电流越小越好，一般电力变压器，$I_0 = 2\% \sim 10\%$，容量越大，I_0 相对越小，大型变压器 I_0 在 1% 以下。

2）空载损耗

变压器空载运行时，空载损耗 p_0 主要包括铁损耗 p_{Fe} 和少量的绕组铜损耗 $I_0^2 r_1$，由于 I_0 与 r_1 很小，故铜损耗很小，$p_0 \approx p_{Fe}$。对于电力变压器来说，空载损耗不超过额定容量的 1%，而且随变压器容量的增大而下降。

（4）电动势平衡方程式和等效电路

1）电动势的平衡方程式

根据基尔霍夫电压定律可得一、二次绕组的电动势平衡方程式为

$$\dot{U}_1 = -\dot{E}_1 - \dot{E}_{1\sigma} + \dot{I}_0 r_1 = -\dot{E}_1 + \dot{I}_0 r_1 + j\dot{I}_0 X_1 = -\dot{E}_1 + \dot{I}_0 Z_1 \qquad (1\text{-}7)$$

$$\dot{U}_{20} = \dot{E}_2 \qquad (1\text{-}8)$$

式中　Z_1——一次绕组的漏阻抗，$Z_1 = r_1 + jX_1$；

　　　r_1——一次绕组的电阻。

特别提示

忽略绕组内阻和漏磁通时，一、二次绕组的电压关系为

$$\dot{U}_1 = -\dot{E}_1$$

$$\dot{U}_2 = \dot{U}_{20} = \dot{E}_2$$

则有

$$\frac{U_1}{U_2} = \frac{U_1}{U_{20}} = \frac{E_1}{E_2} = \frac{N_1}{N_2} = k$$

k 为变压器的电压比，简称变比。$k > 1$ 为降压变压器，$k < 1$ 为升压变压器。

2）等效电路

由前面的分析可知，漏磁通在一次绕组感应的漏电动势 $\dot{E}_{1\sigma}$ 在数值上可用 $\dot{I}_0$ 在漏电抗 X_1 上产生的压降来表示。同理，主磁通在一次绕组感应的电动势 $\dot{E}_1$ 在数值上也可用 $\dot{I}_0$ 在某一电抗 X_m 上产生的压降来表示，但考虑到在变压器铁心中还产生铁损耗，因而还需引入一个电阻 r_m，故在分析电动势 $\dot{E}_1$ 时实际是引入一个阻抗 Z_m 来表示，即

$$-\dot{E}_1 = \dot{I}_0 Z_m = \dot{I}_0 (r_m + jX_m) \qquad (1\text{-}9)$$

式中　Z_m——励磁阻抗，$Z_m = r_m + jX_m$；

　　　r_m——励磁电阻，反映铁心损耗 p_{Fe} 的等效电阻；

　　　X_m——励磁电抗，反映主磁通对一次绕组的电磁效应。

把式（1-9）代入式（1-7），可得

$$\dot{U}_1 = -\dot{E}_1 + \dot{I}_0 Z_1 = \dot{I}_0 Z_m + \dot{I}_0 Z_1 = \dot{I}_0 (r_1 + jX_1) + \dot{I}_0 (r_m + jX_m)$$

$$(1\text{-}10)$$

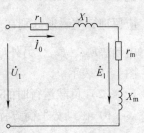

图 1-12　变压器空载运行时的等效电路

根据式（1-10）可画出对应的电路，如图 1-12 所示。由于该电路既能正确反映变压器内部的电磁过程，又便于工程计算，把一

个既有电路关系，又有电磁耦合的实际变压器，用一个纯电路的形式来代替，因此这种电路称为变压器空载运行时的等效电路。

（5）空载运行时的相量图

为了直观地表示变压器中各物理量之间的大小和相位关系，在同一复平面上将变压器的各物理量用相量的形式来表示，称为变压器的相量图。

通常根据式（1-10）可作出空载运行时的相量图，如图 1-13 所示。步骤如下：

1）首先以 $\dot{\Phi}_m$ 为参考相量，画出 $\dot{\Phi}_m$，根据 $\dot{I}_0 = \dot{I}_\mu + \dot{I}_{Fe}$ 画出 $\dot{I}_0$，$\dot{I}_0$ 超前 $\dot{\Phi}_m$ 一个铁损耗角 α_{Fe}。

2）依据 $\dot{E}_1$ 和 $\dot{E}_2$ 比 $\dot{\Phi}_m$ 滞后 90°，可作出 $\dot{E}_1$ 和 $\dot{E}_2$（即 $\dot{U}_{20}$）。

3）根据式（1-10），先作相量 $-\dot{E}_1$，在其末端作相量 $\dot{I}_0 r_1$ 平行于 $\dot{I}_0$，然后在相量 $\dot{I}_0 r_1$ 的末端作相量 $j\dot{I}_0 X_1$，比 $\dot{I}_0$ 超前 90°，其末端再与原点相连，即为相量 $\dot{U}_1$。

由图 1-13 可知，$\dot{U}_1$ 与 $\dot{I}_0$ 之间的相位角 φ_0 接近 90°，因此变压器空载时的功率因数很低，一般 $\cos\varphi_0 = 0.1 \sim 0.2$。

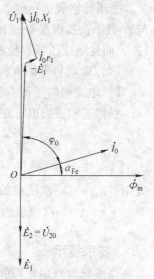

图 1-13 变压器空载运行时的相量图

2. 变压器的负载运行

变压器一次绕组接交流电源，二次绕组接负载时的运行状态，称为变压器的负载运行，如图 1-14 所示。此时二次绕组有电流 $\dot{I}_2$ 流过，此电流又称为负载电流。

（1）负载运行时的物理状况

变压器负载运行时，一、二次绕组中就分别有电流 $\dot{I}_1$ 和 $\dot{I}_2$ 流通，因此分别产生磁动势 $\dot{F}_1 = \dot{I}_1 N_1$ 和 $\dot{F}_2 = \dot{I}_2 N_2$，共同作用在铁心磁路上，建立了变压器主磁通 $\dot{\Phi}$，同时由 $\dot{F}_1$ 建立了一次绕组漏磁通 $\dot{\Phi}_{1\sigma}$，由 $\dot{F}_2$ 建立了二次绕组漏磁通 $\dot{\Phi}_{2\sigma}$，根据电磁感

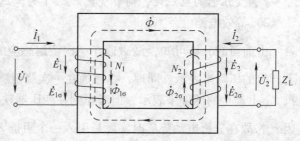

图 1-14 单相变压器的负载运行原理图

应原理，主磁通分别在一、二次绕组中感应出电动势 $\dot{E}_1$、$\dot{E}_2$。漏磁通在各自绕组中感应漏电动势 $\dot{E}_{1\sigma}$、$\dot{E}_{2\sigma}$，另外 $\dot{I}_1$ 和 $\dot{I}_2$ 还将分别在一、二次绕组产生电阻压降 $\dot{I}_1 r_1$ 和 $\dot{I}_2 r_2$，此过程可用图 1-15 表示。

（2）负载运行时的基本方程式

1）磁动势平衡方程式

当变压器由空载运行到负载运行时，由于电源电压 $\dot{U}_1$ 保持不变，则主磁通 $\dot{\Phi}$ 基本保持不变，因此负载时产生主磁通的总磁动势（$\dot{F}_1 + \dot{F}_2$）应该与空载时产生主磁通的空载磁动

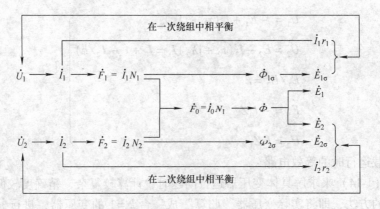

图 1-15 变压器负载运行时的电磁关系

势（励磁磁动势）$\dot{F}_0$ 基本相等，即

$$\dot{F}_1 + \dot{F}_2 = \dot{F}_0$$

或

$$\dot{I}_1 N_1 + \dot{I}_2 N_2 = \dot{I}_0 N_1 \tag{1-11}$$

将上式两边除以 N_1 便得

$$\dot{I}_1 = \dot{I}_0 + \left(-\frac{N_2}{N_1}\dot{I}_2 \right) = \dot{I}_0 + \left(-\frac{\dot{I}_2}{k} \right)$$

上式表明，负载时一次绕组的电流 $\dot{I}_1$ 由两个分量组成，一个是励磁电流 $\dot{I}_0$，用于建立主磁通；另一个是负载电流分量 $-\dfrac{\dot{I}_2}{k}$，用于抵消二次绕组磁动势的去磁作用，保持主磁通基本不变。

2）电动势平衡方程式

根据基尔霍夫电压定律，由图 1-14 与图 1-15 可得

$$\dot{U}_1 = -\dot{E}_1 - \dot{E}_{1\sigma} + \dot{I}_1 r_1 = -\dot{E}_1 + \mathrm{j}\,\dot{I}_1 X_1 + \dot{I}_1 r_1$$

$$= -\dot{E}_1 + \dot{I}_1(r_1 + \mathrm{j}X_1) = -\dot{E}_1 + \dot{I}_1 Z_1 \tag{1-12}$$

$$\dot{U}_2 = \dot{E}_2 + \dot{E}_{2\sigma} - \dot{I}_2 r_2 = \dot{E}_2 - \dot{I}_2(r_2 + \mathrm{j}X_2) = \dot{E}_2 - \dot{I}_2 Z_2 \tag{1-13}$$

式中　$\dot{E}_{2\sigma}$——二次绕组漏电动势，$\dot{E}_{2\sigma} = -\mathrm{j}\,\dot{I}_2 X_2$；

　　　　Z_2——二次绕组的漏阻抗，$Z_2 = r_2 + \mathrm{j}X_2$；

　　　　r_2——二次绕组的电阻；

　　　　X_2——二次绕组的漏电抗，反应漏磁通 $\dot{\Phi}_{2\sigma}$ 对二次绕组的电磁效应，$X_2 = \omega L_2$，L_2 为二次绕组的漏电感。

综上所述，将变压器负载时的基本电磁关系归纳起来，可得以下基本方程式：

$$\dot{U}_1 = -\dot{E}_1 + \dot{I}_1(r_1 + jX_1)$$

$$\dot{U}_2 = \dot{E}_2 - \dot{I}_2(r_2 + jX_2)\dot{I}_1 = \dot{I}_0 + (-\dot{I}_2/k)$$

$$\dot{E}_1/\dot{E}_2 = k \qquad\qquad\qquad\qquad (1\text{-}14)$$

$$\dot{E}_1 = -\dot{I}_0 Z_m$$

$$\dot{U}_2 = \dot{I}_2 Z_L$$

（3）负载运行时的等效电路

使用式（1-14）来求解具体变压器运行问题时，计算较复杂，精确度较低，因此一般采用"归算"的方法，即将实际变压器"归算"成一台 $k = 1$ 的变压器，进行分析，得到结果后，再经过逆运算，得到实际变压器的解。

1）绕组归算

绕组归算就是把变压器的一、二次绕组归算成相同匝数，同时保持归算前后磁动势的平衡关系、各种功率关系均不变。通常是将二次侧归算到一次侧，即用一个匝数为 N_1 的等效绕组代替匝数为 N_2 的实际二次绕组。因为归算前后二次绕组的匝数不同，所以归算后的二次绕组各物理量的大小与归算前的不同，归算后的二次侧各物理量均由原量符号右上角加 "′" 表示。具体推导如下：

① 二次电流的归算

根据归算前后二次绕组磁动势不变原则，可得

$$I_2 N_2 = I_2' N_1$$

即

$$I_2' = \frac{N_2}{N_1} I_2 = \frac{I_2}{k} \qquad\qquad\qquad (1\text{-}15)$$

② 二次电动势及电压的归算

根据归算前后主磁通不变的原则，可得

$$\frac{E_2'}{E_2} = \frac{N_2'}{N_2} = \frac{N_1}{N_2}$$

即

$$E_2' = kE_2 \qquad\qquad\qquad (1\text{-}16)$$

同理，二次漏电动势、端电压的归算值为

$$E_{2\sigma}' = kE_{2\sigma}$$

$$U_2' = kU_2$$

③ 二次阻抗的归算

根据归算前后二次绕组铜损耗及漏电感中无功功率不变的原则，可得

$$I_2^2 r_2 = I_2'^2 r_2', \quad r_2' = \left(\frac{I_2}{I_2'}\right)^2 r_2 = k^2 r_2$$

$$I_2^2 X_2 = I_2'^2 X_2', \quad X_2' = \left(\frac{I_2}{I_2'}\right)^2 X_2 = k^2 X_2$$

随之可得

$$Z_2' = k^2 Z_2 \tag{1-17}$$

同理

$$Z_L' = k^2 Z_L$$

综上所述，归算后，变压器负载运行时的基本方程式变为

$$
\left.
\begin{aligned}
\dot{U}_1 &= -\dot{E}_1 + \dot{I}_1(r_1 + jX_1) \\
\dot{U}_2' &= \dot{E}_2' - \dot{I}_2'(r_2' + jX_2') \\
\dot{I}_1 + \dot{I}_2' &= \dot{I}_0 \\
\dot{E}_1 &= \dot{E}_2' \\
\dot{E}_1 &= -\dot{I}_0 Z_m \\
\dot{U}_2' &= \dot{I}_2' Z_L'
\end{aligned}
\right\}
\tag{1-18}
$$

上述归算分析，是将二次侧的各物理量归算到一次侧，归算后仅改变二次侧各量的大小，而不改变其相位或幅角。

2）等效电路

根据归算后变压器负载运行时的基本方程式分别画出变压器的部分等效电路，如图 1-16a 所示，其中变压器一、二次绕组之间磁的耦合作用，反映在由主磁通在绕组中产生的感应电动势 $\dot{E}_1$ 和 $\dot{E}_2'$ 上，根据 $\dot{E}_1 = \dot{E}_2' = -\dot{I}_0 Z_m$ 和 $\dot{I}_1 + \dot{I}_2' = \dot{I}_0$ 的关系式，可将图 1-16a 的三个部分等效电路联系在一起，得到一个由阻抗串、并联的"T"形等效电路，如图 1-16b 所示。其中励磁电流 $\dot{I}_0$ 流过的支路称为励磁支路。

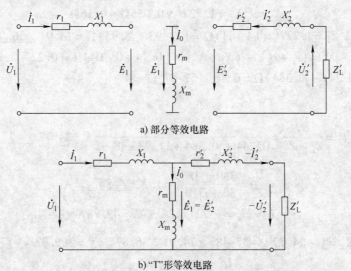

a) 部分等效电路

b) "T"形等效电路

图 1-16　变压器 "T" 形等效电路形成过程

在一般变压器中，因为 $Z_m \gg Z_1$，同时 I_0 很小，在一定电源电压下，I_0 不随负载而变化，这样便可把励磁支路从"T"形等效电路中部移到电源端去，如图 1-17 所示，这种电路称为近似等效电路。

由于一般变压器励磁电流 I_0 很小，因而在分析变压器负载运行的某些问题时，为了便于计算，可把励磁电流 I_0 忽略，即去掉励磁支路，从而得到一个更简单的阻抗串联电路，如图 1-18 所示，这种电路称为变压器的简化等效电路。图中 r_k 为短路电阻，$r_k = r_1 + r_2'$；X_k 为短路电抗；$X_k = X_1 + X_2'$，故短路阻抗 $Z_k = Z_1 + Z_2'$。

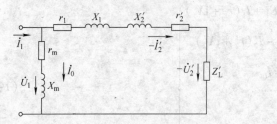
图 1-17 变压器的近似等效电路

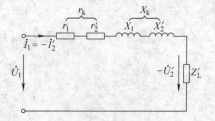
图 1-18 变压器的简化等效电路

例 1-2 一台单相变压器，$S_N = 10\text{kV} \cdot \text{A}$，$U_{1N}/U_{2N} = 380/220\text{V}$，$r_1 = 0.14\Omega$，$r_2 = 0.035\Omega$，$X_1 = 0.22\Omega$，$X_2 = 0.055\Omega$，$r_m = 30\Omega$，$X_m = 310\Omega$。一次侧加额定频率的额定电压并保持不变，二次侧接负载阻抗 $Z_L = (4 + j3)\Omega$。试用简化等效电路计算：

（1）一、二次电流及二次电压；

（2）一、二次侧的功率因数。

解： 先求参数

$$k = \frac{U_{1N}}{U_{2N}} = \frac{380}{220} = 1.727$$

$$r_2' = k^2 r_2 = 1.727^2 \times 0.035\Omega = 0.10\Omega$$

$$X_2' = k^2 X_2 = 1.727^2 \times 0.055\Omega = 0.16\Omega$$

$$Z_L' = k^2 Z_L = 1.727^2 \times (4 + j3)\Omega = (11.93 + j8.95)\Omega = 14.91 \underline{/36.87°}\Omega$$

$$Z_k = r_k + jX_k = (r_1 + r_2') + j(X_1 + X_2') = [0.14 + 0.1044 + j(0.22 + 0.164)]\Omega$$

$$= (0.244 + j0.384)\Omega = 0.46 \underline{/57.57°}\Omega$$

（1）

$$\dot{I}_1 = -\dot{I}_2' = \frac{\dot{U}_1}{Z_k + Z_L'} = \frac{380 \underline{/0°}}{0.244 + j0.384 + 11.93 + j8.95}\text{A} = 24.77 \underline{/-37.48°}\text{A}$$

$$\dot{I}_0 = \frac{\dot{U}_1}{Z_m} = \frac{380 \underline{/0°}}{30 + j310}\text{A} = 1.22 \underline{/-84.47°}\text{A}$$

$$I_2 = kI_2' = 1.727 \times 24.77\text{A} = 42.78\text{A}$$

$$\dot{U}_2' = \dot{I}_2' Z_L' = (-24.77 \underline{/-37.48°} \times 14.91 \underline{/36.87°})\text{V} = 369.32 \underline{/179.39°}\text{V}$$

$$U_2 = \frac{U_2'}{k} = \frac{369.32}{1.727}\text{V} = 213.85\text{V}$$

（2）

$$\cos\varphi_1 = \cos 37.48° = 0.79(\text{感性})$$

$$\cos\varphi_2 = \cos 36.87° = 0.8(\text{感性})$$

拓展阅读

1. 变压器参数的测定

从以上分析可知，使用基本方程式和等效电路来分析计算变压器的运行问题时，都必须首先知道变压器的各个参数。变压器的参数可通过空载试验和短路试验来测定。

（1）空载试验

空载试验是在变压器空载运行情况下进行的，试验的目的是通过测量变压器的空载电流 I_0 和空载损耗 p_0，求得电压比 k 和励磁参数 r_m、X_m、Z_m。

空载试验可在高压侧或低压侧加电压，但考虑到空载试验电压要加到额定电压，因此为了便于试验和安全起见，通常在低压侧加压试验，高压侧开路。单相变压器空载试验电路如图 1-19 所示。应当注意，空载运行时的空载电流很小，功率因数很低，电压表及功率表的电压线圈必须接在电流表及功率表的电流线圈前面，而且必须使用低功率因数的功率表，以减小测量误差。空载试验时，调压器输入端接工频的正弦交流电源，输出端接变压器的低压侧，调节调压器输出电压即空载电压 U_0 使其等于低压侧的额定电压 U_{2N}，然后测量空载电流 I_0、空载功率 p_0（空载输入功率）和高压侧的开路电压 U_{1N}。

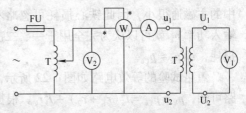

图 1-19　变压器的空载试验电路图

空载试验时，变压器不输出有功功率，输入功率 p_0 全部用于变压器的内部损耗，即铁心损耗和绕组电阻上的铜损耗，故 p_0 又称为空载损耗，即 $p_0 = p_{Fe} + p_{Cu}$。由于变压器低压侧所加电压为额定值，铁心中的主磁通达到正常运行数值，因此铁心损耗 p_{Fe} 也达到正常运行时的数值，又由于空载电流 I_0 很小，绕组铜损耗相对很小，即 $p_{Cu} \ll p_{Fe}$，因此，p_{Cu} 可忽略不计，$p_0 \approx p_{Fe}$。

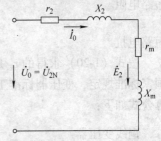

图 1-20　空载试验的等效电路

变压器空载试验的等效电路如图 1-20 所示，根据等效电路可知，$p_0 \approx p_{Fe} = I_0^2 r_m$，空载阻抗 $Z_0 = (r_2 + jX_2) + (r_m + jX_m) \approx r_m + jX_m = Z_m$。这样根据测量结果，可计算

励磁阻抗

$$Z_m \approx Z_0 = \frac{U_0}{I_0} = \frac{U_{2N}}{I_0}$$

励磁电阻

$$r_m = r_0 = \frac{p_0}{I_0^2}$$

$$(1\text{-}19)$$

励磁电抗

$$X_m = \sqrt{Z_m^2 - r_m^2}$$

电压比

$$k = \frac{N_1}{N_2} = \frac{U_{1N}}{U_{2N}}$$

（2）短路试验

短路试验是在变压器二次绕组短路的条件下进行的，试验的目的是通过测量短路电压 U_k 和短路损耗 p_k，求得短路参数 Z_k、r_k、X_k。

由于短路试验外加电源电压很低，一般为额定电压的 5% ~ 10%，电流较大（加到额定电流），因此为了便于测量，一般在高压侧加电压，低压侧短路。单相变压器短路试验的接线图如图 1-21 所示。应当注意，短路试验时，所加电压较低，短路电流较大，电流表及功率表的电流线圈必须接在电压表及功率表的电压线圈前面，而且必须使用普通功率表，以减小测量误差。

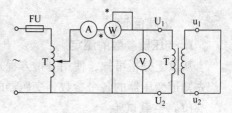

图 1-21　变压器短路试验的电路图

短路试验时，用调压器调节输出电压 U_k，从零开始缓慢地增大，使高压侧短路电流 I_k 从零升到额定电流 I_{1N} 为止，然后测量 $I_k = I_{1N}$ 时的短路电压 U_k、短路电流 I_k 和短路损耗 p_k（短路输入功率），并记录试验时的室温 t（℃）。为了避免绕组发热引起电阻变化，试验应尽快进行。

短路试验时，由于高压侧外加电压很低，铁心中的主磁通很小，因此铁心损耗可忽略不计，这时输入功率 p_k 就可以认为完全用于一、二次绕组的铜损耗，即 $p_k \approx p_{Cu}$。

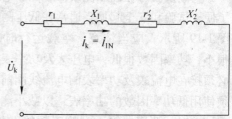

图 1-22　短路试验的等效电路

短路试验的等效电路如图 1-22 所示，由等效电路可知，$p_k \approx p_{Cu} = I_k^2 (r_1 + r_2') + I_k^2 r_k$。根据等效电路和测量结果，可计算室温下的短路参数如下：

短路阻抗

$$Z_k = \frac{U_k}{I_k} = \frac{U_k}{I_{1N}} \left.\right\}$$

短路电阻

$$r_k = \frac{p_k}{I_k^2} = \frac{p_k}{I_{1N}^2}$$

(1-20)

短路电抗

$$X_k = \sqrt{Z_k^2 - r_k^2}$$

按式（1-20）求得的 r_k 是室温 t 条件下的数值，而不是实际运行的变压器的电阻值。按国家标准规定，变压器标准工作状态时的温度是75℃，因此应将 r_k 换算到75℃时的值，换算公式如下：

铜线变压器

$$r_{k75℃} = r_k \frac{235 + 75}{235 + t}$$

铝线变压器

$$r_{k75℃} = r_k \frac{228 + 75}{228 + t}$$

(1-21)

求出 $r_{k75℃}$ 之后，由于 X_k 与温度无关，则75℃时短路阻抗为

$$Z_{k75℃} = \sqrt{X_k^2 + r_{k75℃}^2}$$

一般不用分开一、二次绕组的参数，求出 $r_{k75℃}$ 和 $Z_{k75℃}$ 即可。对大、中型电力变压器，可假设 $r_1 = r_2' = \frac{r_k}{2}$，$X_1 = X_2' = \frac{X_k}{2}$。

另外，短路电流等于额定电流时，短路损耗 p_{kN} 和短路电压 U_{kN} 也应换算到75℃时的数值，即

$$p_{kN75℃} = I_{1N}^2 r_{k75℃}$$

$$U_{kN75℃} = I_{1N} Z_{k75℃}$$

为了便于比较，常把 $U_{kN75℃}$ 表示为对一次额定电压的相对值的百分数，称作短路电压 u_k，即

16

$$u_k = \frac{U_{kN75℃}}{U_{1N}} \times 100\% \tag{1-22}$$

一般中、小型变压器的 $u_k = 4\% \sim 10.5\%$，大型变压器的 $u_k = 12.5\% \sim 17.5\%$。

短路电压 u_k 也称为阻抗电压，是变压器的一个重要参数，常标在变压器的铭牌上，它的大小反映了变压器在额定负载下运行时漏阻抗压降的大小。

 特别提示

（1）实际工作中，变压器的参数均指标准工作温度下的数值（不再注出下标75℃）。

（2）空载试验是在低压侧进行的，故测得的励磁参数是低压侧的数值，如果需要得到归算高压侧的数值，必须乘以 k^2，这里的 k 必须是高压侧对低压侧的电压比。

（3）短路试验是在高压侧进行的，因此测得的短路参数是归算到高压侧的数值。如果要得到低压侧的参数，应除以 k^2。

（4）对于三相变压器，应用上述公式时，必须采用每相的数值，即相电压、相电流和一相的损耗等进行计算。

例1-3 一台三相电力变压器，型号为 SL – 750/10，$S_N = 750 \text{kV} \cdot \text{A}$，$U_{1N}/U_{2N} = 10000/400 \text{V}$，联结方法为 Yyn 接线。在低压侧做空载试验，测得数据为 $U_0 = 400 \text{V}$，$I_0 = 60 \text{A}$，$p_0 = 3800 \text{W}$。在高压侧做短路试验，测得数据 $U_k = 440 \text{V}$，$I_k = 43.3 \text{A}$，$p_k = 10900 \text{W}$，室温为 20℃。试求：归算到高压侧的励磁参数和短路参数。

解： 由空载试验数据求励磁参数：

励磁阻抗
$$Z_m = \frac{U_0/\sqrt{3}}{I_0} = \frac{400/\sqrt{3}}{60}\Omega \approx 3.85\Omega$$

励磁电阻
$$r_m = \frac{p_0/3}{I_0^2} = \frac{3800/3}{60^2}\Omega \approx 0.35\Omega$$

励磁电抗
$$X_m = \sqrt{Z_m^2 - r_m^2} \approx 3.83\Omega$$

折算到高压侧的值

电压比
$$k = \frac{U_{1N}/\sqrt{3}}{U_{2N}/\sqrt{3}} = \frac{10000/\sqrt{3}}{400/\sqrt{3}} = 25$$

$$Z_m' = k^2 Z_m = 25^2 \times 3.85\Omega = 2406.25\Omega$$
$$r_m' = k^2 r_m = 25^2 \times 0.35\Omega = 218.75\Omega$$
$$X_m' = k^2 X_m = 25^2 \times 3.83\Omega = 2393.75\Omega$$

由短路试验数据求短路参数：

短路阻抗
$$Z_k = \frac{U_k/\sqrt{3}}{I_k} = \frac{440/\sqrt{3}}{43.3}\Omega \approx 5.87\Omega$$

短路电阻
$$r_k = \frac{p_k/3}{I_k^2} = \frac{10900/3}{43.3^2}\Omega \approx 1.94\Omega$$

短路电抗
$$X_k = \sqrt{Z_k^2 - r_k^2} \approx 5.54\Omega$$

换算到75℃为

$$r_{k75℃} = \frac{228 + 75}{228 + 20} \times 1.94\Omega \approx 2.37\Omega$$

$$Z_{k75℃} = \sqrt{r_{k75℃}^2 + X_k^2} \approx 6.03\,\Omega$$

额定短路损耗应为

$$p_{kN75℃} = 3I_{1N\varphi}^2 r_{k75℃} = 3 \times 43.3^2 \times 2.37\,\text{W} \approx 13330.47\,\text{W}$$

阻抗电压相对值为

$$u_k = \frac{U_{kN75℃}}{U_{1N}} \times 100\% = \frac{43.3 \times 6.03}{10000/\sqrt{3}} \times 100\% \approx 4.52\%$$

2. 变压器的运行特性

变压器的运行特性主要有外特性和效率特性。

表征变压器运行性能的主要指标有电压变化率和效率。下面分别予以讨论。

（1）变压器的外特性和电压变化率

变压器的外特性是指电源电压和负载的功率因数为常数时，二次端电压随负载电流变化的规律，即 $U_2 = f(I_2)$。

负载运行时，二次端电压的变化程度通常用电压变化率表示。电压变化率是指当一次侧接在额定频率、额定电压的电网上，负载功率因数 $\cos\varphi_2$ 一定时，从空载到负载运行时二次端电压的变化量与额定电压的百分比，用 Δu 表示，即

$$\Delta u = \frac{U_{20} - U_2}{U_{2N}} \times 100\% = \frac{U_{2N} - U_2}{U_{2N}} \times 100\% = \frac{U_{1N} - U_2'}{U_{1N}} \times 100\% \tag{1-23}$$

用上述公式求实际中的电压变化率有诸多不便，如求额定负载下的电压变化率时耗电量大、测量 U_{2N} 和 U_2 的误差引起的计算误差更大。因此根据式（1-23）和变压器的近似等效电路相量图，可以推导出电压变化率的实用计算公式为

$$\Delta u = \beta \frac{I_{1N\varphi}}{U_{1N\varphi}} (r_k \cos\varphi_2 + X_k \sin\varphi_2) \times 100\% \tag{1-24}$$

式中 β——变压器负载系数，$\beta = \dfrac{I_1}{I_{1N}} = \dfrac{I_2}{I_{2N}}$；

$I_{1N\varphi}$——一次侧的相电流；

$U_{1N\varphi}$——一次侧的相电压。

根据式（1-24）可画出变压器的外特性，如图 1-23 所示。由于电力变压器的 X_k 比 r_k 大得多，因此对纯电阻负载，$\cos\varphi_2 = 1$，Δu 很小且为正值，外特性稍微下降，即 U_2 随 I_2 的增大略微下降；对感性负载（$\varphi_2 > 0$），$\cos\varphi_2 > 0$，$\sin\varphi_2 > 0$，Δu 较大且为正值，外特性下降较多，即 U_2 随 I_2 的增大而下降；对容性负载（$\varphi_2 < 0$），$\cos\varphi_2 > 0$，$\sin\varphi_2 < 0$，当 $|X_k\sin\varphi_2| > |r_{k75℃}\cos\varphi_2|$ 时，Δu 为负值，外特性是上升的，即 U_2 随 I_2 的增大而升高。

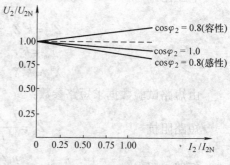

图 1-23　变压器的外特性

（2）变压器的损耗和效率特性

1）变压器的损耗

变压器在传递能量的过程中会产生损耗，致使变压器的输出功率小于输入功率。由于变压器没有旋转部件，因此没有机械损耗。变压器的损耗主要包括铁损耗和铜损耗。即

$$\sum p = p_{\mathrm{Fe}} + p_{\mathrm{Cu}}$$

变压器的铁损耗 p_{Fe} 与外加电源电压的大小有关，而与负载的大小无关。当电源电压一定时，从空载到额定负载（满载）时，铁损耗基本不变，故铁损耗又称为不变损耗。

变压器的铜损耗 p_{Cu} 与负载电流的二次方成正比，随负载电流变化而变化，故铜损耗又称为可变损耗。

2）变压器的效率特性

变压器的效率是指变压器的输出功率 P_2 与输入功率 P_1 之比，用百分数表示，即

$$\eta = \frac{P_2}{P_1} \times 100\% = \left(1 - \frac{\sum p}{P_1}\right)\% = \left(1 - \frac{p_{\mathrm{Cu}} + p_{\mathrm{Fe}}}{P_2 + p_{\mathrm{Cu}} + p_{\mathrm{Fe}}}\right) \times 100\% \qquad (1\text{-}25)$$

由于变压器的效率很高，用直接负载法测量 P_1 和 P_2 来确定效率时，往往很难得到准确的结果，工程上常用间接法，即利用空载试验和短路试验数据及额定值来计算效率。首先假设：

① 以额定电压下的空载损耗 p_0 作为铁损耗 p_{Fe}，并认为 $p_0 = p_{\mathrm{Fe}} =$ 常数。

② 以额定电流时的短路损耗 p_{kN} 作为额定电流时的铜损耗 p_{CuN}，并认为铜损耗与负载系数的二次方成正比，即 $p_{\mathrm{Cu}} = \left(\frac{I_2}{I_{2\mathrm{N}}}\right)^2 p_{\mathrm{kN}} = \beta^2 p_{\mathrm{kN}}$。

③ 由于变压器的电压变化率很小，认为 $U_2 \approx U_{2\mathrm{N}}$，因此输出功率为

$$P_2 = m U_{2\mathrm{N}\varphi} I_{2\varphi} \cos\varphi_2 = \beta m U_{2\mathrm{N}\varphi} I_{2\mathrm{N}\varphi} \cos\varphi_2 = \beta S_{\mathrm{N}} \cos\varphi_2$$

式中　m——变压器的相数。

作以上假定后，式（1-25）可写成

$$\eta = \left(1 - \frac{p_0 + \beta^2 p_{\mathrm{kN}}}{\beta S_{\mathrm{N}} \cos\varphi_2 + p_0 + \beta^2 p_{\mathrm{kN}}}\right) \times 100\% \qquad (1\text{-}26)$$

对于已制成的变压器，p_0 和 p_{kN} 是一定的，所以效率与负载的大小及功率因数有关。

3）效率特性

效率特性是指电源电压和负载的功率因数 $\cos\varphi_2$ 为常数时，变压器的效率随负载电流变化的规律，即 $\eta = f(\beta)$。

根据式（1-26）可绘出效率特性曲线，如图 1-24 所示。从效率特性曲线上可以看出，当负载增大到某一数值时，效率达到最大值 $\eta_{\max}$。将式（1-26）对 β 求导，并令 $\frac{\mathrm{d}\eta}{\mathrm{d}\beta} = 0$，便可得到产生最大效率的条件为

$$\beta_{\mathrm{m}}^2 p_{\mathrm{kN}} = p_0 \qquad (1\text{-}27)$$

式中　β_{m}——最大效率时的负载系数。

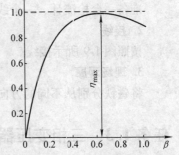

图 1-24　变压器的效率特性

式（1-27）表明变压器的可变损耗等于不变损耗时，效率达到最大值，将 β_{m} 代入式（1-26）即可求出变压器的最大效率 $\eta_{\max}$。

例 1-4　试用例 1-3 中的数据求：（1）额定负载且功率因数 $\cos\varphi_2 = 0.8$（感性）时的二次端电压和效率；（2）额定负载且功率因数 $\cos\varphi_2 = 0.8$（感性）时的最大效率。

解：（1）额定负载且功率因数 $\cos\varphi_2 = 0.8$（感性）时的电压变化率

$$\Delta u = \beta \left(\frac{I_{1N\varphi} r_k \cos\varphi_2 + I_{1N\varphi} X_k \sin\varphi_2}{U_{1N\varphi}} \right) \times 100\%$$

$$= 1 \times \left(\frac{43.3 \times 2.37 \times 0.8 + 43.3 \times 5.54 \times 0.6}{10000/\sqrt{3}} \right) \times 100\%$$

$$\approx 1 \times (0.0178 \times 0.8 + 0.0415 \times 0.6) \times 100\% \approx 3.91\%$$

二次端电压为

$$U_2 = (1 - \Delta u) U_{2N}$$

$$= (1 - 0.03914) \times 400V$$

$$\approx 384.34V$$

效率为

$$\eta = \left(1 - \frac{p_0 + \beta^2 p_{kN}}{\beta S_N \cos\varphi_2 + p_0 + \beta^2 p_{kN}} \right) \times 100\%$$

$$= \left(1 - \frac{3.8 + 1^2 \times 13.33047}{1 \times 750 \times 0.8 + 3.8 + 1^2 \times 13.33047} \right) \times 100\%$$

$$\approx 97.22\%$$

（2）$\cos\varphi_2 = 0.8$（感性）时的最大效率为

$$\beta_m = \sqrt{\frac{p_0}{p_{kN}}} = \sqrt{\frac{3.8}{13.33047}} \approx 0.53$$

$$\eta_{max} = \left(1 - \frac{2p_0}{\beta_m S_N \cos\varphi_2 + 2p_0} \right) \times 100\%$$

$$= \left(1 - \frac{2 \times 3.8}{0.534 \times 750 \times 0.8 + 2 \times 3.8} \right) \times 100\%$$

$$\approx 97.68\%$$

1.2.4 任务实施

1. 准备器材

准备一台检流计、一个线圈以及一个磁铁。

2. 接线

按照图1-9所示接线。

3. 现场观摩

将磁铁分别从不同的方向缓缓插入线圈中，观察检流计指针的变换情况。

任务1.3 三相变压器的应用

1.3.1 任务描述

如图1-25a、b所示分别为单相变压器和三相变压器，这两种类型的变压器运行特性相同吗？

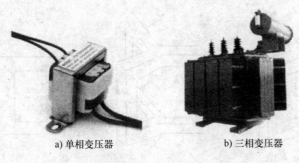

a) 单相变压器   b) 三相变压器

图 1-25　变压器

1.3.2　任务分析

变压器绕组的极性反映变压器一、二次绕组中感应电动势间的相位关系。当一台单相变压器单独运行时，绕组的极性对单相变压器没有影响，但是当一台三相变压器单独运行时，就要考虑绕组的极性，绕组的极性问题对三相变压器能否正常运行起着至关重要的作用。

1.3.3　相关知识

1. 三相变压器的磁路系统

三相变压器的磁路系统按其铁心结构可分为组式磁路和心式磁路。

（1）三相变压器组的磁路

三相变压器组是由三台完全相同的单相变压器组成的，相应的磁路为组式磁路。如图 1-26 所示。组式磁路的特点是三相磁通各有自己单独的磁路，互不相关。因此当一次侧外加对称三相电压时，各相的主磁通必然对称，各相空载电流也是对称的。

（2）三相心式变压器的磁路

三相心式变压器的磁路是由三相变压器组演变而来的。把组成三相变压器组的三个单相变压器的铁

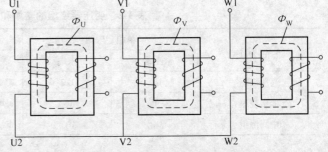

图 1-26　三相变压器组的磁路系统

心合并成图 1-27a 所示。当外加三相对称电压时，三相主磁通是对称的，但中间铁心柱内的主磁通为 $\dot{\Phi}_U + \dot{\Phi}_V + \dot{\Phi}_W = 0$，因此可将中间铁心柱省去，即可变成图 1-27b 所示的结构形式。为了制造方便和节省材料，常把三相铁心柱布置在同一平面内，即成为目前广泛采用的三相心式变压器的铁心，如图 1-27c 所示。

三相心式变压器的磁路特点是：

1）各相磁路彼此相关，每相磁通均以其他两相磁路作为自己的闭合回路。

2）三相磁路长度不等，磁阻不对称。因此当一次侧外加对称三相电压时，三相空载电流不对称，但由于负载时励磁电流相对于负载电流很小，因此这种不对称对变压器的负载运行影响很小，可忽略不计。

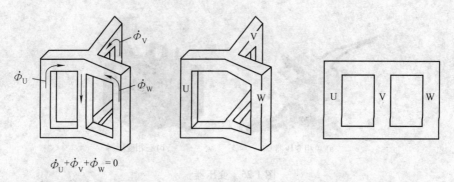

a) 三个单相变压器的铁心合并时　　b) 将中间铁心柱省去　　c) 将三相铁心柱布置在同一平面内

图 1-27　三相心式变压器的磁路系统

比较以上两种类型的三相变压器的磁路系统可以看出，在相同的额定容量下，三相心式变压器比三相变压器组效率高、维护方便、节省材料、占地面积小，缺点是磁路不对称。而三相变压器组中的每个单相变压器都比三相心式变压器的体积小、重量轻、运输方便，另外还可减少备用容量。现在广泛采用的是三相心式变压器。但对于一些超高压、特大容量的三相变压器，为减少制造及运输困难，常采用三相变压器组。

2. 三相变压器的电路系统—联结组

（1）三相绕组的联结法

为了在使用三相变压器时能正确联结三相绕组，变压器绕组的每个出线端都应有一个标志，规定变压器绕组首、末端的标志，见表1-2。

表 1-2　变压器绕组的首端和末端标志

绕组名称	单相变压器		三相变压器		中 性 点
	首端	末端	首端	末端	
高压绕组	U1	U2	U1、V1、W1	U2、V2、W2	N
低压绕组	u_1	u_2	u_1、v_1、w_1	u_2、v_2、w_2	n
中间绕组	U_{1m}	U_{2m}	U_{1m}、V_{1m}、W_{1m}	U_{2m}、V_{2m}、W_{2m}	N_m

三相电力变压器主要采用星形和三角形两种联结方法。把三相绕组的末端 U2、V2、W2（或 u_2、v_2、w_2）联结在一起成为中性点，而把三个首端 U1、V1、W1（或 u_1、v_1、w_1）引出，便是星形联结，用字母 Y 或 y 表示，如果有中性点引出，则用 YN 或 yn 表示，如图 1-28a、b 所

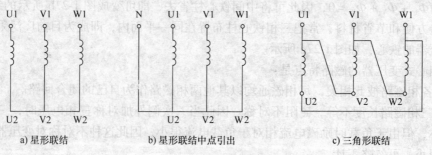

a) 星形联结　　　　b) 星形联结中点引出　　　　c) 三角形联结

图 1-28　三相绕组的星形、三角形联结

示；把不同相绕组的首、末端联结在一起，顺次连成一闭合回路，规定各相间连接次序为 U1U2→W1W2→V1V2（或 u_1u_2→w_1w_2→v_1v_2），然后从首端 U1、V1、W1（或 u_1、v_1、w_1）引出，便是三角形联结，用字母 D 或 d 表示，如图 1-28c 所示。大写字母 Y 或 D 表示高压绕组的联结法，小写字母 y 或 d 表示低压绕组的联结法。

（2）单相变压器的联结组

单相变压器的联结组即高、低压绕组的联结方式及其线电动势间的相位关系。

三相变压器就其一相而言和单相变压器没有什么区别，故要想弄清三相变压器的联结组，就必须首先掌握单相变压器的联结组，即单相变压器高、低压绕组相电动势之间的相位关系。通常采用"时钟表示法"可以形象地表示单相变压器的联结组，即把高压绕组的电动势相量作为时钟的长针，始终指向时钟钟面"0"（即"12"）处，把低压绕组的电动势相量作为时钟的短针，短针所指的钟点数为单相变压器的联结组标号。

单相变压器高、低压绕组绕在同一个铁心柱上，被同一个主磁通所交链。当主磁通交变时，高、低压绕组之间有一定的极性关系，即在同一瞬间，高压绕组某一个端点的电位为正（高电位）时，低压绕组必有一个端点的电位也为正（高电位），这两个具有相同极性的端点，称为同极性端或同名端，在同名端的对应端点旁用符号"·"或"*"表示，如图 1-29 所示。同名端与绕组的绕向有关。对于已制成的变压器，都有同名端的标记。如果既没有标记，又看不出绕组的绕向，可通过试验的方法确定同名端。

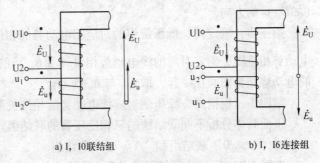

a）I，I0 联结组　　　　b）I，I6 连接组

图 1-29　单相变压器的联结组

若规定高、低压绕组相电动势的方向都是从首端指向末端，则单相变压器的联结组有两种情况：

1）当高、低压绕组的首端（或末端）为同名端时，高、低压绕组的电动势同相，如图 1-29a 所示，根据"时钟表示法"可确定其联结组标号为 0，故该单相变压器的联结组为 I，I0，其中逗号前和逗号后的 I 分别表示高、低压绕组均为单相，0 表示联结组标号。

2）当高、低压绕组的首端（或末端）为异名端时，高、低压绕组的电动势反相，如图 1-29b 所示，根据"时钟表示法"可确定其联结组标号为 6，故该单相变压器的联结组为 I，I6，实际中，单相变压器只采用 I，I0 联结组。

（3）三相变压器的联结组

三相变压器的联结方法有"Y，yn"、"Y，d"、"YN，d"、"Y，y"、"YN，y"、"D，yn"、"D，y"、"D，d"等多种组合，其逗号前的大写字母表示高压绕组的联结；逗号后的小写字母表示低压绕组的联结，N（或 n）表示有中性点引出。

由于三相变压器的绕组可以采用不同的联结，从而使得三相变压器高、低压绕组的对应线电动势会出现不同的相位差，因此为了简明地表达高、低压绕组的联结方法及对应线电动势之间的相位关系，把变压器绕组的联结分成各种不同的组合，此组合就称为变压器的联结组，其中高、低压绕组线电动势的相位差用联结组标号来表示。三相变压器的联结组标号仍采用"时钟表示法"来确定，即把高压绕组线电动势（如 $\dot{E}_{UV}$）作为时钟的长针，始终指向时钟钟面"0"（即"12"）处，把低压绕组对应的线电动势（如 $\dot{E}_{uv}$）作为时钟的短针，短针所指的钟点数即为三相变压器的联结组标号，将标号数字乘以30°，就是低压绕组线电动势滞后于高压绕组对应线电动势的相位角。

标识三相变压器的联结组时，表示三相变压器高、低压绕组联结法的字母按额定电压递减的次序标注，且中间以逗号隔开，在低压绕组联结字母之后，紧接着标出其联结组标号，如"Y，y0"、"Y，d11"等。

三相变压器的联结组标号不仅与绕组的同名端及首末端的标记有关，还与三相绕组的联结方法有关。三相绕组的联结图按传统的方法，高压绕组位于上面，低压绕组位于下面。

根据绕组联结图，用"时钟表示法"判断联结组标号一般分为四个步骤：

第一步：标出高、低压侧绕组相电动势的参考正方向。

第二步：作出高压侧的电动势相量图（按 U→V→W 的相序），确定某一线电动势相量（如 $\dot{E}_{UV}$）的方向。

第三步：确定高、低压绕组的对应相电动势的相位关系（同相或反相），作出低压侧的电动势相量图，确定对应的线电动势相量（如 $\dot{E}_{uv}$）的方向。为了方便比较，将高、低压侧的电动势相量图画在一起，取 U1 与 u₁ 点重合。

第四步：根据高、低压侧对应线电动势的相位关系确定联结组的标号。

下面具体分析不同联结法的三相变压器的联结组。

1）"Y，y0"联结组和"Y，y6"联结组

对图 1-30a 所示的联结图，首先，在图 1-30a 中标出高、低压绕组相电动势的参考正方向；其次，画出高压侧的电动势相量图，即作 $\dot{E}_U$、$\dot{E}_V$、$\dot{E}_W$ 三个相量使其构成一个星形，并在三个相量的首端分别标上 U、V、W，再依据 $\dot{E}_{UV} = \dot{E}_U - \dot{E}_V$，画出高压侧线电动势的相量 $\dot{E}_{UV}$，如图 1-30b 所示；第三，由于对应高、低压绕组的首端为同名端，因此高、低压绕组的相电动势同相，据此作相量 $\dot{E}_u$、$\dot{E}_v$、$\dot{E}_w$，得到低压侧电动势相量图（注意使 U 与 u 重合），再依据 $\dot{E}_{uv} = \dot{E}_u - \dot{E}_v$ 画出低压侧

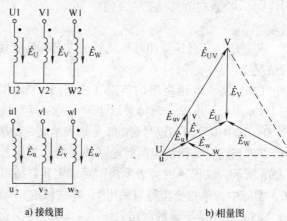

a）接线图　　　　　　　　b）相量图

图 1-30　"Y，y0"联结组

的线电动势相量 $\dot{E}_{uv}$，如图 1-30b 所示；第四，由该相量图可知 $\dot{E}_{UV}$ 与 $\dot{E}_{uv}$ 同相，若把相量 $\dot{E}_{UV}$ 作为时钟的长针且指向钟面"0"处，把 $\dot{E}_{uv}$ 作为时钟的短针，则短针指向钟面"0"处，所以该联结组的标号是"0"，即为"Y，y0"联结组。

在图 1-30a 中，如将高、低压绕组的异名端作为首端，则高、低压绕组对应的相电动势反相，如图 1-31a 所示。用同样的方法可确定，线电动势 $\dot{E}_{UV}$ 与 $\dot{E}_{uv}$ 的相位差为180°，如

图1-31b 所示，所以该联结组的标号是"6"，即为"Y，y6"联结组。

2)"Y，d11"联结组

对图1-32a 所示的联结图，根据判断联结组的方法，画出高、低压侧相量图，如图1-32b 所示。此时应注意，低压绕组为三角形联结，作低压侧相量图时，应使相量 $\dot{E}_u$、$\dot{E}_v$、$\dot{E}_w$ 构成一个三角形，并注意 $\dot{E}_{uv} = -\dot{E}_v$。由该相量图可知，$\dot{E}_{uv}$ 比 $\dot{E}_{UV}$ 滞后330°，当 $\dot{E}_{UV}$ 指向钟面"0"处时，$\dot{E}_{uv}$ 指向"11"处，故其联结组为"Y，d11"。

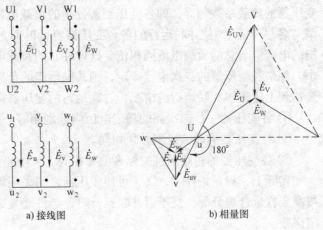

a) 接线图   b) 相量图

图1-31   "Y，y6"联结组

变压器联结组的数目很多，为了方便制造和并联运行，对于三相双绕组电力变压器，一般采用"Y，yn0"、"Y，d11"、"YN，d11"、"YN，y0"、"Y，y0"等五种标准联结组，其中前三种最常用。"Y，yn0"用于电压侧电压为 400~230V 的配电变压器中，供给动力与照明混合负载。"Y，d11"用在电压侧电压超过400V 的线路中。"YN，d11"用在高压侧需接地且低压侧电压超过 400V 的线路中。"YN，y0"用于高压侧需接地的场合。"Y，y0"只用于三相动力负载。

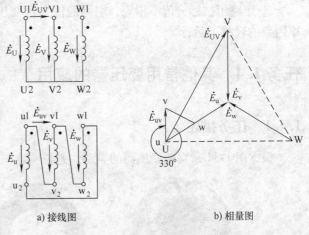

a) 接线图   b) 相量图

图1-32   "Y，d11"联结组

（4）三相变压器的并联运行

变压器的并联运行是指两台或两台以上的变压器的一、二次绕组分别连接到一、二次侧的公共母线上，共同向负载供电的运行方式，如图1-33 所示。

并联运行的优点有①提高供电的可靠性。并联运行时，如果某台变压器故障或检修时，另几台可继续供电；②可根据负载变化的情况，随时调整投入并联运行的台数，以提高变压器的运行效率；③可以减少变压器的备用容量；④对负荷逐渐增加的变电所，可减少安装时的一次投资。当然，并联的台数过多也是不经济的，因为一台大容量变压器的造价要比总容量相同的几台小变压器的造价低，占地面积也小。

1）并联运行的理想条件

变压器并联运行的理想情况是①空载时并联运行的各变压器绕组之间无环流，以免增加绕组铜损耗；②带负载后，各

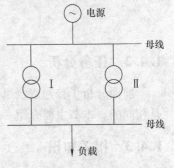

图1-33 变压器并联运行的接线图

25

变压器的负载系数相等,即各变压器所分担的负载电流按各自容量大小成正比例分配,即所谓"各尽所能",使并联运行的各台变压器容量得到充分利用;③带负载后,各变压器所分担的电流应与总的负载电流同相位。这样在总的负载电流一定时,各变压器所分担的电流最小。如果各变压器的二次电流一定,则共同承担的负载电流最大,即所谓"同心协力"。若要达到上述理想并联运行的情况,并联运行的变压器需满足如下条件:

① 各变压器一、二次侧的额定电压应分别相等,即电压比相同。

② 各变压器的联结组别必须相同。

③ 各变压器的短路阻抗的标幺值要相等。

实际上,满足条件①、②,可使变压器之间无环流,满足条件③,可使变压器所带负载按额定容量合理分配。变压器并联运行时,条件②是必须满足的,而条件①、③允许稍有一定误差。

2)若未满足并联运行所带来的问题

① 如果电压比 k 不相等,各并联变压器绕组之间将出现环流,使各变压器的损耗增加。

② 如果联结组别不相同,各并联变压器绕组之间将产生很大的环流,变压器绕组将因此损坏。

③ 短路阻抗标幺值不相等,则可能使一台变压器严重过载,而另一台在低效率和低功率因数的轻载下运行。

任务 1.4 其他常用变压器的应用

1.4.1 任务描述

根据图 1-34 来判断变压器的类型,并说明这三种变压器的运行特性以及作用。

图 1-34 三种类型的变压器的实物外形

1.4.2 任务分析

前面分析了普通双绕组变压器的运行原理和特性,尽管变压器种类繁多,但基本原理都是相同的。本节主要介绍一些在特殊场合使用的变压器,以扩大视野。

1.4.3 相关知识

1. 自耦变压器

自耦变压器的结构特点是一、二次绕组共用一部分绕组,因此其一、二次绕组之间既有

26

磁的耦合，又有电的联系。自耦变压器一、二次侧共用的这部分绕组称作公共绕组，其余部分绕组称作串联绕组。自耦变压器有单相和三相之分。单相自耦变压器的接线原理图如图1-35所示。

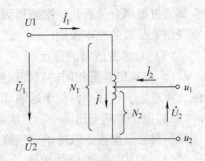

（1）工作原理

如图1-35所示，当自耦变压器的一次绕组两端加交流电压$\dot{U}_1$时，铁心中产生主磁通$\dot{\Phi}$，并分别在一、二次绕组中产生感应电动势$\dot{E}_1$和$\dot{E}_2$，若忽略漏阻抗压降，则

图1-35　降压自耦变压器的接线原理图

$$\dot{U}_1 \approx \dot{E}_1 = -j4.44fN_1\dot{\Phi}_m$$

$$\dot{U}_2 \approx \dot{E}_2 = -j4.44fN_2\dot{\Phi}_m$$

故

$$k_a = \frac{E_1}{E_2} = \frac{N_1}{N_2} \approx \frac{U_1}{U_2} \qquad (1-28)$$

式中　k_a——自耦变压器的电压比。

由图1-35可知其磁动势平衡关系为

$$\dot{I}_1(N_1 - N_2) + (\dot{I}_1 + \dot{I}_2)N_2 = \dot{I}_0 N_1$$

若忽略励磁电流，则

$$\dot{I}_1 N_1 + \dot{I}_2 N_2 = 0$$

即

$$\dot{I}_1 = -\frac{N_2}{N_1}\dot{I}_2 = -\frac{\dot{I}_2}{k_a} \qquad (1-29)$$

由图1-35可知公共绕组的电流为

$$\dot{I} = \dot{I}_1 + \dot{I}_2 = \left(1 - \frac{1}{k_a}\right)\dot{I}_2 \qquad (1-30)$$

由式（1-29）可知，$\dot{I}_1$与$\dot{I}_2$相位相反，因此由上式又可得以下有效值关系：

$$I = I_2 - I_1 \qquad (1-31)$$

（2）容量关系

自耦变压器的额定容量为

$$S_N = U_{1N}I_{1N} = U_{2N}I_{2N} \qquad (1-32)$$

根据式（1-31）可得

$$I_{2N} = I_N + I_{1N}$$

把上式代入式（1-32）可得

$$S_N = U_{1N}I_{1N} = U_{2N}I_{2N} = U_{2N}(I_N + I_{1N}) = U_{2N}I_N + U_{2N}I_{1N} = S_{感应} + S_{传导} \qquad (1-33)$$

由式（1-33）可见，自耦变压器的额定容量可分成两部分，一部分是通过公共绕组的电磁感应作用，由一次侧传递到二次侧的电磁容量$S_{感应} = U_{2N}I_N$，另一部分是通过串联绕组的电流I_{1N}，由电源直接传导到负载的传导容量$S_{传导} = U_{2N}I_{1N}$。故自耦变压器负载上的功率不是全部通过磁耦合关系从一次侧得到，而是有一部分功率直接从电源得到，这是自耦变压器与双绕组变压器的根本区别。

（3）自耦变压器的特点

1）与额定容量相同的双绕组变压器相比，自耦变压器绕组容量小，耗材少，因而造价低、重量轻、尺寸小，便于运输和安装，同时因损耗小而效率高。

2）由于自耦变压器一、二次绕组间有电的直接联系，因此要求变压器内部绝缘和过电压保护都必须加强，以防止高压侧的过电压传递到低压侧。

（4）应用——自耦调压器

自耦调压器的外形、结构示意图以及图形符号如图1-36所示。

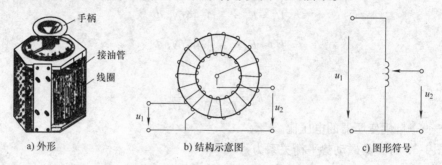

a) 外形　　　　　　　　　b) 结构示意图　　　　　　　c) 图形符号

图1-36　自耦调压器的外形、结构以及图形符号

 特别提示

自耦调压器的使用注意事项：

（1）接通电源前，应先将滑动触点旋至零位，接通电源后再逐渐转动手柄，将输出电压调到所需电压值。使用完毕，应将滑动触点再旋回零位。

（2）在使用时，一、二次绕组不能对调。如果把电源接到二次绕组，可能会烧坏变压器或使电源短路。

（3）不要将电源的相线接在一次副边的公共端上。

2. 仪用互感器

仪用互感器是一种用于测量的专用设备，有电流互感器和电压互感器两种。

使用互感器有两个目的：一是使测量回路与高压电网隔离，以保证工作人员的安全；二是可以使用低量程的电压表或电流表测量高电压或大电流。

互感器除了用于测量电压和电流外，还可用于各种继电保护装置的测量系统，因此它的应用很广。下面分别对电压互感器与电流互感器进行介绍。

（1）电压互感器

图1-37为电压互感器的原理图。电压互感器在结构上类似普通双绕组变压器，其一次绕组匝数很多、线径较细，并接在被测的高电压上，二次绕组匝数很少、线径较粗，并接在高阻抗的测量仪表上（如电压表、功率表的电压线圈等）。

由于电压互感器二次侧所接仪表的阻抗很大，运行时相当

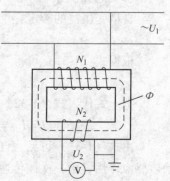

图1-37　电压互感器的原理图

28

于二次侧处于开路状态，因此电压互感器实际上相当于一台空载运行的降压变压器。

若忽略漏阻抗压降，则有

$$k_u = \frac{U_1}{U_2} = \frac{N_1}{N_2} \tag{1-34}$$

式中　k_u——电压互感器的电压比，是常数。

电压互感器二次额定电压通常设计为100V，如果电压表与电压互感器配套，则电压表指示的数值已按电压比被放大，可直接读取被测电压数值。电压互感器的额定电压等级有3000V/100V、10000V/100V 等。

实际的电压互感器，由于绕组漏阻抗上有压降，因此电压比只是近似等于一个常数，必然存在误差。根据误差的大小，将电压互感器的准确度分为0.5、1.0、3.0 三个等级，每个等级允许误差见有关技术指标。

使用电压互感器时须注意以下事项：

1）二次侧绝对不允许短路，否则，短路电流将很大，会使绕组过热而烧坏互感器。

2）二次绕组及铁心应可靠接地，以防绝缘层损坏时，一次侧的高电压传到铁心及二次侧，危及仪表及操作人员安全。

3）二次侧不宜接过多的仪表，以免影响互感器的精度等级。

（2）电流互感器

图 1-38 是电流互感器原理图，其结构也类似普通双绕组变压器，一次绕组匝数很少、线径较粗，串接在被测电路中，二次绕组匝数很多、线径较细，与阻抗很小的仪表（如电流表和功率表的电流线圈）组成闭合回路。

由于电流互感器二次侧所接仪表的阻抗很小，运行时二次侧相当于短路，因此电流互感器实际运行时相当于一台二次侧短路的升压变压器。

为了减小测量误差，电流互感器铁心中的磁通密度一般设计得较低，所以励磁电流很小。若忽略励磁电流，由磁动势平衡关系可得

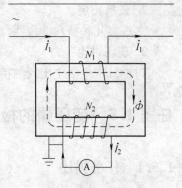

图1-38　电流互感器原理图

$$k_i = \frac{I_1}{I_2} = \frac{N_2}{N_1} \tag{1-35}$$

式中　k_i——电流互感器的电流比，是常数。

电流互感器的规格各种各样，但其二次额定电流通常设计为5A 或1A。与电压互感器一样，电流表指示的数值已按电流比被放大，可直接读取被测电流。电流互感器的额定电流等级有100A/5A、500A/5A、2000A/5A 等。

电流互感器同样存在着误差，电流比 k_i 只是近似等于常数。根据误差的大小，电流互感器的准确度等级分为0.2、0.5、1.0、3.0、10.0 五个等级。

使用电流互感器时须注意以下事项：

1）二次绕组绝对不允许开路。若二次侧开路，电流互感器将空载运行，此时被测线路的大电流将全部成为励磁电流，铁心中的磁通密度就会猛增，磁路严重饱和，一方面造成铁

心过热而烧坏绕组绝缘层，另一方面二次绕组将会感应很高的电压，可能击穿绝缘层，危及仪表及操作人员的安全。

2）二次绕组及铁心应可靠接地。

3）二次侧所接电流表的内阻抗必须很小，否则会影响测量精度。

另外，在实际工作中，为了方便在带电现场检测线路中的电流，工程上常采用一种钳形电流表，其工作原理与电流互感器相同，外形结构如图 1-39 所示。其结构特点是铁心像一把钳子可以张合，二次绕组与电流表串联组成一个闭合回路。在测量导线中的电流时，不必断开被测电路，只要压动手柄，将铁心钳口张开，把被测导线夹于其中即可，此时被测载流导线就充当一次绕组，利用电磁感应作用，由二次绕组所接的电流表直接读出被测导线中电流的大小。

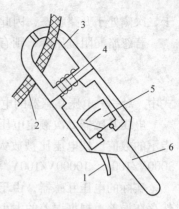

图 1-39　钳形电流表
1—活动手柄　2—被测导线
3—铁心　4—二次绕组
5—表头　6—固定手柄

1.4.4　任务实施

1. 观察外形

通过观察特种变压器的外观，判断变压器所属的类型。

2. 任务拓展

多观察几种特殊变压器，根据外观或者查阅资料判定其类型，并简要说明其适用场合。

3. 现场讨论

讨论日常生活中出现的特殊变压器。

任务 1.5　变压器的检修

1.5.1　任务描述

某工厂值班人员在一次巡视检测中，发现一台 JS6—750/10 型变压器整体绝缘电阻降低，测得此时该变压器的绝缘电阻仅为 1.2MΩ，请分析故障原因。

1.5.2　任务分析

变压器由于自身结构复杂，因此，在长期的运行过程中，经常会有故障产生，作为电气工作人员，对变压器产生的一些故障应具有排除的能力。而变压器故障的判定以及解决并不是特别困难，只要具备一些变压器的知识，并经常进行工作实践，变压器的维修是有规律可循的。

1.5.3　相关知识

1. 变压器绕组、绝缘故障原因分析及解决方法

变压器绕组及绝缘故障主要表现为绕组绝缘电阻低，绕组接地，绕组对铁心放电，绕组相间短路或匝间短路，一、二次绕组之间短路；绕组断路，绕组绝缘击穿或烧毁；油浸式变压器的绝缘油故障；绕组之间、绕组与铁心之间绝缘距离不符合要求，绕组变形等。这些故障均会使变压器不能正常运行，而且这些故障是变压器的常见故障，如果不及时发现和处理，其后果十分严重。

（1）变压器绕组及绝缘故障的原因分析

变压器绕组及绝缘电阻不符合规范主要有以下几种原因：

1）变压器绕组受潮，接地绝缘电阻不合格。

2）变压器内部混入金属异物，造成绝缘电阻不合格。

3）变压器直流电阻不合格及开、短路故障。

4）绕组放电、击穿或烧毁故障。

5）变压器油含有水分。

（2）变压器绕组及绝缘故障的解决方法

1）变压器绕组受潮、接地绝缘电阻不合格的分析处理

运行、备用或修理的变压器，均有受潮的可能，所以一定要防止潮气和水分侵入，以免绕组、铁心和变压器油（油浸式）受潮，引起绝缘电阻低而造成变压器的各种故障。对需要吊心检修的变压器，要保持检修场所干净无潮气，吊心检修超过24h的，器身一定要烘烤，在检修中如发现变压器已受潮，必须烘干后再套装。同时要注意：

① 受潮的油要过滤。

② 变压器密封处要密封好。

③ 要定期检查储油柜，净油器及去湿器应完好，定期更换硅胶等吸湿剂。

④ 库存备用变压器应放置在干燥的库房或场地，变压器油要定期进行化验。

⑤ 要定期检查防雷装置，尤其是雷雨季节更要检查。

⑥ 非专业人员不可随意打开变压器零部件。

总之，使用、维修、保管变压器均要采取防止变压器受潮、受腐蚀的措施。

例1-5 有一台备用三相电力变压器 10/0.4kV，在库中存放一年多，运至现场时用 2000V 兆欧表测一次绕组绝缘电阻仅为 0.9MΩ。

分析：

查入库前记录各项指标合格。检查发现箱盖边沿密封不严，放置中潮气、水分入侵，吊心检查发现油箱内侧面有锈迹，由于变压器静止存放，入侵水分沉在油箱底部，由于处于静止状态，入侵水分和变压器油及挥发物达到基本平衡，整个铁心和绕组尚未受潮，所以只需要对油进行处理。在现场对变压器油采取真空滤油处理，使油箱底部水分在真空加热滤油过程中挥发掉，直至绝缘电阻合格为止。

2）变压器内部混入金属异物，造成绝缘电阻不合格的分析处理

对于该故障产生的原因以及处理方法，可通过以下两个实际例子的分析来进行说明。

例1-6 一台电炉变压器相对地的绝缘电阻为零。

分析：

该变压器在运行中两段母线接地信号铃响，电压表指示一相电压降低、两相电压升高。经拉闸检查6kV开关、母线和变压器高压套管均无异常，用兆欧表测变压器绝缘，一次侧B相绝缘电阻为零，其余正常，判定B相接地。经吊心检查发现一、二次绕组之间有一只顶丝，使一次对二次短路放电，引起不完全的接地，同时还发现二次绕组裸扁铜排外层有轻度

电弧烧伤。取出顶丝检查，发现是上方电抗器线圈上的顶丝因松脱落入变压器内。将顶丝重新拧入电抗器线圈上，再合闸，变压器运行正常，B 相绝缘电阻达 120MΩ。

例1-7 有一台 S7—800kV·A 变压器相对地绝缘击穿。

分析：

该变压器在运行中有异常响声且绝缘电阻仅为 1.5MΩ，但未引起值班人员重视，某天突然出现 A 相瓷瓶处放电，气体继电器动作。经检查为 A 相绕组接地而击穿。原因是有一个 M10×85 螺柱卡在 A 相瓷瓶和箱盖之间，构成 A 相绕组接地。取下 M10 螺栓，吊出器身解体，取出 A 相一次绕组进行清理、检查，未发生排间、层间及匝间短路，将外层用绝缘带包扎好后套入，考虑到加强整体绝缘强度，全部绕组重新烘干、浸漆处理、变压器油重新过滤合格。

该类故障要求检修人员检修时一定要仔细，不要排除了旧故障，又因操作不当引起新故障。

3）变压器直流电阻不合格、断路和短路故障

若三相变压器其一、二次绕组出现三相直流电阻不平衡，或某一相（或两相）大，另两相（或一相）小，说明变压器绕组有开路、引线脱焊或虚接，绕组匝数错误或有匝间、层间短路等故障；还可能是同一绕组用不同规格导线绕制以及绕向反或连接错等。而这些原因均会造成变压器三相直流电阻不平衡、变压器送电跳闸、不运行或带负载能力下降等。为防止断路故障，应从下述几方面做好预防工作：

① 线圈绕制时用力不宜过猛，换位时换位处 S 弯不要弯折过度。

② 接头焊接要牢，不应有虚焊、假焊，焊口不应有毛刺或飞边。

③ 绕制的线圈层间、排间绝缘距离要符合规范，以防放电时灼伤导线而断路。

④ 防止变压器过载运行。

⑤ 母排和一次绕组瓷套管导杆连接要牢，一、二次绕组引线与本相套管引接头焊接要牢，螺栓连接的螺母要拧紧。

⑥ 应加强变压器的日常维护保养工作。

例1-8 有一台 SJ1—560kV·A 变压器在运行中过热，拉闸检查发现三相直流电阻不平衡。

分析：

该变压器额定电压为 13.8/0.4kV、Y，yn0 连接，经检查发现 A 相直流电阻是 B、C 相的两倍。经吊心检查，A 相两根并绕的导线有一根在引线处脱焊。将脱焊的这根导线重新和另一根并齐焊牢在引线上，从而排除了故障。

例1-9 有一台 SJL—1000/10 型变压器在运行中因过热而跳闸，拉闸检查发现三相直流电阻不平衡。

分析：

吊心检查发现 B 相二次绕组绝缘变色，该相直流电阻比 A、C 相小。经检查，B 相双螺旋式绕组中有三匝，因匝间绝缘损坏而形成匝间短路。将该二次绕组用 3.08mm×10.80mm 扁铝纸包线 14 根并绕 18 匝组成，该 B 相绕组取出加热后将电缆纸剥去，分别用 0.05mm×25.00mm 亚胺薄膜粘带穿套式连续补包好，略加整形，恢复原高度后再套装好。变压器油二次过滤，器身经烘烤合格。

2. 绕组放电、击穿或烧毁故障

在变压器内部如果存在局部放电，表明变压器绝缘有薄弱环节，或绝缘距离不符合要求，放电时间一长或放电严重，将会使绝缘击穿，绕组击穿或烧毁是较大故障。只有提高修造质量、按规程操作、加强维护保养，才能防止放电或击穿变压器。因此必须采取有效措施，防止变压器发生放电故障。

（1）加强日常维护保养，对大中型及重要供电区域的变压器应有监视设备。

（2）修理变压器应选用优质的绝缘材料，绝缘距离应符合要求，修复后密封要严。

（3）保持吸湿器有效，应有防雷措施。

（4）大型高压变压器要装有接地屏，防止放电。

例 1-10 有一台 SJ6—750kV·A 变压器一次绕组出现放电故障。

分析：

该变压器在运行中出现异声，油温逐渐升高，最后经气体继电器动作，用 1000V 绝缘电阻表测一次绝缘电阻为 0.5MΩ，二次绝缘电阻为 2.1MΩ。吊心检查发现器身受潮，A、B 两相一次绕组中底部有放电痕迹。查出其主要原因是注油后注油孔木垫胶垫和拧入堵塞，潮气由此入侵，而吸湿器因注油孔未堵不起吸湿作用，所以绕组和油均受潮而放电。对变压器油现场真空滤油，一次绕组虽放电但并未受电弧严重灼伤，不需包扎处理，仅器身烘干后组装，封、堵好注油孔，即排除了该故障。

3. 变压器油不合格的原因、防止措施和判定方法

变压器油如果保管存放不当、在运行中油受潮或过热，都会逐渐变质、老化和劣化，使绝缘性能下降，此时必须及时更换，或采取滤油方式，使不合格的绝缘油合格，从而保证油浸变压器及互感器正常运行，减少变压器故障。

（1）运行中的变压器油受潮原因以及防止方法

受潮原因：变压器油注入油箱后，在运行中油会受潮或进入水分，其主要原因是在吊心检修时或向变压器中注油时，油本身接触了空气，虽时间不长，但已吸收了少量潮气和水分；安装或检修变压器时密封不严、外界潮气和水分进入了变压器油箱。

防止方法如下：修理人员必须将变压器严格密封，既防止油漏出，又防止外界潮气入侵；吊心检修必须在晴天进行，超过 24h 的，变压器器身必须烘干处理；注油、滤油应采取真空滤油为好；防止变压器过热和温升超限，减少油氧化发生。

（2）变压器油质的判定方法

打开油箱盖（或放出一器皿油），用肉眼观察变压器油的颜色，如果油的颜色发暗、变成深褐色，或油的黏度、沉淀物增大，闻到有酸的气味，油中有水滴等，均说明变压器油老化和劣化，已经不合格，必须采取措施，提高其性能。

（3）运行中变压器油质量标准、内容及指标

要判定变压器油的质量，应进行多项测定和化验，所测数值应与标准值对比，从量的角度来判定其超标的程度。因此掌握运行油的质量标准，对维修人员十分重要。运行油质量标准可参见相关标准。

4. 变压器铁心过热故障的原因分析及解决方法

导致变压器铁心过热的主要原因是铁心多点接地和铁心片间绝缘不好造成铁耗增加所致。因此必须加强对变压器铁心多点接地的检测和预防。

（1）铁心多点接地的检测

1）交流法

给变压器二次（低压）绕组通以220~380V交流电压，则铁心中将产生磁通。打开铁心和夹件的连接片，用万用表的毫安挡检测，当两表笔在逐级检测各级铁轭时，正常接地时表中有指示，当触接到某级，表中指示为零时，则被测处因无电流通过，该处叠片为接地点。

2）直流法

打开铁心与夹件的连接，在铁轭两侧的硅钢片上施加6V直流电压，再用万用表直流电压挡，依次测量各级铁心叠片间的电压。当表指针指示为零或指针指示相反时，则被测处有故障接地点。

3）电流表法

当变压器出现局部过热，怀疑是铁心有多点接地，可用电流表测接地线电流。因为铁心接地导线和外接地线导管相接，利用其外引接地套管，接入电流表，如测出有电流存在，说明铁心有多点接地处；如果只有一点正常接地，测量时电流表应无电流值或仅有微小电流值。

（2）变压器铁心多点接地的预防措施

制造或大修变压器而需要更换铁心时，要选好材质；裁剪时，勿压坏叠片两面绝缘层，裁剪毛刺要小；保持叠片干净，污物、金属粉粒不可落在叠片上，叠压合理，接地片和铁心要搭接牢固，和地线要焊牢。接地片与铁轭、旁柱的距离符合规定，防止器身受潮使铁心锈蚀，总装变压器时铁心与外壳或油箱的距离应符合规定；其他金属组件、部件不可触及铁心，加强维护，防止过载运行，一旦出现多点接地应及时排除。

例1-11 有台560kV·A电力变压器在运行中有异声且过热。

分析：

该变压器在供电运行中发出，"嚓嚓"响声、手摸外壳烫手，但配电盘上电压表、电流表指示正常；拉闸后吊心检查，发现下夹件垫脚与铁轭间的绝缘纸板脱落且破损，使垫脚铁轭处叠片相碰，导致接地。此时松开上、下夹件紧固螺母，更换上、下铁轭间的绝缘纸板，放正垫脚，重新固定好上、下夹件螺母，就可以排除两点接地故障。

5. 变压器铁心接地、短路故障的检测

检测方法如下：

（1）电流表法

用钳式电流表分别测量夹件接地回路中电流 I_1 和铁心接地回路中电流 I_2。当测得回路中电流相等，判定为上铁轭有多点接地；当所测 $I_2 \gg I_1$，则说明下铁轭有多点接地；当所测 $I_1 \gg I_2$，根据多年测试经验判定为铁心轭部与外壳或油箱相碰。

（2）用兆欧表测量绝缘电阻

用兆欧表检测铁心、夹件、穿心螺杆等件的绝缘电阻时，判定其标准如下：

对运行的大中型变压器，一般采用1000V绝缘电阻表测量穿心螺杆对铁心和对夹件的绝缘电阻。对10kV及以下变压器，绝缘电阻应不小于2MΩ；20~35kV级的绝缘电阻应不小于5MΩ；40~66kV级的绝缘电阻应不小于7.5MΩ；66~220kV高压变压器绝缘电阻应不小于20MΩ。测量结果小于上述规定时，说明有短路故障，应进一步打开接地片，分别测夹件、铁心、穿心螺杆、钢压环件对地的绝缘电阻，找出短路故障并及时排除。

（3）直流电压法

用 12~24V 直流电压施加在铁心上铁轭两侧，再用万用表毫伏挡分别测量各级铁心段的电压降，对称级铁心段的电压降应相等。在测量时若发现某一级电压降非常小，可能该级叠片间有局部短路故障，应进一步检查排除。

（4）双电压表法

给变压器内、外铁心施加一定的励磁电压，来测量铁心内外磁路电压值。具体方法是用两只电压表，电压表 V1 两表笔接内铁心、电压表 V2 接外铁心，如果磁路有故障，则电压表指示为零。当表 V1 为零而 V2 不为零，则外磁路有短路处，当表 V2 为零而 V1 不为零，则内磁路有故障。

6. 变压器运行方式、改接、改造及综合修理

（1）电力变压器并列、解列技术及异常现象处理

1）电力变压器运行方式

变压器运行方式从负载角度上分为额定运行方式及允许过负载运行方式；从接入电网台数上分为单台独立运行供电和两台以上多台并联（又称并列）运行；另外还有不正常运行，如断相运行、欠载运行、三相不平衡运行等。不同运行方式，变压器运行效率不同，其发热和温升不同，出现故障概率不同，因此必须根据具体情况正确分析。

2）电力变压器并联运行的必要性

所谓电力变压器的并联运行，就是将两台或两台以上的电力变压器的一次绕组分别接到电网共同的母线上，二次绕组也连接到共同的母线上，以这样的方式运行称为变压器的并联（列）运行。

① 在大电网里为了解决升压或降压中一台变压器容量不足的问题，必须用两台以上变压器并联使用。

② 多台变压器并联运行时，如某一台有故障退出修理，可由完好的其他并联变压器继续供电，保证重要用户不中断供电。

③ 采用变压器并联运行有利于对供电负载的变化进行调节，负载高峰时可多并联几台，负载低谷时可解列其中一台或数台。

④ 并联运行有利于对变压器进行不中断供电的计划修理，减少备用变压器的数量，有利于用户增容供电。

（2）并联运行变压器防止环流产生的措施

1）当两台或多台变压器并联运行时，虽然并联条件均具备，但有时还会出现环流，这可能是由于分接位置放置不对，或其中一台变压器匝数不对。

2）在三相电源对称下，符合要求的并联变压器会出现环流，为防止环流产生，在并联运行中先要检查分接开关位置与绕组引线接头位置是否正确，按铭牌上连接图的分接位置进行检查，同时转动箱盖上的分接开关手柄，动作要正确和灵活。对并联运行的变压器，在绕组重绕时，一、二次绕组匝数和几何尺寸应正确无误，否则修理后会因匝数不对，造成电压比等参数不对，从而导致环流产生。

例 1-12 某厂有 750kV·A 及 1800kV·A 两台电压等级、连接组别及阻抗电压 $U_k\%$ 一致的变压器。并联投运后，测得二次电压分别为 386.7V（750kV·A）及 383.9V（1800kV·A），测得的电流分别为 1200A 及 1400A，负载分配不成比例。

分析：

两台变压器属同一电压等级，但电压比不一样，二次侧空载电压相差 386.7 − 383.9V ＝ 2.8V，以 750kV·A 二次电压为基础，电压差为 0.724%，对并联运行的变压器，电压最大误差只允许在 0.5% 以内。由于二次电压不同，在两台变压器之间产生环流，电压高的一台（750kV·A）除负载电流外增加了环流，1800kV·A 的变压器电流是负载电流减去环流，故两者负载不按比例分配，长期用下去 750kV·A 的变压器会过热或烧损。

消除环流的办法：由于两台变压器二次电压误差大，只有解决了这个问题，才能使其消除环流，使负载按比例分配。因此复测两台变压器的电压比，将电压比调节至接近相等，若无法调整，可外接一电抗器，用以限制环流，使负载分配合理。

以上所选择的实例以及总结的方法都是在实践的过程中总结出来的，而由于变压器结构复杂，故障也是千变万化，要想真正掌握维修变压器的方法，还要依靠不断实践，并且通过实践来认识和总结出更多的规律。

1.5.4 任务实施

1. 故障检查

经对该变压器进行检查，未发现变压器绕组有接地现象，故该原因导致的绝缘电阻偏低可以排除。但发现去湿器玻璃外壳破裂，外界潮气较长时间由此侵入，去湿器内硅胶变色发霉，吊心检查和油化验，发现油中水分超标，器身受潮，因此故障确定。

2. 故障排除

将变压器身放入烘箱在 (110 ± 5)℃ 下烘干 12h，对变压器油进行真空过滤且化验合格，并更换了去湿器，组装后全面检查合格，排除了该故障。

小　结

变压器是一种静止的电气设备，可以实现变压、变流和变换阻抗的功能。

变压器的基本结构是铁心和绕组，铁心构成磁路，绕组则构成电路。

1. 变压器运行原理

变压器有空载运行和负载运行两种状态，空载运行是负载运行的一种特殊形式。对两种运行状态的理论分析主要集中在基本方程式、等效电路及相量图上。基本方程式是电磁关系的数学表达形式；等效电路是从基本方程式出发，用电路形式来模拟实际变压器；相量图是基本方程式的一种相量图形表示法。这三者是完全一致的，只是从不同侧面来说明变压器运行的物理关系。

2. 变压器的运行特性

变压器的运行特性有外特性和效率特性。电压变化率和效率是衡量变压器运行性能的主要指标。电压变化率表征了变压器负载运行时二次电压的稳定性和供电的质量，而效率则表征了变压器运行的经济性。

3. 三相变压器

三相变压器分为三相组式变压器和三相心式变压器。三相组式变压器每相有独立的磁路，三相心式变压器各相磁路彼此相关。

三相变压器的电路系统是研究变压器绕组的联结法及高、低压侧线电动势之间的相位关系，此相位关系即联结组号，通常用"时钟法表示法"来确定。三相变压器联结组不但与三相绕组的联结方式有关，还与绕组绕向和首末端标记有关。

4. 其他常用变压器

其他常用变压器主要介绍了自耦变压器和仪用互感器。自耦变压器的特点是一、二次绕组间不仅有磁的耦合，而且有电的直接联系。仪用互感器是测量用的变压器，使用时应注意将铁心及二次侧接地，电流互感器二次侧绝不允许开路，而电压互感器二次侧绝不允许短路。

习 题

1-1 变压器有哪些主要部件，其功能是什么？

1-2 变压器二次额定电压是怎样定义的？

1-3 有一台 $S_N = 5000 kV \cdot A$，$U_{1N}/U_{2N} = 10/6.3kV$，Y，d 连接的三相变压器，试求：（1）变压器的额定电压和额定电流；（2）变压器一、二次绕组的额定电压和额定电流。

1-4 变压器的主磁通和漏磁通的性质有何不同？在等效电路中是如何反映它们的作用的？

1-5 变压器空载电流的性质和作用如何，其大小与哪些因素有关？

1-6 电源频率降低，其他各量不变，试分析变压器铁心饱和程度、励磁电流、励磁电抗、漏抗和铁损耗的变化情况。

1-7 某台单相变压器，$U_{1N}/U_{2N} = 220/110V$，若错把二次侧（110V 侧）当成一次侧接到 220V 交流电源上，会产生什么现象？

1-8 如果变压器接在额定电压的直流电源上，这时铁心中的磁通和一次绕组的电流将有什么变化？会发生什么情况？

1-9 变压器空载运行时，一次侧加额定电压，为什么空载电流 I_0 很小？如果接在直流电源上，一次侧也加额定电压，这时一次绕组的电流将有什么变化？铁心中的磁通有什么变化？二次绕组开路和短路时对一次绕组中电流的大小有无影响？

1-10 变压器负载运行时，二次电流分别为 0、$0.6I_{2N}$、I_{2N}，则变压器一次电流应分别是多少？与负载是电阻性、电感性或电容性是否有关？

1-11 一台单相变压器 $S_N = 200 kV \cdot A$，$U_{1N}/U_{2N} = 1000/230V$，已知一次侧参数 $r_1 = 0.1\Omega$，$X_1 = 0.16\Omega$，$r_m = 5.5\Omega$，$X_m = 63.5\Omega$，又知该变压器带额定负载运行时，$\dot{I}_{1N}$ 落后于 $\dot{U}_{1N}$ 的相位角30°，求该变压器空载及满载运行时，一次漏阻抗压降 $I_1 \mid Z_1 \mid$ 及电动势 E_1 大小。比较空载和满载求得的电动势值，说明什么问题？

1-12 某单相变压器数据如下：$S_N = 2 kV \cdot A$，$U_{1N}/U_{2N} = 1100/110V$，$f_N = 50Hz$，短路阻抗 $Z_k = (8 + j28.91)\Omega$，额定电压时空载电流 $I_0 = (0.01 - j0.09)A$，负载阻抗 $Z_L = (10 + j5)\Omega$。试求：（1）变压器近似等效电路；（2）原、副边电流及副边电压；（3）输入功率、输出功率。

1-13 为什么变压器的空载损耗可以近似看成是铁损耗，短路损耗可以近似看成是铜损耗？

1-14 做变压器空载、短路试验时，电压可以加在高压侧，也可以加在低压侧。两种办法试验时，电源输入的有功功率是否相同？测得的参数是否相同？

1-15 什么是变压器的电压变化率和效率？它们与哪些因素有关？何时效率最高？

1-16 三相变压器 $S_N = 5600 kV \cdot A$，$U_{1N}/U_{2N} = 10/6.3kV$；Y，d11 接法，空载及短路试验数据如下：（室温25℃，铜绕组）

	线电压/V	线电流/A	功率/W	备 注
空载	6300	7.4	18000	低压侧加压
短路	550	323.3	56000	高压侧加压

试求：（1）额定负载且功率因数 $\cos\varphi_2 = 0.8$（滞后）时的二次端电压；（2）额定负载且功率因数 $\cos\varphi_2 = 0.8$（滞后）时的效率；（3）$\cos\varphi_2 = 0.8$（滞后）时的最大效率。

1-17　某三相变压器，$S_N = 750\text{kV}\cdot\text{A}$，$U_{1N}/U_{2N} = 10/0.4\text{kV}$，Y，yn0 联结。低压侧做空载试验，测出 $U_{20} = 400\text{V}$，$I_{20} = 60\text{A}$，$p_0 = 3800\text{W}$。高压侧做短路试验，测得 $U_{1k} = 440\text{V}$，$I_{1k} = 43.3\text{A}$，$p_k = 10900\text{W}$，室温 20℃，铜绕组。试求：（1）折算到高压侧的变压器"T"形等效电路参数并画出等效电路图（设 $r_1 = r'_2$，$X_1 = X'_2$）；（2）当额定负载且 $\cos\varphi_2 = 0.8$（滞后），$\cos\varphi_2 = 0.8$（超前）时的电压变化率、二次端电压和效率。

1-18　三相变压器组和三相心式变压器在磁路上各有什么特点？

1-19　变压器出厂前要进行"极性试验"，如图 1-40 所示，在 U1、U2 端加电压，将 U2 和 u2 相连，用电压表测 U1、u_1 间电压。设变压器额定电压为 220V/110V，如 U1、u_1 为同极性端，电压表的读数为多少？如不为同极性端，则读数又为多少？

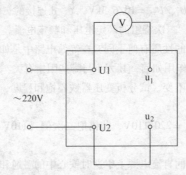

图 1-40　变压器的极性试验图

1-20　什么是三相变压器的联结组，影响联结组的因素有哪些？如何用时钟法来表示并确定联结组标号？

1-21　三相变压器的一、二次绕组按图 1-41 连接，试画出它们的电动势相量图，并判断其联结组。

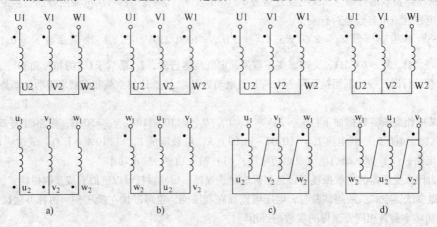

图 1-41　三相变压器的一、二次绕组联结图

1-22　自耦变压器是如何传递功率的？具有什么特点？

1-23　电压互感器和电流互感器的功能是什么？使用时须注意哪些事项？

项目 2　三相异步电动机的原理、控制与检修

> ➤ **教学目标**
> 1. 掌握三相异步电动机的结构。
> 2. 理解三相异步电动机的工作原理和铭牌数据。
> 3. 掌握三相异步电动机的机械特性及运行性能。
> 4. 理解三相异步电动机的功率、电磁转矩的分析计算。
> 5. 掌握三相异步电动机的拆装方法。
> 6. 熟悉三相异步电动机的常见故障及维修方法。
> 7. 掌握行程开关、接触器、继电器的符号、作用，并能结合实际需要正确选用。
> 8. 理解三相异步电动机起动、调速、制动的原理、实现方法及控制线路。

现代各种机械都广泛使用电动机来拖动。电动机按电源种类的不同可分为交流电动机和直流电动机，交流电动机又分为异步电动机和同步电动机两大类。异步电动机和其他电动机相比具有结构简单、制造容易、价格低廉、运行可靠、维护方便等特点，所以异步电动机得到了广泛的应用。异步电动机的容量从几十瓦到几千千瓦，在国民经济的各行各业中应用极为广泛，例如在工业方面应用于中小型轧钢设备、各种金属切削机床、轻工机械、矿山机械、通风机、压缩机等；在农业方面，水泵、脱粒机、粉碎机及其他农副产品加工机械等，都是用异步电动机拖动的。

任务 2.1　三相异步电动机的原理与检修

2.1.1　任务描述

异步电动机在长期使用过程中，可能发生各种故障，影响正常生产，为了提高生产效率，避免较大故障的发生，应定期或不定期对电动机进行检修和维护。现有一台三相四极异步电动机，维修后通车试运行却不能起动。判断原因并说明处理办法。

2.1.2　任务分析

每台电动机的外壳上都附有一块铭牌，标注了电动机的型号和主要技术数据，铭牌数据是正确选用和维修电动机的依据，而正确拆装电动机是确保维修质量的前提，熟悉电动机的结构、工作原理与特性是检修电动机的关键。所以下面首先学习电动机的结构、工作原理、三相异步电动机的故障及排除方法。

2.1.3　相关知识

1. 三相异步电动机的结构

三相异步电动机的种类很多，从不同的角度看，有不同的分类方法。若按转子绕组结构

分类，有笼型异步电动机和绕线转子异步电动机；若按机壳的防护形式分类，有防护式、封闭式、开启式。还可按电动机容量的大小、冷却方式等分类。虽然三相异步电动机的种类繁多。但基本结构是相同的，它们都是由定子和转子两大基本部分组成，在定子和转子之间具有一定的气隙。三相笼型异步电动机的结构如图 2-1 所示。

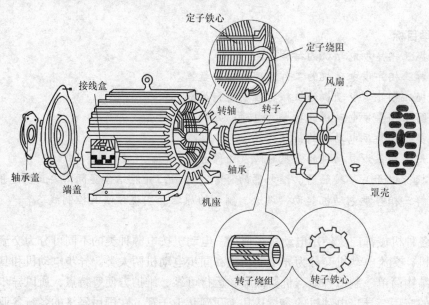

图 2-1　三相笼型异步电动机的结构

（1）定子

定子是电动机的固定部分，用来产生旋转磁场。由定子铁心、定子绕组、机座和端盖等组成。

1）定子铁心

定子铁心是电动机磁路的一部分，其作用一是导磁，二是嵌放定子绕组。为了导磁性能良好和减少交变磁场引起的铁心涡流损耗，定子铁心采用两面涂有绝缘漆 0.5mm 厚的硅钢片叠压而成。在定子铁心的内圆冲有沿圆周均匀分布的槽，在槽内嵌放三相定子绕组，如图 2-2 所示。

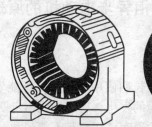

a）已装入机座内的定子铁心　　b）定子铁心硅钢片

图 2-2　定子铁心及定子冲片

2）定子绕组

定子绕组是电动机的定子电路部分，通入三相交流电产生旋转磁场。它由嵌放在定子铁心槽中的线圈按一定的规律连成三相定子绕组，三相绕组在空间布置上对称、匝数、线径相同，且绕组在空间互差 120°电角度，线圈采用高强度漆包铜线或铝导线绕制而成。三相定子绕组根据其中铁心槽内的布置方式不同可分为单层绕组（图 2-3c）和双层绕组（图 2-3a、b）。小容量三相电动机常采用单层绕组，容量较大的三相电动机常采用双层绕组，三相定子绕组之间及绕组与定子铁心槽间均以绝缘材料绝缘，槽口的绝缘线圈边还需用槽楔固定。槽绝缘、层间绝缘及相间绝缘常采用聚酯薄膜青壳纸、聚酯薄膜、聚酯薄膜玻璃漆布箔和聚四氟乙烯等绝缘材料制作，槽楔常用竹、胶布板和环氧玻璃布板等非磁性材料制作。

三相定子绕组的六个出线端都引至接线盒上，首端分别为 U1、V1、W1，末端分别为 U2、V2、W2，有的电动机用 A、B、C 和 X、Y、Z 来表示三相绕组的三个首段和末段，根据需要接成星形（丫）或三角形（△），如图 2-4 所示。

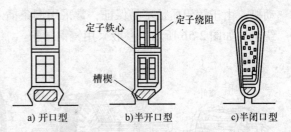

图 2-3　定子铁心槽型和绕组分布示意图

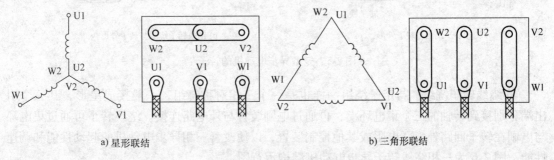

a) 星形联结　　　　　　　　　　　b) 三角形联结

图 2-4　定子绕组的联结

3）机座

机座是电动机机械结构的组成部分，主要作用是固定定子铁心和定子绕组，并通过两侧的端盖和轴承来支撑电动机的转子。电动机运行时，因内部损耗而发生的热量通过铁心传给机座，再由机座表面散发到周围空气中。为了增加散热面积，一般电动机在机座外表面设计为散热片状。

4）端盖

用铸铁或铸钢浇铸成型，它的作用是把转子固定在定子内腔中心，使转子能够在定子中均匀地旋转。

（2）转子

转子是电动机的旋转部分，由转子铁心、转子绕组和转轴等组成。

1）转子铁心

转子铁心是电动机主磁路的一部分，并放置转子绕组。它采用 0.5mm 厚的硅钢片冲制、叠压而成圆柱体，中间安装转轴，外圆上冲有均匀分布的槽孔，用来安置转子绕组。

2）转子绕组

转子绕组是转子的电路部分，它的作用是切割定子旋转磁场产生感应电动势和感生电流，并形成电磁转矩，而使电动机旋转。转子绕组根据构造的不同分为笼型转子绕组和绕线转子绕组。

① 笼型转子绕组。一个多相对称绕组，各相绕组均由单根导条组成。在转子铁心的每个槽中插入一根导条，在伸出铁心的两端分别用两个导电端环把所有的导条连接起来，形成一个自行闭合的短路绕组，若去掉铁心，剩下来的绕组形状就像一个松鼠的笼子，所以称之为笼型绕组。如图 2-5 所示。对于中小型异步电动机，笼型转子绕组一般采用铸铝，将转子导条、端环和风扇用铝液一次浇铸而成，如图 2-5a 所示，对于 100kW 以上的大容量异步电

动机,由于铸铝质量不易保证,常采用铜条插入转子槽内,在铜条两端焊上铜环。构成笼型绕组,如图 2-5b 所示。一般采用铸铜转子。

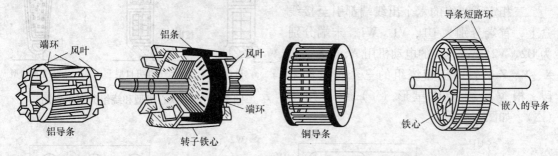

图 2-5　笼型异步电动机的转子

② 绕线转子绕组。与定子绕组一样也是一个三相对称绕组,一般接成星形,其三个引出端分别接到转轴的三个集电环上,再通过电刷装置与外电路连接。绕线转子可通过集电环与电刷在转子回路外串联电阻或其他控制装置,以便改善三相异步电动机的起动性能和调速性能。图 2-6 为三相绕线转子异步电动机结构示意图。

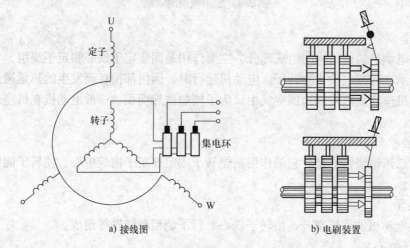

图 2-6　三相绕线转子异步电动机示意图

3）转轴

转轴是支撑转子铁心和输出转矩的部件,它必须具有足够的刚度和强度。转轴一般用中碳钢车削加工而成,轴伸端铣有键槽,用来固定带轮或联轴器。

（3）气隙

气隙是指三相异步电动机的定子铁心内圆表面与转子铁心外圆表面之间的空气隙。中、小型异步电动机中的气隙一般为 0.2~1.5mm。气隙大小对电动机性能影响很大。气隙太大,则磁阻大,由电网提供的励磁电流大,使电动机运行时的功率因数降低;气隙太小,装配困难,运行时定子、转子发生摩擦,电机运行不可靠。

（4）其他部件

其他部件包括轴承、轴承端盖和风扇等。轴承用来连接转动部分和固定部分,目前都采用滚动轴承减小摩擦力；轴承端盖保护轴承，使轴承内的润滑脂不致溢出，并防止灰、砂等脏物进入；风扇用于冷却电动机。

2. 三相异步电动机的铭牌

每一台三相异步电动机，在其机座上均有一块铭牌。铭牌上标注有型号、额定值等电动机的主要技术数据，是选择、安装、使用和修理电动机的重要依据，如图2-7所示。

三相异步电动机						
型号	Y90L-4	电压	380V	接法	Y	
容量	1.5kW	电流	3.7A	工作方式	连续	
转速	1400r/min	功率因数	0.79	温升	90℃	
频率	50Hz	绝缘等级	B	出厂年月	×年×月	
×××电机厂		产品编号		重量		kg

图 2-7　三相异步电动机铭牌

（1）型号

三相异步电动机的型号是为了便于各部门业务联系和简化技术文件对产品名称、规格、形式的叙述而引用的一种代号，由汉语拼音字母、国际通用符号和阿拉伯数字三部分组成。如：型号为 Y90L-4 中的 Y 是产品代号，代表三相异步电动机；90L-4 是规格代号，90 代表中心高 90mm，L 代表中机座（短机座用 S 表示，长机座用 L 表示），4 代表 4 极。

（2）额定值

1）额定功率 P_N

电动机在额定状态下运行时，电动机转子轴上输出的机械功率，单位为千瓦（kW）。

2）额定电压 U_N

电动机在额定运行的情况下，加在三相定子绕组出线端的线电压，单位为 V。

3）额定电流 I_N

电动机在额定电压下，轴上输出额定功率时，三相定子绕组的线电流，单位为 A。

三相异步电动机额定功率、电压、电流之间有如下关系：

$$P_N = \sqrt{3} U_N I_N \cos\varphi_N \eta_N$$

式中　$\cos\varphi_N$——额定功率因数；

　　　η_N——额定效率。

4）额定转速 n_N

电动机在额定运行状态下转子每分钟的转速，单位为 r/min。

5）额定频率 f_N

电动机所接的交流电源的频率，我国电网的频率（即工频）规定为 50Hz。

（3）定子绕组接法

额定运行时，三相异步电动机定子绕组应采用的联结方式。有些电动机铭牌上有两个电压值 220/380V，接线组有三角形（△）和星形（丫）两种。这表示电网电压为 220V 时定子绕组应接成三角形，电压为 380V 时，定子绕组应接成星形。

（4）绝缘等级

绝缘等级指电动机各绕组及其他绝缘部件所采用绝缘材料的耐热能力,它表明三相电动机允许的最高工作温度。它与电动机绝缘材料所承受的温度有关。A 级绝缘为 105℃,E 级绝缘为 120℃,B 级绝缘为 130℃,F 级绝缘为 155℃,H 级绝缘为 180℃。

(5)工作方式

为了适应不同负载需要,按负载持续时间的不同,国家标准把电动机分成了三种工作方式:连续工作制、短时工作制和断续周期工作制。

S1 表示连续工作,允许在额定情况下连续长期运行,如水泵、通风机等设备所用的异步电动机。

S2 表示短时工作,是指电动机工作时间短(在运转期间,电动机未达到允许温升),而停车时间长(足以使电动机冷却到接近周围环境温度)的工作方式,如机床的尾架、横梁的移动等。

S3 表示断续工作,又称为重复短时工作,是指电动机运行于停车交替的工作方式,如吊车、起重机等。

工作方式为短时和断续的电动机若以连续工作方式运行时,必须相应减轻其负载,否则电动机将因过热而损坏。

例 2-1 一台 Y160M2-2 三相异步电动机的额定数据如下:$P_N = 15\text{kW}$,$U_N = 380\text{V}$,$\cos\varphi_N = 0.88$,$\eta_N = 88.2\%$,定子绕组为三角形联结。试求该电动机的额定电流和对应的相电流。

解: 该电动机的额定电流为

$$I_N = \frac{P_N}{\sqrt{3}U_N\cos\varphi_N\eta_N} = \frac{15 \times 10^3\text{W}}{\sqrt{3} \times 380\text{V} \times 0.88 \times 0.882} \approx 29.4\text{A}$$

相电流为

$$I_{N\phi} = \frac{I_N}{\sqrt{3}} = \frac{29.4\text{A}}{\sqrt{3}} \approx 17\text{A}$$

3. 三相异步电动机的工作原理

三相异步电动机旋转原理如图 2-8 所示。在一个可旋转的马蹄形磁铁中间,放置一只可以自由转动的笼型短路线圈。当转动马蹄形磁铁时,笼型转子就会跟着一起旋转。这是因为磁铁转动时,其磁力线(磁通)切割笼型转子的导体,在导体中因电磁感应而产生感应电动势,由于笼型转子本身是短路的,在电动势作用下导体中就有电流流过,该电流又和旋转磁场相互作用,产生转动力矩,驱动笼型转子随着磁场的转向而旋转起来,这就是异步电动机的简单旋转原理。实际使用的异步电动机其旋转磁场不可能

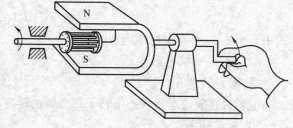

图 2-8 三相异步电动机旋转原理

靠转动永久磁铁来产生,因为电动机的功能是将电能转换为机械能。三相异步电动机磁场是旋转的。那么旋转磁场是怎么产生的?

(1)旋转磁场的产生

三相异步电动机的定子绕组是一个空间位置对称的三相绕组,如果在定子绕组通入三相对称的交流电流,就会在电动机内部建立起一个恒速旋转的磁场,称为旋转磁场,它是异步

电动机工作的基本条件。旋转磁场产生的条件是三相对称绕组通以三相对称电流。

三相对称绕组是指三相绕组匝数相同、线径相同、连接规律相同；三相绕组必须在空间布置上各相轴线互差120°电角度；三相绕组中通有三相对称的交流电。

三相对称电流的瞬间表达式为

$$i_U = I_m \sin\omega t$$
$$i_V = I_m \sin(\omega t - 120°)$$
$$i_W = I_m \sin(\omega t + 120°)$$

则各项电流随时间变化的曲线如图 2-9 所示。可见三相电流在时间上相差 120° 电角度。

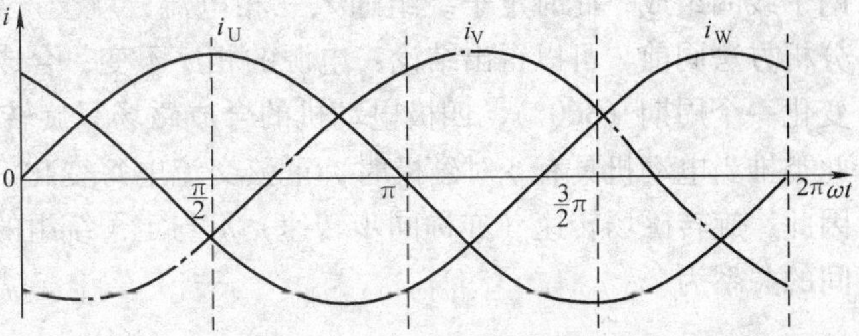

为了分析方便，以两极电动机为例，由于三相电流随时间的变化是连续的，且极为迅速，因此我们可以通过几个特定的瞬间来考察三相电流产生的合成磁效应。为此，选择 $\omega t = 0$，$\omega t = \dfrac{\pi}{2}$，$\omega t = \pi$，$\omega t = \dfrac{3\pi}{2}$，$\omega t = 2\pi$ 五个特定瞬间，并规

图 2-9 三相电流的变化曲线

定电流为正值时，电流从每相绕组的首端（U1、V1、W1）流进，末端（U2、V2、W2）流出；电流为负值时，电流从每相绕组的末端流进，首端流出；在表示线圈导线的"○"内，用"×"号表示电流流入，用"·"号表示电流流出。

1）在 $\omega t = 0$ 的瞬间，从三相电流变化曲线可得出，$i_U = 0$，故 U1U2 绕组中无电流；i_V 为负，即电流从末端 V2 流入，从首端 V1 流出；i_W 为正，即电流从绕组首端 W1 流入，由末端 W2 流出。根据右手螺旋定则，可知这三个线圈中的电流产生的合成磁场方向如图 2-10a 所示。这是一对磁极的磁场，磁感线自上而下，即上方相当于 N 极，下方相当于 S 极。

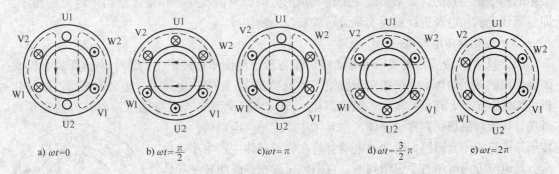

a) $\omega t = 0$ b) $\omega t = \dfrac{\pi}{2}$ c) $\omega t = \pi$ d) $\omega t = \dfrac{3}{2}\pi$ e) $\omega t = 2\pi$

图 2-10 两极定子绕组的旋转磁场

2）在 $\omega t = \pi/2$ 的瞬间，i_U 为正，电流从首端 U1 流入，末端 U2 流出；i_V 为负，电流仍从末端 V2 流入，首端 V1 流出；i_W 为负，电流从末端 W2 流入，首端 W1 流出。绕组中电流产生的合成磁场如图 2-10b 所示，可见合成磁场顺时针转过了90°。

3）用同样的方法分析，$\omega t = \pi$，$3\pi/2$，2π 的不同瞬间三相交流电在三相定子绕组中产生的合成磁场，可得到如图 2-10c、d、e 所示的变化。它们依次较前转过90°。观察这些图中合成磁场的分布规律为合成磁场的方向按顺时针方向旋转，并旋转了一周。由此可见，对于两极（$p=1$）异步电动机，通入定子绕组的三相电流变化一周期，合成磁场在空间旋转了一周。因此可得出结论：在三相异步电动机定子铁心中布置结构完全相同，在空间各相差120°电角度的三相定子绕组，分别向三相定子绕组通入三相交流电，则在定子、转子与空气隙中产生一个沿定子内圆旋转的磁场，该磁场称为旋转磁场。

（2）旋转磁场的转速和转向

由以上分析可以看出，异步电动机定子绕组中的三相电流所产生的合成磁场是随着电流的变化在空间不断旋转，形成一个具有一对磁极（磁极对数 $p=1$）的旋转磁场。三相电流变化一周（即360°电角度），合成磁场在空间旋转一周（360°）；如果每相绕组是由串联的两个线圈组成，此时定子绕组通入三相电流，就会产生四极（磁极对数 $p=2$）旋转磁场，分析方法同前，可以得出结论：电源的相序不变，合成磁场的旋转方向也不变；三相交流电变化一个周期（360°），四极电动机的合成磁场只旋转了半圈（即转过180°机械角度），以此类推当电动机具有 p 对磁极时，正弦交流电每变化一周，其旋转磁场在空间转过 $1/p$ 转。因此，旋转磁场转速（亦称同步转速）n_1 与定子绕组的电源频率 f_1、电动机的磁极对数 p 之间的关系为

$$n_1 = \frac{60f_1}{p} \tag{2-1}$$

国产的异步电动机，定子绕组所接交流电源的频率为50Hz，所以不同极对数的异步电动机的同步转速也就不同，见表2-1。

表2-1　异步电动机转速和磁极对数的对应关系

磁极对数 p	1	2	3	4	5	6
同步转速 n_1（r/min）	3000	1500	1000	750	600	500

旋转磁场的旋转方向与三相绕组中的电流相序有关。其旋转的方向与三相电源接入定子绕组的相序是一致的。如果要改变旋转磁场的方向，只需改变三相定子绕组中电流的相序，即对调任意两相电源进线就可实现旋转磁场反向旋转。

（3）三相异步电动机的工作原理

图2-11是一台三相笼型异步电动机定子与转子剖面图，转子上的六个小圆圈表示自成闭合回路的转子导体。当三相定子绕组 U1U2、V1V2、W1W2 中通入三相交流电后，按前分析可知将在定子、转子及其空气隙内产生一个同步转速为 n_1，在空间按顺时针方向旋转的磁场。该旋转磁场切割转子导体，在导体中产生感应电动势，由于转子导体自成闭合回路，因此该电动势将在转子导体中产生感应电流。其电流方向可用右手定则判断。可以判定出在该瞬间转子导体的电流方向如图2-11所示，即电流从转子上半部的导体中流出，流入转子下半部导体中。根据安培定律，有电流流过的转子导体将在旋转磁场中受到电磁力 f 的作用，其方向可用左手定则判断，见图2-11中的箭头，转子上所有导条受到的电磁力 f 对电动机的转轴形成电磁转矩 T，使三相异步电动机以转速 n 顺时针旋转，转向与旋转磁场的方向相同。

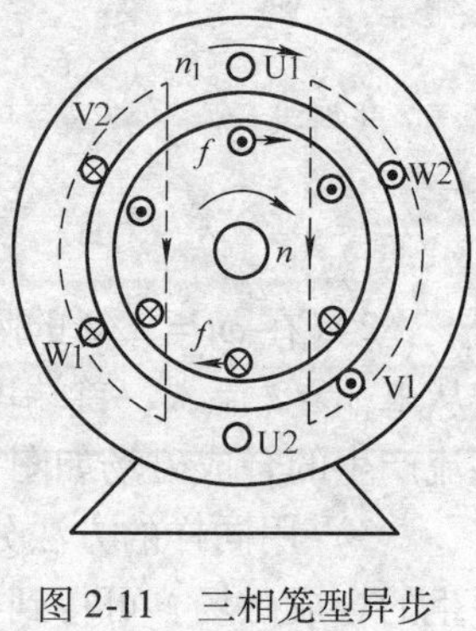

图2-11　三相笼型异步电动机的工作原理

由此可以归纳出三相异步电动机的工作原理：当对称三相定子

绕组通入三相对称电流，产生以同步转速旋转的气隙旋转磁场。转子导体切割旋转磁场，在自行闭合的转子绕组中产生感应电动势和感应电流，载有电流的转子导体在磁场中受电磁力的作用，形成电磁转矩，带动转子顺旋转磁场的方向转动起来，若转轴上带有负载，电动机将输出机械功率，从而完成电能向机械能的转换。

转子的旋转速度一般称为电动机的转速，用 n 表示。根据前面的分析可知，转子的转向与旋转磁场的方向相同，一般情况下，异步电动机的转速 n 不能达到旋转磁场的转速 n_1 同向，总是略小于 n_1。异步电动机的转子之所以受到电磁转矩作用而转动，关键在于转子导条与旋转磁场之间存在一种相对运动，才会产生电磁感应作用。如果转子转速 n 达到同步转速 n_1，则转子导条与旋转磁场之间就不再有相对运动，转子导体内就不可能产生感应电动势，也就不会产生电磁力和电磁力矩，所以，异步电动机的转速 n 总是低于旋转磁场的转速 n_1，这就是异步电动机"异步"的含义。

（4）转差率

转差 $(n_1 - n)$ 是异步电动机运行的必要条件。同步转速 n_1 与转子转速 n 之差对同步转速 n_1 的比值称为转差率，用符号 s 表示，即

$$s = \frac{n_1 - n}{n_1} \times 100\% \qquad (2-2)$$

转差率是异步电动机的一个基本参数，它对电动机的运行有着极大影响。它的大小同样反映转子的转速，即 $n = n_1(1 - s)$。它与电动机的转速、电流和力矩等有着密切联系，决定了转子电动势及频率。

由于异步电动机工作在电动状态时，其转速与同步转速方向一致但低于同步转速，所以电动状态的转差率 s 的范围为 $0 \sim 1$。其中 $s = 0$，是理想空载状态；在电动机起动瞬间，$n = 0$，$s = 1$，此时，转子与旋转磁场间的相对转速最大，旋转磁场切割转子导体最快，所以此时 f_2 最大，即 $f_1 = f_2$；在额定状态下运行时，其额定转速接近同步转速，额定转差率 $s_N = 0.01 \sim 0.06$。当电动机空载时（轴上没有拖动机械负载，电动机空转）。由于电动机只需克服空气阻力及摩擦阻力，故转速 n 与同步转速 n_1 相差甚微，转差率 s 很小，为 $0.004 \sim 0.007$。

（5）异步电动机的三种运行状态

1）电动机运行状态（$0 < s < 1$）

异步电动机转子拖动所带机械设备转动，异步电动机转子转速小于定子旋转磁场的转速，且方向相同。旋转磁场与转子中感应电流相互作用，产生一个与旋转磁场转向相同的驱动性质的电磁转矩，即为电动机的电动运行状态，输入电功率，输出机械功率，如图 2-12b 所示。

2）发电机运行状态（$-\infty < s < 0$）

异步电动机所带机械设备拖动转子转动，使异步电动机的转速超过同步转速。转子导体切割旋转磁场的方向与电动运行状态相反，因此感应电动势和电流的方向也发生变化，产生的电磁力形成的电磁转矩的方向与转子的转动方向相反，即电磁转矩变为制动力矩。此时机械设备由负荷变成了原动机，其输入的机械能通过异步电动机转化为电能。即电动机此时输入机械功率，输出电功率，处于发电状态运行，如图 2-12a 所示。

3）电磁制动运行状态（$1 < s < +\infty$）

异步电动机在某种外力的作用下，使转子逆着旋转磁场的方向旋转，如起重机下放重物

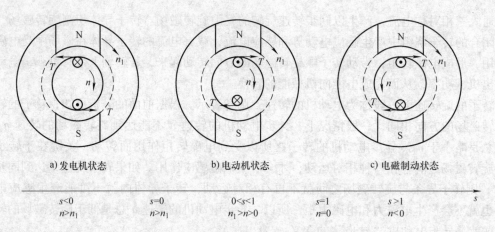

| a) 发电机状态 | b) 电动机状态 | c) 电磁制动状态 |

| $s<0$ | $s=0$ | $0<s<1$ | $s=1$ | $s>1$ | s |
| $n>n_1$ | $n>n_1$ | $n_1>n>0$ | $n=0$ | $n<0$ | |

图 2-12 转差率 s 与异步电动机的运行状态

时。转子导体将以高于同步转速的速度切割旋转磁场，切割方向与电动机电动运行状态时相同，因此，转子导体中的电动势、电流及电磁转矩的方向都与电动机电动运行状态相同，但这时的电磁转矩方向与转子的转向不同，电磁转矩对外力起制动作用，如图 2-12c 所示。

例 2-2 一台三相异步电动机的额定转速 $n_N=960\text{r/min}$，试求该电动机的极对数和额定转差率；另一台三相异步电动机的额定转差率 $s_N=0.05$，试求该电动机的额定转速。

解：因为电动机的额定转速 n_N 低于它的同步转速 n_1，$n_1=\dfrac{60f_1}{p}$，而 $f_1=50\text{Hz}$。对照表 2-1 极对数与同步转速的数值关系，可得额定转速 $n_N=960\text{r/min}$，异步电动机所对应的同步转速 $n_1=1000\text{r/min}$。因此该三相异步电动机的磁极对数为 $p=\dfrac{60f_1}{n_1}=\dfrac{60\times50}{1000}=3$

额定转差率
$$s_N=\frac{n_1-n_N}{n_1}=\frac{1000-960}{1000}=0.04$$

对另一台四极电动机的额定转差率 $s_N=0.05$ 的电动机：

同步转速
$$n_1=\frac{60f_1}{p}=\frac{60\times50}{2}\text{r/min}=1500\text{r/min}$$

额定转速
$$n_N=n_1(1-s)=1500\times(1-0.05)\text{r/min}=1425\text{r/min}$$

4. 三相异步电动机的运行原理和等效电路

（1）三相异步电动机的运行原理

三相异步电动机的工作原理与变压器有许多相似之处，三相异步电动机的定子绕组相当于变压器的一次绕组，转子绕组则相当于变压器的二次绕组。变压器是利用电磁感应把电能从一次绕组传递给二次绕组；三相异步电动机定子绕组从电源吸取的能量，也是靠电磁感应作用，将能量从定子传递到转子的。变压器与异步电动机也有不同，主要区别：一是变压器铁心中的磁场是脉动磁场，而异步电动机气隙中的磁场是旋转磁场；二是变压器二次侧是静止的，输出电功率；异步电动机转子是转动的，输出机械功率。因此当异步电动机转子未动时，转子中各物理量的分析与计算可用变压器的方法进行。但当转子转动后，转子中的感应电动势及电流的频率就要变化，随之引起转子的感抗、转子的功率因数等也跟着变化。因此，可以用分析变压器的基本方法来分析异步电动机内部的电磁关系。

1）旋转磁场对定子绕组的作用

在异步电动机的三相定子绕组通入三相交流电后，产生旋转磁场，该旋转磁场将在不动的定子绕组中产生感应电动势 E_1。

$$E_1 = 4.44K_1N_1f_1\Phi_m \tag{2-3}$$

式中　E_1——定子绕组感应电动势有效值（V）；

　　　K_1——定子绕组的绕组系数，$K_1 < 1$；

　　　N_1——定子每相绕组的匝数；

　　　f_1——定子绕组感应电动势频率（Hz）；

　　　Φ_m——旋转磁场每极磁通最大值（Wb）。

由于定子绕组本身的阻抗压降比电源电压要小得多，即可以近似认为电源电压 U_1 与感应电动势 E_1 相等，即

$$U_1 \approx E_1 = 4.44K_1N_1f_1\Phi_m \tag{2-4}$$

2）旋转磁场对转子绕组的作用

① 转子感应电动势及电流的频率

对于转子而言，旋转磁场是以 $(n_1 - n)$ 的速度相对于转子旋转。如果旋转磁场的磁极对数为 p，则转子感应电动势及电流的频率为

$$f_2 = \frac{p(n_1 - n)}{60} = \frac{n_1 - n}{n_1} \cdot \frac{pn_1}{60} = sf_1 \tag{2-5}$$

可见转子电动势的频率 f_2 与转差率 s 有关，即与转子的转速 n 有关。当转子不动时，即 $s = 1$，则 $f_1 = f_2$。当转子达到同步转速时，$s = 0$，则 $f_2 = 0$，即转子导体中没有感应电动势及电流。

② 转子绕组感应电动势 E_2

$$E_2 = 4.44K_2N_2f_2\Phi_m = 4.44K_2N_2sf_1\Phi_m \tag{2-6}$$

式中　K_2——转子绕组的绕组系数；

　　　N_2——转子每相绕组的匝数。

当转子不动时的感应电动势 E_{20}

$$E_{20} = 4.44K_2N_2f_1\Phi_m$$

故可得　　　　　　　　　　$E_2 = sE_{20} \tag{2-7}$

③ 转子的电抗和阻抗

$$Z_2 = \sqrt{{r_2}^2 + {X_2}^2} \tag{2-8}$$

式中　r_2——转子每相绕组的电阻（Ω）；

　　　X_2——转子每相绕组的漏电抗（Ω）；

　　　Z_2——转子每相绕组的阻抗（Ω）。

④ 转子电流和功率因数

转子每相绕组的电流 I_2 为

$$I_2 = \frac{E_2}{Z_2} = \frac{sE_{20}}{\sqrt{{r_2}^2 + (sX_{20})^2}} \tag{2-9}$$

式中　X_{20}——转子不动时每相绕组的漏电抗。

转子电路的功率因数 $\cos\varphi_2$ 为

$$\cos\varphi_2 = \frac{r_2}{Z_2} = \frac{r_2}{\sqrt{{r_2}^2 + (sX_{20})^2}} \qquad\qquad (2\text{-}10)$$

（2）三相异步电动机的等效电路

仿照变压器的分析，可得三相异步电动机负载运行时的定、转子电路，该电路中电动机电路因定、转子电路的频率不同，要得到像变压器那样的 T 形等效电路，需要进行两次归算，一是频率归算，二是绕组归算。频率归算是指用一个具有定子频率 f_1 的等效静止转子电路去代换实际的频率为 f_2 的转子电路，因为 $f_2 = sf_1$，当转子静止时，$s = 1$，$f_2 = f_1$，这说明转子频率和定子频率相等时，转子是静止的，所以要进行频率归算，就需用一个静止的转子电路去代换实际转动的转子电路，便可达到频率折算的目的；定、转子频率虽然相同了，但是还不能把定、转子电路连接起来，所以还要像变压器那样进行绕组归算，才可得出如图 2-13 所示的三相异步电动机 T 形等效电路。三相异步电动机的 T 形等效电

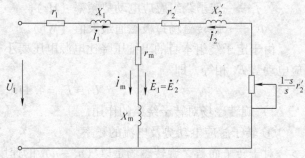

图 2-13　异步电动机 T 形等效电路

路以电路的形式综合了电动机的电磁过程，因此它必然反映各种运行状态。下面我们从 T 形等效电路去看几种典型的运行状态。

1）异步电动机空载运行时

电动机空载运行时，转差率 $s \approx 0$，T 形等效电路中代表机械负载的附加电阻 $(1-s)r_2'/s \to \infty$，转子电路相当于开路，这时转子电流 $I_2' \approx 0$，$\dot{I}_1 = \dot{I}_0$，且 $\dot{I}_0$ 主要用于产生主磁通，所以空载运行时，定子电流即空载电流很小，且功率因数很低。

2）异步电动机额定运行时

异步电动机带有额定负载时，转差率 $s_N \approx 0.02 \sim 0.06$，这时 $r_2'/s \rangle\rangle \ X_2'$，转子电路基本上是电阻性的，所以转子的功率因数 $\cos\varphi_2 \approx 1$，定子电流 $\dot{I}_1$ 由励磁分量 $\dot{I}_0$ 和负载分量 $-\dot{I}_2'$ 两部分组成，且增加到额定值，定子的功率因数 $\cos\varphi_1 \approx 0.8 \sim 0.9$。

3）异步电动机起动时

异步电动机的"起动"瞬间即为转子的"堵转"状态，此时 $s = 1$，代表机械负载的附加电阻 $(1-s)r_2'/s = 0$，相当于转子电路处于短路状态，所以转子电流很大，且转子功率因数很低，使定子电流即起动电流也很大，定子功率因数也很低。

5. 三相异步电动机的功率和转矩

异步电动机是通过电磁感应作用把电能传送到转子再转化为轴上输出的机械能的。三相异步电动机的机电能量转换过程和直流电动机相似，不过异步电动机中的电磁功率却在定子绕组中发生，然后经过气隙送给转子，扣除一些损耗以后，从轴上输出。下面根据异步电动机的 T 形等效电路说明其功率的转换过程，然后进一步推导其功率平衡方程式和转矩平衡方程式。

（1）功率平衡关系

1）异步电动机的功率转换过程

异步电动机运行时，把输入到定子绕组中的电功率转换成转子轴上输入的机械功率。在能量变换过程中，不可避免地会产生一些损耗。从图2-14所示的功率损耗分布图可以看出，P_1的一小部分用于定子电阻上的铜损耗p_{Cu1}，还有一小部分用于定子铁心中的铁损耗p_{Fe}，余下的大部分电功率借助于气隙旋转磁场由定子传送到转子，这部分功率就是异步电动机的电磁功率P_{em}。电磁功率传递到转子后，必伴生转子电流，电流在转子绕组中流过，在转子电阻上又产生了铜损耗p_{Cu2}，正常运行时，转子频率很小，所以转子铁损常略去不计。这样，从定子传递到转子的电磁功率仅需扣除转子铜损耗，便是使转子旋转的总机械功率P_{mec}，因为电动机运行时还有轴承磨损和风磨损等机械损耗p_m以及高次谐波和转子铁心中的横向电流引起的附加损耗p_{ad}，所以总机械功率补偿了机械损耗p_m和附件损耗p_{ad}后，才是轴上输出的净机械功率P_2。异步电动机功率和能量转换的关系可形象地用功率流程图来表示，如图2-15所示。

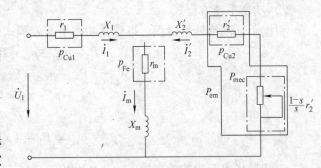

图2-14 三相异步电动机功率损耗分布图

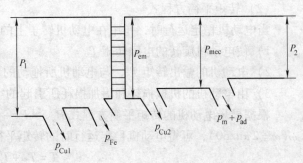

图2-15 三相异步电动机的功率流程图

① 电动机输入的电功率为

$$P_1 = m_1 U_1 I_1 \cos\varphi_1 \tag{2-11}$$

式中　U_1——定子的相电压；

　　　I_1——定子的相电流；

　　$\cos\varphi_1$——定子的功率因数。

② 定子铜损为　　　　　　$p_{Cu1} = m_1 I_1^2 r_1$

③ 定子铁损为　　　　　　$p_{Fe} = m_1 I_0^2 r_m$

④ 电磁功率为　　　$P_{em} = P_1 - p_{Cu1} - p_{Fe} = m_1 E_2' I_2' \cos\varphi_2 = m_1 I_2'^2 \dfrac{r_2'}{s}$ (2-12)

式中　$\cos\varphi_2$——转子的功率因数。

⑤ 转子铜损为　　　　　　$p_{Cu2} = m_1 I_2'^2 r_2'$

⑥ 转轴上总的机械功率为　　$P_{mec} = m_1 \dfrac{1-s}{s} r_2' I_2'^2$ (2-13)

⑦ 电动机轴上输出的功率为　$P_2 = P_{mec} - p_0$ (2-14)

⑧ 空载损耗为

$$p_0 = p_m + p_{ad}$$

式中　p_m——机械损耗；

　　　p_{ad}——附加损耗。

2）功率平衡方程式

根据上述功率转换过程，可建立功率平衡方程式如下：

$$P_1 - p_{Cu1} - p_{Fe} = P_{em} \qquad (2\text{-}15)$$

$$P_{em} - p_{Cu2} = P_{mec} \qquad (2\text{-}16)$$

$$P_{mec} - p_m - p_{ad} = P_2 \qquad (2\text{-}17)$$

综上可得

$$P_2 = P_1 - p_{Cu1} - p_{Fe} - p_{Cu2} - p_m - p_{ad} = P_1 - (p_{Cu1} + p_{Fe} + p_{Cu2} + p_m + p_{ad}) = P_1 - \Sigma p$$

三相异步电动机的效率为 $\eta = \dfrac{P_2}{P_1} \times 100\%$

化简以上公式，可得

$$p_{Cu2} = sP_{em} \qquad (2\text{-}18)$$

$$P_{mec} = (1 - s)P_{em} \qquad (2\text{-}19)$$

（2）转矩平衡方程式

当电动机稳定运行时，作用在电动机转子上的转矩有三个，分别为

1）使电动机旋转的电磁转矩 T。

2）电动机的输出转矩 T_2，与电动机所拖动的负载转矩 T_L 的大小相等，方向相反。

3）由电动机的机械损耗和附加损耗所引起的空载制动转矩 T_0。

根据异步电动机的转矩平衡方程式 $P_{mec} = P_2 + p_0$，在等式两边同除以转子的机械角速度 $\omega(\omega = 2\pi n/60)$，可得电动机稳定运行时的转矩平衡方程式为

$$T = T_2 + T_0$$

式中　T——电动机的电磁转矩，$T = \dfrac{P_{mec}}{\omega} = 9.55 \dfrac{P_{mec}}{n}$；

　　　T_2——电动机的输出转矩，$T_2 = \dfrac{P_2}{\omega} = 9.55 \dfrac{P_2}{n}$；

　　　T_0——电动机的空载阻转矩，$T_0 = \dfrac{p_m + p_{ad}}{\omega} = 9.55 \dfrac{p_m + p_{ad}}{n}$。

电动机在额定运行时，$P_2 = P_N$，$T_2 = T_N$，$n = n_N$，则

$$T_N = 9.55 \dfrac{P_N}{n_N} \qquad (2\text{-}20)$$

式中　P_N——额定输出功率（kW）；

　　　n_N——额定转速（r/min）；

　　　T_N——额定输出转矩（N·m）。

T 也可以从电磁功率 P_{em} 导出，根据机械角速度 $\omega = 2\pi n/60$ 及 $n = (1 - s)n_1$，则有 $\omega = (1 - s)\omega_1$，将其代入 $T = P_{mec}/\omega$ 得

$$T = \dfrac{P_{mec}}{\omega} = \dfrac{P_{mec}}{(1 - s)\omega_1} = \dfrac{P_{em}}{\omega_1} = 9.55 \dfrac{P_{em}}{n_1} \qquad (2\text{-}21)$$

例 2-3　有一台星形联结的六极三相异步电动机，$P_N = 145\text{kW}$，$U_N = 380\text{V}$，$f_N = 50\text{Hz}$，额定运行时 $p_{Cu2} = 3000\text{W}$，$p_m + p_{ad} = 2000\text{W}$，$p_{Cu1} + p_{Fe} = 5000\text{W}$，$\cos\varphi_1 = 0.8$。试求：（1）额定运行时的电磁功率 P_{em}、额定转差率 s_N、额定效率 η_N 和额定电流 I_N；（2）额定运行时的

电磁转矩 T、额定转矩 T_N 和空载阻转矩 T_0。

解：（1）额定运行时的电磁功率

$$P_{em} = P_N + p_m + p_{ad} + p_{Cu2} = (145 + 2 + 3) \text{kW} = 150 \text{kW}$$

由 $p_{Cu2} = sP_{em}$ 可得

$$s_N = \frac{p_{Cu2}}{P_{em}} = \frac{3}{150} = 0.02$$

额定运行时的输入功率为

$$P_1 = P_{em} + p_{Cu1} + p_{Fe} = 150 \text{kW} + 5 \text{kW} = 155 \text{kW}$$

额定效率为

$$\eta = \frac{P_N}{P_1} \times 100\% = \frac{145}{155} \times 100\% \approx 93.5\%$$

额定电流为

$$I_N = \frac{P_1}{\sqrt{3} U_N \cos\varphi_1} = \frac{155 \times 10^3}{\sqrt{3} \times 380 \times 0.8} \text{A} \approx 294.4 \text{A}$$

（2）由于此电动机是六极异步电动机，因此其同步转速 $n_1 = 1000 \text{r/min}$。

额定转速为

$$n_N = n_1 (1 - s) = 1000 \times (1 - 0.02) \text{r/min} = 980 \text{r/min}$$

额定运行时的电磁转矩为

$$T = 9.55 \frac{P_{em}}{n_1} = 9.55 \times \frac{150 \times 10^3}{1000} \text{N} \cdot \text{m} = 1432.5 \text{N} \cdot \text{m}$$

额定转矩为

$$T_N = 9.55 \frac{P_N}{n_N} = 9.55 \times \frac{145 \times 10^3}{980} \text{N} \cdot \text{m} \approx 1413 \text{N} \cdot \text{m}$$

空载阻转矩为

$$T_0 = T - T_N = 1432.5 \text{N} \cdot \text{m} - 1413 \text{N} \cdot \text{m} = 19.5 \text{N} \cdot \text{m}$$

6. 三相异步电动机的机械特性

（1）三相异步电动机的电磁转矩

电磁转矩是三相异步电动机最重要的物理量，电磁转矩的存在是异步电动机工作的先决条件。

1）物理表达式

$$T = C_T \Phi I_2' \cos\varphi_2 \tag{2-22}$$

式中 C_T——异步电动机的转矩常数，仅与电动机的结构有关。

上式表明异步电动机的电磁转矩与主磁通 Φ 成正比，与转子电流的有功分量 $I_2' \cos\varphi_2$ 成正比。其物理意义非常明确，所以该式称为电磁转矩的物理表达式。常用它来定性分析三相异步电动机的运行问题。

2）参数表达式

由于电磁转矩的物理表达式不能直接反映转矩与转速的关系，而电力拖动系统却常常需要用转速或转差率与转矩的关系进行系统的分析，故推导参数表达式（推导过程从略）如下：

$$T = \frac{m_1 p \, U_1^2 \left(\dfrac{r_2'}{s} \right)}{2\pi f_1 \left[\left(r_1 + \dfrac{r_2'}{s} \right)^2 + (X_1 + X_2')^2 \right]} \tag{2-23}$$

由于式（2-23）反映了三相异步电动机的电磁转矩 T 与电动机相电压 U_1、电源频率 f_1、电动机的参数（r_1、r_2'、X_1、X_2'、p 及 m_1）以及转差率 s 之间的关系，因此称为电磁转矩的参数表达式。

由上式可得以下几点重要结论：

① 异步电动机的电磁转矩与定子绕组每相电压 U_1^2 成正比。

② 若不考虑 U_1、f_1 及参数变化，电磁转矩仅与转差率 s 或转速有关。

（2）三相异步电动机的机械特性

三相异步电动机的机械特性是指电动机电磁转矩 T 与转速 n 之间的关系，即 $n = f(T)$，因为异步电动机的转速 n 与转差率 s 之间存在着一定的关系，所以异步电动机的机械特性通常也用 $s = f(T)$ 的形式表示。

固有机械特性是指三相异步电动机工作在额定电压及额定频率下，电动机按规定的接线方式接线，定子及转子电路中不外串电阻或电抗时，电动机的转速与转矩之间的关系，即 $n = f(T)$ 曲线，如图 2-16 所示。

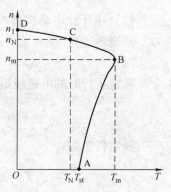

图 2-16　三相异步电动机机械特性曲线

1）曲线上四个特殊点（三个重要转矩）

① 起动点 A。电动机接通电源开始起动的瞬间，此时 $n = 0$，$s = 1$，电动机轴上产生的电磁转矩称为电动机起动转矩 T_{st}。起动转矩必须大于电动机所带负载的阻转矩，否则电动机不能起动。电动机的起动能力是电动机的一项重要指标，通常用起动转矩与额定转矩的比值来表示，称为电动机的起动转矩系数，用 K_{st} 表示，即

$$K_{st} = \frac{T_{st}}{T_N} \tag{2-24}$$

② 最大转矩点 B（临界点）。B 点是机械特性曲线中线性段（D ~ B）与非线性段（B ~ A）的分界点，此时 $T = T_{max}$，$n = n_m$，$s = s_m$。通常情况下，电动机在线性段上工作是稳定的，而在非线性段上工作是不稳定的，所以 C 点也是电动机稳定运行的临界点。

一般电动机的临界转差率为 $0.1 \sim 0.2$，在临界转差率时，电动机产生的最大电磁转矩 T_{max} 是电动机能够提供的极限转矩。如果负载转矩 $T_L > T_{max}$，电动机将因拖不动负载而被迫停转。若把额定转矩值规定得接近最大转矩，则电动机略微过载，也会很快停转。停转时，电动机电流很大，若时间过长，则会烧坏电动机。因此，电动机必须有一定的过载能力。我们把电动机最大转矩与额定转矩的比值称为过载倍数或过载能力，用 λ_m 表示，即

$$\lambda_m = \frac{T_{max}}{T_N} \tag{2-25}$$

λ_m 是异步电动机的一个重要性能指标，它反映了电动机短时过载的极限。一般异步电动机的过载倍数 λ_m 在 $1.8 \sim 3.0$ 之间，对于起重、冶金用的异步电动机，其 λ_m 可达 3.5。

$$T_{\max} = \frac{3pU_1^2}{4\pi f_1 [r_1 + \sqrt{r_1^2 + (x_1 + x_2')^2}]} \tag{2-26}$$

最大转矩所对应的转速和转差率分别为临界转速和临界转差率，用 n_m 和 s_m 表示。

$$s_m = \frac{r_2'}{\sqrt{r_1^2 + (x_1 + x_2')^2}} \tag{2-27}$$

由式（2-27）可知，出现最大转矩时的临界转差率 s_m 与 r_2 成正比，当 $r_2 = x_2$，$s = s_m = 1$，则可以使最大转矩出现在起动瞬间，这就是起重设备中广泛采用绕线转子异步电动机定子绕组串电阻起动的原因，以保证电动机有足够的起动转矩来提升重物。

③ 额定运行点 C。电动机额定运行时，工作点位于 C，此时 $T = T_N$，$n = n_N$，$s = s_N$，电动机额定运行，此时 $s_N = \dfrac{n_1 - n_N}{n_1}$，$T_N = 9.55\dfrac{P_N}{n_N}$，额定运行点是希望工作点。

额定转矩 T_N 指电动机轴上长期稳定运行输出转矩的最大值，应小于最大转矩。

④ 同步转速点 D（理想空载点）。D 是电动机的理想空载点，即转子转速达到了同步转速。此时 $T = 0$，$n = n_1$，$I_2' = 0$，$s = 0$。实际电动机是不会在同步工作点运行的。

2）电磁转矩的实用表达式

用电动机参数表达式清楚地表达了转矩、转差率与电动机参数之间的关系，进行某些理论分析是非常有用的。但是，电动机定子及转子参数在电动机的产品目录或铭牌上是查不到的。因此要用参数表达式进行定量计算很不方便，为此，导出了一个较为实用的表达式（推导从略），即

$$T = \frac{2}{s/s_m + s_m/s}T_{\max} \tag{2-28}$$

式中　$T_{\max} = \lambda_m T_N$；

　　　　$s_m = s_N(\lambda_m + \sqrt{\lambda_m^2 - 1})$。

（3）三相异步电动机的人为机械特性

三相异步电动机的人为机械特性是指人为地改变电源参数或电动机参数而得到的机械特性。由电磁转矩的参数表达式可知，可以改变的电源参数有电压 U_1 和频率 f_1；可以改变的电动机参数有极对数 p、定子电路参数 r_1 和 x_1、转子电路参数 r_2' 和 x_2' 等。这里介绍几种常见的人为特性。

1）降低定子电压时的人为特性

电动机其他参数不变，仅降低定子端电压时得到的人为机械特性，其特性曲线如图 2-17 所示。特点如下：

① 因为 $n_1 = 60f_1/p$，所以降压后，同步转速 n_1 不变，即不同电压的机械特性都通过固有机械特性曲线的同步转速点。

② 降压后的最大转矩 T_m 随 U_1^2 成比例下降，但临界转差率 s_m 或临界转速 n_m 不变。

③ 降压后的起动转矩 T_{st} 也随 U_1^2 成比例下降。

降低定子电压，电动机可能出现的问题如下：

① 当负载转矩恒定时，若降低电压，转速降低，转差率增大，转子电流将增大，从而引起定子电流的增大。若超过额

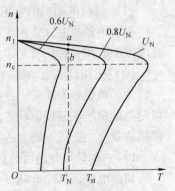

图 2-17　降低定子电压的
人为机械特性曲线

定值，长期运行，温升将超过允许值，导致电动机寿命缩短，甚至烧毁。

② 如果电压降低过多，致使最大转矩 T_m 小于负载转矩，则电动机停转。

③ 起动转矩与 U_1^2 成正比例减小，导致 T_{st} 小于负载转矩，则电动机不能起动。

2）转子电路串三相对称电阻时的人为特性

对于绕线型转子异步电动机，如果其他条件都与固有特性时的一样，仅在转子回路串三相对称电阻时得到的人为机械特性。其特性曲线如图 2-18 所示。特点如下：

① 因为 $n_1 = 60f_1/p$，所以转子串电阻后，同步转速 n_1 不变。

② 转子串电阻后的最大转矩 T_m 不变，但临界转差率 s_m 随转子电阻的增大而增大。

③ 当 s_m 增大，而 $s_m < 1$ 时，起动转矩 T_{st} 随转子电阻的增大而增大；当 $s_m = 1$ 时，起动转矩 T_{st} 等于最大转矩 T_m；但当 $s_m > 1$ 时，起动转矩随转子电阻的增大而减小。

3）定子电路串三相对称电阻或电抗时的人为机械特性

对于笼型三相异步电动机，如果其他条件都与固有机械特性时一样，仅在定子电路中串三相对称电阻或电抗时得到的人为机械特性，其特性曲线如图 2-19 所示。其特点如下：

① 因为 $n_1 = 60f_1/p$，所以定子电路串电阻或电抗后，同步转速 n_1 不变。

② 最大转矩 T_m 及临界转差率 s_m 都随串入电阻或电抗的增大而减小。

③ 起动转矩 T_{st} 随串入电阻或电抗的增大而减小。

④ 定子电路串对称电阻或电抗，一般用于三相笼型异步电动机的减压起动，以限制起动电流。

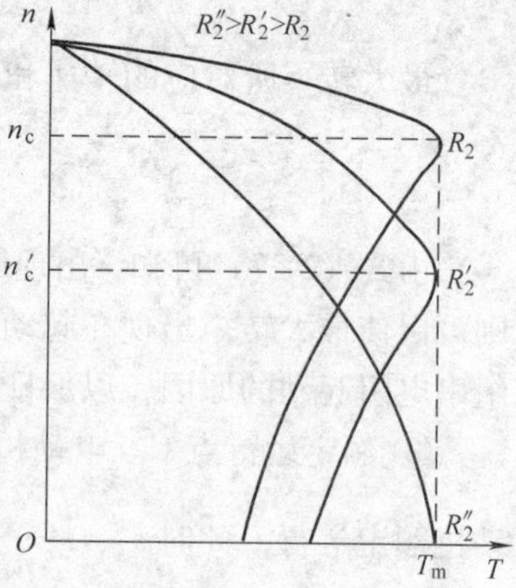

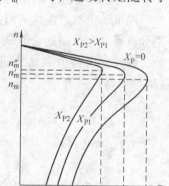

图 2-18　转子串对称电阻的
人为机械特性曲线

图 2-19　定子电路外接电阻或
电抗的人为机械特性曲线

7. 三相异步电动机的拆装

（1）拆装电动机的常用工具

拆装电动机时，常用工具有拉钩、油盘、榔头、螺钉旋具、紫铜棒、钢套筒和毛刷等。在实践中，用一种简易的手扳拉具，它是一种拆卸带轮、联轴器或轴承的专用工具。

（2）三相异步电动机的拆卸

为了确保维修质量，在拆卸前应在电动机接线头、端盖等处做好标记和记录，以便装配后使电动机能恢复到原状态。不正确的拆卸，很可能损坏零件或绕组，甚至扩大故障，增加修理的难度，造成不必要的损失。

1）三相异步电动机的拆卸顺序

切断电源，拆除电动机与电源连接线，做好与电源线相对应的标记，以免恢复时搞错相序，并对电源线的线头做绝缘处理。

拆装步骤如图 2-20 所示。a)～f)依次表示拆卸电动机的六步骤操作过程。

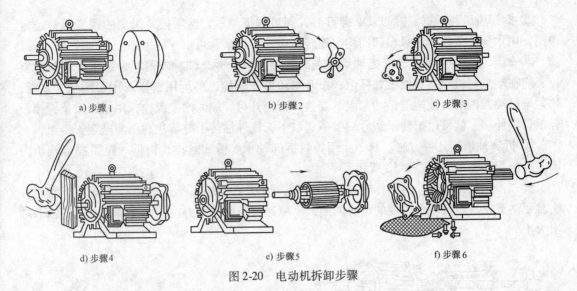

a) 步骤1   b) 步骤2   c) 步骤3

d) 步骤4   e) 步骤5   f) 步骤6

图 2-20   电动机拆卸步骤

① 卸带轮或联轴器，拆电动机尾部的风扇罩。在机壳与端盖的接缝处（即止口处）做好标记，以便复位。松脱风罩螺钉，拿下风罩。

② 卸下定位键或螺钉，并拆下风扇。将转轴尾端风叶上的定位螺钉或销子松脱取下。用金属棒或手锤在风叶四周均匀轻敲，拿下风扇。

③ 旋下前后端盖紧固螺钉，并拆下前轴承外盖。

④ 用木板垫在转轴前端，将转子连同后端盖一起用锤子从止口中敲出。松开后端盖的紧固螺钉，在端盖与机座的接缝处做好记号；然后用手锤均匀敲打轴伸端，将转子连同端盖一起取下。

⑤ 抽出转子。

⑥ 将木方伸进定子铁心顶往前端盖，再用锤子敲击木方卸下前端盖，最后拆卸前后轴承及轴承内盖。

2）主要部件的拆卸方法

① 联轴器或带轮的拆卸。首先在联轴器或带轮的轴伸端做好尺寸标记，然后旋松带轮上的固定螺钉或敲去定位销，给联轴器或带轮的内孔和转轴结合处加入煤油，稍等渗透后，使锈蚀的部分松动，再用拉具将联轴器或带轮缓慢拉出，如图 2-21 所示。若拉不出，可用喷灯急火在带轮外侧轴套四周加热，使其膨胀就可拉出。但加热温度不能太高，以防变形。在拆卸过程中不能用手锤或坚硬的东西直接敲打联轴器或带轮，以防碎裂和变形，必要时应垫上木板或用紫铜棒。

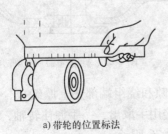

a) 带轮的位置标法   b) 用拉具拆卸带轮

图 2-21   拆卸带轮

② 拆卸风扇和风罩。拆卸风罩螺钉后，即可取下风罩，然后松开风扇的锁紧螺钉或定位销，用木槌或紫铜棒在风扇四周均匀地轻轻敲击，风扇就可以松脱下来。

③ 轴承盖或端盖的拆卸。把轴承外盖的螺栓卸下，拆开轴承外盖。为了便于装配时复位，应在端盖与机座接缝处做好标记，松开端盖紧固螺栓，然后用铜棒或用手锤垫上木板，均匀敲打端盖四周，使端盖松动，取下端盖，再松开另一端的端盖螺栓，用木棒或紫铜棒轻轻敲打轴伸端，就可以把转子和后端盖一起取下，往外抽转子时要注意不能碰定子绕组。

④ 拆卸轴承的几种方法。其一：用拉具拆卸轴承。拆卸时拉具钩爪一定要抓牢轴承内圈，以免损坏轴承，如图2-22所示。

其二：用铜棒拆卸。将铜棒对准轴承内圈，用锤子敲打铜棒，如图2-23所示。用此方法时要注意轮流敲打轴承内圈的相对两侧，不可敲打一边，用力也不要过猛，直到把轴承敲出为止。

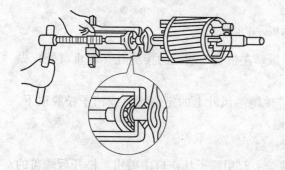

图2-22 用拉具拆卸轴承

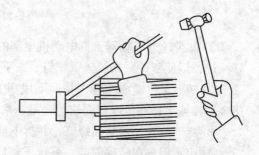

图2-23 敲打拆卸轴承

其三：铁板夹住拆卸。用两块厚铁板夹住轴承内圈，铁板的两端用可靠支撑物架起，使转子悬空，如图2-24所示，然后在轴上端面垫上厚木板并用锤子敲打，使轴承脱出。

在拆卸端盖内孔轴承时，可采用如图2-25所示的方法，将端开止口面向上平稳放置，在轴承外圈的下面垫上木板，但不能顶住轴承，然后用一根直径略小于轴承外沿的铜棒或其他金属棒抵住轴承外圈，从上往下用锤子敲打，使轴承从下方脱出。

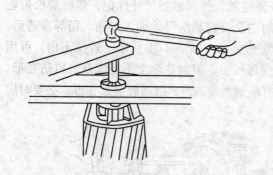

图2-24 铁板夹住拆卸轴承

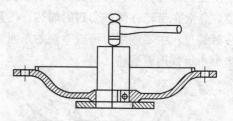

图2-25 拆卸端盖内孔轴承

⑤ 抽出转子。在抽出转子之前，应在转子下面气隙和绕组端部垫上厚纸板，以免抽出转子时碰伤铁心和绕组。对于小型电动机的转子可直接用手取出，一手握住转轴，把转子拉出一些，随后另一手托住转子铁心渐渐往外移，如图2-26所示。

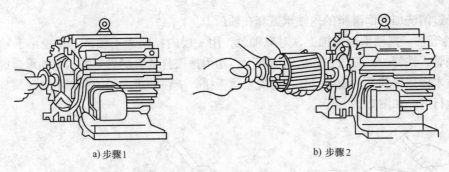

a) 步骤1　　　　　　　　　　　b) 步骤2

图2-26　小型电动机转子的拆卸

在拆卸较大的电动机时，可两人一起操作，每人抬住转轴的一端，慢慢地把转子往外移，若铁心较长，有一端不好出力时，可在轴上套一节金属管，当作假轴，方便出力，如图2-27所示。

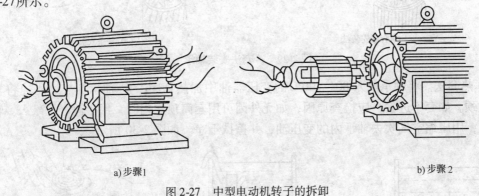

a) 步骤1　　　　　　　　　　　b) 步骤2

图2-27　中型电动机转子的拆卸

对大型的电动机必须用起重机设备吊出，如图2-28所示。

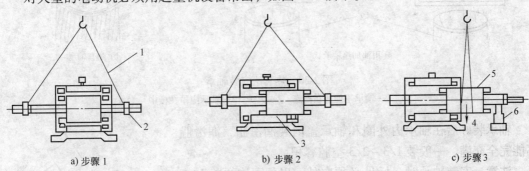

a) 步骤1　　　　　　b) 步骤2　　　　　　c) 步骤3

图2-28　用起重设备吊出转子

1—钢丝绳　2—衬垫（纸板或纱头）　3—转子铁心可搁置在定子铁心上，但切勿碰到绕组
4—重心　5—绳子不要吊在铁心风道中　6—支架

（3）三相异步电动机的装配

三相异步电动机修理后的装配顺序，大致与拆卸时相反。装配时要注意拆卸时的一些标记，尽量按原记号复位。装配顺序如下：

1）滚动轴承的安装

轴承往轴颈上装配的方法有两种：冷套和热套。套装零件及工具都要清洗干净保持清洁，把经过清洗加好润滑脂的内轴承盖套在轴颈上。

① 冷套法。把轴承套在轴上，对准轴颈，用一段内径略大于轴径，外径小于轴承内圈直径的铁管，铁管的一端顶在轴承的内圈上，用手捶敲打铁管的另一端，把轴承敲进去。也可用硬质木棒顶住轴承内圈敲打，为避免轴承歪扭，应在轴承内圈的圆周上均匀敲打，使轴承平衡地行进，如图 2-29 所示。

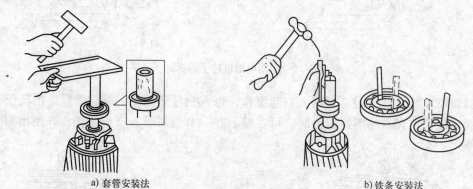

a) 套管安装法   b) 铁条安装法

图 2-29　冷套法安装轴承

② 热套法。将轴承放入 80~100℃ 的变压器油中加热 0.5h，待轴承加热后迅速将轴承推到轴颈。如套不进去，应检查原因，如无外因可用套筒顶住内圈，用手锤轻轻敲入。轴承套好后，用压缩空气吹去轴承内的变压油，并擦拭干净。如图 2-30 所示。

a) 用油加热轴承   b) 热套轴承

图 2-30　热套法安装轴承

1—轴承不能放在槽底　2—火炉　3—轴承应吊在槽中

轴承装好后在轴承内外圈和轴承盖内装润滑脂，润滑脂不能完全充满，一般装 1/3~2/3 空腔容积。

注意： 安装轴承时，标号必须向外，以便下次更换时查对轴承型号。

2）后端盖的装配

将轴伸端朝下垂直放置，在其端面上垫上木板，将后端盖套在后轴承上，用木槌敲打，如图 2-31 所示。把后端盖敲进去后，装轴承外盖。紧固内外轴承盖时螺栓要逐步旋紧，螺栓间要平稳收紧。

3）转子的装配

将转子对准定子中心，小心放入，后端盖对准与机座的

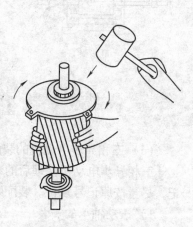

图 2-31　后端盖的装配

标记，旋上后盖螺栓，但不要拧紧。

4）前端盖的装配

将前轴承对准与机座的标记，用木槌均匀敲击端盖四周，不可单边受力，并拧上端盖螺栓，不要拧紧。拧紧前端盖的紧固螺栓前，要用木槌在前端盖的四周均匀敲击，紧固螺栓时要对称、均匀用力，对角初步拧紧，不能沿周边依次拧紧，否则易造成同心度不良。

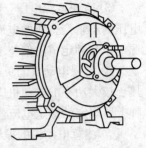

装前端盖外盖时，现在外轴承盖孔内插入一根螺栓，一手顶住螺栓，一手缓慢旋动转轴，轴承内盖也随之转动，当手感觉到轴承内外盖螺孔对齐时就可以将螺栓拧入内轴承盖螺孔内，再装另两个螺栓，拧紧时也要初步拧紧。按照同样方法分别将前后端盖螺栓全部拧紧到位。如图2-32所示。

图2-32 前端盖的固定

5）安装风扇和风罩

风扇和风罩安装完毕，用手转动轴承，转子应转动灵活、均匀，无停滞、摩擦或偏重现象。

（4）装配后的检验

1）一般检查

检查所有紧固件是否拧紧；转子转动是否灵活，轴伸端有无径向偏摆。

2）测量绝缘电阻

测量电动机定子绕组每相之间的绝缘电阻和绕组对机壳的绝缘电阻，其绝缘电阻值不能小于0.5MΩ。

3）测量电流

经上述检查合格后，根据铭牌规定的电流电压，正确接通电源，安装好接地线，用钳形电流表分别测量三相电流，检查电流是否在规定电流范围之内，三相电流是否平衡。

4）通电观察

上述检查合格后，可通电观察，用转速表测量转速是否均匀并符合规定要求；检查机壳是否过热，轴承有无异常声音。

8. 三相异步电动机的维护、常见故障及检修

（1）三相异步电动机的日常维护

1）交流异步电动机的起动前检查。

交流异步电动机的起动前检查步骤如下：

① 新安装或长期停用的电动机，在使用前应检查电动机的定子、转子绕组各相之间和绕组对地的绝缘电阻。对低压电动机用500V兆欧表测量，其绝缘电阻不应低于0.5MΩ，否则应对定子绕组进行干燥处理。

② 检查电动机和起动设备的接线是否正确，设备的接触部位是否接触良好，接地装置是否完整和良好。电动机铭牌所标电压、频率应与电源的电压、频率相符合。

③ 检查轴承是否有润滑油。对滑动轴承电动机，应达到规定的油位；对滚动轴承电动机，应达到规定的油量，以保证润滑。

2）日常运行中的维护

① 电动机应定期检查和清扫，外壳不得堆积灰尘，进风口和出风口必须保持畅通无阻，

要注意保持电动机内部的清洁，不允许有水滴、油污以及杂物等落入电动机的内部，不得用水冲洗电动机。

② 经常检查轴承发热、漏油情况，定期更换润滑油。

③ 监视电源电压、频率的变化和电压的不平衡度。电源电压和频率过高或过低，三相电压的不平衡造成的电流不平衡，都可能引起电动机过热或出现其他不正常现象，故要求电源电压与额定值的偏差不得超过5%。频率（电压为额定）与额定值的偏差不超过1%。

④ 监视电动机的负载电流。电动机发生故障时，大都会使定子电流剧增，使电动机过热。较大功率的电动机应装有电流表监视电动机的负载电流。电动机的负载电流不应超过铭牌上所规定的额定电流值。

⑤ 注意电动机的振动、噪声和气味。电动机绕组因温度过高就会发生绝缘焦味。有些故障特别是机械故障，很快会反映为振动和噪声，因此在闻到焦味或发现不正常的振动、碰撞声、特大的嗡嗡声或其他杂声时，应立即停电检查。

⑥ 电动机在正常运行时的温升不应超过允许的限度，运行时应经常注意监视各部分温升情况。

在发生以下严重故障时，应立即停机处理：人身触电事故；电动机冒烟；电动机剧烈振动；电动机轴承剧烈发热；电动机转速突然下降，温度迅速升高。

（2）三相异步电动机的常见故障及处理方法

1）故障检查方法

电动机常见的故障可以归纳为：机械故障，如负载过大，轴承损坏，转子扫膛（转子外圆与定子内壁摩擦）等；电气故障，如绕组断路或短路等。三相异步电动机的故障现象比较复杂，同一故障可能出现不同的现象，而同一现象又可能由不同原因引起。在分析故障时要透过现象抓住本质，理论知识和实践经验相结合，才能及时准确地查出故障原因。

检查方法如下：

一般的检查顺序是先外部后内部、先机械后电气、先控制部分后机组部分。采用"问、看、闻、摸"的办法。

问：首先应详细询问故障发生的情况，尤其是故障发生前后的变化，如电压、电流等。

看：观察电动机外表有无异常情况，端盖、机壳有无裂痕，转轴有无转弯，转动是否灵活，必要时打开电动机观察绝缘漆是否变色，绕组有无烧坏的地方。

闻：通过闻电动机的气味也能判断及预防故障。若发现有特殊的油气味，说明电动机内部温度过高；若发现有很重的糊味或焦味，则可能是绝缘层被击穿或绕组已烧毁。

摸：用手触摸电动机外壳及端盖等部位，检查螺栓有无松动或局部过热情况。

如果表面观察难以确定故障原因，可以使用仪表测量，以便做出科学、准确的判断。其步骤如下：

① 用兆欧表分别测绕组相间绝缘电阻、对地绝缘电阻。

② 如果绝缘电阻符合要求，用电桥分别测量三相绕组的直流电阻是否平衡。

③ 前两相符合要求即可通电，用钳形电流表分别测量三相电流，检查其三相电流是否平衡而且是否符合规定要求。

三相异步电动机绕组损坏大部分是由单相运行造成，即正常运行的电动机突然一相断电，而电动机仍在工作，由于电流过大，如不及时切断电源势必烧毁绕组。单相运行时，电动机声音极不正常，发现后应立即停车。造成一相断电的原因是多方面的，如一相电源线断路、一相熔断器熔断、开关一相接触失灵、接线头一相松动等。

此外，绕组短路故障也较多见，主要是绕组绝缘不同程度的损坏所致。如绕组对地短路、绕组相间短路和一相绕组本身的匝间短路等都导致绕组不能正常工作。

2）三相异步电动机常见故障及处理方法

电动机在运行过程中，因各种原因会发生各种故障，电动机的常见故障和处理方法见表2-2。

表2-2　电动机故障现象、原因及排除方法

故 障 现 象	故障原因分析	故障排除方法
电动机不能起动或转速低	（1）电源电压过低 （2）熔断器熔断一相或其他连接处断开一相 （3）定子绕组断路 （4）绕线转子内部、外部断路或接触不良 （5）笼型转子断条或脱焊 （6）定子绕组三角形联结的，误接成星形联结 （7）负载过大或机械卡住	（1）检查电源 （2）～（4）用万用表或兆欧表检查有无断路或接触不良 （5）将电动机接在15%～30%额定电压的三相电源上，测量三相电流，如电流随转子的位置变化，说明有断条或脱焊 （6）检查接线并改正 （7）检查负载及机械
电动机运行中过热	（1）过载 （2）电源电压太高 （3）定子铁心短路 （4）定子、转子相碰 （5）通风散热障碍 （6）环境温度过高 （7）定子绕组短路或接地 （8）接触不良 （9）断相运行 （10）线圈接线错误 （11）受潮 （12）起动过于频繁	（1）减载或更换电动机 （2）检查并设法限制电压波动 （3）检查铁心 （4）检查铁心、轴、轴承、端盖 （5）检查风扇通风道等 （6）加强冷却或更换电动机 （7）检查绕组直流电阻、绝缘电阻 （8）检查各触点 （9）检查电源及定子绕组的连续性 （10）照图样检查并改正 （11）烘干 （12）按规定频率起动
电动机三相电流不平衡	（1）定子绕组一相首尾两端接反 （2）电源不平衡 （3）定子绕组有线圈短路 （4）定子绕组匝数错误 （5）定子绕组部分线圈接线错误	（1）用低压单相交流电源，指示灯或电压表等确定绕组首、尾端，重新接线 （2）检查电源 （3）检查有无局部过热 （4）测量绕组电阻 （5）检查接线并改正
电动机振动和响声大	（1）轴承缺陷或装配不良 （2）定子或转子绕组局部短路 （3）转子与定子绝缘纸或槽楔相擦 （4）轴承磨损或油内有砂粒等异物 （5）定、转子铁心松动 （6）轴承缺油 （7）风道填塞或风扇擦风罩 （8）定、转子铁心相擦 （9）电源电压过高或不平衡 （10）地基不平	（1）检查轴承 （2）拆开电动机，用表检查 （3）修剪绝缘，削低槽楔 （4）更换轴承或清洗轴承 （5）检修定、转子铁心 （6）加油 （7）清理风道，重新安装 （8）消除擦痕，必要时车内小转子 （9）检查并调整电源电压 （10）检查地基和安装

（续）

故障现象	故障原因分析	故障排除方法
电动机外壳带电	（1）接触不良 （2）接线板损坏或油垢太多 （3）绕组绝缘损坏 （4）绕组受潮	（1）查找原因，予以改正 （2）更换或清理接线板 （3）查找绝缘损坏部位，修复并进行绝缘处理 （4）测量绕组绝缘电阻，如阻值太低，进行干燥或绝缘处理
内部冒烟起火	（1）电刷下火花太大 （2）内部过热	（1）调整、修理电刷和集电环 （2）消除过热原因

2.1.4 任务实施

首先对电动机检查诊断。经调查该电动机在重新绕线后通电试机时，声音发闷，振动强烈，配电盘闪火，电动机不能起动。根据上述情况，可初步判断之前维修人员在接电动机引出线时，首尾标记出现错误，此时相当于电动机某一相首尾接反，从而引发故障。

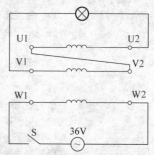

图 2-33　三相异步电动机定子绕组首尾端接错故障检测

其次采用如下方式进行检测：如图 2-33 所示将一相绕组接于 36V 的交流电源，另外两相按原先首尾串联后接入低压灯泡上，如发现灯不亮，将串联的某一相绕组端子倒接后，测试灯亮。三相依次试验。灯不亮的一次，说明串联的两相绕组头接头、尾接尾了，两相感应电动势相减，灯上的电压极小，所以不发光。倒接后，两相绕组首尾相接，感应电动势相加，灯上电压大，所以灯亮。

最后是处理方法，将接错的绕组首尾端对调后，三相定子绕组维修试验正确，接入三相交流电源，试机正常，故障排除。

任务 2.2　三相异步电动机的起动控制

2.2.1 任务描述

在电动机带动生产机械的起动过程中，不同的机械或设备有不同的起动情况。有些机械如电扇、鼓风机起动时负载转矩很小，负载转矩随转速的二次方近似成正比增加；有些机械如电梯、起重机、传送带运输机起动时的负载转矩与正常运行时一样大，有些生产机械在起动过程中接近空载，待转速上升至接近稳定转速时，才加负载，例如机床、破碎机等；此外，还有频繁起动的机械设备等。以上这些机械或设备对电动机的起动提出了不同的要求。

有一台三相笼型异步电动机 $P_N = 75kW$，三角形联结运行，$U_N = 380V$，$I_N = 132A$，$n_N = 1480r/min$，$I_{st}/I_N = 5$，$T_{st}/T_N = 1.9$，负载转矩 $T_L = 100N \cdot m$，现要求电动机起动时 $T_{st} \geqslant 1.1T_L$，$I_{st} < 200A$。问：

（1）电动机能否直接起动？

（2）电动机能否采用丫-△减压起动？

（3）若采用三个抽头的自耦变压器减压起动，则应选用 50%、60% 和 80% 中的哪个抽头？

2.2.2 任务分析

电动机的起动是指电动机接通三相电源后，由静止状态加速到稳定运行状态的过程。一般情况下，电力系统对异步电动机的起动要求是起动电流尽可能小，以减小对电网的冲击；而起动转矩要足够大，以加速起动过程，缩短起动时间。同时起动设备尽可能简单、经济、操作方便，且起动时间短；起动过程的能量损耗应尽可能小。

对于容量小又在空载情况下起动的三相异步电动机，如台钻、砂轮机及一般机床上用的电动机，起动电流虽然大，但在很短时间内就下降了，只要车间里许多机床不同时起动，就不会对供电线路造成太大的影响。其起动转矩即使比电动机额定转矩小，只要空载起动，也是够用的，电动机转起来之后，仍能够承担额定负载。因此在这种情况下可以采用直接起动。

对于经常满载起动的电动机，如电梯、起重机等，当起动转矩小于负载转矩时，根本就转不起来，无法正常工作。对于几百千瓦以上的中、大容量电动机，额定电流就有几百安，起动电流达到数千安，这样大的起动电流，使电源和线路上产生很大的压降，影响其他用电设备的正常运行，如使灯泡亮度减弱、电动机的转速下降，欠电压继电保护装置动作将正在运行的电气设备断电等；因此大容量的三相异步电动机是不允许直接起动的，必须降低起动电流。要降低起动电流，最有效的措施就是减压起动。

减压起动是指起动时，通过起动设备使加到电动机上的电压小于额定电压，待电动机转速上升到一定数值时，再使电动机承受额定电压，保证电动机在额定电压下稳定工作。常见的减压起动方法有三种：定子绕组串电阻（或电抗）减压起动；丫-△减压起动；自耦变压器减压起动。

2.2.3 相关知识

1. 低压电器的基本知识

低压电器是指工作在交流 1200V、直流 1500V 及以下的电路中起通断、保护、控制或调节作用的电器产品。它是电力拖动自动控制系统的基本组成元件。低压电器种类繁多，用途广泛，工作原理各不相同。

（1）低压电器的分类

低压电器可按不同的分类标准进行分类，见表 2-3。

表 2-3 低压电器的分类

分类依据	种 类	说 明
按用途或控制对象	低压配电电器	主要用于低压配电系统中。要求系统发生故障时准确动作、可靠工作，在规定条件下具有相应的动稳定性与热稳定性，使电器不会损坏。例如刀开关、转换开关、熔断器、断路器等
	低压控制电器	主要用于电气传动系统中。要求寿命长、体积小、质量小且动作迅速、准确、可靠。例如接触器、继电器、主令电器、电磁铁等

分类依据	种　类	说　　明
按动作方式	自动切换电器	依靠自身参数的变化或外来信号的作用，自动完成接通或分断等动作。例如接触器、继电器等
	手动切换电器	通过人力操作来进行切换的电器。例如刀开关、转换开关、按钮等
按触点类型	有触点电器	利用触点的接通和分断来切换电路。例如接触器、刀开关、按钮等
	无触点电器	无可分离的触点。主要利用电子元件的开关效应，即导通和截止来实现电路的通、断控制。例如接近开关、霍尔开关、电子式时间继电器、固态继电器等
按工作原理	电磁式电器	根据电磁感应原理动作的电器，例如接触器、继电器、电磁铁等
	非电量控制电器	依靠外力或非电量信号（如速度、压力、温度等）的变化而动作的电器。例如转换开关、行程开关、速度继电器、压力继电器、温度继电器等

（2）低压电器的基本构成

低压电器的基本结构主要由三个环节组成：

1）感应机构是指感受外界的信号（如电压、电流、功率、频率等），做出规律的反应。

2）中间机构是指将输入信号变换、放大及传递给执行机构。

3）执行机构是指接受中间机构传递来的信号而动作，以实现变换、控制、保护、检测电路等功能。

（3）低压电器的主要技术参数

1）额定工作电压是指低压电器在规定条件下长期工作时，能保证电器正常工作的电压值，通常是指主触点的额定电压。有电磁机构的控制电器还规定了吸引线圈的额定电压。

2）额定发热电流是指在规定条件下，电器长时间工作，各部分的温度不超过极限值时所能承受的最大电流值。

3）额定工作电流是指在具体的使用条件下，能保证电器正常工作时的电流值。它与规定的使用条件（电压等级、电网频率、工作制、使用类别等）有关，同一个电器在不同的使用条件下有不同的额定电流等级。

4）通断能力是指低压电器在规定的条件下，能可靠接通和分断的最大电流。通断能力与电器的额定电压、负载性质、灭弧方法等有很大关系。

5）电气寿命是指低压电器在规定条件下，在不需修理或更换零件时的负载操作循环次数。

6）机械寿命是指低压电器在需要修理或更换机械零件前所能承受的无载操作次数。

2. 开关电器

开关电器广泛应用于配电系统和拖动控制系统，用作电源的隔离、电气设备的保护和控制。常见的低压开关设备有刀开关、转换开关和断路器等。

（1）刀开关

刀开关是结构最简单且应用最广泛的手动控制电器，主要类型有负荷开关、板形刀开关。在低压电路中，刀开关常用做电源引入开关，也可以用在不频繁起动的动力控制电路中，常见刀开关实物外形、图形符号及文字符号如图 2-34 所示。

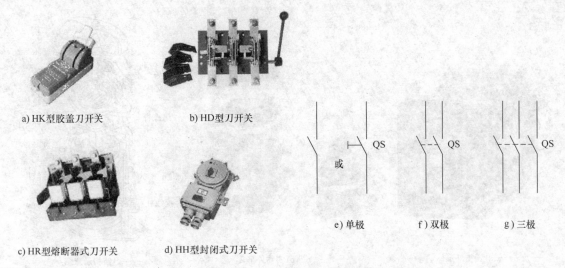

a) HK型胶盖刀开关　　　b) HD型刀开关

c) HR型熔断器式刀开关　　d) HH型封闭式刀开关

e) 单极　　　f) 双极　　　g) 三极

图 2-34　常见刀开关的实物外形、图形符号及文字符号

刀开关主要由手柄、刀片（触点）、接线座等部分组成，其主要结构如图 2-35 所示。

按刀片的数目可分为单极、双极和三极刀开关。在安装刀开关时，手柄要向上装，易于灭弧，不得倒装或者平装，否则手柄可能因自动下落而引起误合闸，危及人身和设备安全。接线时，电源线接在上端，下端接用电器，这样拉闸后刀片与电源隔离，用电器件不带电，保证安全。

刀开关常用的产品有 HD11-HD14 和 HS11-HS13 系列刀开关；HK1、HK2 系列开启式负荷开关；HH3、HH4 系列封闭式负荷开关；HR3 系列熔断器刀开关等。

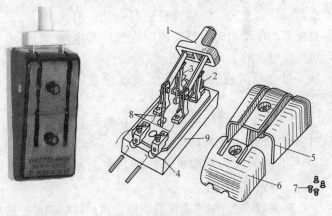

a) 实物外形　　　　b) 结构示意图

图 2-35　胶盖磁座刀开关的实物外形与结构示意图
1—瓷质手柄　2—进线座　3—静夹座　4—出线座　5—上胶盖
6—下胶盖　7—胶盖固定螺母　8—熔体　9—瓷质底座

（2）组合开关

组合开关又称转换开关，常用在机床的控制电路中，作为电源的引入开关或是控制小容量电动机的直接起动、反转、调速和停止的控制开关。

组合开关由动触片、静触片、转轴、手柄、凸轮、绝缘杆等部件组成。当转动手柄时，每层的动触片随转轴一起转动，使动触片分别和静触片保持接通和分断。为了使组合开关在分断电流时迅速熄弧，在开关的转轴上装有弹簧，能使开关快速闭合和分断。组合开关的实物外形与结构示意如图 2-36 所示。

常用的产品有 HZ5、HZ10 和 HZ15 系列。HZ5 系列是类似万能转换开关的产品，其结构与一般转换开关有所不同；组合开关有单极、双极和多极之分。组合开关的图形、符号如图 2-37 所示。

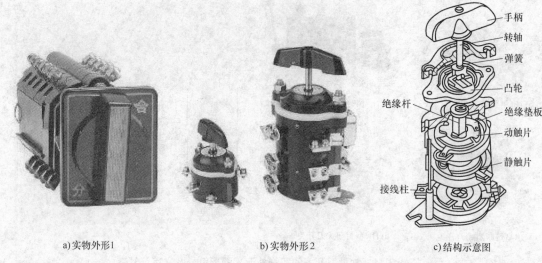

| a)实物外形1 | b)实物外形2 | c)结构示意图 |

图 2-36 组合开关的实物外形与结构示意图

组合开关在选用时应根据电压等级、触点数、接线方式、负载容量进行选用。当其直接起动电动机时，开关额定电流应为电动机额定电流的 1.5～2.5 倍。

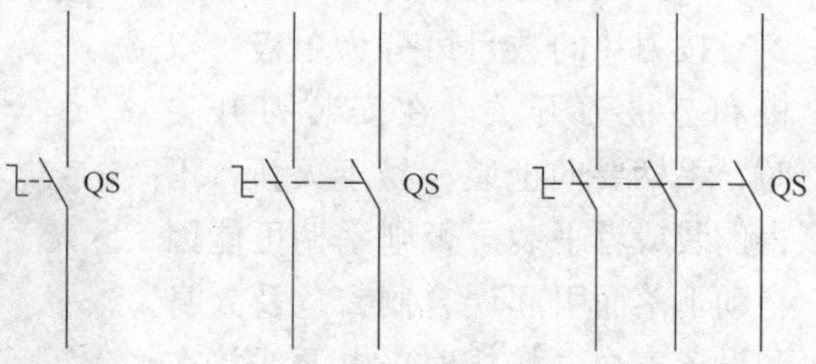

组合开关在使用过程中应该注意以下几点：

1）安装在控制箱内，开关在断开状态时应使手柄在水平旋转位置。

| a)单极 | b)双极 | c)三极 |

图 2-37 组合开关图形及文字符号

2）开关外壳必须可靠接地，防止意外漏电，导致事故发生。

3）接线时，电源端接进线座，负载接熔断器一边的接线端子。

4）控制电动机时，电动机的额定电流不应大于100A。

5）不能分断故障电流，不宜频繁操作。

（3）低压断路器

低压断路器又称自动开关或空气开关，如图 2-38 所示。它相当于刀开关、熔断器、热继电器和欠电压继电器的组合，是一种既有手动开关作用又能自动进行欠电压、失电压、过载和短路保护的电器。特点是操作安全，分断能力较强。

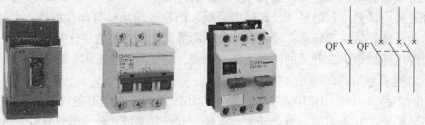

图 2-38 常用低压断路器的实物图、图形符号及文字符号

1）结构与工作原理

低压断路器主要由脱扣器、触点系统、灭弧装置、传动机构机架和外壳等部分组成，如图2-39所示。正常状态下，当断路器处于"合"状态时，主触点1闭合，自由脱扣器2的锁扣钩住，分闸弹簧被拉伸，电路处在接通状态。当主电路出现短路故障时，短路电流超过过电流脱扣器的瞬时脱扣整定电流，过电流脱扣器产生足够大的电磁吸力将衔铁吸合，通过顶杆推动锁扣分开，从而切断电源，实现短路保护；当线路电流超过所控制的负载额定电流时，热脱扣器中的热元件发热，双金属片受热弯曲，推动顶杆，将锁扣分开，使触点分开，实现过载保护；当电路出现失电压或欠电压故障时，欠电压脱扣器的吸力消失或减小到不足以克服拉力弹簧的拉力时，衔铁在压力弹簧的拉力下推动顶杆，从而使锁扣分开，实现失电压或欠电压保护。

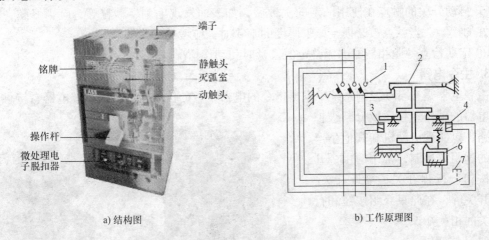

a）结构图　　　　　　　　　　　　　b）工作原理图

图 2-39　低压断路器的结构与工作原理示意图

1—主触点　2—自由脱扣器　3—过电流脱扣器　4—分励脱扣器　5—热脱扣器　6—欠电压脱扣器　7—按钮

2）低压断路器的主要技术参数

① 额定电压是指断路器在规定条件下长期运行所承受的工作电压。

② 额定电流是指在规定条件下断路器能够长期通过的电流，又称脱扣额定电流。

③ 通断能力是指在规定操作条件下，断路器能够接通和分断短路电流的值。

④ 动作时间是指从出现短路故障开始，到触点分开、电弧熄灭、电路被完全切断所需要的时间。

⑤ 保护特性是指断路器的动作时间与动作电流的关系曲线。

目前常见的断路器有我国生产的 DW10、DW15、DW16 系列万能式断路器和 DZ5、DZ10、DZ12、DZ15、DZ20 等系列塑壳式断路器，以及近年来从德国 AEG 公司引进的 ME 系列万能式断路器，日本三菱公司引进的 AE 系列万能式断路器，日本寺崎公司引进的 AH 系列万能式断路器和德国西门子公司引进的 3WE 系列万能式断路器。

3）低压断路器的选用

① 断路器的额定工作电压应大于或等于线路或设备的额定工作电压。对于配电电路来说，应注意区别是电源端保护还是负载保护，电源端电压比负载端电压高出约5%。

② 断路器主电路额定工作电流大于或等于负载工作电流。

③ 断路器的过载脱扣整定电流应等于负载工作电流。

④ 断路器的额定通断能力大于或等于电路的最大短路电流。

⑤ 断路器的欠电压脱扣器额定电压等于主电路额定电压。

⑥ 选择断路器的类型，应根据电路的额定电流及保护的要求来选用。

4）低压断路器的维护

① 使用新开关前应将电磁铁工作面的防锈油脂抹净，以免增加电磁机构的阻力。

② 工作一定次数后（约1/4机械寿命），转动机构部分应加润滑油。

③ 每经过一段时间应清除自动开关上的灰尘，以保护良好的绝缘。

④ 灭弧室在分断短路电流后或较长时间使用后，应清除自动开关内壁和栅片上的金属颗粒和积炭。长期未使用的灭弧室（如配件），在使用前应先烘一次，以保证良好的绝缘。

⑤ 自动开关的触点在使用一定的次数后，如表面发现毛刺、颗粒等，应当修整，以保证良好的接触。当触点被磨损至原来厚度的1/3时，应考虑更换触点。

⑥ 定期检查各脱扣器的电流整定值、延时和动作情况。

3. 主令电器

主令电器是在自动控制系统中发出指令的电器，它的信号指令将通过继电器、接触器和其他电器的动作，接通或分断被控制电路，以实现电动机和其他生产设备的远距离控制，常用的主令开关有按钮、行程开关、接近开关、光电开关等，在此只介绍按钮和行程开关的相关知识。

（1）按钮

按钮又称控制按钮或按钮开关。它通常用来接通或分断控制电路，以控制接触器、继电器等电器，从而控制电动机和生产设备运行，或用于信号电路和电气联锁电路，其外形示意图如图2-40所示。

图 2-40　按钮外形示意图

按钮主要由按钮帽、复位弹簧、常闭触点、常开触点、接线柱及外壳等组成，其结构示意图、图形符号及文字符号如图2-41所示。操作时，当按钮帽的动触点向下运动时，先与常闭静触点分开，再与常开静触点闭合；当操作人员将手指放开后，在复位弹簧的作用下，动触点向上运动，恢复初始位置。在复位的过程中，先是常开触点分断，然后是常闭触点闭合。

为了标明各种按钮的作用，避免误动作，通常将按钮帽做成不同的颜色，以示区别。

按钮的颜色有红、绿、黑、黄、蓝以及

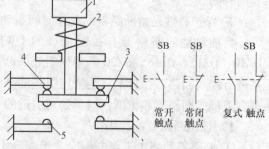

图 2-41　按钮结构示意图、图形符号及文字符号
1—按钮帽　2—复位弹簧　3—动触点
4—常闭静触点　5—常开静触点

白、灰等多种，供不同场合选用。国标 GB 5226.1—2008 对按钮的颜色作如下规定："停止"和"急停"按钮的颜色必须是红色，当按下红色按钮时，必须使设备停止工作或断电；"起动"按钮的颜色必须是绿色；"起动"与"停止"交替动作的按钮的颜色必须是黑白、白色或灰色，不得用红色和绿色；"点动"按钮的颜色必须是黑色；"复位"按钮的颜色（如保护继电器的复位按钮）必须是蓝色，当复位按钮还具有停止的作用时，则必须是红色。

常用的按钮种类有 LA2、LA18、LA19 和 LA20 等系列。

（2）行程开关

行程开关又称限位开关或位置开关，是一种根据生产机械的行程发出指令的主令电器。主要用于改变运动机构的运动方向或速度、限制行程或进行限位保护，广泛用于各类机床和起重机械中以控制这些机械的行程。行程开关实物外形、图形及文字符号如图 2-42 所示。

a) 实物图   b) 图形及文字符号

图 2-42　行程开关实物图、图形及文字符号

常用的行程开关有 JLXK1、LX19、LX32、LX33 和微动开关 LXW-11、JLXK1-11、LXK3 等系列，使用时可查阅相应手册。行程开关的型号及其含义如下：

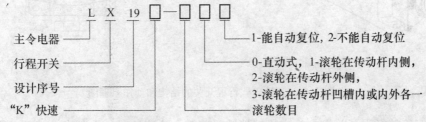

行程开关的工作原理和按钮相同，区别在于它不是靠手的按压，而是利用生产机械运动的部件碰压而使触点动作来发出控制指令的主令电器。行程开关的种类很多，按结构可分为直动式、滚轮式和微动式行程开关；按触点的性质可分为有触点式和无触点式行程开关。下面介绍两种常用的有触点行程开关。

1）直动式行程开关

直动式行程开关的结构示意图如图 2-43 所示，其动

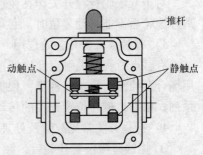

图 2-43　直动式行程开关的结构

作原理为：用运动部件上的撞块来推动行程开关的推杆，经传动机构使推杆向下移动，到达一定行程时，改变了弹簧力的方向，其垂直方向的力由向下变为向上，则动触点向上跳动，使常闭触点分断，常开触点闭合；当外力去掉后，在复位弹簧的作用下顶杆上升，动触点又向下跳动，恢复初始状态。

直动式行程开关的优点是结构简单，成本较低；缺点是触点的分合速度取决于撞块移动的速度，若撞块移动的速度太慢，则触点就不能瞬时切断电路，使电弧在触点上停留的时间过长，易烧蚀触点，因此，这种开关不宜用在撞块移动速度小于0.4m/min的场合。

2）滚轮式行程开关

滚轮式行程开关分为单轮旋转式和双轮旋转式两种。图2-44为单滚轮结构及动作原理图，其工作原理为：当生产机械挡铁压到滚轮上时，传动杠杆连同转轴一起转动，使凸轮推动撞块，当撞块被推到一定位置时，推动微动开关快速动作，接通常开触点，分断常闭触点；当滚轮上的挡铁移开后，复位弹簧使行程开关各部件恢复到动作前的位置，为下一次动作做好准备。

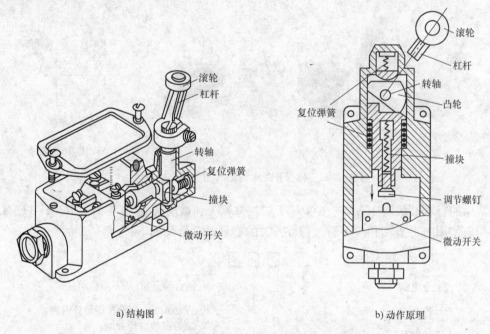

a) 结构图　　　　　　　　　　　　　　　b) 动作原理

图2-44　单滚轮式行程开关的结构和动作原理图

对于双滚轮行程开关，在生产机械挡铁碰撞第一只滚轮时，内部微动开关动作；当挡铁离开滚轮后不能自动复位时，必须通过挡铁碰撞第二个滚轮，才能将其复位。

3）有触点行程开关的选用

有触点行程开关触点允许通过的电流较小，一般不超过5A。选用行程开关时可根据应用场合及控制对象选择种类；根据安装环境选择防护形式；根据电路的额定电压和电流选择系列；根据机械与位置开关的传动与位移关系选择合适的操作头形式。

4）行程开关常见故障及处理方法

① 挡铁碰撞位置开关后，触点不动作。

故障原因：安装位置不准确；触点接触不良或接线松脱；触点弹簧失效。

处理方法：调整安装位置；清刷触点或紧固接线；更换弹簧。

② 杠杆已经偏转或无外界机械力作用，但触点不复位。

故障原因：复位弹簧失效；内部撞块卡阻；调节螺钉太长，顶住开关按钮。

处理方法：更换弹簧；清扫内部杂物；检查调节螺钉。

4. 熔断器

熔断器在电路中主要起短路保护作用，用于保护线路。熔断器具有结构简单、体积小、重量轻、使用维护方便、价格低廉、分断能力较强、限流能力良好等优点，因此在电路中得到广泛应用。熔断器实物外形、图形及文字符号如图 2-45 所示。

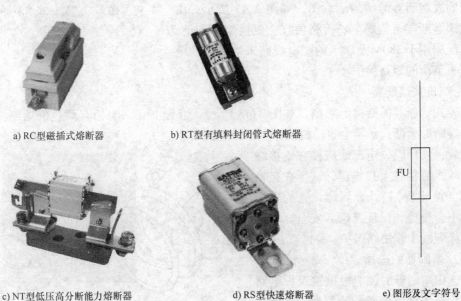

a) RC 型磁插式熔断器　　　　b) RT 型有填料封闭管式熔断器

c) NT 型低压高分断能力熔断器　　　　d) RS 型快速熔断器　　　　e) 图形及文字符号

图 2-45　常见熔断器实物图、图形及文字符号

（1）熔断器的结构和工作原理

熔断器主要是由熔体（俗称保险丝）和安装熔体的熔管（或熔座）组成。熔体是熔断器的主要部分，其材料一般由熔点较低、电阻率较高的金属材料（如铝锑合金丝、铅锡合金丝和铜丝等）制成。熔管是装熔体的外壳，由陶瓷、绝缘钢纸或玻璃纤维制成，在熔体熔断时兼有灭弧作用。

熔断器的熔体与被保护的电路串联，当电路正常工作时，熔体允许通过一定大小的电流而不熔断；当电路发生短路或严重过载时，熔体中流过很大的故障电流，当电流产生的热量达到熔体的熔点时，熔体熔断切断电路，从而达到保护电路的目的。

电流流过熔体时产生的热量与电流的二次方和电流通过的时间成正比，因此，电流越大，熔体熔断的时间越短。这一特性称为熔断器的保护特性（或安秒特性），如图 2-46 所示。

熔断器的安秒特性为反时限特性，即短路

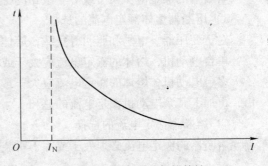

图 2-46　熔断器的保护特性

电流越大，熔断时间越短，这样就能满足短路保护的要求。由于熔断器对过载反应不灵敏，不宜用于过载保护，主要用于短路保护。

（2）熔断器的分类

熔断器的类型很多，按结构形式可分为瓷插式熔断器、螺旋式熔断器、封闭管式熔断器、快速式熔断器和自复式熔断器。下面介绍两种最常见的熔断器。

1）瓷插式熔断器

瓷插式熔断器的结构示意图，如图 2-47 所示。由于瓷插式熔断器结构简单、价格便宜、更换熔体方便，因此广泛应用于 380V 及以下的配电线路末端，作为电力、照明负荷的短路保护。

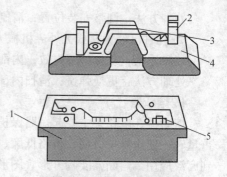

图 2-47　瓷插式熔断器
1—瓷底座　2—动触点　3—熔锡
4—瓷插件　5—静触点

2）螺旋式熔断器

螺旋式熔断器的结构示意图，如图 2-48 所示。熔管上有一个标有颜色的熔断指示器，当熔体熔断时熔断指示器会自动脱落，显示熔丝已熔断。

在装接使用时，电源线应接在下接线座，负载线应接在上接线座，这样在更换熔管时（旋出瓷帽），金属螺纹壳的上接线座便不会带电，保证维修者安全。它多用于机床配线中作短路保护。

（3）熔断器的选择

在选用熔断器时，应根据被保护电路的需要，首先确定熔断器的类型，然后选择熔体的规格，再根据熔体确定熔断器的规格。

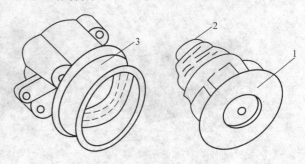

图 2-48　螺旋式熔断器
1—瓷帽　2—熔体　3—底座

1）熔断器类型的选择

选择熔断器的类型要根据线路要求、使用场合、安装条件、负载要求的保护特性和短路电流的大小等来进行。电网配电一般用管式熔断器；电动机保护一般用螺旋式熔断器；照明电路一般用瓷插式熔断器；保护晶闸管则应选择快速式熔断器。

2）熔断器额定电压的选择

熔断器的额定电压大于或等于线路的工作电压。

3）熔断器熔体额定电流的选择

对于变压器、电炉和照明等负载，熔体的额定电流应略大于或等于负载电流。

单台电动机，熔体的额定电流应大于或等于 1.5～2.5 倍的电动机额定电流。

多台电动机，熔体的额定电流应大于或等于其中最大一台电动机额定电流的 1.5～2.5 倍，再加上其余电动机额定电流的总和。

4）熔断器额定电流的选择

熔断器的额定电流必须大于或等于所装熔体的额定电流。

5. 接触器

接触器主要用于控制电动机、电热设备、电焊机、电容器组等，能频繁地接通或断开交直流主电路，实现远距离自动控制。它具有低电压释放保护功能，在电力拖动自动控制线路中被广泛应用。因为它不具备短路保护的作用，常和熔断器、热继电器等保护电器配合使用。

接触器主要由电磁机构、触点系统、弹簧、灭弧装置及支架底座等部分组成。按照其线圈通过电流种类的不同分为交流接触器和直流接触器两大类。

（1）交流接触器

交流接触器常用于远距离接通和分断电压为1140V、电流为630A的交流电路，以及频繁起动和控制交流电动机，其实物图如图2-49所示。它主要由触点系统、电磁机构和灭弧装置等部分组成，其结构示意图、图形及文字符号如图2-50所示。

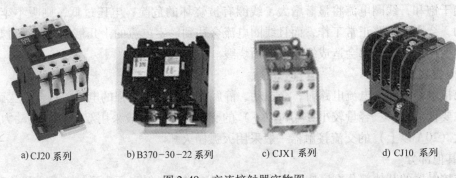

a) CJ20 系列   b) B370-30-22 系列   c) CJX1 系列   d) CJ10 系列

图 2-49　交流接触器实物图

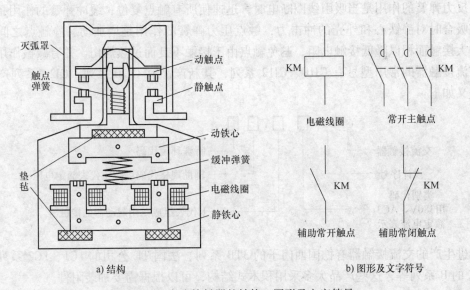

a) 结构   b) 图形及文字符号

图 2-50　交流接触器的结构、图形及文字符号

1）触点系统

触点系统是交流接触器的执行元件，用来接通或分断所控制的电路，触点系统必须工作可靠，接触良好。

交流接触器的触点有主触点和辅助触点之分，主触点一般由三对接触面积较大的常开触点组成，用以通断电流较大的主电路，当主电路电流较大时，主触点要安装在灭弧罩内。辅助触点用以通断电流较小的控制回路，由常开触点和常闭触点组成。特别要说明的是接触器在通电吸合和断电释放的过程中，触点动作是有先有后的，当电磁线圈通电衔铁吸合时，常闭触点首先断开，继而常开触点闭合；电磁线圈断电衔铁释放时，常开触点首先恢复断开，继而常闭触点恢复闭合。两种触点在改变工作状态时，先后有个时间差，尽管这个时间差很短，但对分析电路的控制原理是很重要的。

2）电磁机构

交流接触器电磁机构由电磁线圈、静铁心和动铁心（衔铁）组成。铁心上装有短路铜环，以减少衔铁吸合后的振动和噪声。线圈一般采用电压线圈（线径较小，匝数较多，与电源并联）。交流接触器线圈在其额定电压的 85% ~ 105% 时，能可靠地工作。电压过高，则磁路趋于饱和，线圈电流将显著增大，线圈有被烧坏的危险；电压过低，则吸不牢衔铁，触点跳动，会影响电路正常工作，而且线圈电流会达到额定电流的十几倍，使线圈过热而烧坏，因此电压过高或低都会造成线圈发热而烧毁。

3）灭弧装置

交流接触器分断大电流电路时，会在动、静触点之间产生很强的电弧，因此，灭弧是接触器的主要任务之一。容量较小（10A 以下）的交流接触器一般采用双断触点电动力灭弧。容量较大（20A 以上）的交流接触器一般采用灭弧栅灭弧。

4）其他部分

交流接触器的其他部分有底座、反力弹簧、缓冲弹簧、触点压力弹簧、传动机构和接线柱等。反力弹簧的作用是当吸引线圈断电时，迅速使所有触点复位；缓冲弹簧的作用是缓冲衔铁在吸合时对静铁心和外壳的冲击力；触点压力弹簧的作用是增加动、静触点之间的压力，增大接触面积以降低接触电阻，避免触点由于接触不良而过热灼伤，并有减振作用。

交流接触器的常用型号有 CJ10、CJ12 系列，其新产品有 CJ20 系列。CJ20 系列产品型号的含义如下：

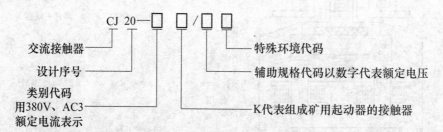

引进生产的交流接触器有德国西门子的 3TB 系列、法国 TE 公司的 1C1、1C2 系列、德国 BBC 的 B 系列等，这些产品大多采用积木式结构，可以根据需要加装附件。

交流接触器的工作原理：当给交流接触器的电磁线圈通入交流电时，在铁心上会产生电磁吸力，克服弹簧的反作用力，将衔铁吸合，衔铁的动作带动动触点的运动，使常开主触点和常开辅助触点闭合，常闭辅助触点断开。当电磁线圈失电后，铁心上的电磁吸力消失，衔铁在弹簧的作用下回到原位，各触点也随之回到原始状态。

（2）直流接触器

直流接触器主要用来远距离接通与分断额定电压为440V、额定电流为630A的直流电

路。直流接触器主要由电磁机构、触点系统与灭弧系统组成，电磁机构的电磁铁采用拍合式电磁铁，电磁线圈为电压线圈，用细漆包线绕制成长而薄的圆筒状，其实物外形及结构如图2-51所示。

 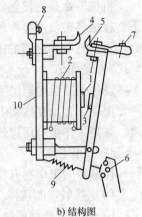

直流接触器的触点分为主触点和辅助触点。主触点一般做成单极或双极，因主触点接通或断开的电流较大，故采用滚动接触的指形触点，以延长触点的使用寿命；辅助触点的通断电流较小，常采用点接触的双断点桥式触点。直流接触器的主触点在分断较大电流时，会产生强大的电弧。在同样的电气参数下，熄灭直流电弧比熄灭交流电弧要困难，因此，直流接触器的灭弧一般采用瓷吹式灭弧。

a) 实物图　　　　　　　　b) 结构图

图2-51　直流接触器实物外形及结构示意图
1—铁心　2—线圈　3—衔铁　4—静触点　5—动触点
6—辅助触点　7、8—接线柱　9—弹簧　10—底板

直流接触器是利用电磁吸力与弹簧弹力配合动作，使触点闭合或分断，以控制电路的分断。直流接触器有两种工作状态，失电状态（释放状态）和得电状态（动作状态）。当吸引线圈得电后，衔铁被吸合，各个常开触点闭合，常闭触点分断，接触器处于得电状态。当吸引线圈失电后，衔铁释放，在恢复弹簧的作用下，衔铁和所有触点都恢复常态，接触器处于失电状态。

（3）接触器的主要参数

1）额定电压

额定电压指主触点的额定工作电压，交流接触器常用的额定电压等级有127V、220V、380V、660V等；直流接触器常用的额定电压等级有110V、220V、440V、660V等。

2）额定电流

额定电流指主触点的额定工作电流，它是在规定条件下（额定电压、使用类别、额定工作制、操作频率等），保证电器正常工作的电流值。目前生产的接触器的额定电流有10A、40A、60A、100A、150A、250A、400A和600A。

3）线圈的额定电压

线圈的额定电压指接触器吸引线圈正常工作的电压值。交流线圈常用的电压等级为36V、110V、127V、220V、380V；直流线圈常用的电压等级为24V、48V、110V、220V、440V。

4）主触点的接通和分断能力

主触点的接通和分断能力指主触点在规定的条件下能可靠地接通和分断的电流值。在此电流值下，接通时主触点不发生熔焊，分断时不应产生长时间的燃弧。

5）额定操作频率

额定操作频率是指每小时允许的最高操作次数。操作频率直接影响接触器的电寿命及灭弧室的工作条件，对于交流接触器还影响线圈温升，是一个重要的技术指标。

6）机械寿命与电气寿命

机械寿命是指接触器所能承受的无载操作的次数，电气寿命是指在规定的正常工作条件下，接触器带负载操作的次数。接触器是频繁操作的电器，应有较长的机械寿命和电气寿命，目前有些接触器的机械寿命已达 1000 万次以上，电气寿命达 100 万次以上。

7）动作值

动作值指接触器的吸合电压和释放电压。按照规定，作为一般用途的电磁式接触器，在一定温度下，加在线圈上的电压为额定值的 85% ~ 110%，任何电压均可以可靠地吸合；反之，如果工作中电压过低或失电压，衔铁应能可靠地释放。

8）工作制

接触器的工作制有长期工作制、间断工作制、短时工作制和反复工作制。

（4）接触器的选择

1）接触器类型的选择应根据接触器所控制的负载性质来选择接触器的类型。

2）接触器主触点的额定电压应等于或大于主电路的额定电压。

3）接触器吸引线圈的额定电压及频率应与所控制的电路电压、频率一致。

4）接触器额定电流的选择应大于或等于负载的工作电流。对于电动机负载，接触器主触点额定电流按下式计算：

$$I_N = \frac{P_N \times 10^3}{\sqrt{3} U_N \cos\varphi \cdot \eta} \tag{2-29}$$

式中　P_N——电动机功率（kW）；

　　　U_N——电动机额定线电压（V）；

　　$\cos\varphi$——电动机功率因数，一般为 0.85 ~ 0.9；

　　　η——电动机的效率，一般为 0.8 ~ 0.9。

5）接触器的触点数量、种类的选择是其触点数量和种类应满足主电路和控制线路的要求。

（5）交流接触器的常见故障和排除方法

交流接触器是电力系统中最常用的控制电器，若交流接触器发生故障，则容易造成设备和人身事故，必须设法排除。下面对交流接触器常见的几种故障现象加以分析，并给出相应的处理方法。

1）交流接触器不吸合或吸合不足

主要故障原因：电源电压过低，线圈短路，铁心机械卡阻，触点压力弹簧压力过大。

处理方法：提高电源电压，更换线圈，排除卡阻物，调整触点参数。

2）线圈断电后交流接触器不释放或释放缓慢

主要故障原因：触点被电弧熔焊在一起、触点压力弹簧弹力不足、铁心剩磁太大、铁心表面有油污。

处理方法：修理或更换触点，调整触点压力弹簧压力或更换反力弹簧，更换铁心，清理铁心表面。

3）触点熔焊

主要故障原因：操作频率过高或过载使用，负荷侧短路，触点压力弹簧压力过小。

处理方法：调整更换交流接触器或减小负载；排除短路故障，更换触点；调整触点压力弹簧压力。

4）铁心噪声过大

交流接触器运行中发出轻微的嗡嗡声是正常的，但声音过大就异常。

主要故障原因：短路环损坏或脱落；复位弹簧弹力等。

处理方法：调整铁心或短路环，减小触点压力弹簧的压力。

5）线圈过热或烧毁

主要故障原因：线圈匝间短路、操作频率过高，线圈参数与实际要求不符，铁心机械卡阻。

处理方法：排除故障或更换线圈，更换合适的交流接触器，调整线圈或更换合适的交流接触器，排除卡阻物。

6. 热继电器

继电器是根据电流、电压、时间、温度和速度等信号来接通或分断小电流电路和电器的控制元件。常用的继电器有热继电器、过电流继电器、欠电压继电器、时间继电器、速度继电器、中间继电器等。

热继电器是利用电流通过发热元件产生热量，使检测元件的物理量发生变化，推动执行机构动作的一种保护电器。主要与接触器配合使用，用来对连续运行的三相异步电动机进行长期过载和断相保护，以防止电动机过热而烧毁的保护电器。由于发热元件具有热惯性，所以热继电器不能对电路做瞬时过载和短路保护，图 2-52 为热继电器实物图。

a) JR2系列　　　b) JR36系列　　　c) JRS2系列　　　d) JR20系列

图 2-52　热继电器实物图

常用的热继电器有 JR0、JR2、JR16、JR20 等系列，每一系列的热继电器一般只能和相应系列的接触器配套使用，如 JR20 热继电器和 CJ20 接触器配套使用，T 系列热继电器常与 B 系列交流接触器组合成电磁起动器等。

JR 系列热继电器的型号含义如下：

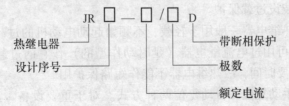

（1）热继电器的结构

热继电器是一种利用电流通过热元件时产生热效应来切断电路的保护电器。按其动作方式分为双金属片式、易熔合金式等多种。由于双金属片式结构简单、体积较小、成本较低，同时选择适当的热元件可以得到良好的反时限特性（即电流越大越容易动作），所以应用最广泛。

热继电器主要由发热元件、双金属片、触点系统、动作机构等元件组成，其结构、图形及文字符号如图 2-53 所示。

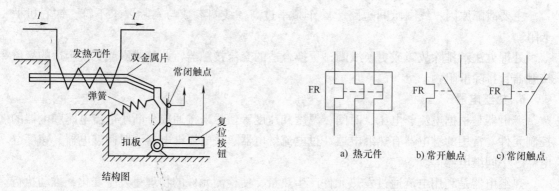

图 2-53　热继电器结构示意图、图形及文字符号

（2）热继电器的工作原理

热继电器的发热元件（电阻丝）绕在具有不同热膨胀系数的双金属片上，下层金属热膨胀系数大，上层的金属热膨胀系数小。当电路正常工作时，对应的负载电流流过发热元件产生的热量不足以使双金属片产生明显的变形；当设备过载时，负载电流增大，与它串联的发热元件产生的热量使双金属片的自由端便向上弯曲与扣板脱离接触，扣板在弹簧的拉力下使热继电器的触点动作，其常闭触点断开，常开触点闭合。触点是接在电动机的控制电路中的，控制电路断开便使接触器的线圈失电，从而断开电动机的主电路，达到保护的目的。

（3）热继电器的选用

1）热继电器有两相式、三相式和三相带断相保护等形式。星形联结的电动机及电源对称性较好的情况可选用两相结构的热继电器；对于电网均衡性差的电动机，宜选用三相结构的热继电器。三角形联结的电动机应选用带断相保护装置的三相结构热继电器。

2）热元件的额定电流等级一般应等于 0.95～1.05 倍电动机的额定电流，热元件选定后，再根据电动机的额定电流调整热继电器的整定电流，使整定电流与电动机的额定电流相等。

3）对于工作时间短、间歇时间长的电动机，以及虽长期工作，但过载可能性小的（如风机电动机），可不装设过载保护。

4）双金属片式热继电器一般用于轻载、不频繁起动电动机的过载保护。对于重载、频繁起动的电动机，则可用过电流继电器（延时动作型的）作它的过载保护和短路保护。因为热元件受热变形需要时间，故热继电器不能作短路保护用。

5）热继电器有手动复位和自动复位两种方式。对于重要设备，宜采用手动复位方式；如果热继电器和接触器的安装地点远离操作地点，且从工艺上易于看清过载情况，宜采用自动复位方式。

另外，热继电器必须按照产品说明书规定的方式安装。当与其他电器安装在一起时，应将热继电器安装在其他电器的下方，以免其动作受其他电器发热的影响。

（4）热继电器的常见故障和排除方法

热继电器的故障主要有热元件烧断、误动作、不动作三种情况。

1）热元件烧断

当热继电器负荷侧出现短路或电流过大时，会使热元件烧断。这时应切断电源检查线路，排除电路故障，重新选用合适的热继电器。更换后应重新调整整定电流值。

2）热继电器误动作

误动作的原因有整定值偏小，以致未出现过载就动作；电动机起动时间过长，引起热继电器在起动过程中动作；设备操作频率过高，使热继电器经常受到起动电流的冲击而动作；使用场合有强烈的冲击及振动，使热继电器操作机构松动而使常闭触点断开；环境温度过高或过低，使热继电器出现未过载而误动作，或出现过载而不动作，这时应改善使用环境条件，使环境温度40℃，不低于－30℃。

3）热继电器不动作

由于整定值调整得过大或动作机构卡死、推杆脱出等原因均会导致过载，使热继电器不动作。

4）接触不良

热继电器常闭触点接触不良，将会使整个电路不工作。使用中应定期除去尘埃和污垢。若双金属片出现锈斑，可用棉布蘸上汽油轻轻揩拭，切忌用砂纸打磨。

7. 时间继电器

时间继电器是一种利用电磁原理或机械原理来延迟触点闭合或分断的自动控制电器。对于电磁式时间继电器，当电磁线圈通电或断电后，经过一段时间，延时触点才动作。时间继电器种类很多，常用的有电磁式、空气阻尼式、电动式和电子式等时间继电器；按延时方式可分为通电延时型和断电延时型两种。图2-54为时间继电器的实物图。

a) JS7 系列时间继电器　　b) 电子式时间继电器　　c) 数显时间继电器　　d) JS14A 系列时间继电器

图2-54　时间继电器实物图

（1）空气阻尼式时间继电器

1）结构

阻尼式时间继电器是利用空气阻尼作用获得延时的。它分为通电延时和断电延时两种类型。图2-55所示为JS7-A系列空气阻尼式时间继电器的结构图，它由交流并联电磁机构、触点系统（有两个微动开关构成，包括两对瞬动触点和两对延时触点）、空气室及传动机构等组成。

2）工作原理

以 JS7-2A 系列空气阻尼式时间继电器为例，来阐述 JS7-A 系列时间继电器的工作原理。图 2-56a 为通电延时型时间继电器，当线圈 1 通电后，铁心 17 将衔铁 2 吸合，同时推板 10 使顺动微动开关 15 立即动作。活塞杆 14 在塔形弹簧 4 的作用下，带动活塞 13 及橡皮膜 6 向上移动，由于橡皮膜下方气室空气稀薄，形成负压，因此活塞杆 14 不能迅速上移。当空气由进气孔 8 进入

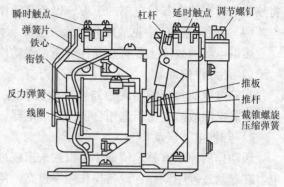

图 2-55 JS7-2A 系列时间继电器的结构图

时，活塞杆才逐渐上移。移到最上端时，杠杆 9 才使延时微动开关 16 动作。延时时间即为自电磁铁吸引线圈通电时刻起到延时微动开关 16 动作为止这段时间。通过调节螺钉 12 来改变进气孔的大小，就可以调节延时时间。

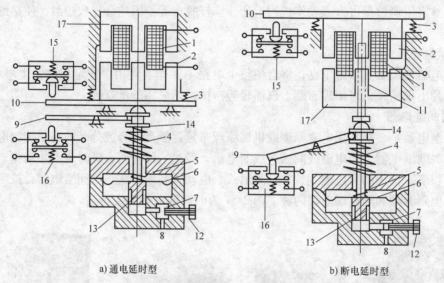

a）通电延时型　　　　　　　　　b）断电延时型

图 2-56 JS7-2A 系列空气阻尼式时间继电器的工作原理图
1—线圈 2—衔铁 3—反作用力弹簧 4—塔形弹簧 5—弱弹簧 6—橡皮膜 7—节流孔
8—进气孔 9—杠杆 10—推板 11—推杆 12—调节螺钉 13—活塞 14—活塞杆
15—顺动微动开关 16—延时微动开关 17—铁心

当线圈 1 断电时，衔铁 2 在复位弹簧 3 的作用下将活塞杆 14 推向最下端。因活塞被往下推时，橡皮膜下方气室内的空气，都通过橡皮膜 6、弱弹簧 5 和活塞 13 肩部所形成的单向阀，经上气室缝隙顺利排掉，因此不延时与延时的微动开关 15 与 16 都能迅速复位。

可见，通电时，顺动微动开关 15 立即动作，延时微动开关 16 延时动作。因此，顺动微动开关 15 是瞬动开关，延时微动开关 16 是延时开关。断电时，顺动微动开关 15 与 16 都能迅速复位。

图 2-56b 所示是断电延时型时间继电器，它的结构与通电延时型的类似，只是将电磁机构翻转 180° 安装了，它的工作原理也与通电延时型相似，即当衔铁吸合时推动活塞复位，排出空气，当衔铁释放时活塞杆在弹簧作用下使活塞向下移动，实现断电延时。

时间继电器的图形及文字符号如图2-57所示。

a) 线圈一般符号　　b) 断电延时线圈　　c) 通电延时线圈　　d) 瞬动常开触点　　e) 瞬动常闭触点　　f) 延时闭合常开触点

g) 延时断开常开触点　　　　　h) 延时断开常闭触点　　　　　i) 延时闭合常闭触点

图 2-57　时间继电器的图形及文字符号

时间继电器的延时方式有两种，一种是通电延时型，即收到输入信号后，延时一段时间执行机构才动作；当输入信号消失时，执行机构瞬时复原。通电延时型时间继电器的线圈、延时闭合常开触点和延时断开常闭触点分别用图 2-57c、f 和 h 表示。另一种是断电延时型，即收到输入信号，执行机构立即动作；当输入信号消失时，延时一段时间执行机构才复原。断电延时时间继电器的线圈、延时断开常开触点、延时闭合常闭触点分别用图 2-57b、g 和 i 表示。有的时间继电器还有瞬动常开触点如图 2-57d 所示和瞬动常闭触点如图 2-57e 所示。

3）空气阻尼式时间继电器的特点

空气阻尼式时间继电器的特点是结构简单，价格较低，延时范围较大（0.4～180s），寿命长，不受电源电压及频率波动的影响，有通电延时和断电延时两种，但延时误差较大（±10%～±20%）、无调节刻度指示，一般适用延时精度要求不高的场合。常用的产品有JS7-A、JS23 等系列，其中 JS7-A 系列的主要技术参数为延时范围，分 0.4～60s 和 0.4～180s 两种，操作频率为 600 次/h，触点容量为 5A，延时误差为 ±15%。在使用空气阻尼式时间继电器时，应保持延时机构的清洁，防止因进气孔堵塞而失去延时作用。

时间继电器的型号及其含义如下：

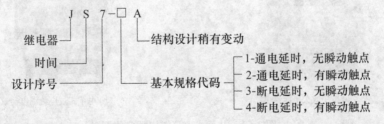

（2）电动式时间继电器

电动式时间继电器是由微型同步电动机拖动减速机构，经机械机构获得触点延时动作的时间继电器。电动式时间继电器由微型同步电动机、电磁离合器、减速齿轮、触点系统、脱扣机构和延时调整机构等组成。电动式时间继电器有通电延时和断电延时两种。延时的长短可通过改变整定装置中定位指针的位置实现，但定位指针的调整对于通电延时型时间继电器应在电磁离合器线圈断电的情况下进行，对于断电延时型时间继电器应在电磁离合器线圈通电的情况下进行。

电动式时间继电器的特点是延时精度高，不受电源电压波动和环境温度变化的影响，延时误差小；延时范围大（几秒到几十个小时），延时时间有指针指示。其缺点是结构复杂，价格高，不适于频繁操作，寿命短，延时误差受电源频率的影响。常用的有 JS11、JS17 系列和引进德国西门子公司制造技术生产的 7PR 系列等。所以，这种时间继电器不宜轻易选用，只有在要求延时范围较宽和精度较高的场合才能使用。

（3）时间继电器的选用

1）应根据被控制线路的实际要求选择不同延时方式及延时时间、精度的时间继电器。

2）应根据被控制电路的电压等级选择电磁线圈的电压，使两者电压相符。

（4）时间继电器的常见故障及排除方法

1）开机不工作

主要故障原因：电源线接线不正确或断线。

处理方法：检查接线是否正确、可靠。

2）延时时间到继电器不转换

主要故障原因：继电器接线有误，电源电压过低，触点接触不良，继电器损坏。

处理方法：检查接线，调高电源电压，检查触点接触是否良好，更换继电器。

3）烧坏产品

主要故障原因：电源电压过高，接线错误。

处理方法：调低电源电压，更检查接线。

8. 电流、电压继电器

（1）电流继电器

根据线圈中的电流大小而动作的继电器称为电流继电器。这种继电器的导线粗、匝数少，串联在被测电路中，以反映被测电路电流的大小。电流继电器的触点接在控制电路中，其作用是根据电流的大小来控制电路的接通和分断。电流继电器有过电流继电器和欠电流继电器，其实物图如图 2-58 所示。

a) 电子式欠电流继电器

b) 电子式过电流继电器

图 2-58 电子式电流继电器实物图

1）欠电流继电器

欠电流继电器线圈中通过 30% ~ 65% 的额定电流时继电器吸合，当线圈中的电流降至额定电流的 10% ~ 20% 时继电器释放。所以，欠电流继电器在电路正常工作时，流过线圈的负载电流大于继电器的吸合电流，欠电流继电器始终处于吸合状态，即常开触点处于闭合状态，常闭触点处于断开状态。当电路由于某种原因使电流降至额定电流的 20% 以下时，欠电流继电器释放，发出信号，使接在控制电路中的常开触点断开，控制接触器失电，从而控制设备脱离电源。可见，这种继电器主要用于对负载进行欠电流保护，如用于直流电动机和电磁吸盘的失磁保护。

2）过电流继电器

交流过电流继电器的吸合值为 110% ~ 400% 的额定电流。过电流继电器在电路正常工作时不动，当电路发生过载或短路故障时，电流超过动作电流额定值时才动作，分断常闭触点。切断控制回路，保护了电路和负载。过电流继电器主要用于频繁、重载起动的场合作为电动机的过载和短路保护。过电流和欠电流继电器的文字符号和图形符号如图 2-59 所示。

常用的电流继电器的型号有 JT4、JL12 及 JL14 等。在选用过电流继电器用于保护小容量直流电动机和绕线式异步电动机时，其线圈的额定电流一般可按电动机长期工作额定电流来选择；对于频繁起动的电动机的保护，继电器线圈的额

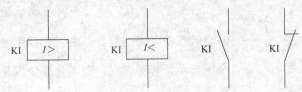

a)过电流继电器线圈 b)欠电流继电器线圈 c)常开触点 d)常闭触点

图 2-59　电流继电器的图形及文字符号

定电流可选大一些。考虑到动作误差，并加上一定余量，讨串流继电器的整定电流值可按电动机最大工作电流值来整定。

（2）电压继电器

根据线圈电压的大小而动作的继电器称为电压继电器。这种继电器的导线细、匝数多，并联在被测电路两端，以反映被测电路电压的大小。电压继电器有过电压、欠电压和零电压继电器之分，其实物图、文字及图形符号如图 2-60 所示。

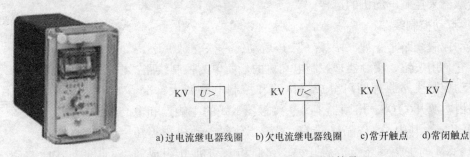

a)过电流继电器线圈 b)欠电流继电器线圈 c)常开触点 d)常闭触点

图 2-60　电压继电器实物图、文字及图形符号

一般来说，过电压继电器在电路电压高于额定电压的 110% ~ 120% 以上时，对电路进行过电压保护，其工作原理与过电流继电器相似；欠电压继电器在电路电压低于额定电压的 40% ~ 70% 时，对电路进行欠电压保护，其工作原理与欠电流继电器相似；零压继电器在电路电压降至额定电压的 5% ~ 25% 时，对电路进行零压保护。

选择欠电压继电器时，主要根据电源电压、控制线路所需触点的种类和数量来选择。

9. 三相笼型异步电动机直接起动控制

直接起动是指将电动机三相定子绕组直接接到额定电压的电网上来起动电动机，因此又称全压起动，全压起动具有设备简单、操作便利、起动过程短等优点，因此只要电网情况允许，尽量采用直接起动。一台电动机能否采用直接起动应由电网的容量（变压器的容量）、电网允许干扰的程度及电动机的形式、起动次数等诸多因素决定。究竟多大容量的电动机能够直接起动呢？通常认为只需满足下述三个条件中的一个即可。

① 如果用独立变压器供电，一般来说，不经常起动的电动机容量不应超过变压器容量的30%；频繁起动的电动机容量不应超过变压器容量的20%。

② 容量在7.5kW以下的三相异步电动机一般均可采用直接起动。

③ 在其他情况下，则可根据电源变压器容量及电动机功率，参考以下经验公式来确定是否允许直接起动：

$$\frac{I_{st}}{I_N} < \frac{3}{4} + \frac{变压器的容量(kV \cdot A)}{4 \times 电动机功率(kW)} \tag{2-30}$$

式中　$\dfrac{I_{st}}{I_N}$——电动机起动电流倍数，可由三相异步电动机技术手册中查得。此式成立，允许全压起动，若不成立，则不允许全压起动。若电动机不能直接起动，则需采用减压起动。

（1）电动机单向运行控制线路

1）负荷开关控制的直接起动控制

最简单的手动控制电动机单向旋转控制线路如图2-61所示，图中开关QS可以采用胶盖瓷底开关、转换开关或铁壳开关，用以控制电动机的起动和停止。熔断器FU用作短路保护。

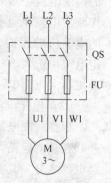

图2-61　铁壳开关起动控制线路

这种线路比较简单，对容量较小、起动不频繁的电动机来说，是经济方便的起动控制方法。但在容量较大、起动频繁的场合，使用这种方法既不方便，也不安全，更不能进行自动控制。因此，目前广泛采用按钮与接触器来控制电动机的运转。

2）点动控制线路

点动控制线路是一种"一按（点）就动，一松（放）就停"的控制电路，它是用按钮、接触器来控制电动机的最简单的控制线路，电气原理图如图2-62所示。

点动控制线路原理图可分成主电路和控制电路两大部分。主电路由电源开关QS、熔断器FU1、接触器KM的主触点和电动机M组成，其中QS作隔离开关、FU1用作对电动机进行短路保护、KM的主触点充当负荷开关，它们和电动机M组成通过大电流的电路，其作用是将三相交流电送入电动机中使其旋转。控制电路由熔断器FU2、按钮SB和接触器KM的线圈组成，流过的电流小，其作用是通过按动按钮SB控制接触器KM线圈通电或断电，使主电路中的接触器KM的主触点闭合或断开，达到控制电动机通电或断电的目的。其工作原理如下：

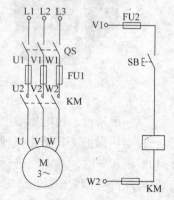

图2-62　电动机单向旋转控制线路

合上电源开关QS，按下点动按钮SB，接触器线圈KM通电，产生的电磁吸力大于弹簧的反力使衔铁吸合，带动它的三对主触点KM闭合，电动机M便接通电源起动运转。松开按钮SB后，接触器线圈断电，电磁吸力消失，衔铁在弹簧力的作用下复位，带动它的三对主触点断开，电动机断电停转。

这种按下按钮，电动机转动，松开按钮，电动机停转的控制，称为点动控制。相应的电路称为点动控制电路，它能实现电动机的短时转动，常用于机床的工位、刀具的调整和

"电动葫芦"等。

为了简单起见，在分析各种控制线路原理图时，可用符号和箭头配以少量文字说明来表示工作原理。箭头前后的符号和文字表示具有因果关系的两个相关联的事件，箭头表示其前因后果的控制关系，如点动控制关系中，按下按钮 SB 是线圈 KM 得电的条件，线圈 KM 得电是按下按钮 SB 的结果；而线圈 KM 得电又是 KM 主触点闭合的条件，用箭头将这些因果关系联系起来，就构成了一个完整的因果链条，这一因果链条反映了这个控制电路的控制关系。这种描述控制电路工作原理的方法称为控制流程图表示法。用控制流程图描述点动控制线路的工作原理可表示如下：

合上电源开关 QS 后，

起动：按下 SB→KM 因线圈通电而吸合→KM 主触点闭合→电动机 M 运转

停止：松开 SB→KM 因线圈断电而释放→KM 主触点断开→电动机 M 停转

3）具有自锁的控制线路

如果要使上述点动控制线路中的电动机长期运行，就必须用手始终按住起动按钮 SB，这显然是不行的。为了实现电动机的连续运行，需要将接触器的一个辅助常开触点并联在起动按钮的两端，同时为了可以让电动机停止，在控制电路中再串联一个停止按钮，如图 2-63 所示，这就构成了电动机连续运行控制电路，又称具有自锁控制的电动机连续运行控制电路。

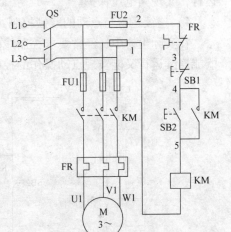

图中，刀开关 QS 起隔离作用，熔断器 FU 对主电路进行短路保护，接触器 KM 的主触点控制电动机起动、运行和停车，热继电器 FR 用作过载保护。控制电路中的 FU1 作短路保护，SB2 为起动按钮，SB1 为停止按钮。电路的工作原理如下：

① 起动时，合上刀开关 QS 引入三相电源。按下

图 2-63　三相异步电动机自锁控制线路

起动按钮 SB2，KM 的吸引线圈通电，KM 的衔铁吸合，KM 的主触点闭合使电动机接通电源起动运转；同时，与 SB2 并联的 KM 辅助常开触点闭合，使接触器的吸引线圈经两条线路供电。一条线路是经 SB1 和 SB2，另一条线路是经 SB1 和接触器 KM 已经闭合的辅助常开触点。这样，即使把手松开，SB2 自动复位时，接触器 KM 的吸引线圈仍可通过其辅助常开触点继续供电，从而保证电动机的连续运行。这种依靠接触器自身辅助触点而使其线圈保持通电的现象，称为自锁或自保持。这个起自锁作用的辅助触点，称为自锁触点。

上述起动过程用控制流程图表示为

② 停车时，按下停止按钮 SB1，这时接触器 KM 线圈断电，主触点和自锁触点均恢复到断开状态，电动机脱离电源停止运转。松开停止按钮 SB1 后，SB1 在复位弹簧的作用下恢复闭合状态，此时控制电路已经断开，只有再按下起动按钮 SB2，电动机才能重新起动运转。

用控制流程图表示为

按下SB1 → KM线圈断电 ┬ KM辅助常开触点断开 → 解除自锁
　　　　　　　　　　 └ KM主触点断开 → M断电停转

③ 电路中的热继电器 FR 用于对电动机进行过载保护。在电动机运行过程中，当电动机出现长期过载而使热继电器 FR 动作时，其常闭触点断开，KM 线圈断电，电动机停止运转，从而实现了对电动机的过载保护。

④ 自锁控制的另一个作用是能实现失电压和欠电压保护。在图 2-63 中，如果电网断电或电网电压低于接触器的释放电压，接触器将因吸力小于反力而使衔铁释放，主触点和自锁触点均断开，电动机断电的同时也断开了接触器线圈的供电电路。此后即使电网供电恢复正常，电动机及其拖动的机构也不会自行起动。这种保护一方面可防止在电源电压恢复时，电动机突然起动而造成设备和人身事故，实现失电压保护；另一方面又可防止电动机在低压下运行，实现欠电压保护。

4) 连续运行与点动的联锁控制

在实际生产中，经常要求控制线路既能点动控制又能连续运行。如图 2-64 所示是三种既能连续运行又能实现点动操作的控制线路，它们的主电路相同，控制电路不同。

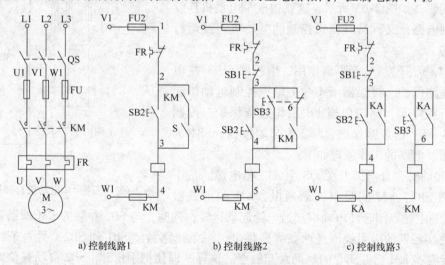

a) 控制线路1　　　　　b) 控制线路2　　　　　c) 控制线路3

图 2-64　连续与点动控制线路

① 图 2-64a 是在自锁电路中串联一个开关 S。控制过程如下：

合上电源开关 QS，需要点动工作时，断开开关 S，通过按动 SB2，实现点动控制；需要连续运行时，合上开关 S，按一下 SB2，接触器 KM 得电并自锁，电动机得电连续运行，需要停车时，断开开关 S，断开自锁支路，KM 失电，电动机停车。

② 图 2-64b 所示是采用复合按钮实现点动的线路，图中 SB1 为停车按钮，SB2 为连续运行起动按钮，复合按钮 SB3 作点动按钮，将 SB3 的常闭触点作为联锁触点串联在接触器 KM 的自锁触点支路中。

当需要电动机连续运行时，起动按下 SB2，停车按下 SB1。其控制过程如下：

起动：

按下SB2 → KM线圈得电 ┬ → KM主触点闭合 → KM起动连续运转
　　　　　　　　　　　└ → KM辅助常开触点闭合 → 建立自锁

停车：

按下SB1 → KM断电 ┬ → KM自锁触点断开 → 解除自锁
　　　　　　　　　└ → KM主触点断开 → M断电停转

当需要点动运行时，按动 SB3，在按下 SB3 的过程中，SB3 的常闭触点先断开，切断接触器的自锁支路，然后 SB3 的常开触点才闭合，接触器 KM 得电，KM 主触点闭合，电动机得电运行；手一松开 SB3，SB3 的常开触点先断开，使接触器 KM 断电，电动机断电，而后 SB3 的常闭触点才复位闭合，由于此时 KM 已断电复位，自锁触点已经断开，所以 SB3 的常闭触点闭合时，电动机不会得电，从而实现了点动控制。其控制过程如下：

起动：

按下SB3 ┬先 SB3常闭触点断开 → KM自锁支路断开 → 封锁自锁电路
　　　　 └后 SB3常开触点闭合 → KM线圈得电 ┬ → KM自锁触点闭合（但不起作用）
　　　　　　　　　　　　　　　　　　　　　　└ → KM主触点闭合 → M得电运转

停车：

松开SB3 ┬先 SB3常开触点断开 → KM线圈断电 ┬ → KM主触点断开 → M断电停车
　　　　 │　　　　　　　　　　　　　　　　　└ → KM自锁触点断开
　　　　 └后 SB3常闭触点闭合 ──────────────────────── → M保持停车状态

这里巧妙地运用了复合按钮按下时常闭触点先断、常开触点后合，松开时常开触点先断、常闭触点后合的特点实现了点动控制。复合触点的这种特性在控制系统中应用十分广泛。

③ 图 2-64c 是通过中间继电器实现点动的线路，图中控制电路中增加了一个点动按钮 SB3 和一个中间继电器 KA。连续运行用 SB2、KA 控制，点动运行用 SB3 控制，停车用 SB1 控制。其控制原理如下：

先合上电源开关 QS，连续控制。

起动：

按下SB2 → KM线圈得电 ┬ → KM(3-4)触点闭合 → 建立自锁
　　　　　　　　　　　└ → KM(3-6)触点闭合 → KM线圈得电 → KM主触点闭合 → M得电运行

停止：

按下SB1 ┬ KA线圈断电 ┬ → KM(3-4)触点断开 → 解除自锁
　　　　 │　　　　　　└ → KM(3-6)触点断开 → 断开KM供电支路
　　　　 └ KM线圈断电 → KM主触点断开 → M断电停转

在连续运行停止后，才能用 SB3 实施点动控制。

起动：

$$按下SB3 \longrightarrow KM线圈得电 \longrightarrow KM主触点闭合 \longrightarrow M得电运行$$

停止：

$$松开SB3 \longrightarrow KM线圈断电 \longrightarrow KM主触点断开 \longrightarrow M断电停转$$

以上三种控制线路各有优缺点，图 2-64a 比较简单，由于连续与点动都是用同一按钮 SB2 控制的，所以如果疏忽了开关 S 的操作，就会引起混淆。图 2-64b 虽然将连续与点动按钮分开了，但是当接触器铁心因剩磁而发生缓慢释放时，就会使点动控制变成连续控制。例如，在松开 SB3 时，它的常闭触点应该是在 KM 自锁触点断开后才闭合，如果接触器发生缓慢释放，KM 自锁触点还未断开，SB3 的常闭触点已经闭合，KM 线圈就不再断电而变成连续控制了。在某些场合，这是十分危险的。所以这种控制线路虽然简单却并不可靠。图 2-65c 多用了一个中间继电器 KA，相比之下虽不够经济，然而可靠性却大大提高了。

（2）电动机正、反转控制线路

在实际生产中常需要电动机能做正、反两个方向的运转，以拖动生产机械实现上、下、左、右、前、后等相反方向的运动。从电动机原理可知，改变电动机三相电源相序即可改变电动机的旋转方向，这可用转换开关或接触器来实现。

1）开关控制的正、反转控制线路

利用倒顺开关可以手动控制电动机的正、反转。倒顺开关也叫做可逆转换开关，属组合开关类型。它有三个操作位置：正转、停止和反转，其原理如图 2-65 所示。从图中可以看出，倒顺开关处于正、反转位置时，对电动机 M 来说差别是两相电源线（L1、L2）交换，改变了电源相序，从而改变了电动机的转向。

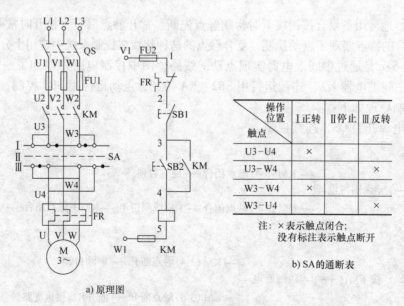

a) 原理图

注：×表示触点闭合；
没有标注表示触点断开

b) SA的通断表

图 2-65　倒顺开关正反转控制线路

应该注意的是当电动机处于正转状态时，欲使它反转，必须先把手柄扳到"停止"位置，使电动机先停转，然后再把手柄扳至"反转"位置。若直接由"正转"扳至"反转"，因电源突然反接，会产生很大的冲击电流，易使电动机的定子绕组受到损坏。

手动正转控制线路的优点是所用电器少，线路简单；缺点是在频繁换向时，劳动强度大，不方便，且没有欠电压和零电压保护。因此这种方式只在被控电动机的容量小于3kW的场合使用。在实际生产中更常用的是接触器正、反转控制线路。

2) 用接触器实现正、反转控制的控制线路

用接触器实现正、反转控制的主电路如图2-66a所示。图中 KM1、KM2 分别为正、反转接触器，它们的主触点接线的相序不同，KM1 通电时相序为 L1-U、L2-V、L3-W；KM2 通电时相序为 L1-W、L2-V、L3-U，即将 U、W 两相对调，所以两个接触器分别工作时，电动机的旋转方向不一样，从而实现电动机的可逆运转。但应特别注意，在任何时刻绝不允许正、反转接触器同时得电，否则在主电路中将发生 L1、L3 两相电源短路事故。

① 用接触器实现正、反转的基本控制电路如图2-66b所示。其工作原理如下：

合上 QS，正转控制：

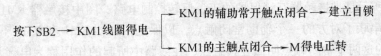

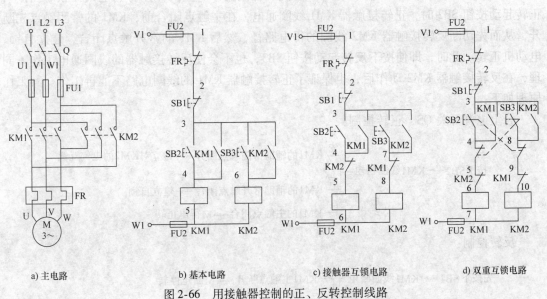

a) 主电路　　　b) 基本电路　　　c) 接触器互锁电路　　　d) 双重互锁电路

图 2-66　用接触器控制的正、反转控制线路

反转控制：

图 2-66b 所示控制线路虽然可以完成正、反转的控制任务，但电路存在两个缺点，一是工作不可靠。在按下正转按钮 SB2，KM1 线圈通电并且自锁，接通正序电源，电动机正转的情况下，若要求电动机从正转变为反转，必须先按下停车按钮 SB1，再按下反转起动按钮 SB3。如果按动按钮的顺序错了，就会出现 KM1、KM2 同时得电的情况，此时 KM1、KM2 的主触点同时闭合，在主电路中将发生 L1、L3 两相电源短路事故。二是操作不方便。在正、反向转换过程中一定要按照正转→停车→反转或反转→停车→正转的程序操作按钮。即电动机要实现反转，必须先停车，再按反向起动按钮，所以该电路又称为"正—停—反"控制电路。

②为了避免基本正、反转电路转向变换时发生短路事故，就必须保证正、反向接触器 KM1 和 KM2 不能同时工作。这就需要在电路中引入一种制约关系，即在任一接触器得电，其主触点闭合前，先封锁另一个接触器，使其无法得电。这种制约关系称为互锁或联锁。在电气控制电路中引入互锁的方法有两种，一种是将一个接触器的辅助常闭触点（常闭触点）串入另一个接触器线圈电路中引入的互锁，称为电气互锁；另一种是用复合按钮引入的互锁，称为机械互锁。

图 2-66c 所示是带接触器互锁保护的正、反转控制电路，图中接触器 KM1 和 KM2 线圈各自的支路中串联了对方的一个辅助常闭触点，以保证接触器 KM1 和 KM2 不会同时通电。KM1 与 KM2 的这两个常闭触点叫做互锁触点，在线路中所起的作用称为电气互锁。当按下正转起动按钮 SB2 时，正转接触器 KM1 线圈通电，在主触点闭合前，KM1 的常闭触点先断开，从而先切断反转接触器 KM2 线圈的得电路径，然后 KM1 的常开触点闭合，建立自锁、电动机正转。此时，即使按下反转起动按钮 SB3，也不会使反转接触器的线圈通电工作。同理，在反转接触器 KM2 动作后，也保证了正转接触器 KM1 的线圈电路不能再工作。其工作原理如下：

合上电源开关 QS，正转控制：

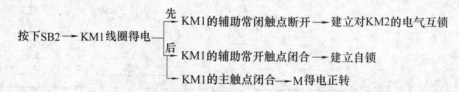

反转控制：

先按下 SB1 → KM1 线圈断电 ┬先 KM1 主触点断开 → M 断电停转
　　　　　　　　　　　　　├ KM1 辅助常开触点断开 → 解除自锁
　　　　　　　　　　　　　└后 KM1 辅助常闭触点闭合 → 解除对 KM2 的电气互锁

后按下 SB3 → KM2 线圈得电 ┬先 KM2 的辅助常闭触点断开 → 建立对 KM1 的电气互锁
　　　　　　　　　　　　　├后 KM2 的辅助常开触点闭合 → 建立自锁
　　　　　　　　　　　　　└ KM2 的主触点闭合 → M 得电反转

可见，这种电气互锁控制是利用电磁式电器通电时常闭触点先断开，常开触点后闭合，而断电时常开触点先断开，常闭触点后闭合的特点，保证了在任何时刻 KM1 和 KM2 不可能同时工作。

停止：

$$按停止按钮SB1 \rightarrow 控制电路失电 \rightarrow KM1(或KM2)主触点断开 \rightarrow M断电停转$$

由以上的分析可以得出如下的规律：当要求甲接触器工作时，乙接触器不能工作，此时应在乙接触器的线圈电路中串入甲接触器的常闭触点；当要求甲接触器工作时乙接触器不能工作，而乙接触器工作时甲接触器不能工作，此时要在两个接触器线圈电路中互串对方的常闭触点。

3）带复合联锁的正、反转控制电路

带复合联锁的正、反转控制电路又称按钮和接触器双重互锁的正、反转控制电路，如图2-66d 所示。该电路在保留了由接触器常闭触点引入的电气互锁的基础上，又添加了由复合按钮 SB2 和 SB3 的常闭触点组成的机械互锁。

由于有了 SB2、SB3 两个常闭触点，当电动机由正转变为反转时，只需按下反转按钮 SB3，便会先通过 SB3 的常闭触点断开 KM1 线圈的得电支路，使 KM1 断电，KM1 主触点断开电动机正相序电源；再通过 SB3 的常开触点接通 KM2 线圈控制电路，实现电动机反转。其工作原理如下：

合上电源开关 QS，正转控制：

按下SB2 ┬ 先 — SB2常闭触点断开 —→ 建立对KM2的机械互锁
        └ 后 — SB2常开触点闭合 ┬ 先 — KM1线圈得电 —→ KM1(9-10)触点断开 —→ 建立对KM2的电气互锁
                              ├ 后 — KM1(3-4)触点闭合 —→ 建立自锁
                              └ KM1主触点闭合 —→ M得电正转

反转控制：

按下SB3 ┬ 先 — SB3常闭触点断开 —→ KM1线圈断电 ┬ 先 — KM1主触点断开 —→ M断电停车
        │   ├ KM1(3-4)触点断开 —→ 解除自锁
        │   └ 后 — KM1(9-10)触点闭合 —→ 解除对KM2的电气互锁
        └ 后 — SB3常开触点闭合 —→ KM2线圈得电 ┬ 先 — KM2(5-6)触点断开 —→ 建立对KM1的电气互锁
                                            ├ 后 — KM2(3-8)触点闭合 —→ 建立自锁
                                            └ KM2主触点闭合 —→ M得电反转

停止：

按下 SB1，整个控制电路断电，主触点分断，M 断电停转。

由上分析可见，机械互锁和电气互锁的作用不同，复式按钮引入的机械互锁作用是在甲接触器得电之前先将乙接触器断电，以确保甲接触器得电时乙接触器已断电；接触器引入的电气互锁的作用是在甲接触器得电后乙接触器不能得电，以确保甲接触器得电期间乙接触器不得电。同时还需指出，复式按钮不能代替接触器互锁触点的作用。例如，当主电路中正转接触器 KM1 的触点发生熔焊（即静触点和动触点烧蚀在一起）现象时，由于相同的机械连接，KM1 的触点在线圈断电时不复位，KM1 的常闭触点处于断开状态，可防止反转接触器 KM2 通电使主触点闭合而造成电源短路故障，这种保护作用复式按钮是做不到的。

带复合联锁的正、反转控制电路可以实现不按停车按钮，直接按反向起动按钮就能使电动机从正转变为反转，又保证了电路可靠地工作，所以该电路又称为"正一反"控制电路，常用在电力拖动控制系统中。

（3）电动机顺序工作联锁控制线路

在多台电动机拖动的生产设备中，有时需要按一定的顺序控制电动机的起动和停止，以满足各种运动部件之间或生产机械之间按顺序工作的联锁要求。例如，车床主轴转动时，要求油泵先输出润滑油，主轴停止后，油泵方可停止输出润滑油，即要求油泵电动机先起动，主轴电动机后起动，主轴电动机停止后，才允许油泵电动机停止。

1）用按钮实现的顺序工作控制线路

如图 2-67 所示为"顺序起动，逆序停车"的顺序控制线路，M1 由 KM1 控制，SB1、SB2 为 M1 的停止、起动按钮；M2 由 KM2 控制，SB3、SB4 为 M2 的停止、起动按钮。由图可见，将接触器 KM1 的常开辅助触点串入接触器 KM2 的线圈电路中，只有当接触器 KM1 线圈通电，常开触点闭合后，才允许 KM2 线圈通电，即电动机 M1 先起动后才允许电动机 M2 起动。将接触器 KM2 的常开触点并联在 KM1 的停止按钮 SB1 两端，即当 M2 起动后，SB1 被 KM2 的常开触点短路，不起作用，只有当接触器 KM2 断电，即 M2 断

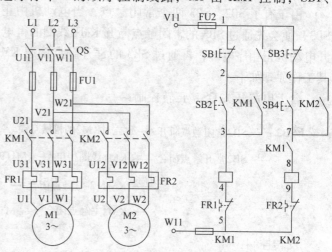

图 2-67 按顺序控制的线路

电后，停止按钮 SB1 才能起到断开 KM1 线圈电路的作用，电动机 M1 才能停止。这样就实现了按顺序起动、逆序停止的联锁控制。其控制原理如下：

先合上 QS，顺序起动：

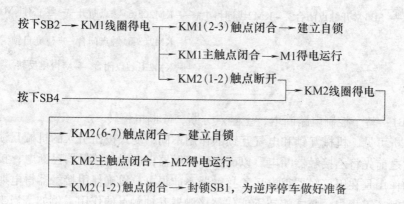

逆序停止：

按下SB3 → KM2线圈断电 → KM2主触点断开 → M2断电停车

                    └→ KM2(6-7)触点断开 → 解除自锁

                    └→ KM2(1-2)触点断开 → 解除对SB1的封锁

按下SB1 ──→ KM1线圈断电 → KM1(2-3)触点断开 → 解除自锁

                    └→ KM1主触点断开 → M1断电停车

                    └→ KM1(7-8)触点断开 → 封锁SB4，为顺序起动做好准备

综上所述，可以得到如下的控制规律：当要求甲接触器工作后方允许乙接触器工作，则在乙接触器线圈电路中串入甲接触器的常开触点；当要求乙接触器线圈断电后方允许甲接触器线圈断电，则将乙接触器的常开触点并联在甲接触器的停止按钮两端。

2）用时间继电器控制的顺序工作控制线路

在电气控制系统中常用时间继电器来完成对电动机的顺序控制，如图2-68所示就是这样一个例子。图中有两台电动机 M1、M2，要求 M1 起动后，经过 5s 后 M2 自行起动，M1 和 M2 同时停止。这里用时间继电器实现延时，时间继电器的延时时间可根据需要人为设置为5s。其控制原理如下：

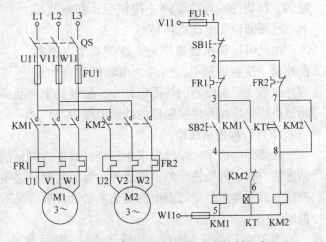

图2-68 时间继电器控制的顺序控制电路

起动：

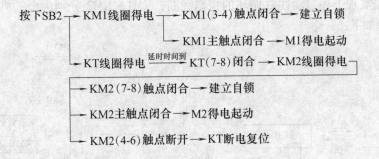

按下SB2 → KM1线圈得电 → KM1(3-4)触点闭合 → 建立自锁

                    └→ KM1主触点闭合 → M1得电起动

        └→ KT线圈得电 ──延时时间到──→ KT(7-8)闭合 → KM2线圈得电

└→ KM2(7-8)触点闭合 → 建立自锁

    └→ KM2主触点闭合 → M2得电起动

    └→ KM2(4-6)触点断开 → KT断电复位

停车：

按下SB1 → KM1、KM2线圈断电 → KM1、KM2所有触点复位 → M1、M2同时断电停车

（4）电动机多地控制的联锁控制线路

以上各种控制线路采用的是集中控制，即只能在一个地点，用一套按钮来对电动机进行控制操作。但是有些生产机械，特别是大型机械，为了操作方便，常常希望可以在两个地点

（或多个地点）进行同样的控制操作，即所谓多地控制。为了达到从多个地点同时控制一台电动机的目的，必须在每个地点都设置起动和停止按钮。如图 2-69 所示为两地控制的控制线路，它可以分别在甲、乙两地控制接触器 KM 的通断，其中甲地的起、停按钮为 SB11 和 SB12，乙地为 SB21 和 SB22，因而实现了两地控制同一台电动机的目的。其连接特点是各起动按钮是并联的，即当任一处按下起动按钮，接触器线圈都能通电并自锁；各停止按钮是串联的，即当任一处按下停止按钮后，都能使接触器线圈断电，电动机停转。

由此可以得出普遍结论：欲使几个电器都能控制甲接触器通电，则几个电器的常开触点应并联接到甲接触器的线圈电路中；欲使几个电器都能控制甲接触器断电，则几个电器的常闭触点应串联接到甲接触器的线圈电路中。

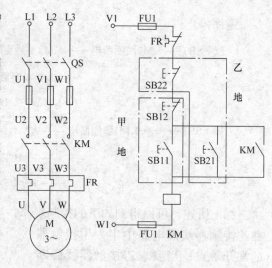

图 2-69 两地控制线路

（5）行程控制线路

在实际生产中，常常要求生产机械或生产机械的运动部件能实现自动往复运动，例如，钻床的刀架、万能铣床的工作台等。为了实现对这些生产机械或生产机械的运动部件的自动控制，就要确定运动过程中的变化量，一般情况下选行程或者时间，最常用的是采用行程控制。

图 2-70 是最基本的自动往返运动的工作示意图，当工作台运行到图中 A、B 两点时，要自动实现运动方向的转换，使工作台始终在 A、B 两点间自动往返运行。这里是利用行程开关来实现的。SQ1、SQ2 为行程开关，将 SQ1 安装在左端位置 A 处，SQ2 安装在右端位置 B 处，机械挡铁安装在工作台等运动部件上，运动部件由电动机拖动进行运动。

图 2-71 是实现上述自动往复循环的控制线路，KM1、KM2 分别为电动机正、反转接触器。工作原理如下：

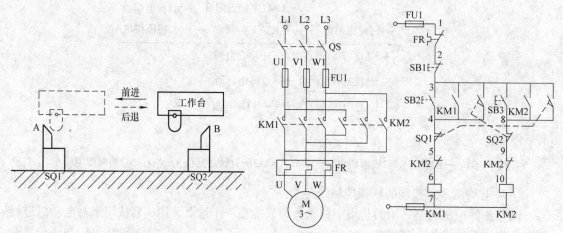

图 2-70 自动往返工作示意图   图 2-71 自动往复循环控制线路

设起动时工作台处于 A、B 两点之间，SQ1、SQ2 处于未受压的状态，且起动时先让工作台向 A 点运动。合上 QS，接通系统电源，起动：

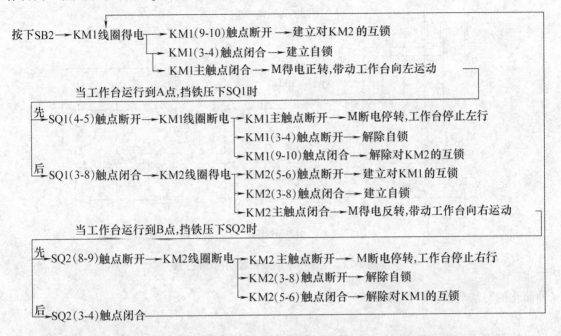

这样，工作台自动进行往复运动。当按下停止按钮 SB1 时，电动机停车。

10. 三相笼型异步电动机减压起动控制

减压起动是利用起动设备使加到电动机上的电压降低，让电动机在低的电压下起动，当电动机达到稳定转速后，再使电动机定子绕组上的电压恢复到额定电压，使之正常运行。这种方法可以降低电动机的起动电流，从而减小起动电流引起的不良影响。根据经验，一般把起动电流限制在 $(2 \sim 2.5)\, I_N$ 的范围内。

（1）定子电路串电阻（或电抗器）的减压起动

1）电路与工作原理

图 2-72 是笼型异步电动机以时间为变化参量控制起动的线路。该线路是根据起动过程中时间的变化，利用时间继电器控制降压电阻的切除。时间继电器的延时时间按起动过程所需时间整定。图中电阻 R 为降压电阻，KM1 为起动接触器，KM2 为全压运行接触器，KT 为通电延时时间继电器，SB2 是起动按钮，SB1 是停车按钮。图 2-72a 线路的工作过程可表示为

合上电源开关 QS，起动：

```
按下SB2 ┬ KM1得电 ┬ KM1(2-3)闭合 ── 建立自锁
        │          └ KM1主触点闭合 ── M串电阻R减压起动
        └ KT得电 ──延时时间到── KT(3-4)闭合 ─┐
┌──────────────────────────────────────────┘
└ KM2得电 ── KM2主触点闭合 ── 电阻R被短路 ── M全压运行
```

注意：为了使控制流程图更加简单，这里采用了简化的写法，如"KM1 得电"是"KM1 线圈得电"的简写，"KM（2-3）闭合"是"KM（2-3）常开触点闭合"的简写，这

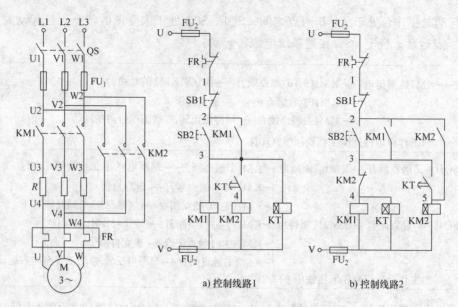

a) 控制线路1　　　　　　b) 控制线路2

图 2-72　定子串电阻减压起动控制线路

种简化的写法后面会广泛采用。

停车：

按下停止按钮 SB1，KM1、KM2 和 KT 断电，M 断电停车。

2）存在的问题和解决的方法

由图 2-72a 可以看出，本线路在起动结束后，KM1、KT 一直得电动作，造成了电能的浪费，也缩短了接触器、继电器的使用寿命，这是应避免的。应想办法使 KM1、KT 在电动机起动结束后断电。解决方法是在接触器 KM1 和时间继电器 KT 的线圈电路中串入 KM2 的常闭触点，同时给 KM2 加上自锁，如图 2-72b 所示。这样当 KM2 线圈通电时，其常闭触点断开使 KM1、KT 线圈断电。其工作原理如下：

合上电源开关 QS，起动：

停车：

按下停止按钮 SB1，KM1、KM2 和 KT 断电，M 断电停车。

（2）Y-△减压起动控制线路

凡是正常运行时定子绕组接成三角形的笼型异步电动机都可采用Y-△减压起动方法来达到限制起动电流的目的。

1）按时间原则控制的Y-△减压起动控制线路

图 2-73 所示是按时间原则控制的丫-△减压起动控制线路。主电路中，UU′、VV′、WW′为电动机的三相绕组，当 KM2 的主触点断开，KM3 的主触点闭合时，相当于 U′、V′、W′连在一起，为星形联结；当 KM3 的主触点断开，KM2 的主触点闭合时，相当于 U 与 W′、V 与 U′、W 与 V′连在一起，三相绕组首尾相连，为三角形联结。值得注意的是在该电路中绝不允许 KM2 和 KM3 的主触点同时闭合，否则将发生短路故障，所以在控制电路中，KM2 与 KM3 之间要设置互锁。控制电路采用通电延时型时间继电器 KT 实现电动机的从星形向三角形的转换，线路的工作原理如下：

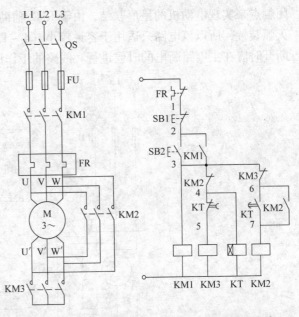

图 2-73 按时间原则控制的丫-△减压起动控制线路

合上刀开关 QS，起动：

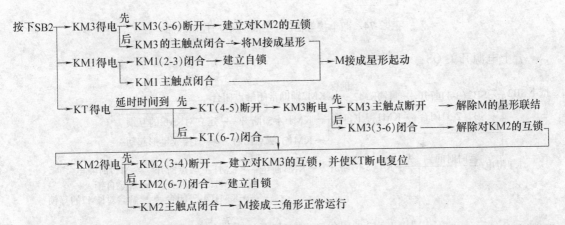

分析可见，当合上刀开关 QS，按下起动按钮 SB2 以后，接触器 KM1 线圈、KM3 线圈通电，它们的主触点闭合，将电动机接成星形起动，同时通电延时型时间继电器 KT 线圈通电，时间继电器开始定时。当电动机接近于额定转速，即时间继电器 KT 延时时间已到，KT 的延时断开常闭触点先断开，KM3 断电释放，其主触点和辅助触点复位，解除了电动机的星形联结；然后 KT 的延时闭合常开触点才闭合，使 KM2 线圈通电自锁，主触点闭合，电动机接成三角形运行。时间继电器 KT 线圈也因 KM2 常闭触点断开而失电，时间继电器的触点复位，为下一次起动做好准备。图中的 KM2（3-4）、KM3（3-6）两个辅助常闭触点建立互锁控制、防止 KM2、KM3 线圈同时得电而造成电源短路。

由于图 2-73 所示的主电路中所用的触点都是接触器的主触点，容量大且有灭弧装置，因此这种控制线路适用于电动机容量较大（一般为 13kW 以上）的场合。

2）小容量电动机的丫-△减压起动控制线路

图 2-74 所示的两个接触器的丫-△减压起动控制线路。其特点是利用 KM2 的两个辅助常

闭触点来实现电动机的星形联结，由于 KM2 辅助常闭触点的容量比 KM2 主触点小，又没有灭弧装置，所以该电路只适用于容量较小（4~13kW）的电动机，且 KM2 的辅助常闭触点断开时应在主电路断电的时候进行。线路的工作原理如下：

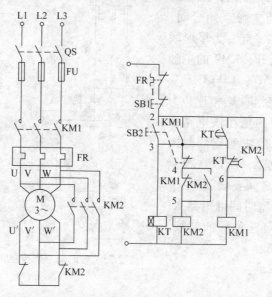

图 2-74　两个接触器的丫-△减压起动控制线路

合上电源开关 QS：

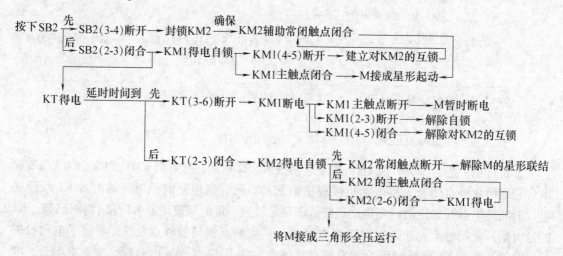

将M接成三角形全压运行

可见，按下起动按钮 SB2，时间继电器 KT 和接触器 KM1 线圈通电自锁，主触点接通主电路，时间继电器开始延时，因 SB2 常闭触点和 KM1 常闭触点的相继断开，KM2 线圈始终断电，KM2 的常闭触点闭合，电动机接成星形起动。当电动机接近额定转速，即时间继电器延时时间已到，其延时断开常闭触点断开，KM1 线圈断电，电动机瞬时断电。KM1 的常闭触点及 KT 的延时闭合常开触点闭合，接通 KM2 的线圈电路，KM2 通电动作并自锁，主电路中的常闭触点断开，常开触点闭合，电动机定子绕组接成三角形。同时 KM2 的常开辅助触点闭合，再次接通 KM1 线圈，KM1 主触点闭合接通三相电源，电动机进入正常运转状态。

通过分析可总结出本线路具有以下主要特点：

① 主电路中所用 KM2 常闭触点为辅助触点，如工作电流太大就会烧坏触点，因此这种控制线路只适用于功率较小的电动机。

② 由于线路只用了两个接触器和一个时间继电器，所以线路简单。另外，在由星形联结转换为三角形联结时，KM2 的触点是在不带电的情况下断开或吸合的，这样可以延长使用寿命。

③ 线路在设计时充分利用了电器中联动的常开、常闭触点在动作时，常闭触点先断开，常开触点后闭合，中间有延时的特点。例如，在按下 SB2 时，常闭触点先断开，常开触点后闭合；KT 延时时间已到，延时断开常闭触点先断开，延时闭合常开触点后闭合等。理解和掌握电器的这种特点对分析、设计电器控制线路是很重要的。

三相笼型异步电动机丫-△减压起动具有投资少，线路简单的优点。但是，在限制起动电流的同时，起动转矩也为三角形直接起动时转矩的 1/3。因此，它只适用于空载或轻载起动的场合。

（3）自耦变压器减压起动控制线路

在自耦变压器减压起动电路中，自耦变压器按星形联结，起动时将电动机定子绕组接到自耦变压器二次侧。这样，电动机定子绕组得到的电压即为自耦变压器的二次电压，改变自耦变压器抽头的位置可以获得不同的起动电压。在实际应用中，自耦变压器一般有 65%、85% 等抽头。当起动完毕时，自耦变压器被切除，额定电压（即自耦变压器的一次电压）直接加到电动机定子绕组上，电动机进入全压正常运行。

XJ01 型补偿减压起动器适用于 14～28kW 的电动机，其控制线路如图 2-75 所示。电路由自耦变压器、交流接触器、热继电器、时间继电器、按钮等元器件组成，图中 KM1 为减压起动接触器，KM2 为全压运行接触器，KA 为中间继电器，KT 为减压起动时间继电器，HL1 为电动机正常运行指示灯，HL2 为减压起动指示灯，HL3 为待机指示灯。线路的工作过程如下：

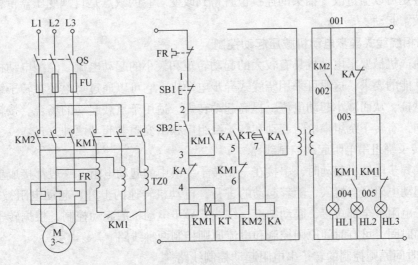

图 2-75　XJ01 型补偿器减压起动控制线路

合上 QS，HL3 灯亮，表明电源接入，电路处于待机状态，等待起动，然后

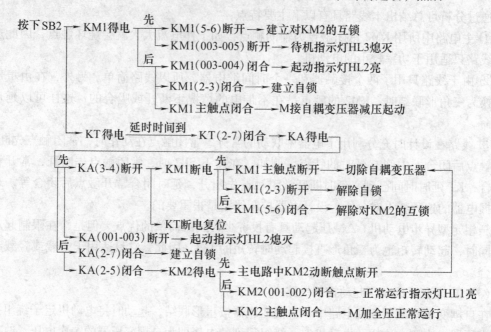

由以上分析可以看出，按下起动按钮 SB2 后，接触器 KM1、时间继电器 KT 线圈通电，KM1 的常开主触点闭合将自耦变压器接入电路，电动机减压起动，指示灯 HL3 熄灭，HL2 亮，表示线路从"待机"状态进入"减压起动"状态。当电动机转速上升到接近额定转速时，通电延时时间继电器 KT 动作，中间继电器 KA 得电后，先使 KM1 线圈断电，KM1 的主触点断开，切除自耦变压器，再使 KM2 的线圈得电，KM2 的主触点接通电动机主电路，电动机在全压下运行，此时指示灯 HL2 熄灭，HL1 亮，表示线路从"减压起动"状态进入到全压运行的"正常运行"状态。

自耦变压器减压起动方法适用于电动机容量较大，正常工作时接成星形或三角形的电动机，起动转矩可以通过改变抽头的连接位置得到改变。它的缺点是自耦变压器价格较贵，而且不允许频繁起动。

11. 三相绕线式异步电动机减压起动控制

有些生产机械要求电动机具有较大的起动转矩和较小的起动电流，笼型电动机不能满足这种起动性能的要求，这时可采用绕线式异步电动机。它可以通过集电环在转子绕组中串接外电阻或电抗，从而减小起动电流，提高起动转矩，适用于重载起动的场合。按转子中串接装置的不同，有转子绕组串电阻起动和转子绕组串频敏变阻器起动两种方式。

（1）转子绕组串电阻起动控制线路

绕线式异步电动机起动时，串接在三相转子绕组中的起动电阻，一般都接成星形。刚起动时，将起动电阻全部接入，随着起动的进行，电动机转速的上升，起动电阻被依次短接，最终，转子电阻被全部短接，起动结束。绕线式异步电动机的起动控制，根据转子电流变化及所需起动时间，可有时间原则控制和电流原则控制两种线路。

1）按时间原则控制的转子串电阻起动控制线路

图 2-76a 所示是按时间原则控制的转子串电阻起动控制线路，图中 KM 为线路接触器，

KM1、KM2、KM3 为短接电阻起动接触器，KT1、KT2、KT3 为短接电阻时间继电器。在起动过程中，通过三个时间继电器 KT1、KT2 和 KT3 与三个接触器 KM1、KM2 和 KM3 的相互配合来依次自动切除转子绕组中的三级电阻，限制了起动电流，使转速逐级上升直至到达额定转速，完成起动。电动机进入正常运行后，只有 KM、KM3 两个接触器处于长期通电状态，而 KT1、KT2、KT3 与 KM1、KM2 线圈的通电时间，均压缩到最低限度，节省电能，延长电器使用寿命，更为重要的是减少电路故障，保证电路安全可靠地工作。起动过程的机械特性如图 2-76b 所示，其工作原理是

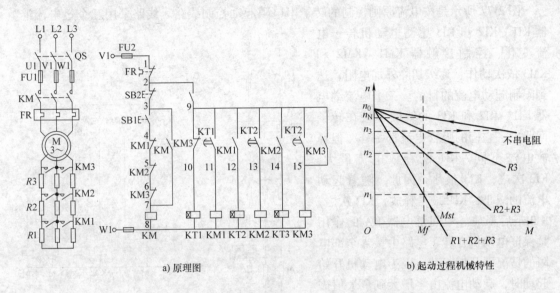

a) 原理图
b) 起动过程机械特性

图 2-76　按时间原则控制的转子串电阻起动控制线路

起动时，合上电源开关 QS：

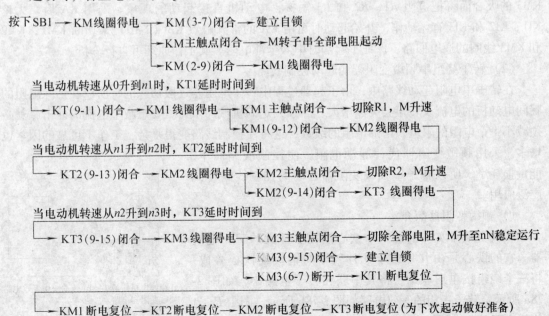

停车时，按下停止按钮 SB2，接触器 KM、KM3 释放，电动机停转。

值得注意的是接触器常闭辅助触点 KM1（4-5）、KM2（5-6）和 KM3（6-7）的作用，它们与 SB1 串联，保证电动机只有在转子绕组接入全部外加电阻的条件下才能起动。如果没有接触器常闭辅助触点 KM1（4-5）、KM2（5-6）和 KM3（6-7）与起动按钮 SB1 串联，则当接触器 KM1、KM2 和 KM3 中任何一个触点因熔焊或机械故障而没有释放时，起动电阻就没有被全部接入转子绕组中，从而使起动电流超过规定的值。

2）按电流原则控制的转子串电阻起动控制线路

图 2-77 所示是按电流原则控制的转子串电阻起动控制线路。线路采用三个过电流继电器 KI1、KI2 和 KI3 感测电动机转子电流变化，控制接触器 KM1、KM2 和 KM3 依次动作，逐级切除外加电阻，达到限制起动电流的目的。三个电流继电器 KI1、KI2 和 KI3 的线圈串接在转子回路中，它们的吸合电流都一样，但释放电流不同，KI1 的释放电流最大，KI2 次之，KI3 最小，因此，随着起动电流的减小，KI1 最早释放，KI2 次之，KI3 最后释放。中间继电器 KA 的作用是保证电动机在转子电路中接入全部电阻的情况下开始起动。因为电动机开始起动时，起动电流由零增大到最大值需要一定的时间。这样就有可能出现 KI1、KI2 和 KI3 还未动作，KM1，KM2 和

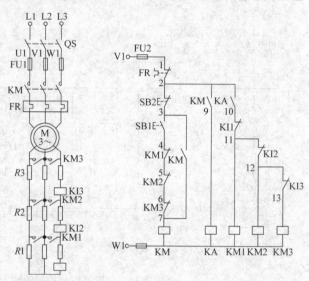

图 2-77 按电流原则控制的转子串电阻起动控制线路

KM3 的吸合而将把电阻 $R1$，$R2$ 和 $R3$ 短接，电动机直接起动的现象。采用 KA 后，无论 KI1、KI2 和 KI3 有无动作，开始起动时可由 KA 的常开触点 KA（2-10）来切断 KM1，KM2 和 KM3 线圈的通电回路，保证了起动时串入全部电阻。其工作原理可自行分析。

（2）转子绕组串频敏变阻器的起动控制线路

在转子串电阻起动线路中，由于起动过程中转子电阻是逐段切除的，所以在切除电阻的瞬间电动机的电流及转矩会突然增大，产生一定的机械冲击力。要想减小电流的冲击，就必须减小每个电阻的阻值，增加电阻的级数，这将使控制线路变得复杂，工作不可靠的因素也增多。采用频敏变阻器代替起动电阻，使控制线路简单，能量损耗小，所以转子串频敏变阻器起动的控制线路得到广泛应用。

1）频敏变阻器简介

频敏变阻器实质上是一个铁心损耗非常大的三相电抗器。它的铁心是由几片或十几片较厚的钢板或铁板叠成，将三个绕组按星形联结，将其串联在转子电路中，如图 2-78a 所示。转子一相的等效电路如图 2-78b 所示。图中 R_b 为绕线电阻，R 为频敏变阻器的铁损等效电阻、X 为电抗，R

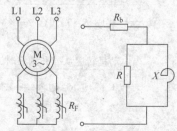

a）绕线电机转子串   b）转子一相等效电路
频敏变阻器电路

图 2-78 频敏变阻器等效电路

与 X 并联。

当电动机接通电源起动时，频敏变阻器通过转子电路得到交变电动势，产生交变磁通，其电抗为 X，而频敏变阻器铁心由较厚的钢板制成，在交变磁通作用下，产生很大的涡流损耗，此涡流损耗在电路中以一个等效电阻 R 表示。铁心中交变磁通又在线圈中产生感应电动势，产生电抗 X，电抗 X 和电阻 R 的大小都随转子电流频率的变化而变化。所以绕线式异步电动机串频敏变阻器起动时，随着起动过程中转子电流频率的降低，其阻抗值自动减小，实现了平滑无级的起动。

2）转子绕组串频敏变阻器起动控制线路

图 2-79 为绕线转子式三相异步电动机转子串频敏变阻器起动的控制线路。图中 R_F 为频敏变阻器，KM1 为线路接触器，KM2 为短接频敏变阻器接触器，KT1 为起动时间继电器，KT2 为防止 KI 在起动时误动作的时间继电器，KA1 为起动中间继电器，KA2 为短接 KI 线圈的中间继电器，由于是大电流系统，所以采用电流互感器 TA 和过电流继电器 KI 做过电流保护，KI 接在电流互感器的二次侧。在起动过程中，为了避免起动电流过大而使过电流继电器 KI 误动作，用 KA2 的常闭触点将过电流继电器 KI 的线圈短接。HL1 为红色电源指示灯，HL2 为绿色起动结束，进入正常运行指示灯，QF 为断路器。线路的工作情况如下：

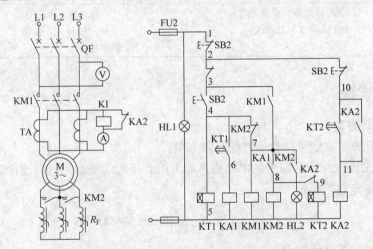

图 2-79　TG1-K21 型频敏起动控制柜起动控制电路

合上低压断路器 QF，红色电源指示灯 HL1 亮，表示电路电压正常，然后

按下SB2 ─→ KM1得电自锁 ─→ KM1主触点闭合 ─→ 电动机转子串频敏变阻器起动

└─→ KT1得电 ──延时时间到──→ KT1(4-6)闭合 ─→ KA1得电 ─┐

┌─ KA1(7-8)闭合 ─→ KM2得电自锁 ─→ KM2(4-7)断开 ─→ KT1、KA1断电复位

│　　　　　　　　　　　　　　　　　　　└─→ KM2主触点闭合 ─→ 切除频敏变阻器，M正常运行

├─ 绿色正常运行指示灯HL2亮

└─ KT2得电 ──延时时间到──→ KA2得电自锁 ─┐

┌─ KA2(8-9)断开 ─→ KT2断电复位

└─ 主电路中KA2常闭触点断开 ──────────→ 过电流继电器KI接入电路进行过电流保护

这里要注意两个时间继电器的作用，KT1 用来控制起动过程，当电动机转速接近额定转速时，KT1 延时时间到，通过 KA1、KM2 切除频敏变阻器。KT2 用来控制接入 KI 的时间，只有当电动机转速达到额定转速后，时间继电器 KT2 的延时时间才到，KT2（10-11）触点闭合，使中间继电器 KA2 得电自锁，KA2 在主电路中的常闭触点断开，过电流继电器 KI 才接在电流互感器上，对线路进行过电流保护。而在电动机转速没有达到额定转速前，KI 线圈被 KA2 常闭触点短接，不致因电动机起动电流大而使 KI 发生误动作。

根据上述综合分析，各种减压起动方法比较见表 2-4。

表 2-4　几种减压起动方法的比较

起动方法 起动指标	定子串电阻	Y-△起动	自耦变压器	转子串电阻
起动电流	$I = I_N/K$	$I_Y = \frac{1}{3}I_\triangle$	$I = I_N/K^2$	
起动转矩	$T = T_N/K^2$	$T_Y = \frac{1}{3}T_\triangle$	$T = T_N/K^2$	
适用范围	适用于起动次数不太多，电动机容量不大	只适用于正常运行为三角形联结的电动机	适用于较大容量的电动机	适用于容量较大的设备和重载起动的情况
特点	电路简单，价格低廉，电阻消耗功率大，起动转矩较小	只能在空载或轻载下起动	价格较贵，体积大，起动转矩较大，不能频繁起动	起动转矩大，起动过程平稳

2.2.4　任务实施

1. 确定起动方案

通过分析计算，确定采用什么样的起动方案。

（1）一般来说，7.5kW 以上的电动机不能采用直接起动法，但可以进行如下计算：

电动机的额定转矩为

$$T_N = 9.55 \frac{P_N}{n_N} = 9.55 \times \frac{7500}{1480} N \cdot m = 483.95 N \cdot m$$

直接起动时的起动转矩为

$$T_{st} = 1.9 \times T_N = 1.9 \times 483.95 N \cdot m = 919.5 N \cdot m$$

则　　　　　　　　　　　$T_{st} > 1.1 T_L = 1.1 \times 100 N \cdot m = 110 N \cdot m$

直接起动电流为　　　　　$I_{st} = 5 I_N = 5 \times 132 A = 660 A$

直接起动电流远大于本题要求的 210A。因此本题中的起动转矩满足要求，但起动电流却大于供电系统要求的最大电流，所以不能采用直接起动。

（2）采用Y-△减压起动方式

起动转矩为　　　$T_{stY} = \frac{1}{3} T_{st} = \frac{1}{3} \times 919.5 N \cdot m = 306.5 N \cdot m > 1.1 T_L = 110 N \cdot m$

起动电流为　　　$I_{stY} = \frac{1}{3} I_{st} = \frac{1}{3} \times 660 A = 220 A > 200 A$

起动转矩满足要求，但起动电流大于题目要求的最大电流 200A，所以不能采用Y-△减压起动。

（3）采用自耦变压器减压起动

在50%抽头时起动转矩和起动电流分别为

$$T_{st1} = \frac{1}{k^2}T_{st} = 0.5^2 \times 919.5\text{N} \cdot \text{m} = 229.88\text{N} \cdot \text{m}$$

$$I_{st1} = \frac{1}{k^2}I_{st} = 0.5^2 \times 660\text{A} = 165\text{A}$$

在60%抽头时起动转矩和起动电流分别为

$$T_{st2} = \frac{1}{k^2}T_{st} = 0.6^2 \times 919.5\text{N} \cdot \text{m} = 331.02\text{N} \cdot \text{m}$$

$$I_{st2} = \frac{1}{k^2}I_{st} = 0.6^2 \times 660\text{A} = 237.6\text{A}$$

在80%抽头时起动转矩和起动电流分别为

$$T_{st3} = \frac{1}{k^2}T_{st} = 0.8^2 \times 919.5\text{N} \cdot \text{m} = 588.48\text{N} \cdot \text{m}$$

$$I_{st3} = \frac{1}{k^2}I_{st} = 0.8^2 \times 660\text{A} = 422.4\text{A}$$

从以上计算结果可以看出，60%和80%抽头的起动电流大于起动要求，50%抽头的起动电流和起动转矩都满足要求，故选用50%的抽头较为合适。

2. 控制电路安装与接线

（1）选用工具，仪表及器材；选择电器元件，并将元件的型号、规格、质量检查结果及有关测量值记入元件明细表，见表2-5。特别要注意选用的时间继电器的类型和延时接点的动作时间，用万用表测量其触点动作情况，并将时间继电器的延时时间调整到10s。

表 2-5　元件明细表

文字符号	名　称	型　号	规　格	数　量	检测结果
QS	电源开关	HZ10-25/3	三极 25A	1	
FU1	主电路熔断器	RL1-60/25	500V，60A 配熔体 15A	3	
FU2	控制电路熔断器	RL1-15/2	500V，15A 配熔体 2A	2	
KM1、KM2	交流接触器	CJ10-20	25A，线圈电压 380V	2	
FR	热继电器	JR16-20/3	三极，20A	1	
KT	时间继电器	JS7-2A	线圈电压 380V	1	
SB1、SB2	按钮	LA10-3H	保护式、380V、5A	1	
XT	接线端子排	D-20	380V、10A、20 节	1	
TZO	自耦变压器	QJ10-75	定制抽头电压 50% U_N	1	
M	三相笼型电动机	Y130M-6	75kW、380V、三角形联结、1480r/min	1	

（2）画出元件安装布置图及接线图，并按照电器元件布置图的位置固定电气元件。

按图 2-80 所示布置安装各元器件。

（3）装配控制线路

按照原理图2-77绘制电气安装接线图，按电气安装接线图接线。

采用板前明线布线，其工艺如下：

1）布线通道尽可能少，同路并行导线按主、控电路分类集中，单层密排，紧贴安装面布线。

2）同一平面的导线应高低一致或前后一致，不能交叉，非交叉不可时，该导线应在接线端子引出时，水平架空跨越，但必须注意走线合理。

3）在每根剥去绝缘层导线的两端套上编码套管。

4）同一元件，同一回路的不同接点的导线间距离应保持一致。

5）导线与接线端子连接时，不得压绝缘层，不得反圈及不得漏铜过长。

6）一个电器元件接线端子上的连接导线不得多于两根，每节接线端子板上的连接导线一般只允许连接一根导线。

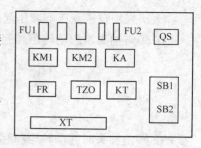

图 2-80　安装布置图

3. 检查线路、通电试车

检查控制线路中各元器件的安装是否正确和牢靠；各个接线端子是否连接牢固。线头上的线号是否同电路原理图一致，绝缘导线的颜色是否符合规定，保护导线是否已可靠连接。用万用表检查线路是否连接正确。

检查无故障后通电试车。通电试车完毕，停转后再切断电源。

任务2.3　三相异步电动机的调速控制

2.3.1　任务描述

在生产实际中，为满足不同的加工要求、保证产品的质量和效率，许多生产机械都要求电动机能够实现调速。交流电动机变频调速是近30年来发展起来的新技术，随着电力电子技术和微电子技术的迅速发展，异步电动机的变频调速日趋成熟，并在各个领域获得了广泛应用。变频调速以其高效的驱动性能和良好的控制特性，在提高产品的数量、质量、节约电能等方面取得显著的效果。如在交流电梯上使用全数字控制的变频调速系统，可有效地提高电梯的乘坐舒适度等性能指标。变频空调、变频洗衣机已进入家用电器行列，并显示了强大的生命力，交流调速系统已进入实用化、系列化阶段，采用变频器的变频装置广泛应用于工业控制中。

2.3.2　任务分析

所谓调速，就是用人为的方法来改变三相异步电动机的转速。由前面异步电动机的转速公式

$$n = (1 - s)\frac{60f}{p} \tag{2-31}$$

可知，改变电源频率 f、电动机的磁极对数 p 以及转差率 s 都可以实现电动机的调速。对笼

型异步电动机可采用改变磁极对数、改变定子电压和改变电源频率的方法；而对绕线式异步电动机，除可采用变频外，常用的方法是转子串电阻调速或串级调速。

2.3.3 相关知识

1. 变极调速

在电源频率不变的情况下，改变电动机的极对数 p，电动机的同步转速就会发生改变，于是电动机转速跟着改变了。若电动机的极对数减小一半，同步转速就提高一倍，电动机的转速也几乎升高一倍。由于电动机的极对数是整数，所以这种调速是有级调速。

从原理上讲变极调速对笼型和绕线型异步电动机都适用。但对于绕线型异步电动机而言，在改变定子绕组极对数的同时必须改变转子绕组的极对数，使定子、转子的极对数相同，这使得转子的结构变得相当复杂，所以一般不采用。而笼型异步电动机转子的极对数具有自动与定子极对数保持相等的能力，因此变极调速主要用于笼型异步电动机。

变极调速是通过改变定子绕组的接线方式，以获得不同的极对数来实现调速的。

（1）变极原理

设某电动机的 U 相绕组可以看成是由两个完全相同的"半相绕组"组成的，如图 2-81 所示。若将这两个"半相绕组" a1-x1 和 a2-x2 顺向串联连接，即将 x1 与 a2 连接，根据"半相绕组"内的电流方向，用右手螺旋定则可以判定出磁场的方向，各有效边形成 N、S 交替的四个极，电动机极对数 $p=2$。

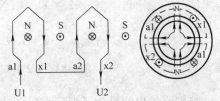

图 2-81　两组半相绕组顺向串联，极对数 $p=2$

串联形式的反向变极法：可将两个"半相绕组"由"顺串"改为"反串"，即 x1 与 a2 的连接改为 x1 与 x2 连接，如图 2-82a 所示。则当该相绕组上有电流流过时，两个"半相绕组"相近的有效边有了相同的电流方向，形成两个极，极对数 $p=1$。

并联形式的反向变极法：两个"半相绕组"由"顺串"改为反向并联，即是将 a1 与 x2 连接形成一个引出端，x1 与 a2 连接成另一个引出端，如图 2-82b 所示。这样，两个"半相绕组"的有效边也形成两个极，极对数 $p=1$。

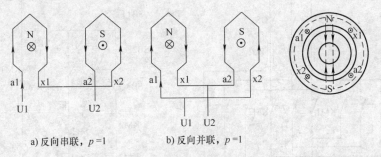

a）反向串联，$p=1$　　　　b）反向并联，$p=1$

图 2-82　绕组变极原理图，极对数 $p=1$

可见，在一套绕组上，不论利用上述哪种反向变极法，都可使四极电动机变为两极电动机，使电动机转速增加近一倍。说明三相笼型异步电动机改变定子极数时，只要将每相绕组的半相绕组电流方向改变，即把半相绕组反向，则电动机的极对数便成倍变化。

（2）两种常用的变极接线法

如图 2-83 所示是 4/2 极双速异步电动机两种三相定子接线示意图。变极前，每相绕组的两个"半相绕组"都按顺向串联，三相绕组之间可接成星形联结和三角形联结。变极时，每相绕组的两个"半相绕组"改接成反向并联，三相绕组接成双星形联结。于是就有两种接线法：△-丫丫变极联结和丫-丫丫变极联结。图 2-83a 所示为△-丫丫变极接线图，电动机定子绕组由三角形联结变成双星形联结后，极数减半，转速增加一倍，电磁转矩却减小近一半，而功率近似保持不变，具有近似恒功率调速性质。适用于车床切削加工。图 2-83b 所示为丫-丫丫变极接线图，电动机定子绕组由星形联结变成双星形联结后，极数减半，转速增加一倍，输出功率增大一倍，而电磁转矩基本不变，具有恒转矩调速性质。适用于拖动起重机、电梯、运输带等恒转矩负载。

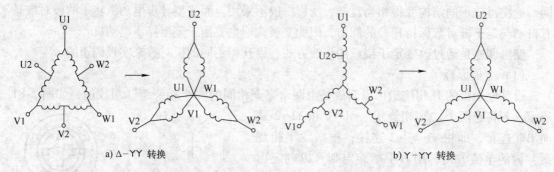

a) △-丫丫 转换　　　　　　　　　　　　　　b) 丫-丫丫 转换

图 2-83　4/2 极双速异步电动机三相定子接线示意图

特别要指出的是为了保证变极调速前后电动机旋转方向不变，在改变三相异步电动机三相绕组接线的同时，必须改变电动机接入电源的相序。这一点在工程接线时十分重要。如在三角形联结时，U1、V1、W1 分别接三相电源 U、V、W 相，则变为 丫丫 联结时，U2、V2、W2 应分别接三相电源的 U、W、V 相。

（3）变极调速控制电路

图 2-84 所示为 4/2 极双速异步电动机的控制线路。主电路中，电动机采用△-丫丫变换的

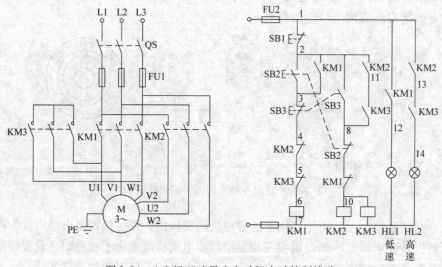

图 2-84　4/2 极双速异步电动机自动控制线路

四/两极双速电动机，它的定子绕组有六个接线端，分别为 U1、V1、W1、U2、V2、W2，其接法如图 2-83a 所示。但必须注意两点。

一是绕组改极后，其相序方向和原来相序相反。所以，在变极时，必须把电动机任意两个出线端对调，以保持高速和低速时的转向相同。例如，在图 2-84 中，当接触器 KM1 主触点接通而 KM2、KM3 主触点断开时，电动机三角形联结，U1、V1、W1 通过 KM1 的主触点分别接到三相电源 L1、L2、L3 上；当 KM2、KM3 主触点接通而 KM1 主触点断开时，电动机为双星形联结，为了保持电动机转向不变，应将 V2、U2、W2 通过 KM2 的主触点分别接到三相电源 L1、L2、L3 上。当然，也可以将其他任意两相对调。

二是决不允许 KM1 和 KM2、KM3 同时得电，否则它们主触点同时闭合，将造成电源短路。因此，KM1 与 KM2、KM3 之间要加互锁。

在控制电路中，SB2 为低速按钮，SB3 为高速按钮，SB1 为停止按钮。HL1、HL2 分别为低、高速指示灯。控制过程如下：

先合上 QS，接通电路电源，此时电路无动作。

1）低速起动

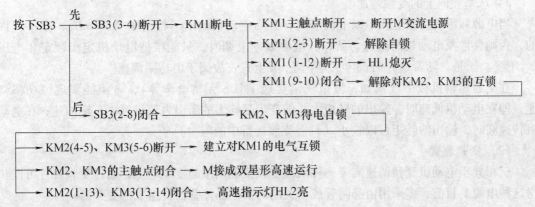

2）由低速转高速

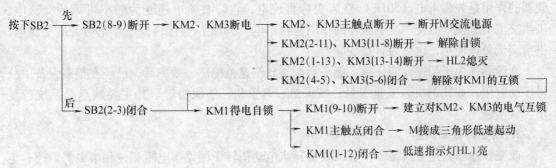

3）由高速变低速

4）停止

$$按下SB1 \longrightarrow 所有接触器断电 \longrightarrow 所有触点复位 \longrightarrow M断电停车$$

由上述分析可见，控制电路采用了按钮的机械互锁和接触器的电气互锁，能够实现低速与高速间的直接转换，无需再操作停止按钮。但应注意，本电路虽然可以直接高速起动，但实际应用中往往不允许这样做。

2. 变频调速

（1）变频调速原理

由三相异步电动机转速公式 $n = (1-s)60f_1/p_1$，只要连续改变电动机交流电源的频率 f_1，就可以连续平滑地调节三相异步电动机的转速，这就是变频调速的原理。

交流电源的额定频率（又称基频）$f_{1N} = 50$Hz，所以变频调速有额定频率以下调速和额定频率以上调速两种。

1）从基频向下的变频调速

当电源频率 f_1 从基频向下调时，电动机转速下降。由三相异步电动机定子绕组相电压公式 $U_1 \approx E_1 = 4.44f_1N_1K_1\Phi_m$ 知，当 f_1 下降时，若 U_1 不变，则必使电动机每极磁通 Φ_m 增加。由于电动机设计时将 Φ_m 置于磁路磁化曲线的膝部，所以 Φ_m 的增加将进入磁化曲线饱和段，使磁路饱和，电动机空载电流剧增，电动机负载能力变小，甚至无法正常工作。因此，电动机在额定频率以下调节时，应使 Φ_m 恒定不变。所以，在频率下调的同时应使电动机定子相电压随之下调，并使 $U_1'/f_1' = U_1/f_1 = $ 常数。可见，电动机额定频率以下的调速为恒磁通调速，由于 Φ_m 不变，调速过程中电磁转矩 $T = C_1\Phi_m I_2\cos\varphi$ 不变，属于恒转矩调速。

2）从基频向上的变频调速

当电源频率 f_1 在额定频率以上调节时，升高电动机的定子相电压（$U_1 > U_N$）是不允许的，否则会危及电动机的绝缘。所以，电源频率上调时，只能维持电动机定子额定相电压 U_{1N} 不变。于是，随着地 f_1 升高 Φ_m 将下降，n 上升，故属于恒功率调速。

在交通运输机械中（例如，城市轨道交通工具、无轨电车等），希望能实现恒功率调速，即在电动机低速时，输出的转矩大，能产生足够大的牵引力使机械、车辆加速；在电动机转速高时，输出的转矩可以较小（只需克服运行中的阻力）。

（2）变频装置

三相异步电动机变频调速需要一种既能变频又能调压的变频电源，通过变频装置可以获得这种电源。目前，多采用由晶闸管或自关断的功率晶体管器件组成的变频器。

变频器按工作性能的不同，可以分为交—直—交变频器和交—交变频器。交—直—交变频器的作用是先将市电（50Hz）整流变为直流电，再将直流电逆变为频率可调的交流电，供给交流负载使用。交—交变频器的作用是将市电（50Hz）直接转换成频率可调的交流电，供给交流负载使用，也称为直接变频器。

变频调速由于调速性能优越，能平滑调速、调速范围广、效率高，已经在很多设备中获得广泛应用，如轧钢机、工业水泵、鼓风机、起重机、纺织机等。其主要缺点是系统较复杂、成本较高。

3. 改变转差率调速

改变转差率调速方法很多，有绕线型异步电动机转子回路串电阻调速和串电势调速、定子电路调压调速、电磁调速等。改变转差率调速的特点是电动机的同步转速保持不变。

（1）转子回路串电阻调速

这种调速方法是在电动机的转子回路中串入电阻，改变电动机的机械特性，使电动机在负载不变的情况下，稳定运行时的转差率发生改变，从而达到变速的目的。从绕线型电动机转子回路串接对称电阻的机械特性图2-85上可以看出，转子电阻为 r，当转子串入附加电阻 R_1、R_2（$R_1 < R_2$ 时），n_0 和最大转矩 T_m 不变，但对应于最大转矩的转差率 s_m（又称临界转差率）增大，机械特性的斜率增大。若带恒转矩负载，则工作点将随着转子回路串联电阻的增加下移，转差率增加（$s_m < s_{m1} < s_{m2}$），对应的工作点的转速将随着转子串联电阻的增大而减小。

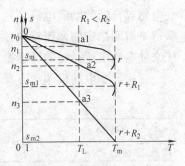

图2-85　转子串电阻调速机械特性

这种方法调速范围不大，调速是有级的，而且转子中串入电阻要消耗功率，且只适用于绕线型异步电动机，一般仅用于起重机、行车等断续工作的生产机械。

（2）调压调速

改变电动机的电源电压可以改变电动机的转速，这对于转子电阻大、机械特性曲线较软的笼型异步电动机调速效果比较明显，如图2-86所示。对于恒转矩负载 T_L 对应于不同的电源 U_1、U_2、U_3，可获得不同的工作点 a1、a2、a3，随着电压的调低，电动机稳定运行的转差率将发生变化，从而使转速随着降低。使用这种调速方法的电动机，调速范围较宽，其缺点是低压时机械特性太软，转速变化大，常采用带速度反馈的闭环控制系统提高低速时机械特性的硬度。改变电源电压这种调速方法主要应用于专门设计的较大转子电阻的高转差率的笼型异步电动机，靠改变转差率 s 调速。目前常用晶闸管调压调速系统，主要用于短时工作制和短时重复工作制的调速系统，如电梯、起重机械及家电产品。

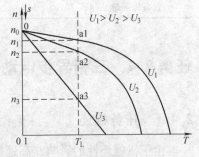

图2-86　调压调速机械特性

（3）转子回路串电势调速

转子回路串电动势调速（串级调速）就是在转子回路中不串接电阻，而是串接一个与转子电动势 $\dot E_{2S}$ 同频率的附加电动势 $\dot E_{ad}$，通过改变 $\dot E_{ad}$ 的大小和相位，就可以调节电动机的转速。这种调速方法适用于绕线转子异步电动机。串级调速有低同步串级调速和超同步串级调速。低同步串级调速是 $\dot E_{ad}$ 和 $\dot E_{2S}$ 的相位相反，串入 $\dot E_{ad}$ 后，转速降低了，串入的附加电动势越大，转速降得越多，$\dot E_{ad}$ 装置从转子回路吸收电能回馈到电网。超同步串级调速是 $\dot E_{ad}$ 和 $\dot E_{2S}$ 的相位相同，串入 $\dot E_{ad}$ 后，转速升高了，$\dot E_{ad}$ 装置和电源一起向转子回路输入电能。

串级调速性能比较好，但附加电动势装置比较复杂。随着晶闸管技术的发展，现已广泛应用于水泵和风机节能调速，以及不可逆轧钢机、压缩机等生产机械的调速上。

（4）电磁调速

电磁调速也是异步电动机变转差率调速的一种方法。电磁调速异步电动机，又名滑差电动机。这是一种可以平滑调速的特种电动机，它由三相笼型电动机、电磁离合器和控制装置三部分组成。实际上它的电动机部分并不能变速，变速主要是靠电磁离合器及控制部分。改变电磁离合器的励磁电流，就可以调节电磁离合器的输出转速，电流越大，转速越高。为了获得平滑而稳定的调速特性，可利用测速发电机进行速度信号的反馈，再加上相应的控制系统来使电动机运行时的转速稳定。

三相异步电动机调速方案比较见表2-6。

表 2-6   三相异步电动机调速方案比较

调速方法 \ 调速指标	变极调速	变频调速	转子串电阻	改变定子电压
调速方向	上、下	上、下	下调	下调
调速范围	不广	宽广	不广	较广
调速平滑性	差	好	差	好
调速稳定性	好	好	差	较好
适合的负载类型	恒转矩、恒功率	恒转矩、恒功率	恒转矩	恒转矩通风机型
电能损耗	小	小	低速时大	低速时大
设备投资	少	多	较少	较多

任务 2.4   三相异步电动机的制动控制

2.4.1   任务描述

由于机械惯性的影响，高速旋转的电动机从切除电源到停止转动要经过一定的时间，这样往往满足不了某些生产工艺快速、准确停车的控制要求，如万能铣床、卧式镗车、组合机床等，必须采用制动措施。对于负载转矩为势能转矩的机械设备，若使设备保持一定的运行速度，如起重机放下物体、电动机车下坡运行，在这些过程中均须对电动机采取制动措施。

2.4.2   任务分析

所谓制动，就是给正在运行的电动机加上一个与原转动方向相反的制动转矩迫使电动机迅速停转。电动机常用的制动方法有机械制动和电气制动两大类。机械制动通常是靠摩擦方法产生制动转矩，如电磁抱闸制动，它主要用于起重机械，如桥式起重机、提升机、电梯等。电气制动是使电动机产生一个与原转动方向相反的电磁转矩，使负载受到阻力矩来实现制动。电气制动有能耗制动、反接制动和回馈制动三类。

2.4.3   相关知识

1. 速度继电器

速度继电器又称为反接制动继电器，它的作用是与接触器配合，实现对三相异步电动机按速度原则控制的反接制动。速度继电器实物图如图2-87所示。

常用的速度继电器有 JY1 型和 JFZ0 型。JY1 型能在 3000r/min 的转速下可靠工作，JFZ0-1 型适用于 300 ~ 1000r/min，JFZ0-2 型适用于 1000 ~ 3000r/min。速度继电器有两对常开、常闭触点，分别对应于被控电动机的正、反转运行。一般情况下，速度继电器的触点，在转速达 120r/min 左右时动作，在 100r/min 左右以下时触点复位。

a) JY1速度继电器　　b) 智能速度继电器(SR型)

图 2-87　速度继电器的实物图

速度继电器主要由转子、定子和触点三部分组成。转子是一个圆柱形永久磁铁，转轴与被控电动机连接，定子结构与笼型电动机转子相同，由硅钢片叠制而成，并嵌有笼型绕组，套在转子外围，且经杠杆机构与触点系统连接。

速度继电器的工作原理如图 2-88 所示。其转子轴 10 与电动机轴相连，当被控电动机旋转时，速度继电器的转子 11（永久磁铁）随之转动，在空间产生旋转磁场，切割定子绕组，在定子绕组中产生感应电流。此电流又在旋转磁场作用下产生转矩，使定子随转子旋转方向而转动一定的角度，转动角度的大小与电动机的转速成正比，当转速达到一定值时，与定子装在一起的摆杆推动推杆，使常闭触点断开，常开触点闭合。在摆杆推动推杆的同时，摆杆也压动返回杠杆，压缩反力弹簧 2，其反作用力也阻止定子转动。当电动机转速低于某一值时，定子产生的电磁转矩小于反力弹簧的反作用力矩时，定子返回原来位置，对应触点恢复到原来状态。动触点复位，常闭触点闭合，常开触点断开。速度继电器的图形符号及文字符号如图 2-89 所示。

速度继电器根据电动机的额定转速进行选择。

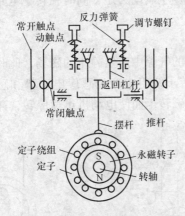

图 2-88　速度继电器结构示意图

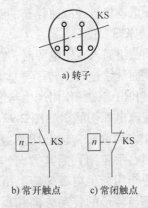

图 2-89　速度继电器图形符号和文字符号

2. 中间继电器

中间继电器在结构上是一个电压继电器，它是根据输入电压的有或无而动作的，但它的触点数多、触点容量大（额定电流 5 ~ 10A），没有调节装置，是用来转换控制信号的中间元件。其主要用途有两个：一是当电压或电流继电器触点容量不够时，可借助中间继电器作执行元件，这时，中间继电器可被看成是一级放大器；二是当其他继电器的触点数量不够时，可借助中间继电器来扩大它们的触点数。中间继电器体积小，动作灵敏度高，一般不用于直接控制电路的负荷，但当电路的负荷电流在 5A 以下时，也可代替接触器起控制负荷的作用。中间继电器实物图如图 2-90 所示。

　　常用的中间继电器型号有 JZ7、JZ14 等。中间继电器的工作原理和 CJ10-10 等小型交流接触器基本相同，只是它的触点没有主、辅之分，每对触点允许通过的电流大小相同。它的触点容量与接触器辅助触点差不多，其额定电流一般为 5A。中间继电器文字符号和图形符号如图 2-91 所示。

a) JZ7系列　　　　　　b) JZ8系列

图 2-90　中间继电器实物图

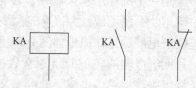

a) 中间继电器线圈　b) 常开触点　c) 常闭触点

图 2-91　中间继电器的文字符号和图形符号

　　选用中间继电器的主要依据是控制电路的电压等级，同时还要考虑所需触点数量、种类及容量是否满足控制线路的要求。

3. 三相异步电动机能耗制动

　　能耗制动是在运转的电动机切除三相交流电源后，给任意两相定子绕组加上直流电源，以产生静止磁场，依靠转子的惯性转动切割该静止磁场产生制动力矩，同时在转子电路串入制动电阻，使电动机迅速减速停车的制动方法。

　　（1）制动原理

　　当向定子绕组通入直流电源时，在定子、转子之间的气隙中产生静止的磁场，此时电动机转子因惯性而继续运转，转子导体切割该磁场，在转子绕组中产生感应电动势和感应电流，转子电流和恒定磁场作用产生与惯性转动相反的电磁转矩而使电动机迅速停转，并在制动结束后将直流电源切除。如图 2-92 所示，设转子原为顺时针方向旋转，转子切割恒定磁场产生感应电流，用右手定则判断其方向，该感应电流又受到磁场的作用产生电磁转矩，由左手定则判断其方向正好与转子的转动方向相反，从而使电动机受到制动转矩作用，电动机转速下降。当转速为零时，电磁转矩为零，制动过程结束。这种制动方法把转子及拖动系统的动能转换为电能并以热能的形式迅速消耗在转子电路中，因而称为能耗制动。

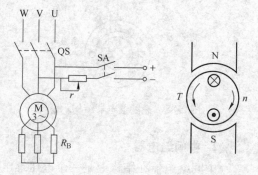

图 2-92　异步电动机能耗制动原理图

　　（2）制动性能

　　如图 2-93 所示，电动机正向运行时工作在固有机械特性曲线的 A 点上。定子绕组改接直流电源后，电动机由于惯性转速不变，工作点由 A 点移至 B 点，在制动转矩的作用下，电动机开始减速，并从 B 点沿曲线 1 减速，当 $n=0$ 时，$T=0$，则电动机停转，实现了快速制动停车，此时应切断直流电源，否则将会烧坏定子绕组。如果是位能性负载，当转速过零时，若要停车必须立即用机械抱闸将电动机轴刹住，否则电动机在位能性负载的倒拉下反转，直到进入第四象限中的 C 点，（$T=T_L$），系统处于稳定的能耗制动运行状态，这时重物保持匀速下降，C 点称为能耗制动运行点。

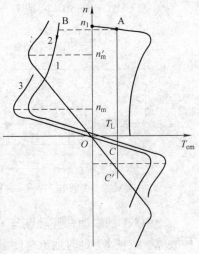

图 2-93 中曲线 2 为转子串制动电阻时的机械特性，这种方法限制了制动电流，最大制动转矩不变，但产生最大转矩时的转速增大。曲线 3 为增大直流电压的机械特性，此时制动转矩增大，但产生最大转矩时转速不变。可见，改变制动电阻或直流电源的电压大小，可以获得不同的稳定下降速度。

图 2-93 三相异步电动机能耗制动机械特性

由以上分析可知，三相异步电动机能耗制动的特点是能耗制动的制动力矩随惯性转速的下降而减小，因而制动平稳，并且可以准确停车，且能量损耗小，缺点是需附加直流电源装置，设备费用较高，制动力较弱，在低速时制动力矩小。因此这种制动方法一般用于要求制动准确、平稳的场合。

（3）能耗制动控制线路

1）按时间原则控制的电动机单向运行能耗制动控制线路

图 2-94 为按时间原则控制的电动机单向运行能耗制动控制线路。图中 KM1 为单向运行的接触器，KM2 为能耗制动的接触器，TC 为整流变压器，VC 为桥式整流电路，KT 为通电延时型时间继电器。复合按钮 SB1 为停止按钮，SB2 为起动按钮。由于不能同时给电动机既加三相交流电源又加直流制动电源，所以 KM1 和 KM2 不能同时得电，因此在控制电路中 KM1 和 KM2 之间要加互锁。电路中的电阻 R_P 用来调节直流制动电流，直流电流越大，制动力矩就越大，但电流太大会对定子绕组造成损坏，所以能耗制动所需的直流电流不能太大，一般取 I_0 的 3 ~ 5 倍，I_0 为电动机的空载线电流。

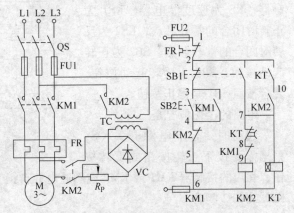

图 2-94 按时间原则控制的电动机单向运行、能耗制动控制线路

线路的工作原理：电动机现已处于单向运行状态，所以 KM1 得电自锁，要是电动机停止转动，则

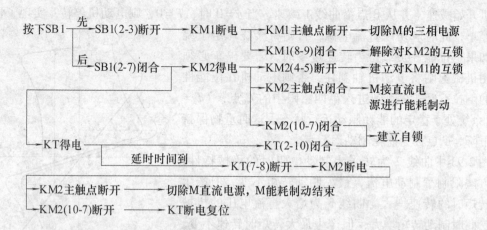

图中 KT 的瞬动常开触点与 KM2 自锁触点串接,其作用是当 KT 出现线圈断线或机械卡住故障,致使 KT 延时通电常闭触点断不开,瞬动常开触点也合不上时,按下停止按钮 SB1,线路将成为点动能耗制动电路。若无 KT 瞬动常开触点与 KM2 自锁触点串接,在发生上述故障,按下停止按钮 SB1 时,将使 KM2 线圈长期通电,造成电动机两相定子绕组长期接入直流电源。

2) 按速度原则控制的电动机可逆运行能耗制动控制线路

图 2-95 所示为速度原则控制的电动机可逆运行能耗制动控制线路。电路中 KM1、KM2 为正、反转接触器,KM3 为能耗制动接触器,KS 为速度继电器,KS1 为正转时闭合的常开触点,KS2 为反转时闭合的常开触点。SB2 为正转起动按钮,SB3 为反转起动按钮,复合按钮 SB1 是停止按钮。

电路的工作情况是

起动时,合上电源开关 QS,根据需要按下正转按钮或反转按

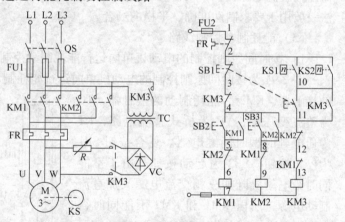

图 2-95 速度原则控制的电动机可逆运行的能耗制动控制线路

钮,相应的接触器 KM1 或 KM2 线圈通电并自锁,电动机正转或反转,此时速度继电器触点 KS1 或 KS2 闭合。

停车时,按下停止按钮 SB1,SB1 (2-3) 触点断开→KM1 或 KM2 线圈断电→断开电动机的三相交流电源,将 SB1 按到底,SB1 (10-11) 闭合→KM3 线圈通电并自锁→KM3 主触点闭合→电动机接入直流电源进行能耗制动,当电动机转速降到 100r/min 时,KS1 (2-10) 或 KS2 (2-10) 断开→KM3 断电释放→电动机的直流电源断开,能耗制动结束,以后电动机自由停车。

时间原则控制的能耗制动,一般适用于负载转矩较为稳定的电动机,而速度原则控制的能耗制动,适用于能够通过传动系统来实现负载转速变换的生产机械。

4. 三相异步电动机反接制动

异步电动机反接制动的方法有两种，一种是在负载转矩作用下使电动机反转的倒拉反转反接制动，这种方法不能准确停车；另一种是依靠改变三相异步电动机定子绕组中三相电源的相序产生制动力矩，迫使电动机迅速停转的方法，这种制动方式称为电源反接制动。

（1）电源反接制动

1）制动原理

电源反接制动是当改变电动机定子绕组中三相电源的相序时，就会使电动机磁场旋转反转，从而产生一个与转子惯性转动方向相反的电磁转矩，使电动机转速迅速下降，电动机制动到接近零转速时，再将反接电源切除。图2-96为三相异步电动机电源反接制动原理图。

电动机在反接制动时，转子与定子旋转磁场的相对转速接近2倍的电动机同步转速，所以此时转子绕组中流过的反接制动电流相当于电动机全压起动电流的2倍，因此反接制动的制动转矩大，制动速度快。但是，制动电流过大会使绝缘受到破坏，还会产生过大的制动冲击，导致电动机的损坏，因此必须设法限制反接制动电流。为减小制动电流，可在笼型异步电动机定子电路中串接反接制动电阻，对于绕线型异步电动机也可在转子绕组回路中串入制动电阻。同时还应注意，当电动机制动到转速接近零时，应及时切除电动机的三相电源，否则将出现电动机反方向起动的现象。

图2-96　三相异步电动机电源反接制动原理图

2）制动性能

图2-96为电源反接制动机械特性，假设制动前，电动机拖动恒转矩负载稳定运行于固有机械特性曲线1的a点，电源反接后，旋转磁场的转向改变后，由于惯性电动机转速未变化，工作点由a点平移到b点，在制动转矩的作用下，工作点沿曲线2逐渐减速，当转速为零时切断电源并停车，制动结束。如果是位能性负载需使用抱闸，否则电动机会反向运行。绕线转子异步电动机可在转子回路串入电阻来限制制动电流和增大制动转矩，机械特性如图2-97所示，制动过程同上述。

由以上分析可知，三相异步电动机的电源反接制动的特点是制动转矩大，制动效果显著，但能量损耗大、制动时冲击力大、制动准确度差。因此常用于制动不频繁，功率小于10kW的中小型机床及辅助性的电力拖动中。

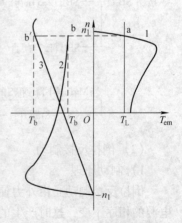

图2-97　三相异步电动机电源反接制动机械特性

3）电源反接制动控制线路

通常采用速度继电器检测速度的过零点，并及时切除反接电源，以免电动机反向运转。反接制动也可采用时间继电器进行控制，但需要对时间继电器进行时间调整，以准确地控制切除电源的时间。

图2-98所示为三相笼型异步电动机单向运转、反接制动的控制线路。图中KM1为单向旋转接触器，KM2为反接制动接触器，KS为速度继电器，R为反接制动电阻。线路的工作

过程如下：

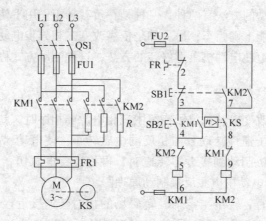

图 2-98　按速度原则控制的单向运行、反接制动控制线路

合上电源开关 QS，起动时，

按下 SB2 ──→ KM1 得电自锁 ──┬──→ KM1(8-9) 断开 ──→ 建立对 KM2 的互锁
　　　　　　　　　　　　　　　 └──→ KM1 主触点闭合 ──→ M 得电起动 ──┐
当 M 转速上升到 KS 的动作值(如 120r/min) 时 　　　　　　　　　　　　┘
　　└──→ KS(7-8) 闭合 ──→ 为反接制动做好准备

停车时，

按下 SB1 ──┬──→ SB1(2-3) 断开 ──→ KM1 断电 ──┬──→ KM1 主触点断开 ──→ M 断电
　　　　　　│　　　　　　　　　　　　　　　　 └──→ KM1(8-9) 闭合 ──→ 解除对 KM2 的互锁
　　　　　　└──→ SB1(1-7) 闭合 ──→ KM2 得电自锁 ──┬──→ KM2(4-5) 断开 ──→ 建立对 KM1 的互锁
　　　　　　　　　　　　　　　　　　　　　　　　　 └──→ KM2 主触点闭合 ──→ M 接反相序电源，
当 M 转速下降到 KS 的释放值(如 100r/min) 时 　　　　　　　　　　　　　　　进行反接制动 ──┐
　　└──→ KS(7-8) 断开 ──→ KM2 断电释放 ──→ 切除反接制动电源，M 自由停车，反接制动结束

（2）倒拉反接制动

1）制动原理

倒拉反接制动是由外力使电动机转子的转向发生改变，而电源的相序不变，这时产生的电磁转矩方向也不变，但与转子实际转向相反，故电磁转矩将使转子减速。这种制动方式主要用于绕线型异步电动机为动力的起重机械设备，工作原理图如图 2-99 所示。

实现倒拉反接制动的方法是在绕线型异步电动机拖动位能性负载下放重物时，按提升方向给电源相序，在转子电路中串大电阻，使提升的起动转矩小于重物的位能转矩，则不会提升反而下降。改变 R_B 可控制下降稳定运行速度。

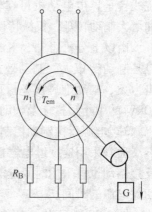

图 2-99　倒拉反接制动原理图

2) 制动性能

图 2-100 为倒拉反接制动机械特性曲线，设电动机原来工作在固有特性曲线 1 上的 A 点，提升重物，当转子回路串入大电阻 R_B 时，其机械特性变为曲线 2。转子串入电阻瞬间，由于惯性，工作点将由 A 点平移至 B 点，此时电磁转矩 T_B 小于负载转矩 T_L，即提升转矩小于位能性负载转矩，转子转速将沿曲线 2 下降。当到达 C 点转速为零时，电磁转矩仍小于位能性负载转矩，在位能负载的作用下使电动机反转，直至电磁转矩等于负载转矩，稳定运行于 D 点。整个过程负载转矩起拖动作用，而电磁转矩起制动作用，因这是由于重物倒拉引起的，所以称为倒拉反接制动。

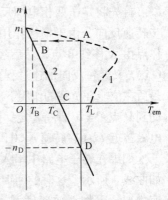

图 2-100　倒拉反接制动
机械特性

制动时转差率 $s = \dfrac{n_1 - (-n)}{n_1} = \dfrac{n_1 + n}{n_1} > 1$，这一点与电源反接制动一样，所以 $s > 1$ 是反接制动的共同特点。

由以上分析可知，三相异步电动机的倒拉反接制动的特点是能够低速下放重物，安全性好；由于倒拉反接制动时转差率 $s > 1$，因此与电源反接制动一样，从电源输入的功率 $P_1 > 0$，从电动机轴上输出的功率 $P_2 < 0$，这说明制动时，电动机既要从电网吸取电能又要从轴上吸取机械能并转化为电能，这些电能全部消耗在转子电路的电阻上，因此，倒拉反接制动能耗大、经济性能差。

5. 回馈制动

电动机因某些原因（带位能负载下放或变极、变频调速过渡过程），在转向不变的情况下，转子的转速 n 超过同步转速 n_1 时，电动机便进入回馈制动状态。异步电动机的回馈制动还可用于正向回馈制动运行（例如电车下坡）或反向回馈制动运行（位能性负载）的拖动系统中，以获得稳定的转速，这时负载的势能转化为回馈给电网的电能。

（1）反向回馈运动

1）工作原理

反向回馈制动也称反向再生发电制动，适用于将重物高速稳定下放，如图 2-101 所示。起重机下放重物，在下放开始时，$n < n_1$，电动机处于电动状态，如图 2-101a 所示。在位能转矩作用下，电动机转子的转速大于同步转速时，即 $n > n_1$，转子与旋转磁场的相对运动方向发生变化，即电动机转子绕组切割旋转磁场的方向与原来相反，所以转子中感应电动势、感应电流和转矩的方向都发生了变化，都与原来的方向相反，这时电磁转矩 T 与转子转速 n 反向，电磁转矩成为制动转矩，电动机便处于制动状态。同时，由于电流方向反相，电磁功率回送至电网，故称回馈运动。

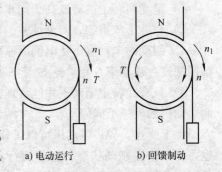

a) 电动运行　　　b) 回馈制动

图 2-101　反向回馈制动原理图

2）制动性能

如图 2-102 所示，设 A 点是电动状态提升重物工作点，D 为回馈制动状态下放重物稳定运行工作点，电动机从 A 点过渡到 D 点的过程如下：

首先将定子两相电源反接，这时定子旋转磁场的同步转速反向，由于惯性作用，电动机转速不能突变，工作点由 A 移到 B 点，然后经过反接制动过程由 B 点变到 C 点，又经过反向加速过程由 C 点变到转速为同步转速，最后在位能性负载的作用下反向加速并超过同步转速，制动到 D 点 $T = T_L$ 保持稳定，即匀速下放重物。制动过程中电磁转矩 $T > 0$，转速 $n < 0$，故称为反向回馈制动运行。

如果在转子电路中串入制动电阻，对应的机械特性如曲线 3 所示，这时的回馈制动工作点为 D′，其制动转速增加，重物下放速度增大。为了限制电动机的转速，回馈制动时在转子电路中串入的电阻值不应太大。

反向回馈制动运行时，电动机是一台发电机，它把从负载位能减少而输入的机械功率转变为电功率，然后回送给电网。从节能的观点看问题，反向回馈制动下放重物比能耗制动下放重物要好。

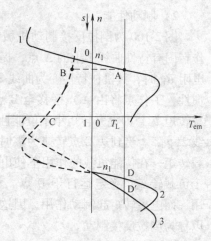

图 2-102　反向回馈制动的机械特性

（2）正向回馈制动

正向回馈制动发生在变极调速、变频调速或机车下坡过程中。例如，当电车下坡，重力的作用使电车转速增大，当 $n > n_1$ 时，电动机自动进行回馈制动，如图 2-103 所示，是笼型异步电动机变极调速时的机械特性。当极对数突然增多（或频率突然降低很多）时，特性突变为曲线 2，由于机械惯性，转速 n 来不及变化，工作点从 a 点平移到曲线 2 的 b 点，$n > n_1'$，故电动机进入回馈制动状态，在 T 及 T_L 的共同作用下开始减速。从 b 点到 n_1' 的降速过程中，$s < 0$，是回馈制动过程。从 n_1' 至 c 点，是电动状态降速过程。直到 $T = T_L$，电动机稳定运行于 c 点。

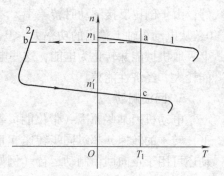

图 2-103　变极调速回馈制动过程

由以上分析可知，回馈制动具有以下特点：

1）电动机转子的转速高于同步转速，即 $|n| > n_1$。

2）只能下放重物，安全性差。

3）制动时电动机不从电网吸取有功功率，反而向电网回馈有功功率，制动经济。

4）只有在特定制动下才能实现制动，而且只能限制电动机的转速不能停车。

综上所述，异步电动机可以工作在电动运行状态，也可以工作在制动状态，这些运行状态位于机械特性的不同象限内，如图 2-104 所示。当电动机正转时，固有特性曲线 1 与人为特性曲线 1′ 在第一象限，为正向电动运行特性；第二象限为回馈制动特性，第四象限为反接制动特性；当电动机反转时，固有特性曲线 2

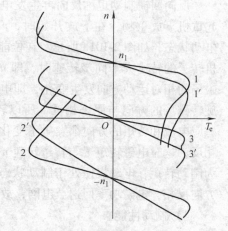

图 2-104　电动机的电动状态与
制动状态特性

与人为特性曲线 2′ 在第三象限，为反向电动运行特性。当电动机能耗制动时，其机械特性用固有曲线特性 3 与人为特性 3′ 表示，在第二象限对应于电动机从正转开始能耗制动，第四象限则对应于电动机从反转开始能耗制动。

以上介绍了三相异步电动机的三种制动方法，现将这三种制动方法及其能量关系、优缺点、应用场合作一比较，见表 2-7。

表 2-7　三相异步电动机制动方案比较

	能耗制动	反接制动		回馈制动
		定子两相反接制动	倒拉反接制动	
方法（条件）	断开交流电源的同时，在定子两相中通入直流电流	突然改变定子电源相序，使定子旋转磁场方向改变	定子按提升方向接通电源，转子串入较大电阻，电动机被重物拖动反转	在某一转矩作用下，使电动机转速超过同步转速
能量关系	吸收系统储存的动能并转换成电能，消耗在转子电路电阻上	吸收系统储存的动能，作为轴上输入的机械功率并转换成电能后，连同定子传递给转子的电磁功率一起，全部消耗在转子电路电阻上		轴上输入机械功率并转换成电功率，由定子回馈给电网
优缺点	优点是制动平稳，便于实现准确停车；缺点是制动较慢，需要一套直流电源	优点是制动强烈，停车迅速；缺点是能量损耗大，控制较复杂，不易实现准确停车	优点是能使位能负载在 $n < n_1$ 下稳定下放；缺点是能量损耗大	优点是能向电网回馈电能，比较经济；缺点是在 $n < n_1$ 时不能实现回馈制动
应用场合	要求平稳、准确停车的场合；限制位能性负载的下降速度	要求迅速停车和需要反转的场合	限制位能负载的下放速度，并在 $n < n_1$ 的情况下采用	限制位能负载的下放速度，并在 $n > n_1$ 的情况下采用

小　结

三相异步电动机的基本结构主要分为两部分：定子和转子。这两部分之间由气隙隔开。

三相定子绕组按一定规律对称放置在定子铁心槽内，再根据电动机的额定电压和电源的额定电压连接成星形或三角形。转子绕组按结构形式的不同，分为笼型和绕线型异步电动机两种。

铭牌是电动机的运行依据，其中额定功率是指在额定运行时，电动机转子轴上输出的机械功率。额定电压和额定电流均指线电压和线电流。

三相异步电动机的转动原理是在三相定子绕组中通入三相交流电流产生旋转磁场，旋转磁场切割转子绕组，在转子绕组感应电动势（电流）；转子感应电流（有功分量）在旋转磁场作用下产生电磁力并形成转矩，驱动电动机旋转。

转子转速 n 恒小于旋转磁场转速 n_1，即转差 $n_1 - n$ 的存在是异步电动机旋转的必要条件。通常用转差率 s 来表示转差与同步转速之比。一般情况下，电动机处于电动运行状态，$0 \leqslant s \leqslant 1$。

旋转磁场的旋转方向由通入定子绕组的三相交流电的相序来决定，改变任意两相的相序即可改变旋转磁场的旋转方向；旋转磁场的旋转速度由通入绕组三相交流电的频率及定子绕组的磁极对数来决定，与频率成正比，与磁极对数成反比。

三相异步电动机起动电流大而起动转矩小。对于稍大容量的异步电动机，为了限制起动电流，常采用减压（定子串电阻或电抗、丫-△换接、自耦变压器减压）起动。但减压起动在限制起动电流同时，也限制了起动转矩。故它只适用于空载或轻载起动。绕线型异步电动机有转子串电阻和串频敏变阻器两种起动方法，它能减小起动电流又增大起动转矩。

继电器-接触器控制是根据电力拖动系统的要求，对电动机进行起动、反转、制动等电气控制。常见的基本控制单元都具有独立的功能，包括点动控制、连续运行控制（自锁）、正、反转控制（互锁）、多地（异地）控制、顺序控制等。

笼型异步电动机的调速有变极调速（属有级调速）、变频调速（属无级调速）；绕线型异步电动机采用变转差率调速，即在转子回路中串可变电阻。多速异步电动机通过改变电动机定子绕组的联结方式，来获得不同的磁极数，使电动机同步转速发生变化，从而达到电动机调速的目的。常见的控制线路有双速异步电动机控制，即采用三角形联结变为双星形联结。

三相异步电动机电磁制动的本质是电磁转矩与转速方向相反。其制动方法有能耗制动、反接制动和回馈制动。能耗制动是将三相绕组脱离交流电源，把直流电接入其中两相绕组，形成恒定磁场而产生制动转矩；反接制动是改变电流相序，形成反向旋转磁场而产生制动转矩；回馈制动不需要改变电动机的接线和参数，而是借助于外界因素，使电动机转速 n 大于旋转磁场转速 n_1，致使电动机由电动状态变为发电状态而产生制动转矩。

三相异步电动机常用的制动控制包括单相运行反接制动、可逆运行反接制动、按时间原则控制的单向运行能耗制动、按速度原则控制的可逆运行能耗制动等几种制动方法。

习　题

2-1　三相笼型异步电动机主要由哪些部分组成，各部分的作用是什么？

2-2　三相笼型异步电动机和三相绕线转子异步电动机结构上的主要区别有哪些？

2-3　简述三相异步电动机铭牌数据的意义。

2-4　如何改变旋转磁场的转速和转向？

2-5　试述三相异步电动机的转动原理，并解释"异步"的含义。

2-6　一台三相异步电动机铭牌上标明 $f_N = 50Hz$，额定转速 $n_N = 960r/min$，该电动机的极数和额定转差率各是多少？

2-7　一台三角形联结、型号为 Y132M-4 的三相异步电动机，其 $P_N = 7.5kW$，$U_N = 380V$，$n_N = 1440r/min$，$\eta_N = 87\%$，$\cos\varphi_N = 0.82$。试求其额定电流和对应的相电流。

2-8　若三相异步电动机的转子绕组开路，定子绕组接入三相电源后，能产生旋转磁场吗？电动机会转动吗？为什么？

2-9　何谓三相异步电动机的固有机械特性和人为机械特性？

2-10　一台 $U_N = 380V$，$P_N = 7.5kW$，$n_N = 962r/min$，六极三相异步电动机，定子绕组为三角形联结，$\cos\varphi_N = 0.827$，$P_{Cu1} = 470W$，$p_{Fe} = 234W$，$p_m = 45W$，$p_{ad} = 80W$。试求：额定负载时的转差率 s_N、转子频率 f_2、转子铜损、定子电流。

2-11　已知一台三相异步电动机的额定数据为：$P_N = 10kW$，$U_N = 380V$，$f_N = 50Hz$，定子绕组为星形联结，额定运行时 $p_{Cu1} = 557W$，$p_{Cu2} = 314W$，$p_{Fe} = 276W$，$p_m = 77W$，$p_{ad} = 200W$。试求：

额定转速、空载转矩、电磁转矩、电动机轴上的输出转矩。

2-12　一台三相笼型异步电动机，$f_1 = 50Hz$，额定转速为 2880r/min，额定功率为 7.5kW，最大转矩为 50N·m，试求它的过载能力。

2-13　交流接触器主要由哪几部分组成？它们各自的特点和作用是什么？

2-14　交流接触器在运行中，有时线圈断电后衔铁仍不能释放，电动机不能停止，这时应如何处理？故障原因在哪里？应如何排除？

2-15　JS7-A 型时间继电器的触点有哪几种？画出它们的图形符号。

2-16　既然在电动机的主电路中装有熔断器，为什么还要装热继电器？装有热继电器是否就可以不装熔断器？为什么？

2-17　电动机点动控制与连续运转控制电路的关键环节是什么？试画出几种既可点动又可连续运转的电气控制电路图。

2-18　在双重互锁正、反转控制电路中，已采用按钮常闭触点的机械互锁，为什么还要采用接触器常闭触点的电气互锁？

2-19　设计三相异步电动机三地控制（即三地均可起动、停止）的电气控制线路。

2-20　设计一个控制电路，三台笼型感应电动机起动时，M1 先起动，经 10s 后 M2 自行起动，运行 30s 后 M1 停止并同时使 M3 自行起动，再运行 30s 后电动机全部停止。

2-21　为两台异步电动机设计主电路和控制电路，要求①两台电动机互不影响地独立操作起动与停止；②能同时控制两台电动机的停止；③当其中任一台电动机发生过载时，两台电动机均停止。

2-22　何谓三相异步电动机的减压起动？有哪几种减压起动的方法？比较它们的优缺点。

2-23　Y200L-4 型异步电动机的起动转矩与额定转矩的比值为 $k_{st} = 1.9$，试问在电压降低 30%（即电压为额定电压的 70%）、负载阻转矩为额定值的 80% 的重载情况下，能否起动？为什么？

2-24　三相笼型异步电动机和绕线型异步电动机通常用什么方法调速？

2-25　中间继电器和接触器有何异同？在什么条件下可以用中间继电器来代替接触器起动电动机？

2-26　速度继电器的作用是什么？在什么情况下使用？简述其工作原理。

2-27　生产设备在运行中哪些操作会涉及制动问题？三相异步电动机有哪几种制动方法？各有什么优缺点？各适用于哪些场合？

项目3 典型生产机械电气控制线路的安装与检修

> **教学目标**

1. 掌握分析典型设备的电气控制线路的方法。
2. 熟悉典型生产机械的基本结构、运动形式及对电力拖动的要求。
3. 熟练识读电气控制线路图,初步完成典型生产机械电气控制线路的安装及检修。

生产机械电气控制线路是生产机械的重要组成部分,它完成对生产机械运动部件的运动、制动、反向和调速的控制,保证各运动的准确和协调动作,以达到生产工艺的要求。

电气控制线路是为生产机械服务的,生产中使用的机械设备种类繁多,拖动控制方式各异,控制电路也各不相同。在阅读电气控制电路图时,最重要的是掌握其分析方法。

本项目以常用的车床、平面磨床、摇臂钻床、桥式起重机等典型生产机械的电气控制线路为例,详细介绍了电气控制系统分析的方法和步骤,典型生产机械的基本结构、运行情况、加工工艺要求和对电力拖动控制的要求。在分析各种典型生产机械电气控制原理的基础上,结合有关机械、液压系统进行电气控制线路的安装、调试与维修,并归纳总结出设备的电气控制规律,为其他设备电气控制线路的设计、安装、调试和维修打下一定的基础。图3-1所示为几种常用机床。

a) CA6140型卧式车床

c) M7130型卧轴矩台平面磨床

b) X62W型万能升降台铣床

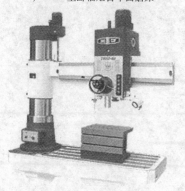

d) Z3040型摇臂钻床

图3-1 几种常用机床

任务 3.1　C650-2 型卧式车床的电气控制线路的安装与检修

3.1.1　任务描述

车床是一种应用极为广泛的金属切削机床，其种类繁多，有卧式车床、落地车床、立式车床、转塔车床等，生产中以卧式车床应用最为普遍。卧式车床主要用来车削外圆、内圆、断面、螺纹、倒角、切断及割槽等，也可装上钻头或铰刀进行钻孔和铰孔等加工。

C650-2 型卧式车床是由一台主电动机拖动，其主轴与进给等运动的调速都是通过操作手柄控制机械传动装置的变换来完成的。通过本任务的实施，读者应掌握电气控制电路的安装、调试与维修的方法，为以后学习较复杂设备的电气控制电路的安装、调试与维修奠定基础。

3.1.2　任务分析

要进行电气控制线路的安装、调试与维修，首先要学会识读电气控制系统图，然后根据图样要求按照安装工艺、调试步骤、检修方法等来施工。电气识图与制图是整个工作的基础，在此基础上为满足设备的性能指标、工艺要求，还应全面了解机床的结构、加工工艺、运动形式以及控制要求，仔细分析电气控制线路的工作原理，为任务的实施提供理论依据。

3.1.3　相关知识

1. 电气识图与制图

电气控制系统是由许多电气元件按照一定要求连接而成的。随着科学技术的发展，系统和设备越来越复杂，功能越来越完善。人们对操作和维修却要求越来越简单、易行，希望通过阅读技术文件能正确掌握操作技术和维修方法。因此，需要将电气控制系统中各种电气元件及其连接用一定图形表示出来，这就是电气控制系统图。它主要有：电气原理图、电器布置图、电气接线图等。

（1）电气原理图

1）电气原理图的组成。电气原理图是指用国家标准规定的图形符号和文字符号代表各种电气元件，依据控制要求和各电器的动作原理，用线条代表导线连接关系。它包括所有电气元件的导电部件和接线端子，但不按电气元件的实际位置来画，也不反映电气元件的尺寸及安装方式。电气原理图具有结构简单、层次分明、关系明确的特点，适用于分析研究电路的工作原理，指导系统或设备的安装、调试与维修。电气原理图是电气控制系统图中最重要的种类之一，也是识图的难点和重点。

电气原理图一般由主电路、控制电路和辅助电路三部分组成，图 3-2 为 C620-1 型车床电气原理图。主电路直接作用于动力装置，通过电流较大，由电源开关、电动机、电磁铁及其保护电器等组成；控制电路实现对动力装置的控制，通过电流较小，由按钮、接触器和继电器的线圈、触点等组成，具有逻辑判断、记忆、顺序动作等功能；辅助电路一般由变压器、整流电源、照明灯和信号灯等组成。

2）电气原理图的绘制原则。

① 电气原理图的绘制应遵循国家标准《电气技术用文件的编制》（GB/T 6988.1—2008），电气原理图中的所有图形符号和文字符号都应按国家标准规定进行绘制。

② 电气原理图的绘制应布局合理，排列均匀，为了便于识读，可以水平布置，也可以垂直布置。不论是主电路还是控制电路和辅助电路，各元件一般应按动作顺序从上到下、从左到右依次排列。

主电路是指从电源到电动机的大电流通过的电路，其中电源电路用水平线绘制，受电动力设备及其保护电器支路应垂直于电源电路画出。控制电路和辅助电路应垂直地绘于两条水平电源线之间，耗能元件的一端应直接连接在电位低的一端，控制触点连接在上方水平线和耗能元件之间。

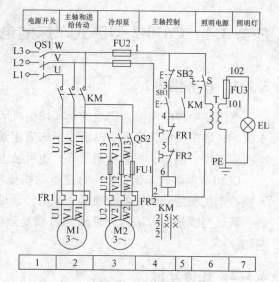

图 3-2　C620-1 型车床电气原理图

③ 在电气原理图中，所有电气元件的图形、文字符号、接线端子标志必须采用国家规定的统一标准。

④ 原理图中，同一电气元件的各部分可以不画在一起，但需用同一文字符号标出。若有多个同一种类的电气元件，可在文字符号后加上数字序号，如 KM1、KM2。

⑤ 原理图中，所有电气元件按自然状态画出。所有按钮、触点均按电气元件没有通电或没有外力操作、触点没有动作的原始状态画出。

⑥ 原理图中，有直接电联系的交叉导线连接点，要用黑圆点表示。无直接联系的交叉导线连接点不画黑圆点。

⑦ 图面区域的划分。为了便于读图和检索，将图按功能划分成若干个图区，通常是一条回路或一条支路划为一个图区，并在图的上方标明该区电路的功能；在下方用阿拉伯数字从左到右标注在图区栏中，如图 3-2 所示，图样下方的 1、2、3 等数字是图区编号，图样上方的电源开关、主轴和进给传动等字样表明对应图区的功能。

⑧ 符号位置索引。由于同一电器元件的各部分分别画在不同的图区，所以，为了便于阅读，在原理图控制电路的下面，标出了"符号位置索引"，在继电器、接触器线圈的下方列出触点表，说明线圈和触点的从属关系。

对于接触器，索引中各栏含义如下：

左　栏	中　栏	右　栏
主触点所在图区号	常开辅助触点所在图区号	常闭辅助触点所在图区号

对于继电器，索引中各栏含义如下：

左　栏	右　栏
常开辅助触点所在图区号	常闭辅助触点所在图区号

例如，在图 3-2 中，KM 线圈下方的相应触点的索引为

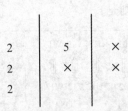

接触器 KM 线圈下方索引标注表明：KM 的 3 个主触点在"2"图区；常开辅助触点有两个，一个在"5"图区，另一个没有使用；常闭辅助触点也有两个，都没有使用。

⑨ 与电气控制有关的机械、液压、气动等装置应用符号给出简图，以表示其关系。

⑩ 原理图上各电气元件连接点应编排线号，以便检查与接线。

（2）电器布置图

电器布置图是表示电气设备上所有电气元件的实际位置，为电气控制设备的安装、维修提供必要的技术资料。电气元件均用粗实线绘制出简单的外形轮廓，生产机械的轮廓线用细实线或点画线。图 3-3 为 C620-1 型车床电器布置图。

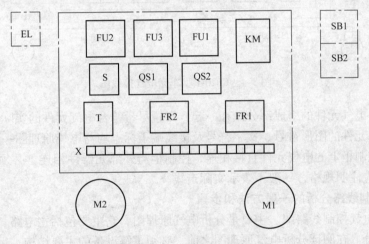

图 3-3　C620-1 型车床电器布置图

💡 **特别提示**

电气设备、元器件的布置应注意以下几方面：

1）体积大和较重的电气设备、元器件应安装在电器安装板的下方，而发热元器件应安装在电器安装板的上面。

2）强电、弱电应分开，弱电应加屏蔽，以防止外界干扰。

3）需要经常维护、检修、调整的电气元件安装位置不宜过高或过低。

4）电气元件的布置应考虑整齐、美观、对称，外形尺寸与结构类似的电器安装在一起，以利于安装和配线。

5）电气元件布置不宜过密，应留有一定距离。如用走线槽，应加大各排电气元件的间距，以利于布线和故障维修。

（3）电气接线图

电气接线图主要用于安装接线、线路检查、线路维修和故障处理，图 3-4 为 C620-1 型车床电气接线图。绘制接线图的原则是：

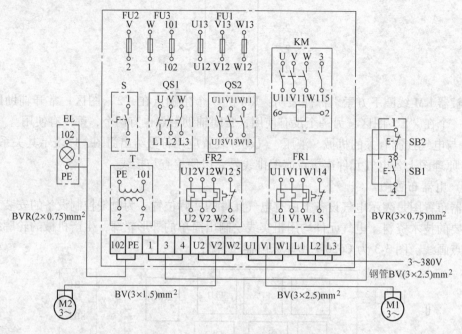

图 3-4   C620-1 型车床电气接线图

1）应将各电气元件的组成部分画在一起，布置尽量符合电气元件的实际情况。

2）各电气元件的图形符号、文字符号及接线端子标志均与电气原理图一致。

3）同一控制柜上的电气元件直接相连，控制柜与外部元器件相连，必须经过接线端子板，且互连线应注明规格，一般不表示实际走线。

2. 电气控制线路分析的一般方法和步骤

阅读分析电气控制线路图，主要是分析电气原理图，它主要包括主电路、控制电路和辅助电路等几部分。在阅读分析电气原理图之前，必须了解设备的主要结构、运动形式、电力拖动形式、电动机和电气元件的分布状况及控制要求等内容，在此基础上，便可以阅读分析电气原理图了。

（1）分析主电路

从主电路入手，根据每台电动机和电磁阀等执行电器的控制要求去分析它们的控制内容。控制内容包括起动、方向控制、调速和制动等。

（2）分析控制电路

根据主电路中各电动机和电磁阀等执行电器的控制要求，逐一找出控制电路中的控制环节，利用前面学过的电气控制线路的基本知识，用"化整为零"的方法将控制电路功能分为若干个局部控制电路来进行分析。分析控制电路的基本方法是查线分析法，其步骤如下：

1）从执行电器（电动机等）着手，从主电路上看有哪些控制元件的触点，根据其组合规律分析控制方式。

2）在控制电路中由主电路控制元件的主触点的文字符号找到有关的控制环节及环节间

的联系。

3）从按动起动按钮开始，查对线路，观察元件的触点符号是如何控制其他控制元件动作的，再查看这些被带动的控制元件的触点是如何控制执行电器或其他元件动作的，并随时注意控制元件的触点使执行电器有何运动或动作，进而驱动被控机械何运动。在分析过程中，要一边分析一边记录，最终得出执行电器及被控机械的运动规律。

（3）分析辅助电路

辅助电路包括电源显示、工作状态显示、照明和故障报警等部分，它们大多由控制电路中的元件来控制，所以在分析时，还要回过头来对照控制电路进行分析。

（4）分析联锁与保护环节

电气控制设备对于安全性和可靠性有很高的要求，为了实现这些要求，除了合理地选择拖动和控制方案以外，在控制线路中还设置了一系列电气保护和必要的电气联锁。

（5）总体检查

经过"化整为零"，逐步分析了每一个局部电路的工作原理以及各部分之间的控制关系之后，还必须用"集零为整"的方法来检查整个电气控制线路，看是否有遗漏，特别要从整体角度去进一步检查和理解各控制环节之间的联系，理解电路中每个元件所起的作用。

3. C650-2 型卧式车床

卧式车床是机械加工中广泛使用的一种机床，主要用来车削外圆、端面、内圆、螺纹和定型表面，也可用于钻头绞刀、镗刀等加工。

（1）车床的主要结构及运动形式

C650-2 型卧式车床是一种中型车床，主要由床身、主轴箱、挂轮箱、进给箱、溜板箱、溜板与刀架、尾架、光杠和丝杠等部分组成，如图 3-5 所示。

为了加工各种旋转表面，车床必须具有切削运动与辅助运动。切削运动包括主运动和进给运动，而切削运动以外的其他必需的运动皆为辅助运动。

车床的主运动为工件的旋转运动，由主轴通过卡盘或顶尖带动工件的旋转，它承受车削加工时的主要切削功率。车削加工时，应根据被加工零件的材料性质、车刀、工件尺寸、加工形式及冷却条件来选择切削速度，这就要求主轴能在相当大的范围内调速。对于卧式车床，调速范围一般大于 70。

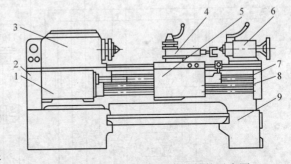

图 3-5　C650-2 型卧式车床的结构示意图
1—进给箱　2—挂轮箱　3—主轴箱　4—溜板与刀架
5—溜板箱　6—尾架　7—丝杠　8—光杠　9—床身

车削加工时，一般不要求反转，但在加工螺纹时，为了避免乱扣，要反转退刀，再纵向进刀继续加工，这就要求主轴能够实现正、反向旋转。主轴旋转是由主轴电动机经传动机构拖动的。

车床的进给运动是指溜板带动刀架的纵向或横向直线运动，其运动方式有手动与机动两种，其中纵向运动是指相对操作者向左或向右的运动，横向运动是指相对操作者向前或向后的运动。车削螺纹时工件的旋转速度与刀具的进给速度应有严格的比例关系，所以车床纵、横两个方向的进给运动是由主轴箱的输出轴经挂轮箱传给进给箱再经光杠传入溜板箱而获得的。

此外，为提高效率，减少辅助工时，C650-2 型卧式车床还设置了刀架快速移动电动机，从而使得溜板带动刀架实现快速移动，称为辅助运动。

（2）车床的电力拖动特点及控制要求

C650-2 型卧式车床对电力拖动及控制的要求是：

1）正常加工时一般不需反转，但加工螺纹时需反转退刀，且工件旋转速度与刀具的进给速度要保持严格的比例关系，为此主轴的转动和溜板箱的移动由同一台电动机拖动。主电动机 M1（功率为 20kW），电动机采用直接起动的方式，可正、反两个方向旋转，为加工调整方便，还具有点动功能。由于加工的工件比较大，加工时其转动惯量也比较大，需停车时不易立即停止转动，必须有停车制动的功能，C650-2 型卧式车床的正、反向停车采用速度继电器控制的电源反接制动。

2）冷却泵电动机 M2。车削加工时，刀具与工件的温度较高，需设一冷却泵电动机，实现刀具与工件的冷却。冷却泵电动机 M2 单向旋转，采用直接起动、停止方式，且与主电动机有必要的联锁保护。

3）快速移动电动机 M3。为减轻工人的劳动强度和节省辅助工作时间，利用 M3 带动刀架和溜板箱快速移动。电动机可根据使用需要，随时手动控制起停。

4）使用电流表检测电动机负载情况。

（3）车床的电气控制线路

C650-2 型卧式车床的电气原理图如图 3-6 所示。

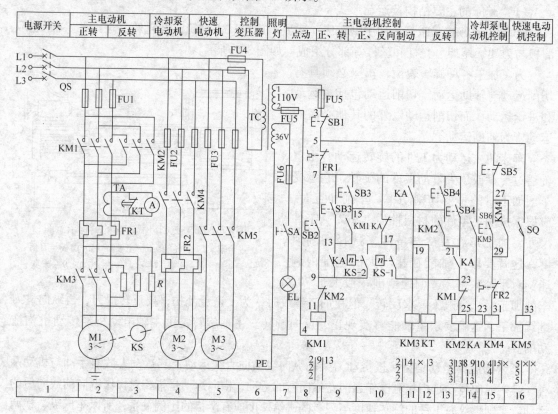

图 3-6　C650-2 型卧式车床的电气原理图

1）主电路。带脱扣器的低压断路器 QS 将三相电源引入，FU1 为主电动机 M1 短路保护用熔断器，FR1 为 M1 的过载保护热继电器。R 为限流电阻，限制反接制动时的电流冲击，防止在点动时连续起动电流造成电动机的过载。通过电流互感器 TA 接入电流表以监视主轴电动机线电流。KM1、KM2 为主电动机正、反转接触器，KM3 为制动限流接触器。

冷却泵电动机 M2 由接触器 KM4 控制单向连续运转，FU2 为其短路保护用熔断器，FR1 为其过载保护用热继电器。

快速移动电动机 M3 由接触器 KM5 控制单向点动控制，FU3 为其短路保护用熔断器。

2）控制电路。由控制变压器 TC 供给控制电路交流电压 110V，照明电路交流电压为 36V。FU5 为控制电路短路保护用熔断器，FU6 为照明电路短路保护用熔断器，局部照明灯 EL 由主令开关 SA 控制。

① 主电动机的点动控制。M1 的点动控制由点动按钮 SB2 控制，按下 SB2，接触器 KM1 线圈通电吸合，KM1 主触点闭合，M1 定子绕组经限流电阻 R 与电源接通，电动机在低速下正向起动。当转速达到速度继电器 KS 动作值时，KS 的正转触点 KS-1 闭合，为点动停止反接制动作准备。松开 SB2，KM1 线圈断电，KM1 触点复位，因 KS-1 仍闭合，使 KM2 线圈通电，M1 串入反接电阻 R 进行反接制动停车，当转速达到 KS 释放转速时，KS-1 触点断开，反接制动结束。

② 主电动机的正、反转控制。M1 的正转由正向起动按钮 SB3 控制，按下 SB3，接触器 KM3 首先通电吸合，其主触点闭合将限流电阻 R 短接，其常开辅助触点 KM3（5-23）闭合，使中间继电器 KA 通电吸合，其常开辅助触点 KA（13-9）闭合使接触器 KM1 通电吸合，电动机 M1 在全压下直接起动。由于常开辅助触点 KM1（15-13）和 KA（7-15）闭合，使得 KM1 和 KM3 自锁，M1 获得正向连续运转。

主电动机的反转由反向起动按钮 SB4 控制，控制过程与正转控制类似。

③ 主电动机的反接制动控制。M1 正、反转运行停车时均有反接制动，制动时电动机串入限流电阻。图中 KS-1 为速度继电器正转常开触点，KS-2 为反转常开触点。以 M1 正转运行为例来分析其反接制动。当 M1 正转运行时接触器 KM1、KM3、中间继电器 KA 已通电吸合且 KS-1 闭合。当正转停车时，按下停止按钮 SB1，KM1、KM3、KA 线圈同时断电，KM3、KM1 主触点断开，电动机断开正相三相交流电源且定子回路串入电阻 R，此时电动机仍以惯性高速旋转，速度继电器触点 KS-1（17-23）仍闭合，KA 的常闭触点 KA（7-17）复位，当松开停止按钮 SB1 时，反转接触器 KM2 线圈经 1-3-5-7-17-23-25-4-2 线路通电吸合，电动机接入反相序三相电源同时串入电阻进行反接制动，使转速迅速下降，当 $n < 100 \text{r/min}$ 时，KS-1 触点复位，KM2 线圈断电，反接制动结束，自然停车至零。

反向停车制动与正向停车制动类似。

④ 刀架的快速移动和冷却泵控制。刀架的快速移动是转动刀架手柄压动行程开关 SQ，使接触器 KM5 通电吸合，控制电动机 M3 来实现的。冷却泵电动机 M2 的起动和停止是通过按钮 SB5、SB6 控制。

⑤ 辅助电路。监视主回路负载的电流表是通过电流互感器 TA 接入的。为防止电动机起动、点动和制动电流对电流表的冲击，线路中接入一个时间继电器 KT，且 KT 线圈与 KM3 线圈并联。当起动时，KT 线圈通电吸合，但 KT 的延时断开常闭触点尚未动作，将电流表短路。起动后，KT 的延时断开常闭触点才断开，电流表内才有电流流过。

⑥ 完善的联锁与保护。主电动机正、反转有互锁。熔断器 FU1 ~ FU6 实现短路保护。热继电器 FR1、FR2 实现 M1、M2 的过载保护。接触器 KM1、KM2、KM4 采用按钮与自锁控制方式，使 M1 与 M2 具有欠电压与零压保护。

表 3-1 为 C650-2 型卧式车床的电气元件明细表。

表 3-1   C650-2 型卧式车床电气元件明细表

代　号	名　称	型　号	规　格	数　量
M1	主轴电动机	Y123-4-B3	30kW，1450r/min	1 台
M2	冷却泵电动机	AOB-25	125W，2790r/min	1 台
M3	快速移动电动机	AOS5634	2.2kW，1420r/min	1 台
KM1	交流接触器	CJT1-150	线圈电压 380V	1 个
KM2	交流接触器	CJT1-150	线圈电压 380V	1 个
KM3	交流接触器	CJT1-150	线圈电压 380V	1 个
KM4	交流接触器	CJT1-20	线圈电压 380V	1 个
KM5	交流接触器	CJT1-20	线圈电压 380V	1 个
FR1	热继电器	JR16-20/3D		1 个
FR2	热继电器	JR16-20/3D		1 个
KA	中间继电器	JZ7-44	线圈电压 380V	1 个
KT	时间继电器	JSS14A	线圈电压 380V	1 个
TA	交流互感器	LMZJ1-0.5	线圈电压 500V	1 个
R	制动电阻	ZX1	1.5Ω	3 个
A	电流表	16L1	5A	1 个
FU1	熔断器	RL1-15	380V，15A，配 4A 熔体	3 个
FU2	熔断器	RDD-1	配 1A 熔体	1 个
FU3	熔断器	RDD-1	配 1A 熔体	1 个
FU4	熔断器	RDD-1	配 2A 熔体	1 个
FU5	熔断器	RDD-1	配 1A 熔体	1 个
TC	控制变压器	JBK2-100	380V/110V、24V、6V	1 台
EL	机床照明灯	JC11		1 只
KS	速度继电器	JY1		1 个
QS	电源开关	HZ1-60/E26	三级	1 只
SB1 ~ SB6	按钮	LAY3		6 只
SA	旋钮开关	LAY3-01Y/2		1 只
	主电路导线	BVR-8.0		若干
	控制电路导线	BVR-1.0		若干
	走线槽	18mm×25mm		若干
	端子盘	JX2-2015		1 个

3.1.4　任务实施

1. 电气控制线路的安装

（1）安装用工具、仪表及器材

1）工具：测电笔、电工刀、剥线钳、尖嘴钳、斜嘴钳、螺钉旋具等。

2）仪表：万用表、500V 兆欧表、钳形电流表。

3）器材：控制板、走线槽、各规格软线和紧固体、金属软管、编码套管等。

（2）安装步骤及工艺要求

1）按照表 3-1 配齐电气设备及元器件，并逐个检验其规格和质量是否合格。

2）按照电动机容量、线路走向及要求和各元件的安装尺寸，正确选配导线的规格、导线通道类型和数量、接线端子板型号及节数、控制板、管夹、束节、紧固件等。

3）在控制板上安装电气元件，并在各电气元件附近做好与电路图上相同代号的标志。

4）按照控制板内布线的工艺要求进行布线和套编码管。

5）选择合理的导线走向，做好导线通道的支持准备，并安装控制板外部的所有电气元件。

6）进行控制箱外部布线，并在导线头上套装与电路图相同线号的编码套管。对于可移动的导线通道应放适当的裕量，使金属软管在运动时不承受拉力，并按规定在通道内放好备用导线。

7）检查电路的接线是否正确和接地通道是否具有连续性。

8）检查热继电器的整定值是否符合要求，各级熔断器的熔体是否符合要求。

9）检查电动机的安装是否牢固，与生产机械传动装置的连接是否可靠。

10）检测电动机及线路的绝缘电阻，清理安装场地。

2. 电气控制线路的调试

查看各电气元件上的接线是否紧固，各熔断器是否安装良好；独立安装好接地线，设备下方垫好绝缘垫，将各开关置分断位置；插上三相电源后，按下列步骤进行机床电气操作试运行：

（1）机床不带负载调式（空运转调试）

1）接通电源开关，点动控制各电动机起动，观察对应的元件动作是否正确，各电动机的转向是否符合要求。

2）通电空转试验时，应认真观察各电气元件、线路、电动机及传动装置的工作情况。如不正常，应立即切断电源进行检查，在调整或修复后方能再次通电试车。

（2）机床带负载调试

1）检查电动机与生产机械的传动装置是否正常。

2）单个功能的调试，电动机的运行和转动方向是否正常，机构动作是否正常。

3）机床的整体调试，观察机构动作顺序是否正确，运动形式是否满足工艺要求。

4）调试机床满负荷运行是否工作可靠。

特别提示

1）不要漏接接地线。严禁采用金属软管作为接地通道。

2）在控制箱外部进行布线时，导线必须穿在导线通道内或敷设在机床底座内的导线通道里。所有的导线不允许有接头。

3）在导线通道内敷设的导线进行接线时，必须集中思想，做到查出一根导线，立即套上编码套管，接上再进行复检。

4）在进行快速进给时，要注意将运动部件处于行程的中间位置，以防止运动部件与车头或尾架相撞产生设备事故。

5）在安装、调试过程中，工具、仪表的使用应符合要求。

6）通电操作时，必须严格遵守安全操作规程。

（3）电气控制线路的检修

1）工具及仪表

① 工具：测电笔、电工刀、剥线钳、尖嘴钳、斜嘴钳、螺钉旋具等。

② 仪表：万用表、500V绝缘电阻表、钳形电流表。

2）检修步骤及方法

① 观察故障现象，常用的方法是"问、看、听、摸"。

"问"是向机床的操作人员询问故障发生前后的情况，如是否有烟雾、跳火、异常声音和气味，有无误操作等。

"看"是观察熔断器内熔体是否熔断，其他电气元件有无烧毁，电气元件和导线的连接螺钉是否松动。

"听"是将电动机、变压器、接触器及各种继电器通电，然后听它们运行时的声音是否正常。

"摸"是将机床电气设备通电运行一段时间后切断电源，然后用手触摸电动机、变压器及线圈有无明显的温升，是否有局部过热现象。

② 根据故障现象，依据电路图分析故障原因，确定故障范围。

③ 采取正确的检查方法查找故障点，并排除故障。

测量电压。当电路接通时，利用仪表测量机床线路上某点的电压值，来判断机床电气故障点。注意：选择好万用表的电压量程，以免烧坏万用表。

测量电阻。利用仪表测量线路上某点或某个元器件的通和断，来确定机床电气故障点。注意：测量前一定要切断机床电源，以免烧坏万用表；另外被测电路不应有其他支路并联；适时调整万用表的电阻挡，避免判断错误。

④ 检修完毕后通电试车，并做好维修记录。

 特别提示

1）熟悉C650-2型车床电气控制线路的基本环节及控制要求。

2）检修所用工具、仪表应符合使用要求。

3）排除故障时，必须修复故障点。

4）严禁扩大故障范围或产生新的故障。

5）带电检修时，必须有指导老师监护，以确保安全。

3. 常见电气故障的诊断与检修

（1）主轴电动机不能起动

1）M1主电路熔断器FU1和控制电路熔断器FU5的熔体熔断，应更换。

2）热继电器 FR1 已动作过，常闭触点未复位，要判断故障所在位置，还要查明引起热继电器动作的原因，并排除。可能原因：长期过载；继电器的整定电流太小；热继电器选择不当。按原因排除故障后，将热继电器复位即可。

3）控制电路接触器线圈松动或烧坏，接触器的主触点及辅助触点接触不良，应修复或更换接触器。

4）起动按钮或停止按钮内的触点接触不良，应修复或更换按钮。

5）各连接导线虚接或断线。

6）主轴电动机损坏，应修复或更换。

（2）主轴电动机断相运行

按下起动按钮，电动机发出"嗡嗡"声，不能正常起动，这是电动机断相造成的，此时应立即切断电源，否则易烧坏电动机。可能的原因是：

1）电源断相。

2）熔断器有一相熔体熔断，应更换。

3）接触器有一对主触点没接触好，应修复。

（3）主轴电动机起动后不能自锁

故障原因是控制电路中自锁触点接触不良或自锁电路接线松开，修复即可。

（4）按下停止按钮，主轴电动机不停止

1）接触器主触点熔焊，应修复或更换接触器。

2）停止按钮的常闭触点被卡住，不能断开，应更换停止按钮。

（5）冷却泵电动机不能起动

1）按钮 SB6 触点不能闭合，应更换。

2）熔断器 FU2 熔体熔断，应更换。

3）热继电器 FR2 已动作过，未复位。

4）接触器 KM4 线圈或触点已损坏，应修复或更换。

5）冷却泵电动机已损坏，应修复或更换。

（6）快速移动电动机不能起动

1）行程开关 SQ 已损坏，应修复或更换。

2）接触器 KM5 线圈或触点已损坏，应修复或更换。

3）快速移动电动机已损坏，应修复或更换。

任务 3.2　M7130 型平面磨床的电气控制线路的安装与检修

3.2.1　任务描述

磨床是用磨具和磨料（如砂轮、砂带、油石、研磨剂等）对工件的表面进行磨削加工的一种机床，它可以加工各种表面，如平面、内外圆柱面、圆锥面和螺旋面等。通过磨削加工，使工件的形状及表面的精度、粗糙度达到预期的要求；同时，它还可以进行切断加工。根据用途和采用的工艺方法不同，磨床可以分为平面磨床、外圆磨床、内圆磨床、工具磨床和各种专用磨床（如螺纹磨床、齿轮磨床、球面磨床、导轨磨床等），其中以平面磨床使用最多。平面磨床又分为卧轴和立轴、矩台和圆台 4 种类型，下面以 M7130 型卧轴矩台平面磨床为例介绍磨床的电气控制线路。

3.2.2 任务分析

M7130 型卧轴矩台平面磨床的加工对象是各种零件的平面，是平面磨床中使用较为普遍的一种。该磨床操作方便，磨削精度较高、粗糙度较低，适于磨削精密零件和各种工具，并可作镜面磨削。

3.2.3 相关知识

1. 平面磨床的主要结构及运动形式

M7130 型卧轴矩台平面磨床的主要结构包括床身、立柱、滑座、砂轮箱、工作台和电磁吸盘等，如图 3-7 所示。磨床的砂轮与砂轮电动机均装在砂轮箱内，砂轮直接由砂轮电动机带动旋转，砂轮箱装在滑座上，而滑座装在立柱上，工作台表面有 T 形槽，可以用螺钉和压板将工件直接固定在工作台上，也可以在工作台上装上电磁吸盘，用来吸持铁磁性的工件。

平面磨床进行磨削加工的示意图如图 3-8 所示。砂轮的旋转运动是主运动。进给运动有垂直进给，即滑座在立柱上的上下运动；横向进给，即砂轮箱在滑座上的水平运动；纵向进给，即工作台沿床身的往复运动。工作台每完成一往复运动时，砂轮箱作一次间断性的横向进给；当加工完整个平面后，砂轮箱作一次间断性的垂直进给。

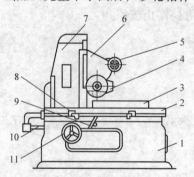

图 3-7　M7130 型卧轴矩台平面磨床的结构示意图

1—床身　2—工作台　3—电磁吸盘　4—砂轮箱
5—砂轮箱横向移动手柄　6—滑座　7—立柱
8—工作台换向撞块　9—工作台往复运动手柄
10—活塞杆　11—砂轮箱垂直进刀手轮

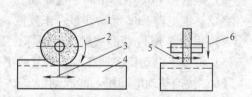

图 3-8　平面磨床磨削加工的示意图

1—砂轮　2—主运动　3—纵向进给运动　4—工作台
5—横向进给运动　6—垂直进给运动

2. 平面磨床的电力拖动特点及控制要求

M7130 型卧轴矩台平面磨床采用多台电动机拖动，其电力拖动特点和控制要求是：

1）砂轮通常采用两极笼型异步电动机拖动，因为砂轮的转速一般不需要调节，所以对砂轮电动机没有电气调速的要求，也不需要反转，可直接起动。

2）平面磨床的纵向和横向进给运动一般采用液压传动，所以需要由一台液压泵电动机驱动液压泵，对液压泵电动机也没有电气调速、反转和降压起动的要求。

3）同车床一样，也需要一台冷却泵电动机提供冷却液，冷却泵电动机与砂轮电动机具有联锁关系，即要求砂轮电动机起动后才能开动冷却泵电动机。

4）平面磨床往往采用电磁吸盘来吸持工件。电磁吸盘要有退磁电路，同时，为防止在磨削加工时因电磁吸盘吸力不足而造成工件飞出，还要求有弱磁保护环节。

5）具有各种常规的电气保护环节（如短路保护和电动机的过载保护），具有安全的局部照明装置。

3. 平面磨床电气控制线路

M7130 型卧轴矩台平面磨床的电气原理图如图 3-9 所示。

电源开关及全电路短路保护	砂轮电动机	冷却泵电动机	液压泵电动机	短路保护	砂轮电动机控制	液压泵控制	整流变压器	短路保护	整流	电动吸盘充磁、断开、去磁控制	弱磁保护	电磁吸盘	照明变压器	照明灯及开关

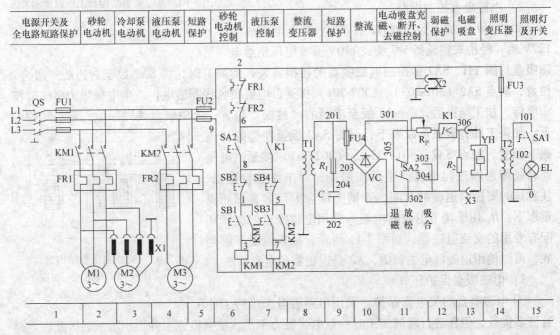

1	2	3	4	5	6	7	8	9	10	11	12	13	14	15

图 3-9　M7130 型卧轴矩台平面磨床的电气原理图

（1）主电路

三相交流电源由电源开关 QS 引入，由 FU1 作主电路的短路保护。砂轮电动机 M1 和液压泵电动机 M3 分别由接触器 KM1、KM2 控制，并分别由热继电器 FR1、FR2 作过载保护。由于磨床的冷却泵箱是与床身分开安装的，所以冷却泵电动机 M2 由插头插座 X1 接通电源，在需要提供冷却液时才插上。M2 受 M1 起动和停转的控制。由于 M2 的容量较小，因此不需要过载保护。三台电动机均直接起动，单向旋转。

（2）电动机控制电路

控制电路采用 380V 电源，由 FU2 作短路保护。控制按钮 SB1、SB2 与接触器 KM1 构成 M1 单方向旋转控制电路；控制按钮 SB3、SB4 与接触器 KM2 构成 M3 的单方向旋转控制电路。但电动机的起动必须在电磁吸盘 YH 工作，且欠电流继电器 KI 通电吸合，触点 KI（6-8）闭合，或 YH 不工作，但转换开关 SA2 置于"退磁"位置，触点 SA2（6-8）闭合后方可进行。

（3）电磁吸盘控制电路

1）电磁吸盘的结构与工作原理。

电磁吸盘结构与工作原理示意图如图 3-10 所示。其线圈通电后产生电磁吸力，以吸持铁磁性材料的工件进行磨削加工。与机械夹具相比较，电磁吸盘具有操作简便、不损伤工件的优点，特别适合同时加工多个小工件。采用电磁吸盘的另一优点是工件在磨削时发热能够自由伸缩，不至于变形。但是电磁吸盘不能吸持非铁磁性材料的工件，而且其线圈还必须使用直流电。

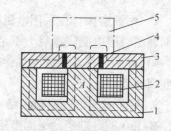

图 3-10　电磁吸盘结构与工作原理示意图
1—钢制吸盘体　2—线圈　3—钢制盖板
4—隔磁层　5—工件

2）电磁吸盘控制电路

如图 3-9 所示，变压器 T1 将 220V 交流电降压至 127V 后，经桥式整流器 VC 变成 110V 直流电压供给电磁吸盘线圈 YH。SA2 是控制电磁吸盘的转换开关，待加工时，将 SA2 扳至右边的"吸合"位置，触点 SA2（301-303）、（302-304）接通，电磁吸盘线圈通电，产生电磁吸力将工件牢牢吸持。加工结束后，将 SA2 扳至中间的"放松"位置，电磁吸盘线圈断电，可将工件取下。如果工件有剩磁难以取下，可将 SA2 扳至左边的"退磁"位置，触点 SA2（301-305）、（302-303）接通，可见此时线圈通以反向电流产生反向磁场，对工件进行退磁，注意这时要控制退磁的时间，否则工件会因反向充磁而更难取下。R_P 用于调节退磁的电流。采用电磁吸盘的磨床还配有专用的交流退磁器，如图 3-11 所示，如果退磁不够彻底，可以使用退磁器退去剩磁，X2 是退磁器的电源插座。

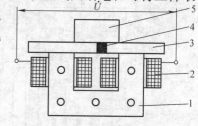

图 3-11　交流去磁器结构原理图
1—铁心　2—线圈　3—极靴
4—隔磁层　5—工件

3）电磁吸盘保护环节

① 电磁吸盘的欠电流保护。采用电磁吸盘来吸持工件有许多优点，但在进行磨削加工时一旦电磁吸力不足，就会造成工件飞出事故。因此在电磁吸盘线圈电路中串入欠电流继电器 KI 的线圈，KI 的常开触点与 SA2 的一对常开触点并联，串接在控制砂轮电动机 M1 的接触器 KM1 线圈支路中，SA2 的常开触点（6-8）只有在"退磁"挡才接通，而在"吸合"挡是断开的，这就保证了电磁吸盘在吸持工件时必须保证有足够的充磁电流，才能起动砂轮电动机 M1；在加工过程中一旦电流不足，欠电流继电器 KI 动作，能够及时地切断 KM1 线圈电路，使砂轮电动机 M1 停转，避免事故发生。如果不使用电磁吸盘，可以将其插头从插座 X3 上拔出，将 SA2 扳至"退磁"挡，此时 SA2 的触点（6-8）接通，不影响对各台电动机的操作。

② 电磁吸盘线圈的过电压保护。电磁吸盘线圈的电感量较大，当 SA2 在各挡间转换时，线圈会产生很大的自感电动势，使线圈的绝缘和电器的触点损坏。因此在电磁吸盘线圈两端并联电阻器 R_2 作为放电回路。

③整流器的过电压保护

在整流变压器 T1 的二次侧并联由 R_1、C 组成的阻容吸收电路，用以吸收交流电路产生的过电压和在直流侧电路通断时产生的浪涌电压，对整流器进行过电压保护。

④ 电磁吸盘的短路保护。在整流变压器 T1 的二次侧或整流装置输出端装有熔断器 FU4 作短路保护。

（4）照明电路

照明变压器 T2 将 380V 交流电压降至 36V 安全电压供给照明灯 EL。EL 的一端接地，

SA1 为灯开关，由 FU3 提供照明电路的短路保护。

表 3-2 为 M7130 型卧轴矩台平面磨床电气元件明细表。

表 3-2　M7130 型卧轴矩台平面磨床电气元件明细表

代　号	名　称	型　号	规　格	数　量
M1	砂轮电动机	W451-4	4.5kW, 1440r/min	1 台
M2	冷却泵电动机	JCB-22	0.125kW, 2790r/min	1 台
M3	液压泵电动机	JO42-4	2.8kW, 1450r/min	1 台
KM1、KM2	交流接触器	CJ20-10	线圈 380V	2 个
FR1	热继电器	JR10-10	9.5A	1 个
FR2	热继电器	JR10-10	6.1A	1 个
SB1～SB4	按钮	LA2	绿、红各 2 个	4 只
T1	整流变压器	BK-400	400V·A, 220V/145V	1 个
T2	照明变压器	BK-50	50V·A, 380V/36V	1 个
VC	桥式整流器	GZH	1A, 200V	1 个
KI	欠电流继电器	JT3-11L	1.5A	1 个
R_1	电阻器	GF	6W, 125Ω	1 只
R_P	可调电阻器	GF	50W, 1000Ω	1 只
R_2	电阻器	GF	50W, 500Ω	1 只
C	电容器		600V, 5μF	1 只
YH	电磁吸盘		110V, 1.2A	1 个
FU1	熔断器	RL1-60/30	熔体 30A	3 个
FU2	熔断器	RL1-15	熔体 5A	2 个
FU3	熔断器	RLX-1	熔体 1A	1 个
FU4	熔断器	RL1-15	熔体 2A	1 个
QS	电源开关	HZ1-25/3		1 只
SA2	转换开关	HZ1-10P/3		1 只
SA1	照明开关			1 只
EL	照明灯	JD3	24V, 40W	1 只
X1、X3	插座	CY0-36		2 个
X2	插座	CY0-36	250V, 5A	1 个

3.2.4　任务实施

1. 电气控制线路的安装

参考 C650-2 型车床电气控制线路的安装。

2. 电气控制线路的调试

查看各电气元件上的接线是否紧固，各熔断器是否安装良好；独立安装好接地线，设备下方垫好绝缘垫，将各开关置分断位置；插上三相电源后，按下列步骤进行机床电气操作试运行：

1）接通电源，合上电源开关 QS。

2）把转换开关 SA2 扳至"退磁"位置。

3）按下起动按钮 SB1，使砂轮电机 M2 旋转一下，立即按下停止按钮 SB2，观察砂轮旋转方向与要求是否相符。

4）按下起动按钮 SB3，使液压泵电动机运行，并观察运动情况。

5）根据要求调整欠电流继电器 KI，使其在 1.5A 时吸合。

6）调试过程中，如有异常，立即切断电源，排除故障后再调试。

3. 常见电气故障的诊断与检修

（1）电磁吸盘没有吸力或吸力不足

如果电磁吸盘没有吸力，首先应检查电源，从整流变压器 T1 的一次侧到二次侧，再检查到桥式整流器 VC 输出的直流电压是否正常；检查熔断器 FU1、FU2、FU4；检查 SA2 的触点、插座 X3 是否接触良好；检查欠电流继电器 KI 的线圈有无断路；一直检查到电磁吸盘线圈 YH 两端有无 110V 直流电压。如果电压正常，电磁吸盘仍无吸力，则需要检查 YH 有无断线。如果是电磁吸盘的吸力不足，则多半是工作电压低于额定值，如桥式整流电路的某一桥臂出现故障，使全波整流变成半波整流，VC 输出直流电压下降一半；也可能是 YH 线圈局部短路，使空载时 VC 输出电压正常，而接上 YH 后电压低于正常值 110V。

（2）电磁吸盘退磁效果差

应检查退磁回路有无断开或元件损坏。如果退磁的电压过高也会影响退磁效果，应调节 R_2 使退磁电压一般为 5 ~ 10V。此外，还应考虑是否有退磁操作不当的原因，如退磁时间过长。

（3）控制电路触点（6-8）的电器故障

平面磨床电路较容易产生的故障还有控制电路中由 SA2 和 KI 的常开触点并联的部分。如果 SA2 和 KI 的触点接触不良，使触点（6-8）间不能接通，则会造成 M1 和 M2 无法正常起动，平时应特别注意检查。

任务 3.3 Z3040 型摇臂钻床的电气控制线路的安装与检修

3.3.1 任务描述

钻床是一种孔加工机床，可用来钻孔、扩孔、铰孔、攻螺纹及修刮端面等多种形式的加工。钻床按用途和结构可分为立式钻床、卧式钻床、摇臂钻床、深孔钻床、台式钻床等。在各种钻床中，摇臂钻床操作方便、灵活、适用范围广，具有典型性，特别适用于单件或批量生产中带有多孔大型零件的孔加工，是一般机械加工车间中常见的机床。下面以 Z3040 型摇臂钻床为例进行分析。

3.3.2 任务分析

摇臂钻床主要是针对孔的加工，对孔的定位是此机床的核心问题。孔定位时需要摇臂的旋转、伸缩及上下运动，找准孔后摇臂还需要固定。所以对摇臂的控制是问题的关键。摇臂的旋转、伸缩以及上下移动可以通过电气控制线路来控制，而摇臂的松开与夹紧则需要配合机械、液压装置来完成。所以，对摇臂钻床电气控制线路进行安装、调试与维修，不仅要熟悉电气控制线路的工作原理，而且也要注意它与机械和液压系统的协调关系。

3.3.3 相关知识

1. 摇臂钻床的主要结构及运动形式

摇臂钻床主要由底座、外立柱、内立柱、摇臂、主轴箱及工作台等部分组成，如图3-12所示。内立柱固定在底座的一端，外立柱套在内立柱上，并可绕内立柱回转360°。摇臂的一端为套筒，它套在外立柱上，借助升降丝杠的正、反向旋转，摇臂可沿外立柱做上、下（垂直）移动。由于该丝杠与外立柱连成一体，而升降螺母则固定在摇臂上，所以摇臂不能绕外立柱转动，只能与外立柱一起绕内立柱回转。主轴箱是一个复合的部件，它由主电动机、主轴和主轴传动机构、进给与变速机构以及机床的操作机构等部分组成。主轴箱安装在摇臂的水平导轨上，可以通过手轮操作使其在水平导轨上沿摇臂作径向运动。在 Z3040 型摇臂钻床中，主轴箱沿摇臂的径向运动和摇臂的回转运动为手动调整。

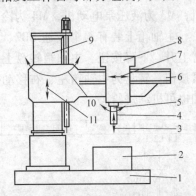

图 3-12　摇臂钻床结构及运动情况示意图
1—底座　2—工作台　3—主轴纵向进给
4—主轴旋转主运动　5—主轴　6—摇臂
7—主轴箱沿摇臂径向运动　8—主轴箱
9—内、外立柱　10—摇臂回转运动
11—摇臂上、下垂直运动

钻削加工时，主运动为主轴带动钻头的旋转运动，进给运动为主轴带动钻头作上、下的纵向运动，此时要求主轴箱由夹紧装置紧固在摇臂的水平导轨上，外立柱紧固在内立柱上，摇臂紧固在外立柱上。摇臂钻床的辅助运动有：摇臂沿外立柱的垂直移动；主轴箱沿摇臂水平导轨的径向移动；摇臂与外立柱一起绕内立柱的回转运动。

2. 摇臂钻床的电力拖动特点及控制要求

Z3040 型摇臂钻床的电力拖动及控制要求是：

1）摇臂钻床运动部件较多，为简化传动装置，采用多电动机拖动。在 Z3040 型摇臂钻床中采用 4 台电动机拖动，分别是主轴电动机、摇臂升降电动机、液压泵电动机和冷却泵电动机，这些电动机容量较小，均采用全压直接起动。

2）摇臂钻床的主运动与进给运动皆为主轴的运动，为此这两种运动由一台主轴电动机拖动，分别经主轴传动机构、进给传动机构来实现主轴的旋转和进给，所以主轴变速机构与进给变速机构均装在主轴箱内。主轴旋转与进给要求有较大的调速范围，钻削加工要求主轴正、反转，这些皆由液压和机械系统完成，主轴电动机单向旋转。

3）摇臂升降由升降电动机拖动，故摇臂升降电动机要求正、反转。摇臂的移动需严格按照摇臂松开→摇臂移动→移动到位自动夹紧的程序进行。

4）液压泵电动机用来拖动液压泵送出不同流向的压力油，推动活塞，带动菱形块动作，以此来实现主轴箱、内外立柱和摇臂的夹紧与松开。故液压泵电动机要求正、反转。

5）钻削加工时应由冷却泵电动机拖动冷却泵，供出冷却液对钻头进行冷却，冷却泵电动机为单向旋转。

6）摇臂钻床有两套液压控制系统：一套是操作机构液压系统，另一套是夹紧机构液压系统。前者由主轴电动机拖动齿轮泵送出压力油，通过操纵机构实现主轴正、反转，停车制动，空挡、变速的操作。后者由液压泵电动机拖动液压泵送出压力油，推动活塞带动菱形块来实现主轴箱、内外立柱和摇臂的夹紧与松开。

7）具有联锁与保护环节以及机床安全照明、信号指示电路。

3. 摇臂钻床的电气控制线路

图 3-13 为 Z3040 型摇臂钻床电气原理图。图中 M1 为主轴电动机，M2 为摇臂升降电动机，M3 为液压泵电动机，M4 为冷却泵电动机。

主轴箱上装有 4 个按钮 SB2、SB1、SB3 与 SB4，分别是主电动机起动、停止按钮和摇臂上升、下降按钮。主轴箱转盘上的 2 个按钮 SB5、SB6 分别为主轴箱及立柱松开按钮和夹紧按钮。转盘为主轴箱左、右移动手柄，操纵杆则操纵主轴的垂直移动，两者均为手动。主轴也可机动进给。

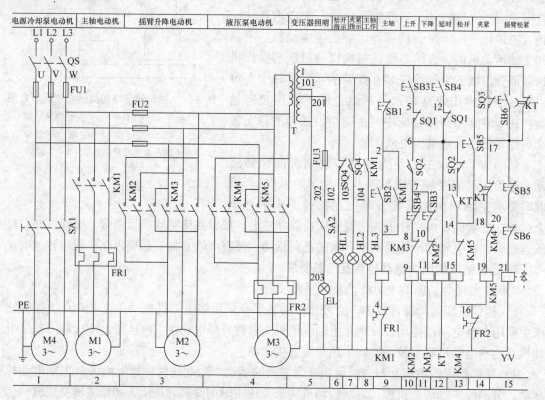

图 3-13　Z3040 型摇臂钻床电气原理图

（1）主电路

三相电源由低压断路器 QS 控制。M1 为单向旋转，由接触器 KM1 控制。主轴的正、反转是另一套由主轴电动机拖动齿轮泵送出压力油的液压系统，经"主轴变速、正、反转及空挡"操作手柄来获得的。M1 由热继电器 FR1 作过载保护。

M2 由正、反转接触器 KM2、KM3 控制实现正、反转，因摇臂移动是短时的，不用设过载保护，但其与摇臂的放松与夹紧之间有一定的配合关系，这由控制电路保证。在操纵摇臂升降时，首先使液压泵电动机起动旋转，供出压力油，经液压系统将摇臂松开，然后才使电

144

动机 M2 起动，拖动摇臂上升或下降。当移动到位后，控制电路又保证 M2 先停下，再自动通过液压系统将摇臂夹紧，最后液压泵电动机才停下。

M3 由接触器 KM4、KM5 控制实现正、反转，设有热继电器 FR2 作过载保护。

M4 电动机容量小，仅 0.125kW，由开关 SA1 控制起动、停止。

（2）控制电路

1）主轴电动机控制。由按钮 SB2、SB1 与接触器 KM1 构成主轴电动机 M1 起动-停止控制电路，M1 起动后，指示灯 HL3 亮，表示主轴电动机 M1 在旋转。

2）摇臂升降及夹紧、放松控制。摇臂钻床工作时摇臂应夹紧在外立柱上，发出摇臂移动信号后，须先松开夹紧装置，当摇臂移动到位后，夹紧装置再将摇臂夹紧。本电路能自动完成这一过程。

由摇臂上升按钮 SB3、下降按钮 SB4 及正、反转接触器 KM2、KM3 组成具有双重互锁的电动机正、反转点动控制电路。由于摇臂的升降控制须与夹紧机构液压系统密切配合，所以与液压泵电动机的控制密切相关。液压泵电动机正、反转由正、反转接触器 KM4、KM5 控制，拖动双向液压泵，送出压力油，经二位六通阀送至摇臂夹紧机构实现夹紧与放松。下面以摇臂上升为例分析摇臂升降及夹紧、放松的控制。

按下摇臂上升点动按钮 SB3，时间继电器 KT 通电吸合，瞬动常开触点 KT(13-14)、延时断开常开触点 KT(1-17) 立即闭合，前者使 KM4 线圈通电吸合，后者使电磁阀 YV 线圈通电。于是液压泵电动机 M3 正转起动，拖动液压泵送出压力油，并经二位六通阀进入摇臂松开油腔，推动活塞和菱形块，使摇臂松开。同时活塞杆通过弹簧片压动行程开关 SQ2，发出摇臂松开信号，即 SQ2 的常开触点 SQ2(6-7) 闭合，常闭触点 SQ2(6-13) 断开，使接触器 KM2 线圈通电吸合，接触器 KM4 线圈断电。于是液压泵电动机停止旋转，油泵停止供油，摇臂维持松开状态，夹紧行程开关 SQ3 复位；同时摇臂升降电动机 M2 起动旋转，拖动摇臂上升。所以 SQ2 是用来反映摇臂是否松开并发出松开信号的电气元件。

当摇臂上升到所需位置时，松开上升按钮 SB3，KM2、KT 线圈断电，M2 停止旋转，摇臂停止上升。触点 SQ3(1-17) 处于闭合状态，YV 线圈继续通电，KT 线圈断电经 1~3s 延时后，触点 KT(17-18) 闭合，KM5 线圈通电。此时，液压泵电动机 M3 反转，拖动液压泵送出压力油，经另一条油路流入二位六通阀，再进入摇臂夹紧油腔，反向推动活塞与菱形块，使摇臂夹紧。同时，活塞杆通过弹簧片压动行程开关 SQ3，使 SQ3(1-17) 断开，KM5 线圈断电，M3 停止旋转，摇臂夹紧完成，松开行程开关 SQ2 复位。所以 SQ3 是摇臂夹紧信号开关。

断电延时型时间继电器 KT 是为保证夹紧动作在摇臂升降电动机停止运转后进行设计的，KT 延时长短依 M2 电动机切断电源到完全停止的惯性大小来调整。

摇臂升降的极限保护由开关 SQ1 来实现。SQ1 有两对常闭触点，当摇臂上升或下降到极限位置时相应常闭触点断开，切断对应的上升或下降接触器 KM2 与 KM3 线圈电路，使 M2 停止，摇臂停止移动，实现极限位置保护。SQ1 的两对触点平时应调整在同时接通位置，一旦动作时，应使一对触点断开，而另一对触点仍保持闭合。

摇臂自动夹紧程度由行程开关 SQ3 控制。如果夹紧机构液压系统出现故障不能夹紧，那么触点 SQ3(1-17) 无法断开，或者 SQ3 开关安装调整不当，当摇臂夹紧后仍不能压下 SQ3，这时都会使电动机 M3 处于长期过载状态，易将电动机烧毁，为此 M3 采用热继电器 FR2 作过载保护。

3）主轴箱与立柱的夹紧、放松控制。立柱与主轴箱均采用液压操纵夹紧与放松，两者是同时进行的，工作时要求二位六通阀 YV 不通电。松开与夹紧分别由松开按钮 SB5 和夹紧按钮 SB6 控制。指示灯 HL1、HL2 指示其动作。

按下松开按钮 SB5 时，KM4 线圈通电吸合，电动机 M3 正转，拖动液压泵送出压力油，这时电磁阀线圈 YV 处于断电状态，其提供的压力油经二位六通电磁阀到另一油路，进入立柱与主轴箱松开油腔，推动活塞和菱形块使立柱和主轴箱同时松开。在松开的同时通过行程开关 SQ4 控制指示灯发出信号，当立柱与主轴箱松开时，行程开关 SQ4 不受压复位，触点 SQ4（101-102）闭合，指示灯 HL1 亮，表明立柱与主轴箱已松开。于是可以手动操作主轴箱在摇臂的水平导轨上移动。当移动到位，按下夹紧按钮 SB6 时，KM5 线圈通电吸合，M3 反转，拖动液压泵送出压力油至夹紧油腔，使立柱与主轴箱同时夹紧。当确已夹紧，压下 SQ4，触点 SQ4（101-102）断开，HL1 灯灭，触点 SQ4（101-103）闭合，HL2 灯亮，指示立柱与主轴箱均已夹紧，可以进行钻削加工。

4）冷却泵电动机 M4 的控制。电动机 M4 由开关 SA1 手动控制、单向旋转。

5）完善的联锁与保护。行程开关 SQ1 实现摇臂上升与下降的限位保护。行程开关 SQ2 实现摇臂松开到位，开始升降的联锁。行程开关 SQ3 实现摇臂完全夹紧，液压泵电动机 M3 停止运转的联锁。时间继电器 KT 实现升降电动机 M2 断开电源、待 M2 停止后再进行夹紧的联锁。电动机 M2 正、反转具有双重互锁，电动机 M3 正、反转具有电气互锁。

立柱与主轴箱松开、夹紧按钮 SB5、SB6 的常闭触点串接在电磁阀 YV 线圈电路中，实现立柱与主轴箱松开、夹紧操作时，压力油只进入立柱与主轴箱夹紧油腔而不进入摇臂夹紧油腔的联锁。

熔断器 FU1 ~ FU3 实现电路的短路保护。热继电器 FR1、FR2 实现电动机 M1、M3 的过载保护。

（3）照明与信号指示电路

HL1 为主轴箱与立柱松开指示灯，灯亮表示已松开，可以手动操作主轴箱沿摇臂移动或推动摇臂回转。

HL2 为主轴箱与立柱夹紧指示灯，灯亮表示已夹紧，可以进行钻削加工。

HL3 为主轴旋转工作指示灯。

EL 为机床局部照明灯，由控制变压器 TC 供给 24V 安全电压，由手动开关 SA2 控制。

表 3-3 为 Z3040 型摇臂钻床电气元件明细表

表 3-3　Z3040 型摇臂钻床电气元件明细表

代　号	名　称	型　号	规　格	数　量
M1	主轴电动机	Y100L2-4	3kW、380V、6.82A、1430r/min	1 台
M2	摇臂升降电动机	Y90S-4	1.1kW、2.01A、1390r/min	1 台
M3	液压泵电动机	JO31-2	0.6kW、1.42A、2880r/min	1 台
M4	冷却泵电动机	JCB-22	0.125kW、0.43A、2790r/min	1 台
QS	电源开关	HZ5-20	三极、500V、20A	1 只
KM1	交流接触器	CJ10-10	10A、线圈电压 127V	1 个
KM2 ~ KM5	交流接触器	CJ10-5	5A、线圈电压 127V	4 个
KT	时间继电器	JSSI	AC127V、DC24V	1 个

代　号	名　称	型　号	规　格	数　量
FR1	热继电器	JR16-20/3	热元件额定电流11A 整定电流6.82A	1个
FR2	热继电器	JR16-20/3	热元件额定电流2.4A 整定电流2.01A	1个
FU1	熔断器	RL1-60	500V，熔体20A	1个
FU2	熔断器	RL1-15	500V，熔体10A	1个
FU3	熔断器	RL1-16	500V，熔体2A	1个
T	控制变压器	BK-100	100V·A，380V/127V，36V，6.3V	1台
SB1、SB4	控制按钮	LA-18	5A，红色	2只
SB2、SB5	控制按钮	LA-18	5A，绿色	2只
SB3、SB6	控制按钮	LA-18	5A，黑色	2只
HL1、HL2、HL3	指示灯	ZSB-0	6.3V，绿1个，红1个，黄1个	3只
EL	照明灯			1只
SA1、SA2	控制开关	JC2	36V，40W	2只
SQ1～SQ4	行程开关	LX1-11K		4只
YV	液压电磁阀		线圈电压220V	1个

3.3.4　任务实施

1. 电气控制线路的安装

参考 C650-2 型车床电气控制线路的安装。

安装时，应当注意三相交流电源的相序。如果三相电源的相序接错了，电动机的旋转方向就与规定的方向不符，在开动机床时容易发生事故。Z3040 型摇臂钻床立柱的夹紧和放松动作有指示标牌指示。接通机床电源，使接触器 KM 动作。然后按压立柱夹紧或放松按钮 SB5 和 SB6。如果夹紧和松开动作与标牌的指示相符，就表示三相电源的相序是正确的。如果夹紧与松开动作与标牌的指示相反，三相电源的相序一定是接错了。这时就应当关断总电源，把三相电源线中的任意两根电线对调，就可以保证相序正确。

2. 电气控制线路的调试

查看各电气元件上的接线是否紧固，各熔断器是否安装良好；独立安装好接地线，设备下方垫好绝缘垫，将各开关置分断位置。按下列步骤进行机床电气操作试运行：

1）合上 QS 电源总开关。

2）转动 SA1，冷却泵电动机工作；转动 SA3，照明灯亮。

3）主轴电动机与摇臂升降的调试。

按下 SB2，KM1 吸合，主轴电动机起动，指示灯 HL3 亮。按下 SB1，主轴电动机停转。

按下 SB3，KM4 通电吸合，M3 正转，摇臂开始松开，同时压动 SQ2，KM4 断电，KM2 吸合，液压泵电动机停止供油，SQ3 复位，摇臂升降电动机 M2 拖动摇臂上升。摇臂升到预定高度，松开 SB3，M2 停止旋转，摇臂停止上升，KM5 通电吸合，M3 反转，使摇臂夹紧，同时压动 SQ3，KM5 断电，M3 停止旋转，摇臂夹紧完成，SQ2 复位。

4）立柱与主轴箱的夹紧、松开控制。按下 SB6，立柱夹紧松开电动机 M3 反转，立柱与主轴箱夹紧，同时，压下 SQ4，HL1 灯灭，HL2 灯亮。按下 SB5，M3 正转，立柱与主轴箱松开，同时，SQ4 复位，HL1 灯亮。

3. 常见电气故障的诊断与检修

（1）摇臂不能松开

摇臂作升降运动的前提是手臂必须完全松开。摇臂、主轴箱和立柱的松、紧都是通过液压泵电动机 M3 的正、反转来实现的，因此先检查一下主轴箱和立柱的松、紧是否正常。如果正常，则说明故障不在两者的公共电路中，而在摇臂松开的专用电路上，如时间继电器 KT 的线圈断线，其常开触点（1-17）、（13-14）在闭合时接触不良，限位开关 SQ1 的触点 SQ1（5-6）、SQ1（12-6）接触不良等。

如果主轴箱和立柱的松开也不正常，则故障多发生在接触器 KM4 和液压泵电动机 M3 这部分电路上。如 KM4 线圈断线、主触点接触不良，KM5 的常闭互锁触点（14-15）接触不良等。如果是 M3 或 FR2 出现故障，则摇臂、立柱和主轴箱既不能松开，也不能夹紧。

（2）摇臂不能升降

除前述摇臂不能松开的原因之外，可能的原因还有：

1）行程开关 SQ2 的动作不正常，这是导致摇臂不能升降最常见的故障。如 SQ2 的安装位置移动，使得摇臂松开后，SQ2 不能动作，或者是液压系统的故障导致摇臂放松不够，SQ2 也不会动作，摇臂就无法升降。SQ2 的位置应结合机械、液压系统进行调整，然后紧固。

2）摇臂升降电动机 M2，控制其正、反转的接触器 KM2、KM3 以及相关电路发生故障，也会造成摇臂不能升降。在排除了其他故障之后，应对此进行检查。

3）如果摇臂上升正常而不能下降，或下降正常而不能上升，则应单独检查相关的电路及电气元件（如按钮、接触器、限位开关的有关触点等）。

（3）摇臂上升或下降到极限位置时，限位保护失灵

检查限位保护开关 SQ1，通常是 SQ1 损坏或是其安装位置移动。

（4）摇臂升降到位后夹不紧

如果摇臂升降到位后夹不紧（而不是不能夹紧），通常是行程开关 SQ3 的故障造成的，如果 SQ3 移位或安装位置不当，使 SQ3 在夹紧动作未完全结束就提前吸合，M3 提前停转，从而造成夹不紧。

（5）摇臂的松紧动作正常，但主轴箱和立柱的松、紧动作不正常

1）控制按钮 SB5、SB6，其触点有无接触不良，或接线松动。

2）液压系统是否出现故障。

任务 3.4　T68 型卧式镗床的电气控制线路的安装与检修

3.4.1　任务描述

镗床是一种精密加工机床，主要用于加工高精度圆柱孔，这些孔的轴心线要求都是钻床难以胜任的，除此功能外，镗床还可进行扩、铰、车、铣等工序，因此镗床的加工范围很广。按用途不同镗床可分为卧式镗床、坐标镗床、金刚镗床及专用镗床等。下面对常用的 T68 型卧式镗床的电气控制作一简单分析。

3.4.2 任务分析

镗床镗孔的 3 种方式:

1) 镗床主轴带动刀杆和镗刀旋转, 工作台带动工件做纵向进给运动, 如图 3-14 所示。

2) 镗床主轴带动刀杆和镗刀旋转, 并做纵向进给运动, 如图 3-15 所示。

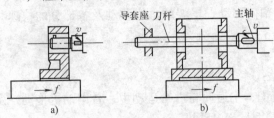

图 3-14 镗床镗孔方式之一

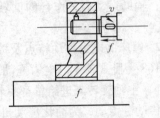

图 3-15 镗床镗孔方式之二

3) 镗床平旋盘带动镗刀旋转, 工作台带动工件做纵向进给运动, 镗床平旋盘可随主轴箱上、下移动, 自身又能做旋转运动, 其中部的径向刀架可做径向进给运动, 也可处于所需的任一位置上, 如图 3-16 所示。

分析上述常用的 3 种工作方式得知, T68 型卧式镗床主轴的工作方式较多, 操作非常复杂, 所以如何控制主轴的运动成为镗床工作的关键, 而工作台的控制与其他机床的工作台类似。

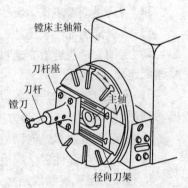

图 3-16 镗床平旋盘

3.4.3 相关知识

1. 镗床的主要结构及运动形式

T68 型卧式镗床的结构如图 3-17 所示, 主要由床身、前立柱、镗头架、后立柱、尾架、下溜板、上溜板、工作台等部分组成。床身是一个整体的铸件, 在它的一端固定有前立柱, 在前立柱的垂直导轨上装有镗头架, 镗头架可沿导轨垂直移动。镗头架上装有主轴、主轴变速箱、进给箱与操纵机构等部件。切削刀具固定在镗轴前端的锥形孔里, 或装在平旋盘的刀具溜板上。在镗削加工时, 镗轴一面旋转, 一面沿轴向做进给运动。平旋盘只能旋转, 装在其上的刀具溜板做径向进给运动。镗轴和平旋盘轴通过各自的传动链传动, 因此可以独自旋转, 也可以不同转速同时旋转。床身的另一端装有后立柱, 后立柱可沿床身导轨在镗轴轴线方向调整位置。在后立柱导轨上安装有尾架, 用来支撑镗轴的末端, 尾架与镗头架同时升降, 保证两者的轴心在同一水平线上。安装工

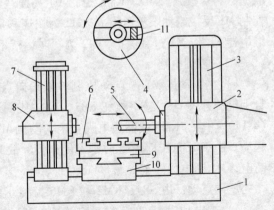

图 3-17 T68 型卧式镗床结构示意图
1—床身 2—镗头架 3—前立柱
4—平旋盘 5—镗轴 6—工作台
7—后立柱 8—尾架 9—上溜板
10—下溜板 11—刀具溜板

件的工作台安放在床身中部的导轨上，它由下溜板、上溜板与可转动的工作台组成，下溜板可沿床身导轨作纵向运动，上溜板可沿下溜板的导轨作横向运动，工作台相对于上溜板可作回转运动。

由以上分析可知，T68 型卧式镗床的主运动为镗轴和平旋盘的旋转运动；进给运动为镗轴的轴向进给、平旋盘刀具溜板的径向进给、镗头架的垂直进给、工作台的纵向进给和横向进给；辅助运动为工作台的回转、后立柱的轴向移动、尾架的垂直移动及各部分的快速移动等。

2. 镗床的电力拖动特点及控制要求

T68 型卧式镗床的电力拖动及控制要求是：

1）主轴旋转与进给量都有较宽的调速范围，主运动与进给运动由一台电动机拖动，由各自传动链传动，为简化传动机构采用双速笼型异步电动机。

2）由于各种进给运动都有正、反不同方向的运转，故主电动机要求正、反转。

3）为满足调整工作需要，主电动机应能实现正、反转的点动控制。

4）为保证主轴停车迅速、准确，主电动机应有制动停车环节。

5）主轴变速与进给变速可在主电动机停车或运转时进行。为便于变速时齿轮啮合，有变速低速冲动过程。

6）为缩短辅助时间，各进给方向均能快速移动，配有快速移动电动机拖动，采用快速电动机正、反转的点动控制方式。

7）主电动机为双速电动机，有高、低两种速度供选择，高速运转时应先经低速起动。

8）由于运动部件多，应设有必要的联锁与保护环节。

3. 镗床的电气控制线路

（1）主电路

图 3-18 为 T68 型卧式镗床电气原理图。图中电源经低压断路器 QS 引入，M1 为主电动机，由接触器 KM1、KM2 控制其正、反转，KM6 控制 M1 低速运转（定子绕组接成三角形联结，为 4 极），KM7、KM8 控制 M1 高速运转（定子绕组接成双星形联结，为 2 极），KM3 控制 M1 反接制动限流电阻 R。M2 为快速移动电动机，由 KM4、KM5 控制其正、反转。热继电器 FR 作 M1 过载保护，M2 为短时运行不需过载保护。

（2）控制电路

1）主电动机 M1 的点动控制。以正向点动为例来分析主电动机 M1 的点动控制过程。合上电源开关 QS，按下按钮 SB3，KM1 线圈通电吸合，主触点接通三相正相序电源，KM1（4-14）闭合，KM6 线圈通电吸合，电动机 M1 三相定子绕组接成三角形，串入电阻 R 低速起动。由于 KM1、KM6 此时都不能自锁，故为点动，当松开按钮 SB3 时，KM1、KM6 相继断电，M1 断电而停车。

反向点动，由 SB4、KM2 和 KM6 控制，其分析过程与正向点动类似，此处不再赘述。

2）主电动机 M1 的正、反转控制。M1 电动机起动前，主轴变速、进给变速均已完成，即主轴变速与进给变速手柄置于推合位置，此时行程开关 SQ1、SQ3 被压下，触点 SQ1（10-11）、SQ3（5-10）闭合。当选择 M1 低速运转时，将主轴速度选择手柄置于"低速"挡位，此时经速度选择手柄联动机构使高低速行程开关 SQ 处于释放状态，其触点 SQ（12-13）断开。按下 SB1，KA1 通电并自锁，触点 KA1（11-12）闭合，使 KM3 通电吸合，触点 KM3

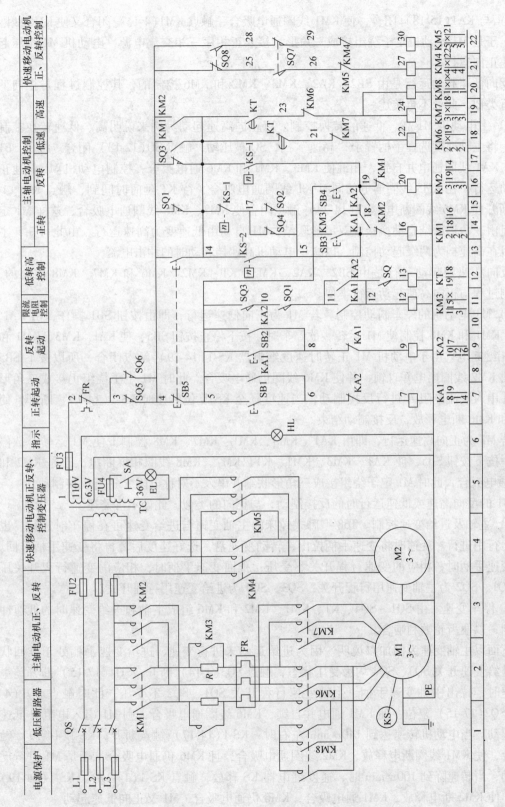

图3-18 T68型卧式镗床电气原理图

151

(5-18) 与 KA1(15-18) 闭合，使 KM1 线圈通电吸合，触点 KM1(4-14) 闭合又使 KM6 线圈通电。于是 M1 电动机定子绕组接成三角形，接入正相序三相交流电源，电动机 M1 全压起动低速正向运行。

反向低速起动运行是由 SB2、KA2、KM3、KM2 和 KM6 控制的，其控制过程与正向低速运行类似，此处不再赘述。

3）主电动机 M1 高、低速的转换控制。以正向高速起动为例来说明高、低速转换控制过程。将主轴速度选择手柄置于"高速"挡，SQ 被压动，触点 SQ(12-13) 闭合。按下 SB1 按钮，KA1 线圈通电并自锁，相继使 KM3、KM1 和 KM6 通电吸合，控制电动机 M1 低速正向起动运行，在 KM3 线圈通电的同时 KT 线圈通电吸合，待 KT 延时时间到，触点 KT(14-21) 断开使 KM6 线圈断电，KT(14-23) 触点闭合使 KM7、KM8 线圈通电吸合，这样 M1 定子绕组由三角形联结自动换接成双星形联结，M1 自动由低速变为高速运行。由此可知，主电动机在高速挡为两级起动控制，以减少电动机高速挡起动时的冲击电流。

反向高速挡起动运行是由 SB2、KA2、KM3、KT、KM2、KM6 和 KM7、KM8 控制的，其控制过程与正向高速起动运行类似。

4）M1 电动机的停车制动控制。若 M1 为正向低速运行，即由按钮 SB1 操作，由 KA1、KM3、KM1 和 KM6 控制使 M1 运转。欲停车时，按下停止按钮 SB5，使 KA1、KM3、KM1 和 KM6 相继断电。由于电动机 M1 正转时速度继电器 KS-1(14-19) 触点闭合，所以按下 SB5 后，使 KM2 线圈通电并自锁，并使 KM6 线圈仍通电吸合。此时 M1 定子绕组仍接成三角形联结并串入限流电阻 R 进行反接制动，当速度降至 KS 复位转速时 KS-1(14-19) 断开，使 KM2 和 KM6 断电释放，反接制动结束。

若 M1 为正向高速运行，即由 KA1、KM3、KM1、KM7、KM8 控制下使 M1 运转。欲停车时，按下按钮 SB5，使 KA1、KM3、KM1、KT、KM7、KM8 线圈相继断电，于是 KM2 和 KM6 通电吸合，此时 M1 定子绕组接成三角形联结并串入不对称电阻 R 进行反接制动。

M1 的反向高速或低速运行时的反接制动，与正向的类似，此处不再赘述。

5）主轴及进给变速控制。T68 型卧式镗床的主轴变速与进给变速可在停车时进行，也可在运行中进行。变速时将变速手柄拉出，转动变速盘，选好速度后，再将变速手柄推回。拉出变速手柄时，相应的变速行程开关不受压；推回变速手柄时，相应的变速行程开关压下，SQ1、SQ2 为主轴变速用行程开关，SQ3、SQ4 为进给变速用行程开关。

① 停车变速。由 SQ1~SQ4、KT、KM1、KM2 和 KM6 组成主轴和进给变速时的低速冲动控制，以便齿轮顺利啮合。

下面以主轴变速为例加以说明。因为进给运动未进行变速，进给变速手柄处于推回状态，进给变速开关 SQ3、SQ4 均为受压状态，触点 SQ3(4-14) 断开，SQ4(17-15) 断开。主轴变速时，拉出主轴变速手柄，主轴变速行程开关 SQ1、SQ2 不受压，此时触点 SQ1(4-14)、SQ2(17-15) 复位，使 KM1 通电并自锁，KM6 线圈通电吸合，则 M1 串入电阻 R 低速正向起动。当电动机转速达到 140r/min 左右时，KS-1(14-17) 触点断开，KS-1(14-19) 触点闭合，使 KM1 线圈断电释放，KM2 线圈通电吸合，且 KM6 仍通电吸合，于是 M1 进行反接制动，当转速降到 100r/min 时，速度继电器 KS 释放，触点 KS-1(14-17)、KS-1(14-19) 复位，使 KM2 断电释放，KM1 通电吸合，KM6 仍通电吸合，M1 又正向低速起动。

进给变速时的低速冲动转动与主轴变速时相类同，但此时起作用的是进给变速开关 SQ3

和 SQ4。

② 运行中变速控制。下面以电动机 M1 正向高速运行中的主轴变速为例，说明运行中变速的控制过程。

电动机 M1 在 KA1、KM3、KT、KM1 和 KM7、KM8 控制下高速运行。此时要进行主轴变速，欲拉出主轴变速手柄，主轴变速开关 SQ1、SQ2 不再受压，此时 SQ1（10-11）、SQ1（4-14）、SQ2（17-15）复位，KM3、KT、KM1、KM7、KM8 线圈断电释放，KM2、KM6 通电吸合。于是 M1 定子绕组接为三角形联结且串入限流电阻 R 进行正向低速反接制动，使 M1 转速迅速下降，当转速下降到速度继电器 KS 释放转速时，又由 KS 控制 M1 进行正向低速冲动转动，以利齿轮啮合。待推回主轴变速手柄时，行程开关 SQ1、SQ2 压下，SQ1 常开触点由断开变为接通状态，此时 KM3、KT、KM1 和 KM6 通电吸合，M1 先正向低速（三角形联结）起动，然后在时间继电器 KT 控制下，自动转为高速运行。

6）快速移动控制。主轴箱、工作台或主轴的快速移动，由快速手柄操纵并联动行程开关 SQ7、SQ8，控制接触器 KM4 或 KM5，进而控制快速移动电动机 M2 正、反转来实现快速移动。将快速手柄扳在中间位置，SQ7、SQ8 均不受压，电动机 M2 停转。若将快速手柄扳到正向位置，SQ7 压下，KM4 线圈通电吸合，M2 正转，使相应部件正向快速移动。反之，若将快速手柄扳到反向位置，则 SQ8 压下，KM5 线圈通电吸合，M2 反转，相应部件获得反向快速移动。

7）完善的联锁与保护

① 主轴箱或工作台与主轴机动进给联锁。为了防止在工作台或主轴箱机动进给时出现将主轴或平旋盘刀具溜板也扳到机动进给的误操作，安装与工作台、主轴箱进给操纵手柄有机械联动的行程开关 SQ5，在主轴箱上安装了与主轴进给手柄、平旋盘刀具溜板进给手柄有机械联动的行程开关 SQ6。若工作台或主轴箱的操纵手柄扳在机动进给时，压下 SQ5，其常闭触点 SQ5（3-4）断开；若主轴或平旋盘刀具溜板进给操纵手柄扳在机动进给时，压下 SQ6，其常闭触点 SQ6（3-4）断开，所以当这两个进给操作手柄中的任一个扳在机动进给位置时，电动机 M1 和 M2 都可起动运行。但若两个进给操作手柄同时扳在机动进给位置时，SQ5、SQ6 常闭触点都断开，切断了控制电路电源，电动机 M1、M2 无法起动，也就避免了误操作造成事故的危险，实现了联锁保护。

② 电动机 M1 正、反转控制，高、低速控制，以及电动机 M2 的正、反转控制均设有互锁控制环节。

③ 熔断器 FU1～FU4 实现短路保护，热继电器 FR 实现 M1 过载保护，电路采用按钮、接触器或继电器构成的自锁环节具有欠电压与零电压保护作用。

表 3-4 为 T68 型卧式镗床电气元件明细表。

表 3-4　T68 型卧式镗床电气元件明细表

代　号	名　称	型　号	规　格	数　量
M1	主轴电动机	JDO2-51-4/2	7.5kW/5.5kW	1 台
M2	快速移动电动机	T100L-14	2.2kW，1430r/min	1 台
KM1、KM2、KM3、KM6、KM7、KM8	交流接触器	CJ0-40	20A，220V	6 个
KM4、KM5	交流接触器	CJ0-10	10A，220V	2 个

代　号	名　称	型　号	规　格	数　量
KA1、KA2	中间继电器	JZ7-44	220V	2个
KS	速度继电器	JY1	380V，2A	1个
FU1	熔断器	RL-40	40A	3个
FU2	熔断器	RL-40	20A	3个
FU3	熔断器	RL-10	2A	1个
FU4	熔断器	RL-10	2A	1个
QS	开关	HZ2-25/3	500V，30A	1只
FR	热继电器	JR0-40	16～25A	1个
SQ1～SQ8、SQ	行程开关	LX3-11K	500V，5A	9只
SB1～SB5	按钮	LA2	500V，5A	5只
TC	变压器	BK-400	380V/220V，36V，6.3V	1台
KT	时间继电器	JS7-2A	220V	1个
FR	继电器	JR0-6013	16A	1个
R	制动电阻	ZB2		2只

3.4.4　任务实施

1. 电气控制线路的安装

参考 C650-2 型车床电气控制线路的安装。

2. 电气控制线路的调试

首先，查看各电气元件上的接线是否紧固，各熔断器是否安装良好；独立安装好接地线，设备下方垫好绝缘垫，将各开关置分断位置；插上三相电源后，按下列步骤进行机床电气操作试运行：

1）合上 QS，电源指示灯亮。

2）确认主轴变速开关 SQ1、SQ2，进给变速开关 SQ3、SQ4 分别处于"主轴运行"位（中间位置），然后对主轴电动机、快速移动电动机进行电气操作。也可先试操作"主轴变速冲动"、"进给变速冲动"。

3）主轴电动机低速正向运转。

条件：主轴电动机速度选择手柄选择低速，SQ(12-13) 断开。

按下 SB1，KA1 通电并自锁，KM3、KM1、KM6 吸合，主轴电动机 M1 以三角形联结低速运行。按下 SB5，主轴电动机制动停转。

4）主轴电动机高速正向运转。

条件：主轴电动机速度选择手柄选择高速，SQ(12-13) 接通。

按下 SB2，KA1 通电并自锁，KM3、KT、KM1、KM6 相继吸合，主轴电动机 M1 以三角形联结低速运行，延时后，KM6 断电，KM7、KM8 通电吸合，使 M1 换接成双星形联结高速运行。按下 SB6，主轴电动机制动停转。

主轴电动机的反向低速、高速操作可按 SB2，参与的电气元件有 KA2、KT、KM3、KM2、KM6、KM7、KM8，可参照上面步骤 3）、4）进行操作。

5）主轴电动机正反向点动操作。按 SB3 可实现电动机的正向点动，参与的电气元件有 KM1、KM6；按 SB4 可实现电动机的反向点动，参与的电气元件有 KM2、KM6。

6）主轴电动机反接制动操作。当主轴电动机 M1 正向低速运行时，KS-1（14-19）闭合、KS-1（14-17）断开，在按下 SB5 后，KA1、KM3 释放，KM1、KM6 释放，SB5 按到底后，SB5（4-14）闭合，KM6、KM2 吸合，主轴电动机 M1 反接制动，转速下降至 KS-1（14-19）断开、KS-1（14-17）闭合时，KM2 和 KM6 断电释放，制动结束。

当主轴电动机 M1 高速正向运行时，KA1、KM3、KT、KM1、KM7、KM8 为吸合状态，速度继电器 KS-1（14-19）闭合、KS-1（14-17）断开。在按下按钮 SB5 后，KA1、KM3、KT、KM1、KM7、KM8 断电释放，而 KM2、KM6 吸合，电动机工作于三角形联结下，并串入电阻反接制动至停止。

电动机工作于低速反转或高速反转时的制动操作分析，可按上述分析对照进行。

7）主轴变速与进给变速时的主轴电动机瞬动操作。

① 主轴变速（主轴电动机运行或停止均可）。将"主轴变速孔盘"拉出，SQ1、SQ2 置"主轴变速"位，旋转孔盘选择合适转速，推入孔盘，若孔盘不能推回原位，此时主轴电动机工作于间隙的起动和制动，获得低速旋转，便于齿轮啮合。电气元件的状态为：KM6 吸合，KM1、KM2 交替吸合。若孔盘推回原位，变速停止。

② 进给变速操作（主轴电动机运行或停止均可）。将"进给变速孔盘"拉出，SQ3、SQ4 置"进给变速"位，电气控制与效果同上。

8）主轴箱、工作台或主轴的快速移动操作。操作"快速移动手柄"，将快速手柄扳向正向快速位置，行程开关 SQ7 被压动，KM4 通电吸合，快进电动机 M2 正转；反之，将快速手柄扳向反向快速位置，行程开关 SQ8 被压动，M2 反转。

9）主轴进刀与工作台互锁。SQ5、SQ6 为互锁开关，主轴运行时，同时压动，电动机即停转；压动其中任一个，电动机不会停转。

 特别提示

初次试运行时，可能会出现主轴电动机 M1 正转、反转均不能停机的现象，这是电源相序接反造成的，此时应马上切断电源，把电源相序调换即可。

3. 常见电气故障的诊断与检修

（1）主轴电动机 M1 不能起动

主轴电动机 M1 不能起动的主要原因有以下几方面：

1）熔断器 FU1、FU2 或 FU3 的熔丝烧断。其中，如 FU3 烧断，其故障现象是全部接触器、继电器都不能吸合；如果是 FU1 或 FU2 烧断，其故障现象还包括电源指示灯、照明灯都不亮。

2）热继电器 FR 的控制触点断开。和快速移动电动机 M2 有关的所有接触器、继电器都不能吸合。

3）中间继电器 KA1 或 KA2 线圈损坏，或接线松脱，使 KM3、KM1 或 KM2 不能得电。

4）接触器 KM1 或 KM2 线圈损坏或接线松脱，使 KM6 或 KM7、KM8 不能得电。

主轴电动机不能起动故障的检查流程如图 3-19 所示。

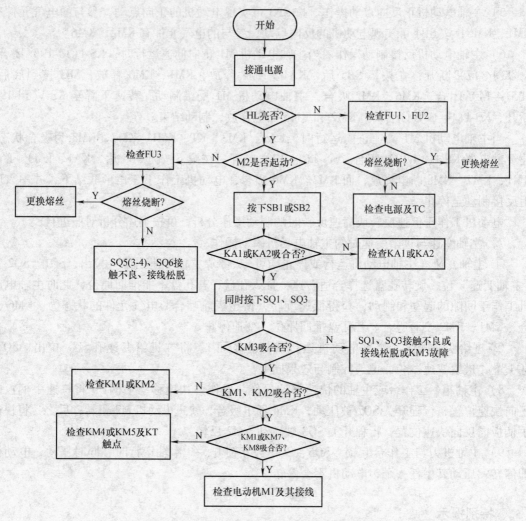

图 3-19 主轴电动机不能起动故障的检查流程

（2）主轴电动机 M1 只有低速挡没有高速挡

这种故障因素较多，常见的有时间继电器 KT 不动作，或限位开关 SQ 安装的位置移动造成的。

1）时间继电器 KT 发生故障。主轴电动机由低速转为高速时，如果 KT 不动作，或其触点损坏，机械卡住，KM7、KM8 不能通电吸合，KM6 不能断电，就会出现主轴电动机 M1 只有低速挡没有高速挡的现象。

2）限位开关与变速手柄联动失效或 SQ（12-13）接触不良以及接线松脱，造成 KT 不能通电，KM7、KM8 不吸合，就会出现主轴没有高速挡的现象。主轴电动机无高速挡运行故障的检查流程如图 3-20 所示。

（3）主轴电动机 M1 电源进线接错，电动机无法起动

T68 型卧式镗床主轴电动机采用双速电动机。在低速时电源由端子 U1、V1、W1 接入，端子 U2、V2、W2 开路，使主轴电动机为三角形联结。高速挡时电源应由端子 U2、V2、W2 接入，将端子 U1、V1、W1 短接，使主轴电动机为双星形联结运转，如图 3-21 所示。

156

如果接错，即高速时由端子 U1、V1、W1 接入电源，将端子 U2、V2、W2 短接；低速时，电源由端子 U2、V2、W2 接入，端子 U1、V1、W1 开路，电动机就会无法起动，发出类似断相运行时的"嗡嗡"声，熔丝熔断。

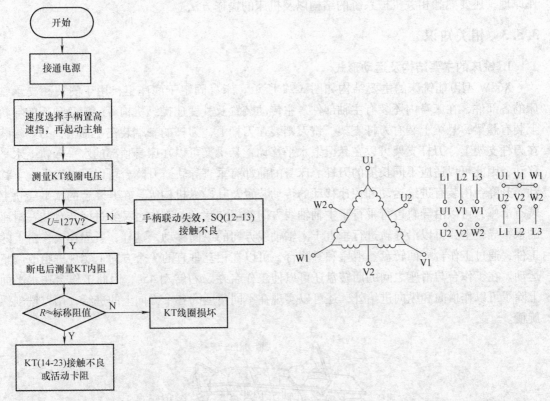

图 3-20　主轴电动机无高速挡运行故障的检查流程　　　　图 3-21　双速电动机接线图

任务 3.5　X62W 型万能铣床的电气控制线路的安装与检修

3.5.1　任务描述

　　铣床是一种高效率的铣削加工机床，可用来加工各种表面、沟槽和成形面等；装上分度头后，可以加工直齿轮或螺旋面；装上回转圆形工作台则可以加工凸轮和弧形槽。铣床的应用范围很广，在金属切削机床中铣床的数量仅次于车床。铣床的种类很多，按结构形式和加工性能分为立式铣床、卧式铣床、龙门铣床、仿形铣床和各种专用铣床。X62W 型万能铣床是一种通用的多用途机床，其电气控制线路与机械系统的配合十分密切，因此，其电气控制线路的安装、调试与维修要综合考虑电气线路与机械系统的配合，来满足设备的性能要求。

3.5.2　任务分析

　　X62W 型万能铣床的操作通过操作手柄来完成，但操作手柄实际操作的是电气开关元件，从而通过电气开关元件来控制机械部件，达到预定的操作目的。其工作台有左、右、前、后、上、下 6 个方面的进给。操作手柄的位置，以及联动的开关元件的对应状态与电气线路的关系是处理问题的关键，同时需要通过变速冲动来实现主轴变速或进给变速时齿轮能够很好啮合的问题。因此，要完成 X62W 型万能铣床的操作，不仅要熟悉电气控制线路的工作原理，还要熟悉相关机械系统的结构以及机床的操作方法。

3.5.3 相关知识

1. 铣床的主要结构及运动形式

X62W 型万能铣床的主要结构如图 3-22 所示。床身固定于底座上，用于安装和支承铣床的各部件，在床身内还装有主轴部件、主传动装置及其变速操纵机构等。床身顶部的导轨上装有悬梁，悬梁上装有刀杆支架。铣刀则装在刀杆上，刀杆的一端装在主轴上，另一端装在刀杆支架上。刀杆支架可以在悬梁上水平移动，悬梁又可以在床身顶部的水平导轨上水平移动，因此可以适应不同长度的刀杆。床身的前部有垂直导轨，升降台可以沿导轨上、下移动，升降台内装有进给运动和快速移动的传动装置及其操纵机构等。在升降台的水平导轨上装有滑座，可以沿导轨进行平行于主轴轴线方向的横向移动；工作台又经过回转盘装在滑座的水平导轨上，可以沿导轨进行垂直于主轴轴线方向的纵向移动。这样，紧固在工作台上的工件，通过工作台、回转盘、滑座和升降台，可以在相互垂直的 3 个方向上实现进给或调整运动。在工作台与滑座之间的回转盘还可以使工作台左、右转动 45°，因此工作台在水平面上除了可以作横向和纵向进给外，还可以实现在不同角度的各个方向上的进给，用以铣削螺旋槽。

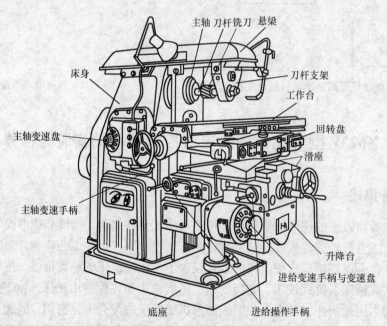

图 3-22　X62W 型万能铣床结构示意图

由此可见，铣床的主运动是主轴带动刀杆和铣刀的旋转运动；进给运动包括工作台带动工件在水平的纵、横方向及垂直方向 3 个方向的运动；辅助运动则是工作台在 3 个方向的快速移动。图 3-23 为铣床几种主要加工形式的主运动和进给运动示意图。

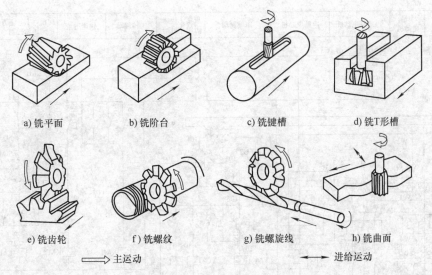

a) 铣平面　　　　　b) 铣阶台　　　　　c) 铣键槽　　　　　d) 铣T形槽

e) 铣齿轮　　　　　f) 铣螺纹　　　　　g) 铣螺旋线　　　　h) 铣曲面

⇒ 主运动　　　　　　　　　　　　　←── 进给运动

图 3-23　铣床几种主要加工形式的主运动和进给运动示意图

2. 铣床的电力拖动特点及控制要求

X62W 型万能铣床的主运动和进给运动各由一台电动机拖动，这样铣床的电力拖动系统一般由 3 台电动机组成：主轴电动机、进给电动机和冷却泵电动机。铣床的电力拖动特点及其控制要求是：

1）铣床的主运动由一台笼型异步电动机拖动，直接起动，能够正、反转，并设有电气制动环节，能进行变速冲动。

2）工作台的进给运动和快速移动均由同一台笼型异步电动机拖动，直接起动，能够正、反转，也要求有变速冲动环节。

3）冷却泵电动机只要求单向旋转。

4）3 台电动机之间有联锁控制，即主轴电动机起动之后，才能对其余两台电动机进行控制。

3. 铣床的电气控制线路

（1）主电路

X62W 型万能铣床的电气原理图如图 3-24 所示。图中三相交流电源由电源开关 QS1 引入，FU1 作为电路的短路保护。主轴电动机 M1 的运行由接触器 KM1 控制，由换相开关 SA3 预选其转向。冷却泵电动机 M3 由 QS2 控制其单向旋转，但必须在 M1 起动运行之后才能运行。进给电动机 M2 由 KM3、KM4 实现正、反转控制。3 台电动机分别由热继电器 FR1、FR2、FR3 提供过载保护。

（2）控制电路

控制电路由控制变压器 TC1 提供 110V 工作电压，FU4 提供变压器二次侧的短路保护。该电路的主轴制动、工作台常速进给和快速进给分别由控制电磁离合器 YC1、YC2、YC3 实现，电磁离合器需要的直流工作电压由整流变压器 TC2 降压后经桥式整流器 VC 提供，FU2、FU3 分别提供交直流侧的短路保护。

1）主轴电动机 M1 的控制。M1 由交流接触器 KM1 控制，为操作方便，在机床的不同

159

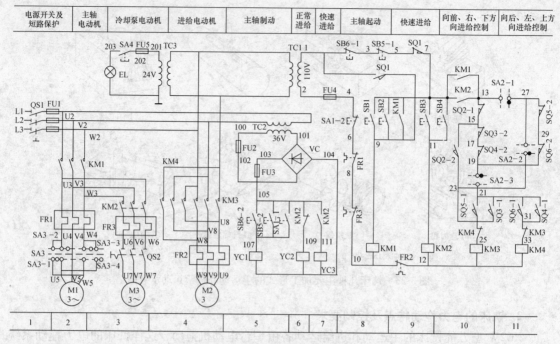

图 3-24　X62W 型万能铣床的电气原理图

位置各安装了一套起动和停车按钮，SB2 和 SB6 装在床身上，SB1 和 SB5 装在升降台上。对 M1 的控制包括主轴的起动、停车、制动，换刀控制和变速冲动。

① 主轴起动。在起动前先按照顺铣或逆铣的工艺要求，用组合开关 SA3 预先确定 M1 的转向。按下 SB1 或 SB2，KM1 线圈通电，M1 起动运行，同时 KM1 常开辅助触点（7-13）闭合，为 KM3、KM4 线圈支路接通做好准备。

② 主轴的停车与制动。按下 SB5 或 SB6，SB5 或 SB6 常闭触点（3-5 或 1-3）断开，KM1 线圈断电，M1 停车，SB5 或 SB6 常开触点（105-107）闭合，制动电磁离合器 YC1 线圈通电，M1 制动。制动电磁离合器 YC1 装在主轴传动系统与 M1 转轴相连的第一根传动轴上，当 YC1 通电吸合时，将摩擦片压紧，对 M1 进行制动。停转时，应按住 SB5 或 SB6 直至主轴停转才能松开，一般主轴的制动时间不超过 0.5s。

③ 主轴的变速冲动。主轴的变速是通过改变齿轮的传动比实现的。在需要变速时，将变速手柄拉出，转动变速盘至所需的转速，然后再将变速手柄复位。在手柄复位的过程中，在瞬间压动了行程开关 SQ1，手柄复位后，SQ1 也随之复位。在 SQ1 动作的瞬间，SQ1 的常闭触点（5-7）先断开其他支路，然后常开触点（1-9）闭合，点动控制 KM1，使 M1 产生瞬间的冲动，利于齿轮的啮合，如果点动一次齿轮还不能啮合，可重复进行上述动作。

④ 主轴换刀控制。在上刀或换刀时，主轴应处于制动状态，以免发生事故。只要将换刀制动开关 SA1 拨至"接通"位置，其常闭触点 SA1-2（4-6）断开控制电路，保证在换刀时机床没有任何动作，其常开触点 SA1-1（105-107）接通 YC1，使主轴处于制动状态。换刀结束后，要将 SA1 扳回"断开"位置。

2）进给运动控制。工作台的进给运动分为常速（工作）进给和快速进给，常速进给必须在 M1 起动运行后才能进行，而快速进给属于辅助运动，可以在 M1 不起动的情况下进行。

160

工作台在 6 个方向上的进给运动是由机械操作手柄带动相关的行程开关 SQ3 ~ SQ6，通过控制接触器 KM3、KM4 来控制进给电动机 M2 正、反转来实现的。行程开关 SQ5 和 SQ6 分别控制工作台的向右和向左运动，而 SQ3 和 SQ4 则分别控制工作台的向前、向下和向后、向上运动。

进给拖动系统使用的两个电磁离合器 YC2 和 YC3 都安装在进给传动链中的第 4 根传动轴上。当 YC2 吸合而 YC3 断开时为常速进给，当 YC3 吸合而 YC2 断开时为快速进给。

① 工作台的纵向进给运动。将纵向进给操作手柄扳向右边，行程开关 SQ5 动作，其常闭触点 SQ5-2（27-29）先断开，常开触点 SQ5-1（21-23）后闭合，KM3 线圈通过（13-15-17-19-21-23-25）路径通电，M2 正转，工作台向右运动。

若将操作手柄扳向左边，则 SQ6 动作，KM4 线圈通电，M2 反转，工作台向左运动。

SA2 为回转工作台控制开关，此时应处于"断开"位置，其 3 组触点状态为：SA2-1、SA2-3 接通，SA2-2 断开。

② 工作台的垂直与横向进给运动。工作台垂直与横向进给运动由一个十字形手柄操纵，十字形手柄有上、下、前、后和中间 5 个位置，将手柄扳至向"下"或"上"位置时，分别压动行程开关 SQ3 或 SQ4，控制 M2 正转或反转，并通过机械传动机构使工作台分别向下和向上运动；而当手柄扳至向"前"或"后"位置时，虽然同样是压动行程开关 SQ3 和 SQ4，但此时机械传动机构则使工作台分别向前和向后运动。当手柄在中间位置时，SQ3 和 SQ4 均不动作。下面就以向上运动的操作为例分析电路的工作情况，其余的可自行分析。

将十字形手柄扳至"向上"位置，SQ4 的常闭触点 SQ4-2 先断开，常开触点 SQ4-1 后闭合，KM4 线圈经（13-27-29-19-21-31-33）路径通电，M2 反转，工作台向上运动。

③ 进给变速冲动。与主轴变速时一样，进给变速时也需要使 M2 瞬间点动一下，使齿轮易于啮合。进给变速冲动由行程开关 SQ2 控制，在操纵进给变速手柄和变速盘时，瞬间压动了行程开关 SQ2，在 SQ2 通电的瞬间，其常闭触点 SQ2-1（13-15）先断开而常开触点 SQ2-2（15-23）后闭合，使 KM3 线圈经（13-27-29-19-17-15-23-25）路径通电，M2 正向点动。由 KM3 的通电路径可见只有在进给操作手柄均处于零位（即 SQ3 ~ SQ6 均不动作）时，才能进行进给变速冲动。

④ 工作台快速进给的操作。要使工作台在 6 个方向上快速进给，在按常速进给的操作方法操纵进给控制手柄的同时，还要按下快速进给按钮 SB3 或 SB4（两地控制），使 KM2 线圈通电，其常闭触点 KM2（105-109）切断 YC2 线圈支路，常开触点 KM2（105-111）接通 YC3 线圈支路，使机械传动机构改变传动比，实现快速进给。由于与 KM1 的常开触点 KM1（7-13）并联了 KM2 的一个常开触点，所以在 M1 不起动的情况下，也可以进行快速进给。

3）回转工作台的控制。在需要加工弧形槽、弧形面和螺旋槽时，可以在工作台上加装回转工作台。回转工作台的回转运动也是由进给电动机 M2 拖动的。在使用回转工作台时，将控制开关 SA2 扳至"接通"的位置，此时 SA2-2 接通而 SA2-1、SA2-3 断开。在主轴电动机 M1 起动的同时，KM3 线圈经（13-15-17-19-29-27-23-25）的路径通电，使 M2 正转，带动回转工作台旋转运动（回转工作台只需要单向旋转）。由 KM3 线圈的通电路径可见，只要扳动工作台进给操作的任何一个手柄，SQ3 ~ SQ6 其中一个行程开关的常闭触点断开，都会切断 KM3 线圈支路，使回转工作台停止运动，从而保证了工作台的进给运动和回转工作台的旋转运动不会同时进行。

表 3-5 为 X62W 型万能铣床电气元件明细表。

表 3-5　X62W 型万能铣床电气元件明细表

代　号	名　称	型　号	规　格	数　量
M1	主轴电动机	JO2-51-4	7.5kW，380V，1450r/min	1 台
M2	进给电动机	JO2-22-4	1.5kW，380V，1410r/min	1 台
M3	冷却泵电动机	JCB-22	0.125kW，380V/220V，2790r/min	1 台
KM1	主轴接触器	CJ0-20	线圈电压 110V	1 个
KM2 ~ KM4	交流接触器	CJ0-10	线圈电压 110V	3 个
TC3	照明变压器	BK-50	380V/24V	1 个
TC1	控制变压器	BK-150	380V/110V	1 台
TC2	整流电源变压器	BK-100	380V/36V	1 台
FR1	热继电器	JR0-60/3	16A	1 个
FR2、FR3	热继电器	JR0-20/3	1.5A；0.5A	2 个
FU1	电源熔断器	RL1-60	60A	3 个
FU2	整流电源熔断器	RL1-15	5A	1 个
FU3	直流电路熔断器	RL1-15	5A	1 个
FU4	控制电路熔断器	RL1-15	5A	1 个
FU5	照明熔断器	RL1-15	1A	1 个
EL	照明灯	K1-2	螺口	1 只
SQ1	主轴冲动开关	LX3-11K		1 只
SQ2	进给冲动开关	LX3-11K		1 只
SQ3 ~ SQ6	行程开关	LX2-131		4 只
QS1	电源开关	HZ1-60/3J	三极，500V	1 只
QS2	冷却泵开关	HZ1-10/3J	500V	1 只
SA1	换刀开关	HZ1-10/3J	500V	1 只
SA2	回转工作台开关	HZ1-10/3J	500V	1 只
SA3	M1 换相开关	HZ3-133	500V，60A	1 只
SB1 ~ SB6	按钮	LA2	红，绿，黑各两个	6 只
YC1	主轴制动电磁离合器	定做		1 个
YC2	正常进给电磁离合器	定做		1 个
YC3	快速进给电磁离合器	定做		1 个

3.5.4　任务实施

1. 电气控制线路的安装

参考 C650-2 型车床电气控制线路的安装。

2. 电气控制线路的调试

查看各电气元件上的接线是否紧固，各熔断器是否安装良好；独立安装好接地线，设备下方垫好绝缘垫，将各开关置分断位置；插上三相电源后，按下列步骤进行机床电气操作试运行：

1）合上低压断路器 QS1。

2）选择主轴电动机运转的转向。SA3 置左位或右位，主轴电动机 M1 "正转"或"反转"指示灯亮。

3）旋转开关 SA4，照明灯亮。转动开关 QS2，冷却泵电动机工作。

4）按下按钮 SB1（或 SB2），主轴电动机 M1 起动；按下按钮 SB5（或 SB6），M1 反接制动停止。

 特别提示

不要频繁起动与停止，以免电器过热而损坏。

5）主轴电动机 M1 变速冲动操作。通过变速手柄的操作，瞬时压动行程开关 SQ1，使电动机产生微转，从而能使齿轮较好地实现换挡啮合。注意：避免出现"连续"运转现象，若"连续"运转时间较长，会使制动电阻 R 发烫，此时应断开电源，重新送电操作。

6）进给电动机控制操作（SA2 开关状态：SA2-1、SA2-3 接通，SA2-2 断开）。进给电动机 M2 用于驱动工作台横向（前、后）、垂直（上、下）和纵向（左、右）移动，均通过机械离合器来实现控制"状态"的选择，电动机只作正、反转控制，机械"状态"手柄与电气开关的动作对应关系如下：

① 工作台横向、垂直控制（机床由十字形复式操作手柄控制，既控制离合器又控制相应开关）：工作台向后、向上运动，压下 SQ4，电动机 M2 反转；工作台向前、向下运动，压下 SQ3，电动机 M2 正转。

② 工作台纵向（左、右）进给运动控制（机床由专用"纵向"操作手柄，既控制相应离合器又压动对应的开关）：工作台向左运动，压下 SQ6，电动机 M2 反转；工作台向右运动，压下 SQ5，电动机 M2 正转。

7）工作台快速移动操作。按下 SB3 或 SB4 按钮，电磁离合器 YC3 动作，改变机械传动链中间传动装置，实现各方面的快速移动。

8）进给变速冲动（功能与主轴冲动相同，便于换挡时齿轮的啮合）。在变速手柄操作中，通过联动机构瞬时带动冲动行程开关 SQ2，使电动机产生瞬动。

9）回转工作台回转运动控制。此时工作台全部操作手柄扳在零位，即 SQ3 ~ SQ6 均不压下，将回转工作台转换开关 SA2 扳至 SA2-1、SA2-3 触点断开、SA2-2 触点接通，起动主轴电动机 M1，同时使 M2 正转，带动回转工作台旋转。

3. 常见电气故障的诊断与检修

（1）主轴电动机控制电路故障

1）M1 不能起动。从电源、QS1、FU1、KM1 的主触点、FR1 到换相开关 SA3，从主电路到控制电路进行检查。因为 M1 的容量较大，应注意检查 KM1 的主触点、SA3 的触点有无被熔化，有无接触不良。此外，如果主轴换刀制动开关 SA1 仍处在"换刀"位置，SA1-2 断开，或者 SA1 虽处于正常工作的位置，但 SA1-2 接触不良，使控制电源未接通，M1 也不能起动。

2）M1 停车时无制动。重点是检查电磁离合器 YC1，如 YC1 线圈有无断线、触点有无接触不良，整流电路有无故障等。此外还应检查控制按钮 SB5 和 SB6。主轴电动机停车时无制动故障检查流程如图 3-25 所示。

3）主轴换刀时无制动。如果在 M1 停车时主轴的制动正常，而在换刀时制动不正常，从电路分析可知应重点检查制动控制开关 SA1。

4）按下停车按钮后 M1 不停。故障的主要原因可能是 KM1 的主触点熔焊。如果在按下停车按钮后，KM1 不释放，则可断定故障是由 KM1 主触点熔焊引起的，应注意此时电磁离合器 YC1 正在对主轴起制动作用，会造成 M1 过载并产生机械冲击，所以一旦出现这种情况，应马上松开停车按钮，进行检查，否则很容易烧坏电动机。主轴电动机不停车故障检查流程如图 3-26 所示。

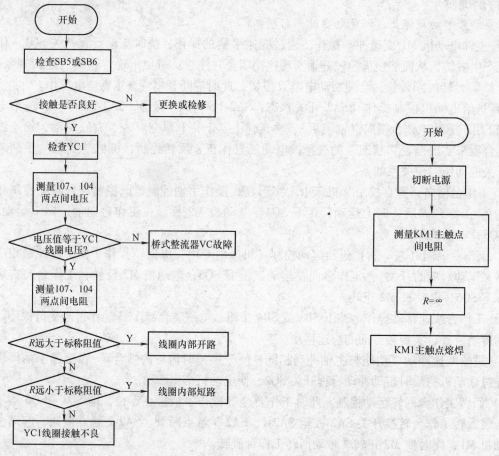

图 3-25　主轴电动机停车时无制动故障检查流程　　　图 3-26　主轴电动机不停车故障检查流程

5）主轴变速时无瞬时冲动。主轴变速行程开关 SQ1 在频繁动作后，造成开关位置移动，甚至开关底座被撞碎或触点接触不良，都将造成主轴无变速时的瞬时冲动。

（2）工作台进给控制电路故障

1）工作台不能纵向进给。此时应先对横向进给和垂直进给进行试验检查，如果正常则说明进给电动机 M2，主电路，接触器 KM3、KM4 及与纵向进给相关的公共支路都正常，就应重点检查行程开关 SQ2-1、SQ3-2 及 SQ4-2，即接线端编号为 13-15-17-19 的支路，因为只要这 3 对常闭触点之中有一对不能闭合、接触不良或者接线松脱，纵向进给就不能进行。同时可检查进给变速冲动是否正常，如果也正常，则故障范围已缩小到 SQ2-1、SQ5-1 及 SQ6-1 上了，一般情况下 SQ5-1、SQ6-1 的常开触点同时发生故障的可能性较小，而 SQ2-1（13-15）由于在进给变速时，常常会因用力过猛而容易损坏，所以应先检查它。工作台不能纵向进给故障检查流程如图 3-27 所示。

2）工作台各个方向都不能进给。故障的主要原因如下：

① 控制电路电压不正常。

② KM3 或主触点接触不良。

③ 电动机 M2 损坏或接线松脱。

④ KM1（7-13）或 KM2（7-13）点接线松脱。

工作台各个方向都不能进给故障检查流程如图 3-28 所示。

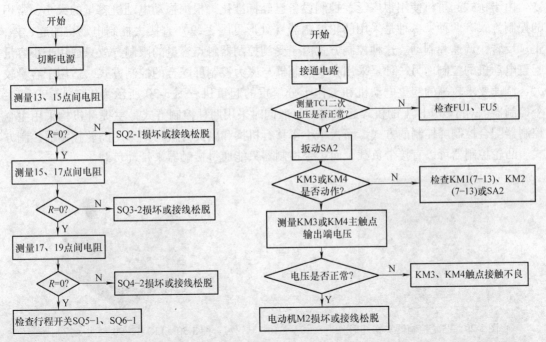

图 3-27　工作台不能纵向进给故障检查流程　　　图 3-28　工作台各个方向都不能进给故障检查流程

3）工作台不能快速进给。如果工作台的常速进给运行正常，仅不能快速进给，则应检查 SB3、SB4 和 KM2，如果这 3 个电气元件无故障，电磁离合器电路的电压也正常，则故障可能发生在 YC3 本身，常见的有 YC3 线圈损坏或机械卡死，离合器的动、静摩擦片间隙调整不当等。

任务 3.6　桥式起重机的电气控制线路的故障检修

3.6.1　任务描述

起重机是一种用来升降重物与空中搬运重物的机械设备，广泛应用于工矿企业、车站、港口、仓库、建筑工地等场合。它对减轻工人劳动强度、提高劳动生产率、促进生产过程机械化起着重要作用，是现代化生产中不可缺少的工具。起重机包括桥式、门式、梁式和旋转式等多种，其中以桥式起重机的应用最广。桥式起重机又分为通用桥式起重机、冶金专用起重机、龙门起重机与缆索起重机等。

通用桥式起重机是机械制造工业中使用最广泛的起重机械，又称"天车"或"行车"，它是一种横架在固定跨间上空用来吊运各种物件的设备。桥式起重机按起吊装置不同，可分为吊钩桥式起重机、电磁盘桥式起重机和抓斗桥式起重机，其中尤以吊钩桥式起重机应用最广。本节以吊钩桥式起重机的电气设备为例进行讨论与分析，另外两种仅起吊装置不同，而结构、电气控制均与吊钩桥式起重机相同。

3.6.2　任务分析

由于桥式起重机使用很广泛，控制设备已经标准化。根据拖动电动机容量的大小，常用的控制方式有两种：一种是采用凸轮控制器（处形见图3-29）直接去控制电动机的起、停、正、反转，调速和制动。这种控制方式由于受到控制器触点容量的限制，故只适用于小容量起重电动机的控制。另一种是采用主令控制器与磁力控制屏配合的控制方式，适用于容量较大、调速要求较高的起重电动机和工作十分繁重的起重机。图3-30所示为LK1-12/90型主令控制器。对于15t以上的桥式起重机，一般同时采用两种控制方式，主提升机构采用主令控制器配合控制屏控制的方式，而大车小车移行机构和副提升机构则采用凸轮控制器控制方式。凸轮控制器可以直接带负载，而主令控制器只能通过接触器来带动负载。

图3-29　凸轮控制器实物外形

图3-30　LK1-12/90型主令控制器

要进行桥式起重机电气控制线路的故障维修，首先要理解凸轮控制器和主令控制器的结构以及电气控制原理，同时还要着重分析起重机提升或下放重物时负载的机械特性以及电动机的机械特性，以便能准确判断故障原因，正确排除故障。

3.6.3　相关知识

1. 桥式起重机的主要结构及运动形式

图3-31为桥式起重机的结构示意图（横截面图），它一般由桥架（又称大车）、大车移行机构、装有提升机构的小车、操纵室、小车导电装置（辅助滑线）、起重机总电源导电装置（主滑线）等部分组成。

（1）桥架

桥架是桥式起重机的基本构件，它由主梁、端梁、走台等部分组成。主梁跨架在跨间的上空，有箱型、桁架、腹板、圆管等结构。主梁两端连有端梁，在两主梁外侧安有走台，设有安全栏杆。驾驶室一侧的走台上装有大车移行机构，另一侧走台上装有往小车电气设备供电的装置，即辅助滑线。主梁上方铺有导轨，供小车移动。整个桥式起重机在大车移行机构拖动下，沿车间长度方向的导轨移动。

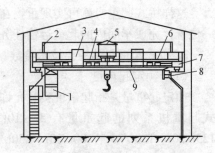

图 3-31　桥式起重机结构示意图
1—驾驶室　2—辅助滑线架　3—交流磁力控制盘
4—电阻箱　5—起重小车　6—大车拖动电动机
7—端梁　8—主滑线　9—主梁

（2）大车移行机构

大车移行机构由大车驱动电动机、传动轴、联轴器、减速器、车轮及制动器等部件构成。安装方式有集中驱动与分别驱动两种。集中驱动是由一台电动机经减速机构驱动两个主动轮；而分别驱动则由两台电动机分别驱动两个主动轮。后者自重轻、安装调试方便，实践证明使用效果良好。目前我国生产的桥式起重机大多采用分别驱动。

（3）小车

小车安放在桥架导轨上，可顺车间宽度方向移动。小车主要由钢板焊接而成的小车架以及其上的小车移行机构和提升机构等组成。

小车移行机构由小车电动机、制动器、联轴器、减速器及车轮等组成。小车电动机经减速器驱动小车主动轮，拖动小车沿导轨移动，由于小车主动轮相距较近，故由一台电动机拖动。

（4）提升机构

提升机构由提升电动机、减速器、卷筒、制动器、吊钩等组成。提升电动机经联轴器、制动轮与减速器连接。减速器的输出轴与缠绕钢丝绳的卷筒相连接。钢丝绳的另一端装有吊钩，当卷筒转动时，吊钩就随钢丝绳在卷筒上的缠绕或放开而上升或下降。图 3-32 为小车与提升机构示意图。对于起重量在 15t 及以上的起重机，备有两套提升机构，即主钩与副钩。

（5）操纵室

操纵室是操纵起重机的吊舱，又称驾驶室。操纵室一般固定在主梁的一端，也有少数装在小车下方随小车移动的。操纵室内有大、小车移行机构控制装置、提升机构控制装置以及起重机的保护装置等。操纵室上方开有通向走台的舱口，供检修大车与小车机械及电气设备时人员上下用。

由上可知，桥式起重机的运动形式有 3 种：

1）起重机由大车电动机驱动沿车间两边的轨道作纵向前、后运动。

2）小车及提升机构由小车电动机驱动沿桥架上的轨道作横向左、右运动。

3）在升降重物时由起重电动机驱动作垂直上、下运动。

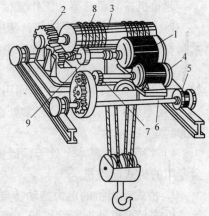

图 3-32　小车与提升机构示意图
1—提升电动机　2—提升机构减速器
3—卷筒　4—小车电动机　5—小车走轮
6—小车车轮轴　7—小车制动轮
8—钢丝绳　9—提升机构制动轮

这样桥式起重机就可实现重物在垂直、横向、纵向 3 个方向的运动，把重物移至车间任一位置，完成车间内的起重运输任务。

2. 桥式起重机的主要技术参数

（1）额定起重量

额定起重量是指起重机实际允许的最大起吊负荷量，以吨（t）为单位。我国生产的桥式起重机系列的起重量有 5t、10t、15t/3t、20t/5t、30t/5t、50t/10t、75t/20t、100t/20t、125t/20t、150t/30t、200t/30t、250t/30t 等多种。其中分子为主钩起重量，分母为副钩起重量。

（2）跨度

起重机主梁两端车轮中心线间的距离，即大车轨道中心线间的距离称为跨度，以米（m）为单位。我国生产的桥式起重机系列跨度有 10.5m、13.5m、16.5m、19.5m、22.5m、25.5m、28.5m、31.5m 等规格。

（3）提升高度

吊具或抓物装置的上极限位置与下极限位置之间的距离，称为起重机的提升高度，以米（m）为单位。一般常用的提升高度有 12m、16m、12m/14m、12m/18m、16m/18m、19m/21m、20m/22m、21m/23m、22m/26m、24m/26m 等。其中分子为主钩提升高度，分母为副钩提升高度。

（4）移行速度

移行机构在拖动电动机额定转速下运行的速度，以米/分（m/min）为单位。小车移行速度一般为 40~60m/min，大车移行速度一般为 100~135m/min。

（5）提升速度

提升速度是指提升机构在电动机额定转速时，取物装置上升的速度，以米/分（m/min）为单位。一般提升的最大速度不超过 30m/min，依货物性质、质量、提升要求来决定。

（6）工作类型

起重机按其负载率和工作繁忙程度可分为轻级、中级、重级和特重级 4 种工作类型。

1）轻级：工作速度较低，使用次数少，满载机会少，负载持续率约为 15%。用于不需紧张和繁重工作的场所，如在水电站、发电厂中用于安装检修的起重机。

2）中级：经常在不同负载下工作，速度中等，工作不太繁忙，负载持续率约为 25%。如一般机械加工车间和装配车间用的起重机。

3）重级：工作繁重，经常处在重载下工作，负载持续率约为 40%。如冶金和铸造车间用的起重机。

4）特重级：基本上处于额定负载下工作，工作特别繁忙，负载持续率约为 60%。如冶金专用的桥式起重机。

3. 桥式起重机的电力拖动特点及控制要求

桥式起重机处于断续周期（重复短时）工作状态，因此拖动电动机经常处于起动、制动、正、反转之中；负载很不规律，时重时轻并经常承受过载和机械冲击。起重机工作环境恶劣，所以对起重用电动机、提升机构及移行机构电力拖动提出了如下要求。

（1）起重用电动机的电力拖动特点及控制要求

1）为满足起重机重复短时工作制的要求，其拖动电动机按相应的重复短时工作制设计制造，且用负载持续率 $ZC\%$ 来表示工作的繁重程度。

2）具有较大的起动转矩和最大转矩，以适应频繁的重负载下起动、制动和反转与经常过载的要求。

3）具有细长的转子，其长度与直径之比（L/D）较大，所以电动机转子转动惯量 GD^2 较小，以得到较小的加速时间和较小的起动损耗。

4）为获得不同运行速度，采用绕线转子异步电动机转子串电阻调速。

5）为适应恶劣环境和机械冲击，电动机采用封闭式，且具有坚固的机械结构、较大的气隙，采用较高的耐热绝缘等级。

目前我国生产的新系列起重用电动机为 YZR 和 YZ 系列，前者为绕线转子型，后者为笼型。

（2）提升机构电力拖动特点及控制要求

1）空钩能快速升降，以减小辅助工时，轻载时的提升速度应大于额定负载时的提升速度。

2）应具有一定的调速范围，普通起重机调速范围一般为 3∶1，对要求较高的起重机，其调速范围可达（5～10）∶1。

3）具有适当的低速区。当开始提升重物或下降重物到预定位置附近时，都要求低速。为此，往往在 30% 额定速度内分成若干挡，以便灵活选择。所以由低速向高速过渡或从高速向低速过渡，应逐渐变速，以保持稳定运行。

4）提升的第一挡应作为预备挡，用以消除传动间隙，将钢绳张紧，避免过大的机械冲击。预备级的起动转矩不能大，一般限制在额定转矩的 1/2 以下。

5）负载下放时，根据负载的大小，提升电动机既可工作在电动状态，也可工作在倒拉反接制动状态或再生发电制动状态，以满足对不同下降速度的要求。

6）为保证安全、可靠地工作，不仅需要机械抱闸的机械制动，还应具有电气制动，以减少抱闸的磨损。

（3）移行机构电力拖动特点及控制要求

大车移行机构和小车移行机构对电力拖动的要求比较简单，只要求有一定的调速范围，分几挡控制即可。起动的第一级也作为预备级，以消除起动时的机械冲击，所以，起动转矩也限制在额定转矩的一半以下。为实现准确停车，增加电气制动，同样可以减轻机械抱闸的负担，减少机械抱闸的磨损，提高制动的可靠性。

4. 桥式起重机电动机的工作状态

（1）移行机构电动机的工作状态

移行机构电动机的负载转矩为飞轮滚动摩擦力矩与轮轴上的摩擦力矩之和，这种负载力矩始终是阻碍运动的，所以是阻力转矩。当大车或小车需要来回移行时，电动机工作于正、反向电动状态。

（2）提升机构电动机的工作状态

提升机构电动机的负载除一小部分由于摩擦产生的力矩外，主要是由重物和吊钩产生的重力矩，这种负载当提升时都是阻力负载，下降时多是动力负载，而在轻载或空钩下降时，是阻力负载还是动力负载，要视具体情况而定，所以，提升机构电动机工作时，由于负载情况不同，工作状态也不同。

1）提升时电动机的工作状态。提升重物时，电动机承受两个阻力转矩：一个是重物的自重产生的重力转矩 T_g；另一个是在提升过程中传动系统存在的摩擦转矩 T_f。当电动机产生的电磁转矩克服阻力转矩时，重物将被提升，电动机处于电动状态，以提升方向为正向旋转方向，则电动机处于正转电动状态，如图 3-33 所示。这时工作在第一象限，当 $T_e = T_g + T_f$ 时，电动机稳定运行在转速 n_a。

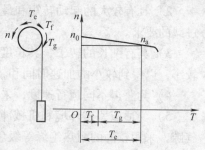

图 3-33　提升时电动机工作状态

电动机起动时，为获得较大的起动转矩并减小起动电流，应在交流绕线转子异步电动机的转子回路中串联电阻，然后依次切除，使电动机转速逐渐升高，最后达到要求的提升速度。

2）下降时电动机的工作状态。

① 重物下降。当负载较重，$T_g \gg T_f$ 时，为获得较低的下降速度，需将电动机按正转提升方向接线，则电动机的电磁转矩 T_e 与重力转矩 T_g 方向相反，电磁转矩成为阻碍下降的制动转矩。当 $T_g = T_e + T_f$ 时，电动机稳定运行在转速 $-n_a$ 下，电动机处于倒拉反接制动状态，如图 3-34a 所示，工作在第四象限。此时电动机的转子应串联较大的电阻。

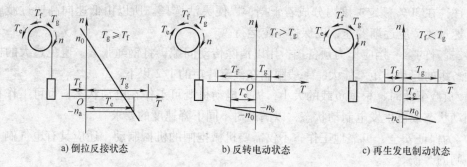

a) 倒拉反接状态　　　　b) 反转电动状态　　　　c) 再生发电制动状态

图 3-34　下降时电动机的工作状态

② 轻载下降。轻载下降时有两种情况，一种情况是空钩或轻载下降，即 $T_g < T_f$，另一种情况是 T_g 很小，但仍大于 T_f。

当 $T_g < T_f$ 时，由于负载的重力转矩小于摩擦转矩，所以依靠负载自身重量不能下降，电动机产生的电磁转矩必须与重力转矩方向相同，以克服摩擦转矩，强迫负载（或空钩）下降，电动机处于反转电动状态。在 $T_f = T_e + T_g$ 时，电动机稳定运行在转速 $-n_b$ 下，如图 3-34b 所示，工作在第三象限，也称强力下降。

当 $T_g > T_f$ 时，虽然负载很小，但重力转矩仍大于摩擦转矩。当电动机按反转接线时，电动机的电磁转矩与重力转矩方向相同，在 T_e 与 T_f 的共同作用下使电动机加速，当 $n = n_0$ 时，电磁转矩为 0，但在重力转矩作用下电动机仍加速，使 $n > n_0$，电动机处于反向再生发电制动状态。在 $T_g = T_e + T_f$ 时，电动机稳定在转速 $-n_c$ 下运行，如图 3-34c 所示，工作在第四象限，$|n_c| > |n_0|$，此时要求电动机的机械特性硬一些，以免下降速度过高。因此再生发电制动状态时交流绕线转子异步电动机的转子回路不允许串电阻。

5. 凸轮控制器及其控制电路

凸轮控制器是一种大型手动控制电器，是起重机上重要的电气操作设备之一，用以直接操作与控制电动机的正、反转、调速、起动与停止。

应用凸轮控制器控制电动机的控制电路简单、维修方便，广泛应用于中、小型起重机的移行机构和小型起重机的提升机构的控制中。

（1）凸轮控制器的结构、型号及主要性能

1）凸轮控制器的结构。从外部看，凸轮控制器由机械结构、电气结构、防护结构3部分组成。其中手柄、转轴、凸轮、杠杆、弹簧、定位棘轮为机械结构；触头、接线柱和联板等为电气结构；而上、下盖板、外罩及灭弧罩等为防护结构。

图3-35为凸轮控制器的结构原理。当转轴在手柄扳动下转动时，固定在轴上的凸轮同轴一起转动，当凸轮的凸起部位支撑住带动动触点杠杆上的滚子时，便将动触点与静触点分开；当转轴带动凸轮转动到凸轮凹处与滚子相对时，动触点在弹簧作用下，使动、静触点紧密接触，从而实现触点接通与断开的目的。方轴上叠装了不同形状的凸轮和定位棘轮，可使一系列的动、静触点按预先规定的顺序接通或分断电路，达到控制电动机进行起动、运转、反转、制动、调速等目的。

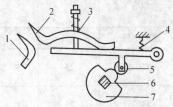

图3-35 凸轮控制器的结构原理
1—静触点 2—动触点 3—触点弹簧
4—复位弹簧 5—滚子 6—绝缘方轴 7—凸轮

凸轮控制器在每一个转动方向上一般都有4~8个确定位置，手轮的每一个位置对应于一定的连接线路。手轮附近装有指示控制器位置的针盘，各个位置由棘轮定位机构来固定。定位机构不仅保证触点能正确地停留在需要的工作位置，而且在触点分断时能帮助触点加速离开。

2）凸轮控制器的型号及主要性能。目前起重机常用的凸轮控制器有KT10、KT12、KT14系列，型号意义如下：

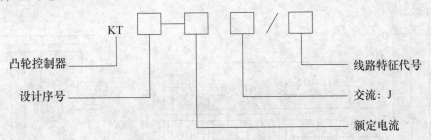

凸轮控制器按重复短时工作制设计，其负载持续率为25%，如果用于间断长期工作制时，其发热电流不应大于额定电流。KT10、KT14系列凸轮控制器的主要技术数据见表3-6，其额定电压为380V。

凸轮控制器在线路原理图上是以圆柱表面的展开图来表示的，竖虚线为工作位置，横虚线为触点位置，在横、竖两条虚线的交点处若用黑圆点标注，则表示控制器在该位置这一触点是闭合接通的，若无黑圆点标注，则表明该触点在这一位置是断开的。图3-36中点画线框内即为凸轮控制器SA的控制原理。

（2）凸轮控制器控制的小车移行机构的控制电路

图3-36为由KT10-25J/1、KT14-25J/1、KT10-60J/1、KT14-60J/1型凸轮控制器控制的小车移行机构控制线路原理。

表 3-6　KT10、KT14 系列凸轮控制器的主要技术数据

型　　号	额定电流/A	工作位置数		触点数	所能控制的电动机功率/kW		使 用 场 合
		左	右		厂方规定	设计手册推荐	
KT10-5J/1	25	5	5	12	11	7.5	控制一台绕线转子异步电动机
KT10-5J/2	25	5	5	13	*	2×7.5	同时控制两台绕线转子异步电动机定子回路接触器控制
KT10-5J/3	25	1	1	9	5	3.5	控制一台笼型异步电动机
KT10-5J/5	25	5	5	17	2×5	2×3.5	同时控制两台绕线转子异步电动机
KT10-5J/7	25	1	1	7	5	3.5	控制一台转子串频敏变阻器的绕线转子异步电动机
KT10-60J/1	60	5	5	12	30	22	同 KT10-25J/1
KT10-60J/2	60	5	5	13	*	2×16	同 KT10-25J/2
KT10-60J/3	60	1	1	9	16	11	同 KT10-25J/3
KT10-60J/5	60	5	5	17	2×11	2×11	同 KT10-25J/5
KT10-60J/7	60	1	1	7	16	11	同 KT10-25J/7
KT14-25J/1	25	5	5	12	12.5	7.5	同 KT10-25J/1
KT14-25J/2	25	5	5	17	2×6.5	2×3.5	同 KT10-25J/5
KT14-25J/3	25	1	1	7	8	3.5	同 KT10-25J/7

注：＊由定子回路接触器功率而定

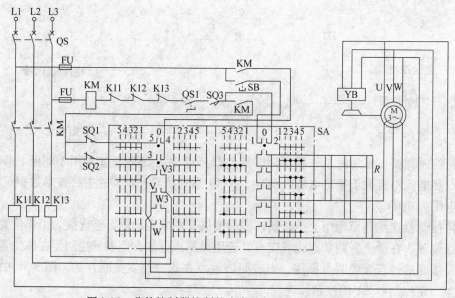

图 3-36　凸轮控制器控制的小车移行机物控制电路原理

1）线路特点。

① 可逆对称线路。凸轮控制器左、右各有 5 个挡位，采用对称接法，即凸轮控制器的

172

手柄处在正转和反转对应位置时，电动机的工作情况完全相同。

② 为了减少转子电阻段数及控制转子电阻的触点数，采用凸轮控制器控制绕线转子异步电动机时，转子电路串接不对称电阻。

2）控制电路。由图 3-36 可见，凸轮控制器 SA 在零位时有 9 对常开触点、3 对常闭触点、其中 4 对主触点用于定子电路中，控制电动机正、反转，另 5 对触点用于切换转子电路电阻，限制电动机电流和调节电动机转速。控制器在零位时的 3 对常闭触点用来实现零位保护，并配合两个运动方向的行程开关 SQ1、SQ2 来实现限位保护。

控制电路中设有 3 个过电流继电器 KI1～KI3 实现过电流保护，通过紧急事故开关 QS1 实现紧急事故保护，通过舱口开关 SQ3 实现大车顶上无人且舱口关好后才能开车的安全保护。此外还有三相电磁抱闸 YB 对电动机进行机械制动，实现准确停车，YB 通电时，电磁铁吸动抱闸使之松开。

当凸轮控制器手柄置"0"位置时，合上电源开关 QS，按下起动按钮 SB 后，接触器 KM 接通并自锁，作好起动准备。

当凸轮控制器手柄向右方各位置转动时，对应触点两端 W 与 V3 接通，V 与 W3 接通，电动机正转运行；手柄向左方各位置转动时，对应触点两端 V 与 V3 接通，W 与 W3 接通，电动机反转运行，从而实现电动机正、反转控制。

当凸轮控制器手柄转动在"1"位置时，转子电路外接电阻全部接入，电动机处于最低速运行。手柄转动在"2"、"3"、"4"、"5"位置时，依次短接（即切除）不对称电阻，如图 3-37 所示，电动机转速逐步升高，获得图 3-38 所示机械特性。取第一挡起动的转矩为 $0.75T_N$，作为切换转矩（满载起动时作为预备级，轻载起动时作为起动级）。凸轮控制器分别转动到"1"、"2"、"3"、"4"、"5"位置时，分别对应图 3-38 中的机械特性曲线 1、2、3、4、5。手柄在"5"位置时，转子电路外接电阻全部切除，电动机运行在固有的机械特性曲线上。

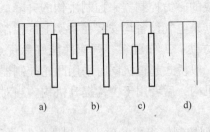

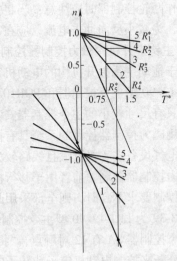

图 3-37　凸轮控制器转子电阻切换情况　　　　图 3-38　凸轮控制器控制的电动机机械特性曲线

3）完善的联锁与保护。在运行中若将限位开关 SQ1 或 SQ2 撞开，将切断线路接触器 KM 的控制电路，KM 断电，电动机电源切除，同时电磁抱闸 YB 断电，制动器将电动机制动轮抱住，达到准确停车，防止越位而发生事故，从而起到限位保护作用。

在正常工作时若发生停电事故，接触器 KM 断电，电动机停止转动。一旦重新恢复供电，电动机不会自行起动，而必须先将凸轮控制器手柄扳回到"0"位，然后再按下起动按钮 SB，再将手柄转动至所需位置，电动机才能再次起动工作，从而防止了电动机在转子电路外接电阻切除的情况下自行起动的事故，这就是零位触点 SA（1-2）的零位保护作用。

（3）凸轮控制器控制的大车移行机构和副钩控制电路

1）凸轮控制器控制的大车移行机构控制电路。大车移行机构控制电路的工作情况与小车工作情况基本相似，但被控制的电动机容量和电阻器的规格有所区别，此外控制大车的一个凸轮控制器要同时控制两台电动机，因此要选择比小车凸轮控制器多 5 对触点的凸轮控制器，如 KT14-60/2，以切除第二台电动机的转子电阻。

2）凸轮控制器控制的副钩控制电路。副钩控制电路的工作情况与小车工作情况也基本相似，但提升与下放重物时，电动机处于不同的工作状态。

提升重物时，控制器手柄的"1"位置为预备级，用于张紧钢丝绳，在"2"、"3"、"4"、"5"位置时，提升速度逐渐升高。对于轻载提升时，手柄"1"位置变为起动级，"2"、"3"、"4"、"5"位置提升速度逐渐升高，但提升速度变化不大。电动机工作于电动状态。

下放重物时，由于负载较重，即 $T_g > T_f$，电动机工作在再生发电制动状态，此时应将控制器手柄从零位迅速扳到"5"位置，中间不允许停留，在往回操作时也一样，应从下降"5"位置快速扳到零位，以免引起重物的高速下落而造成事故。轻载或空钩下放时，$T_f > T_g$，电动机工作在强力下降状态。

由以上分析可知，凸轮控制器控制电路不能获得重物或轻载时的低速下降。为了获得下降时的准确定位，采用点动操作，即将控制器手柄在下降"1"位置与零位之间来回操作，并配合电磁抱闸来实现。

操作凸轮控制器时应注意：当将控制器手柄从左向右扳，或从右向左扳时，中间必须经过零位，为减小反向冲击电流，应在零位稍作停留，同时使传动机构获得平稳的反向过程。

6. 主钩提升机构磁力控制器控制电路

由于拖动主钩提升机构的电动机容量较大，不适用于转子三相电阻不对称调速，因此采用 LK1-12/90 型主令控制器和 PQR10A 系列控制屏组成的磁力控制器来控制主钩的升降。控制时，只有尺寸较小的主令控制器安装在驾驶室内，其余电气设备均安装在桥架上的控制盘中。采用磁力控制器控制的系统具有操作轻便、维护方便、工作可靠、调速性能好等优点，但所用电气设备多，投资大且线路较为复杂。所以，一般桥式起重机同时采用凸轮控制器控制与磁力控制器控制，前者用于移行机构与副钩提升机构，后者用于主钩提升机构。当对提升机构控制要求不高时，则全部采用凸轮控制系统。

图 3-39 为 LK1-12/90 型主令控制器和 PQR10A 系列控制屏组成的磁力控制器控制原理。图中主令控制器 SA 有 12 对触点，"提升"与"下降"各有 6 个位置。通过这 12 对触点的闭合与分断来控制电动机定子和转子电路的接触器，并通过这些接触器来控制电动机的各种工作状态，拖动主钩按不同速度提升和下降。由于主令控制器为手动操作，所以电动机工作状态的变化由操作者掌握。KM1、KM2 为控制电动机正、反转接触器；KM3 为制动接触器，控制三相制动电磁铁 YB；KM4、KM5 为反接制动接触器；KM6～KM9 为起动加速接触器，

用来控制电动机转子外加电阻的切除和串入，电动机转子电路串有 7 段三相对称电阻，其中 $1R$、$2R$ 为反接制动限流电阻；$3R \sim 6R$ 为起动加速电阻；$7R$ 为常串电阻，用来软化机械特性。SQ1、SQ2 为上升与下降的极限限位开关。

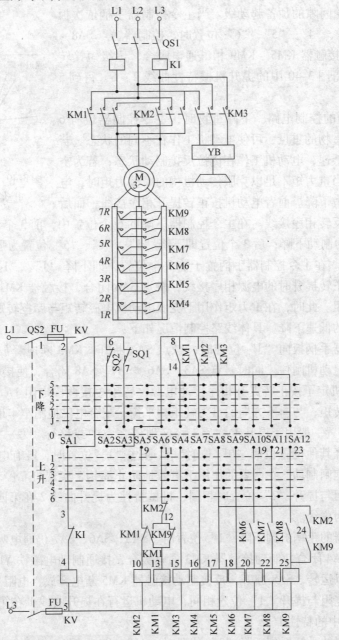

图 3-39 LK1-12/90 型主令控制器和 PQR10A 系列控制屏组成的磁力控制器控制原理

(1) 控制电路。当合上电源开关 QS1 和 QS2，主令控制器手柄置于"0"位时，零压继电器 KV 线圈通电并自锁，为电动机起动做好准备。

1) 提升重物的控制电路。提升时主令控制器的手柄有 6 个位置。当 SA 的手柄扳到提升"1"位置时，触点 SA3、SA4、SA6、SA7 闭合。接触器 KM1、KM3、KM4 通电吸合，电动机按正转相序接通电源，制动电磁铁 YB 通电，电磁抱闸松开，短接一段转子电阻，电动机工作在图 3-40 所示的提升机械特性曲线 1 上。由于该特性对应的起动转矩小，一般无法吊起重物，只作为张紧钢丝绳，消除吊钩传动系统齿轮间隙的预备起动级。当主令控制器手柄依次扳到上升"2"、"3"、"4"、"5"、"6"位置时，控制器触点 SA8 ~ SA12 依次闭合，接触器 KM5 ~ KM9 相继通电吸合，逐级短接转子各段电阻，获得图 3-40 中的提升机械特性曲线 2 ~ 6，得到 5 种提升速度。

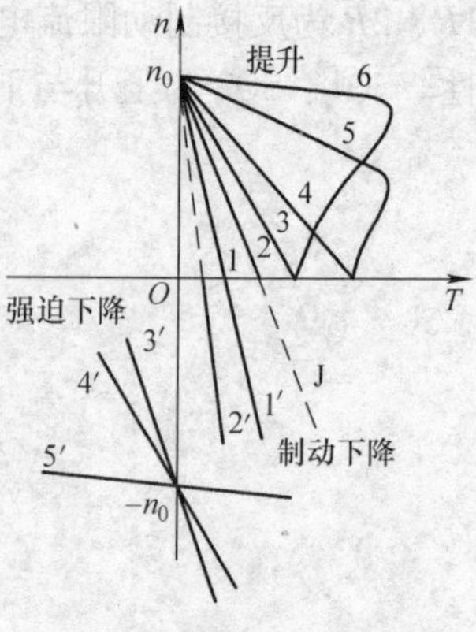

图 3-40　磁力控制器控制的
电动机机械特性曲线

2）下降重物的控制电路。下降重物时，主令控制器也有 6 个位置，但根据重物的重量，可使电动机工作在不同的状态。若重物下降，要求低速，电动机工作在倒拉反接制动状态；若为空钩或轻载下降，当重力矩不足以克服传动机构的摩擦力矩时，电动机必须采用强力下降。前者电动机按正转提升相序接线，而后者电动机按下降反转相序接线。在主令控制器下降的 6 个位置中，前 3 个位置即下降"J"、"1"、"2"位置为制动下降；后 3 个位置即下降"3"、"4"、"5"位置为强力下降。

① 制动下降。在主令控制器手柄置于前 3 个位置，即下降"J"、"1"、"2"位置时，电动机定子仍按正转提升时的电源相序接线，触点 SA6 闭合，接触器 KM1 通电，这时转子电路串入较大电阻。此时，在重力矩作用下克服电动机电磁转矩与摩擦转矩，迫使电动机反转，获得重载时的低速下降。具体线路控制情况如下：

当主令控制器手柄扳向"J"位置时，触点 SA4 断开，KM3 断电释放，YB 断电释放，电磁抱闸将主钩电动机闸住。同时触点 SA3、SA6、SA7、SA8 闭合，使接触器 KM1、KM4、KM5 通电，电动机定子按正转提升相序接通电源，转子短接两段电阻 1R 和 2R，产生一个提升方向的电磁转矩，与向下方向的重力转矩相平衡，配合电磁抱闸牢牢地将吊钩及重物闸住。所以"J"位置一般用于提升重物后，稳定地停在空中或移行。另一方面，当重载时，控制器手柄由下降其他位置扳回"0"位时，在通过"J"位置时，既有电动机的倒拉反接制动，又有机械抱闸制动，在两者的作用下有效地防止溜钩，实现可靠停车。在"J"位置时，转子所串电阻与提升"2"位置时相同，机械特性为提升曲线 2 在第四象限的延伸，由于转速为零，故为虚线。

当主令控制器的手柄扳到下降"1"位置时，SA3、SA6、SA7 仍通电吸合，同时 SA4 闭合，SA8 断开。SA4 闭合使制动接触器 KM3 通电吸合，接通制动电磁铁 YB，使之松开电磁抱闸，电动机可以运转。SA8 断开，反接制动接触器 KM5 断电释放，电阻 2R 重新串入转子电路，此时转子电阻与提升"1"位置相同，电动机运行在提升曲线 1 在第四象限的延伸部分上，如图 3-40 中的特性 1′。

当主令控制器的手柄扳到下降"2"位置时，SA3、SA4、SA6 仍闭合，而 SA7 断开，使反接制动接触器 KM4 断电释放，1R 重新串入转子电路，此时转子电路的电阻全部串入，机械特性更软，获得图 3-40 中的特性 2′。

由分析可知，在电动机倒拉反接制动状态下，可获得两级重载下放速度，但对于空钩或轻载下放时，切不可将主令控制器手柄停留在下降"1"或"2"位置，因为这时电动机产生的电磁转矩将大于负载重力矩，使电动机不是处于倒拉反接下放状态而变为电动机提升状态，为此应将手柄迅速推过下降的"1"、"2"位置。为了防止误操作，产生上述现象甚至上升超过上极限位置，控制器处于下降"J"、"1"、"2"3个位置时，触点SA3闭合，串入上升极限开关SQ1，实现上升限位保护。

② 强力下降。在主令控制器手柄置于后3个位置，即下降"3"、"4"、"5"位置时，电动机定子按反转相序接电源，电磁抱闸松开，转子电阻逐级短接，主钩电动机在下降电磁转矩和重力矩共同作用下，使物体下降。

当主令控制器手柄扳向下降"3"位置时，触点SA2、SA4、SA5、SA7、SA8闭合，SA2闭合的同时SA3断开，将提升限位开关SQ1从电路切除，接入下降限位开关SQ2。SA4闭合，KM3通电吸合，松开电磁抱闸，允许电动机转动。SA5闭合，反向接触器KM2通电吸合，电动机定子接入反相序电源，产生下降方向的电磁转矩。SA7、SA8闭合，反接接触器KM4、KM5通电吸合，切除转子电阻1R和2R。此时，电动机所串转子电阻情况和提升"2"位置时相同，电动机运行在图3-40中的机械特性曲线3′上，为反转下降电动状态。若重物较重，则下降速度将超过电动机同步转速，而进入再生发电制动状态，电动机将运行于图3-40中机械特性曲线3′在第四象限的延长线上，形成高速下降，这时应立即将手柄转到下一位置。

当主令控制器手柄扳到下降"4"位置时，在"3"位置闭合的所有触点仍闭合，另外SA9触点闭合，接触器KM6通电吸合，切除转子电阻3R，此时转子电阻情况与提升"3"位置时相同。电动机运行在图3-40中机械特性曲线4′上，为反转电动状态，若重物较重时，则下降速度将超过电动机的同步转速，而进入再生发电制动状态。电动机将运行在图3-40中机械特性曲线4′在第四象限的延长线上，形成高速下降，这时应立即将手柄扳到下一位置。

当主令控制器手柄扳到下降"5"位置时，在"4"位置闭合的所有触点仍闭合，另外SA10、SA11、SA12触点闭合，接触器KM7、KM8、KM9按顺序相继通电吸合，转子电阻4R、5R、6R依次被切除，从而避免了过大的冲击电流，最后转子各相电路中仅保留一段常接电阻7R。电动机运行在图3-40中机械特性曲线5′上，为反转电动状态。若重物较重时，电动机变为再生发电制动，工作在特性曲线5′在第四象限的延长线上，下降速度超过同步转速，但比在"3"、"4"位置时下降速度要小得多。

由上述分析可知：主令控制器手柄位于下降"J"位置时为提起重物后稳定地停在空中或吊着移行，或用于重载时准确停车；下降"1"位置与"2"位置为重载时作低速下降用；下降"3"位置与"4"、"5"位置为轻载或空钩低速强力下降用。

（2）完善的联锁与保护

1）下放较重的重物时，为避免高速下降而造成事故，应将主令控制器的手柄放在下降的"1"和"2"位置上。若由于司机对货物的重量估计失误，下放较重重物时，手柄扳到了下降"5"位置上，重物下降速度将超过同步转速进入再生发电制动状态。这时要取得较低的下降速度，手柄应从下降"5"位置换成下降"2"、"1"位置。在手柄换位过程中必须经过下降"4"、"3"位置，由以上分析可知，对应下降"4"、"3"位置的下降速度比"5"位置还要快得多。为了避免经过"4"、"3"位置时造成更危险的超高速，线路中采用了接触器KM9（24-25）常开触点和接触器KM2（17-24）常开触点串接后接于SA8与KM9线圈之间，这时手柄置于下降"5"位置时，KM2、KM5通电吸合，利用这两个触点自锁。

当主令控制器的手柄从"5"位置扳动，经过"4"和"3"位置时，由于 SA8、SA5 始终是闭合的，KM2 始终通电，从而保证了 KM9 始终通电，转子电路只接入电阻 7R，电动机始终运行在下降机械特性曲线 5′上，而不会使转速再升高，实现了由强迫下降过渡到制动下降时出现高速下降的保护。在 KM9 自锁电路中串入 KM2（17-24）常开触点的目的是为了在电动机正转运行时，KM2 是断电的，此电路不起作用，从而不会影响提升时的调速。

2）保证反接制动电阻串入的条件下才进入制动下降的联锁。主令控制器的手柄由下降"3"位置转到下降"2"位置时，触点 SA5 断开，SA6 闭合，反向接触器 KM2 断电释放，正向接触器 KM1 通电吸合，电动机处于反接制动状态。为防止制动过程中产生过大的冲击电流，在 KM2 断电后应使 KM9 立即断电释放，电动机转子电路串入全部电阻后，KM1 再通电吸合。为此，一方面在主令控制器触点闭合顺序上保证了 SA8 断开后 SA6 才闭合；另一方面还设计了用 KM2（11-12）和 KM9（12-13）与 KM1（9-10）构成互锁环节。这就保证了只有在 KM9 断电释放后，KM1 才能接通并自锁工作。此环节还可防止因 KM9 主触点熔焊，转子在只剩下常串电阻 7R 时电动机正向直接起动的事故发生。

3）当主令控制器的手柄在下降"2"位置与"3"位置之间转换，控制正向接触器 KM1 与 KM2 进行换接时，由于二者之间采用了电气和机械联锁，必然存在有一瞬间一个已经释放，另一个尚未吸合的现象，电路中触点 KM1（8-14）、KM2（8-14）均断开，此时容易造成 KM3 断电，造成电动机在高速下进行机械制动，引起不允许的强烈振动。为此引入 KM3 自锁触点（8-14）与 KM1（8-14）、KM2（8-14）并联，以确保在 KM1 与 KM2 换接瞬间 KM3 始终通电。

4）加速接触器 KM6～KM8 的常开触点串接下一级加速接触器 KM7～KM9 电路中，实现短接转子电阻的顺序联锁作用。

5）该线路的零位保护是通过电压继电器 KV 与主令控制器 SA 实现的；该线路的过电流保护是通过电流继电器 KI 实现的；重物上升、下降的限位保护是通过限位开关 SQ1、SQ2 实现的。

7. 桥式起重机的电气保护设备

起重机电气控制一般具有下列保护与联锁环节：电动机过载保护，短路电流保护，失电压、欠电压保护，控制器的零位保护，行程开关的限位保护，舱盖、栏杆安全开关及紧急断电保护等。另外，起重机有关机构安装了各类可靠灵敏的安全装置，常用的有缓冲器、起升高度限位器、载荷限制器及称量装置等。

（1）桥式起重机保护箱

采用凸轮控制器控制的交流桥式起重机，广泛使用保护箱。保护箱由刀开关、接触器、过电流继电器等组成，用于控制和保护起重机，实现电动机过电流保护、失电压保护及零位限位保护。

1）保护箱的类型。桥式起重机上用的标准型保护箱是 XQB1 系列，其型号及所代表的意义如下：

①　②　③　④　—　⑤　⑥　／　⑦

① 为结构型式：X——箱。

② 为工业用代号：Q——起重机。

③ 为控制对象或作用：B——保护。

④ 为设计序号：以阿拉伯数字表示。

⑤ 为基本规格代号：以接触器额定电流（安）来表示。

⑥ 为主要特征代号：以控制绕线转子电动机和传动方式来区分，加 F 表示大车运行机构为分别驱动。

⑦ 为辅助规格代号：1～50 为瞬时动作过电流继电器，51～100 为反时限动作过电流继电器。

XQB1 系列保护箱的分类和使用范围见表 3-7。

表 3-7　XQB1 系列保护箱的分类和使用范围

型　　号	所保护电动机台数	备　　注
XQB1-150-2/□	二台绕线转子异步电动机和一台笼型异步电动机	
XQB1-150-3/□	三台绕线转子异步电动机	
XQB1-150-4/□	四台绕线转子异步电动机	
XQB1-150-4F/□	四台绕线转子异步电动机	大车分别驱动
XQB1-150-5F/□	五台绕线转子异步电动机	大车分别驱动
XQB1-250-3/□	三台绕线转子异步电动机	
XQB1-250-3F/□	三台绕线转子异步电动机	大车分别驱动
XQB1-250-4/□	四台绕线转子异步电动机	
XQB1-250-4F/□	四台绕线转子异步电动机	大车分别驱动
XQB1-600-3/□	三台绕线转子异步电动机	
XQB1-600-3F/□	三台绕线转子异步电动机	大车分别驱动
XQB1-600-4F/□	四台绕线转子异步电动机	大车分别驱动

2）XQB1 系列保护箱的电气控制线路。

① 主电路。图 3-41 为 XQB1 系列保护箱的主电路原理，由它来实现用凸轮控制器控制的大车、小车和副钩电动机的保护。

图中 QS 为总电源刀开关，用来在无负荷的情况下接通或者切断电源。KM 为线路接触器，用来接通或分断电源，兼做失电压保护。KI0 为凸轮控制器操作的各机构拖动电动机的总过电流继电器，用来保护电动机和动力线路的一相过载和短路。KI3、KI4 分别为小车和副钩电动机过电流继电器。KI1、KI2 为大车电动机的过电流继电器，过电流继电器的电源端接至大车凸轮控制器触点下端，而大车凸轮控制器的电源端接至线路接触器 KM 下面的 U2、W2 端。过电流继电器 KI1～KI4 是双线圈式的，分别作为大车、小车、副钩电动机两相过电流

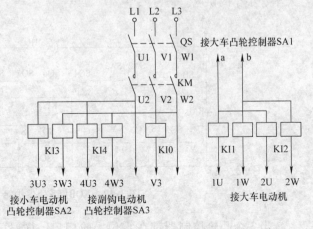

图 3-41　XQB1 保护箱主电路原理图

保护，其中任一线圈电流超过允许值都能使继电器动作并断开它的常闭触点，使线路接触器 KM 断电，切断总电源，起到过电流保护作用。主钩电动机使用 PQR10A 系列控制屏，控制屏电源由 U2、W2 端获得，主钩电动机 V 相接至 V3 端。

在实际应用中，当某个机构（小车、大车、副钩等）的电动机使用控制屏控制时，控制屏电源自 U2、V3、W2 获得。XQB1 系列保护箱主电路的接线情况为：

大车由两台电动机拖动，将图 3-41 中的 1U、V3、1W 和 2U、V3、2W 分别接到两台电动机的定子绕组上。U2、W2 经大车凸轮控制器（接线请参考图 3-36）接至图 3-41 中的 a、b 端。

将图 3-41 中的 3U3、3W3 经小车凸轮控制器 SA2 接至小车电动机定子绕组的两相上，V3 直接接至另一相上（接线情况请参考图 3-36）。

将图 3-41 中的 4U3、4W3 经副钩凸轮控制器 SA3 接至副钩电动机定子绕组的两相上，V3 接至另一相上（接线情况请参考图 3-36）。

主钩升降机构的电动机是采用主令控制器和接触器进行控制的。接线时将图 3-41 中的 U2、W2 经过电流继电器、两个接触器（按电动机正、反转接线）接至电动机的两相绕组上，V3 直接接至另一相绕组上（接线情况请参阅图 3-39）。

另外，各绕线转子异步电动机转子回路的接线分别与图 3-36 和图 3-39 类似。

关于接线的详细情况请参阅图 3-45 所示的 15/3t 桥式起重机电气控制原理。

② 控制电路。图 3-42 为 XQB1 系列保护箱控制电路原理图。图中 HL 为电源信号灯，指示电源通断。QS1 为紧急事故开关，在出现紧急情况时切断电源。SQ6 ~ SQ8 为舱口门、横梁门安全开关，任何一个门打开时起重机都不能工作。KI0 ~ KI4 为过电流继电器的触点，实现过载和短路保护。SA1、SA2、SA3 分别为大车、小车、副钩凸轮控制器零位闭合触点，每个凸轮控制器采用了 3 个零位闭合触点，只在零位闭合的触点与按钮 SB 串联；用于自锁回路的两个触点，其中一个为零位和正向位置均闭合，另一个为零位和反向位置均闭合，它们和对应方向的限位开关串联后并联在一起，实现零位保护和自锁功能。SQ1、SQ2 为大车移行机构的行程限位开关，装在桥梁架上，挡铁装在轨道的两端；SQ3、SQ4 为小车移行机构行程开关，装在桥架上小车轨道的两端，挡铁装在小车上；SQ5 为副钩提升限位开关。这些行程开关实现各自的终端保护作用。KM 为线路接触器，KM 的闭合控制着主钩、副钩、大车、小车的供电。

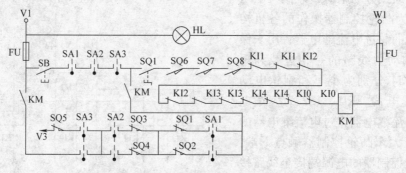

图 3-42　XQB1 系列保护箱控制电路原理图

当 3 个凸轮控制器都在零位，舱门口、横梁门均关上，SQ6 ~ SQ8 均闭合，紧急开关

QS1 闭合，无过电流，KI0～KI4 均闭合时按下起动按钮，线路接触器 KM 通电吸合且自锁，其主触点接通主电路，给主钩、副钩及大车、小车供电。

当起重机工作时，线路接触器 KM 的自锁回路中，并联的两条支路只有一条是通的。例如小车向前时，控制器 SA2 与 SQ4 串联的触点断开，向后限位开关 SQ4 不起作用；而 SA2 与 SQ3 串联的触点仍是闭合的，向前限位开关 SQ3 起限位作用等。

当线路接触器 KM 断电切断总电源时，整机停止工作。若要重新工作，必须将全部凸轮控制器手柄置于零位，电源才能接通。

③ 照明及信号指示电路。图 3-43 为保护箱照明及信号指示电路原理图。图中 QS1 为操纵室照明开关，S3 为大车向下照明开关，S2 为操纵室照明灯 EL1 的开关，SB 为音响设备 HA 的按钮。EL2、EL3、EL4 为大车向下照明灯。XS1、XS2、XS3 为供手提检修灯、电风扇用的插座。除大车向下照明为 220V 外，其余均由安全电压 36V 供电。

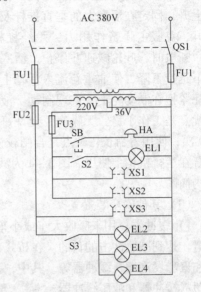

图 3-43　保护箱照明及信号指示电路原理图

（2）制动器与制动电磁铁

制动器是保证起重机安全、正常工作的重要部件。在桥式起重机上常用块式制动器，它是一种简单、可靠的制动器。块式制动器又可分为短行程、长行程和液压推杆块式制动器。短行程和长行程制动器的基本结构和工作原理可参考有关书籍。短行程的制动器多使用单相电源，长行程的制动器多使用三相电源。长行程制动器由于其杠杆具有较长的力臂，因此有较大的制动力矩，而短行程制动器的制动力相对较小。它们都有动作时冲击力大的缺点，需经常维护和检修。

制动电磁铁的型号及意义为：

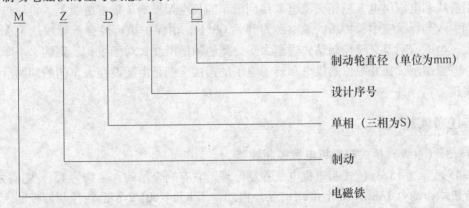

为了克服电磁块式制动器冲击力大的缺点，采用了液压推杆块式制动器。它们的区别在于液压推杆块式制动器的松闸动力依靠液压推动器中的推杆的上、下运动，再通过三角形杠杆牵动斜拉杆完成制动，它是一种新型的长行程制动器。

液压推动器由驱动电动机和离心泵组成。通电时，电动机带动叶轮旋转，在活塞内产生压力，迫使活塞迅速上升，固定在活塞上的垂直推杆及三角形杠杆板同时上升，克服主弹簧作用力，并经杠杆作用将制动瓦松开。断电时，叶轮减速并停止，活塞在主弹簧及自重作用下迅速下降，使油重新流入活塞上部，通过杠杆将制动瓦紧抱在制动轮上，实现制动。液压推杆块式制动器的优点是工作平稳、无噪声，允许每小时接电次数可达720次，使用寿命长；缺点是合闸较慢，容易发生漏油，适合在运行机构上使用。图3-44为液压推杆块式制动器结构简图。

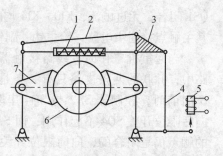

图3-44 液压推杆式制动器结构简图
1—主弹簧 2—斜拉杆 3—三角板杠杆
4—推杆 5—电磁铁
6—制动轮 7—制动瓦

（3）其他安全装置

1）缓冲器。用来吸收大车或小车运行到终点与轨端挡板相撞（或两台起重机相撞）的能量，达到减缓冲击的目的。在桥式起重机上常用的有橡胶缓冲器、弹簧缓冲器、液压缓冲器和聚酯发泡塑料缓冲器等。其中，弹簧缓冲器使用较多。近年来，越来越多地采用聚酯发泡塑料缓冲器和液压缓冲器。

2）起升高度限位器。由于司机操作失误或其他原因引起的吊钩过卷扬，可能拉断起升钢丝绳、使钢丝绳固定端板开裂脱落或挤碎滑轮等，造成吊钩与重物一起下落的重大事故。为此起重机必须装有起升高度限位器，当吊钩起升到一定高度时能自动切断电动机电源而停止起升。常用的有压绳式限位器、螺杆式限位器与重锤式限位器。

压绳式限位器是将起升钢丝绳通过小滑轮槽卷绕到卷筒上，小滑轮套在光杆上，随着卷筒上钢丝绳卷上与放下，带动小滑轮在光杆上左、右移动，在光杆两端装有行程开关。

8. 桥式起重机的供电

桥式起重机的大车与厂房之间，小车与大车之间都存在着相对运动，因此其电源不能像一般固定的电气设备那样采用固定连接，而必须适应其工作经常移动的特点。小型起重机的供电方式采用软电缆供电，随着大车和小车的移动，供电电缆随之伸长和叠卷。大、中型起重机常用滑线和电刷供电。三相交流电源接到沿车间长度架设的3根主滑线上，再通过大车上的电刷引入到操纵室中保护箱的总电源刀开关QS上，由保护箱再经穿管导线送至大车电动机、大车电磁抱闸及交流控制站，送至大车一侧的辅助滑线，对于主钩、副钩、小车上的电动机、电磁抱闸、提升限位的供电和转子电阻的连接，则是由架在大车侧的辅助滑线与电刷来实现。

3.6.4 任务实施

1. 15/3t（重级）桥式起重机电气控制线路

图3-45所示为15/3t桥式起重机电气控制原理。它有两个吊钩，主钩为15t，副钩为3t。大车运行机构由两台JZR$_2$31-6型电动机联合拖动，用KT14-60J/2型凸轮控制器控制。小车运行机构由一台JZR$_2$16-6型电动机拖动，用KT14-25J/1型凸轮控制器控制。副钩升降机构由一台JZR$_2$41-8型电动机拖动，用KT14-25J/1型凸轮控制器控制。这4台电动机由XQB1-150-4F型交流保护箱进行保护。主钩升降机构由一台JZR$_2$62-10型电动机拖动，用PQR10A-150型

182

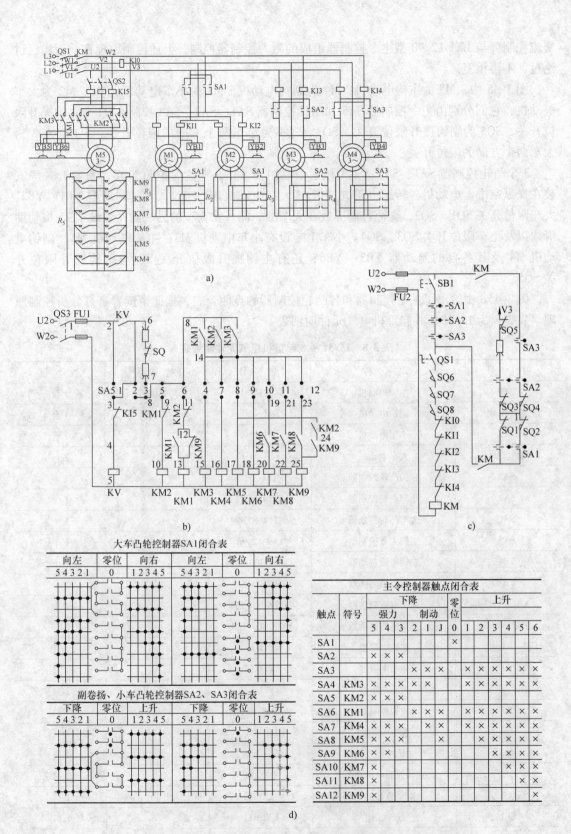

大车凸轮控制器SA1闭合表

	向左					零位	向右				
	5	4	3	2	1	0	1	2	3	4	5

副卷扬、小车凸轮控制器SA2、SA3闭合表

	下降					零位	上升				
	5	4	3	2	1	0	1	2	3	4	5

主令控制器触点闭合表														
触点	符号	下降						零位	上升					
		强力			制动									
		5	4	3	2	1	J	0	1	2	3	4	5	6
SA1								×						
SA2		×	×	×										
SA3				×	×	×	×		×	×	×	×	×	×
SA4	KM3	×	×	×	×	×			×	×	×	×	×	×
SA5	KM2	×	×	×										
SA6	KM1				×	×	×							
SA7	KM4	×	×	×		×	×		×	×	×	×	×	×
SA8	KM5	×	×	×			×							
SA9	KM6	×	×								×	×	×	×
SA10	KM7	×										×	×	×
SA11	KM8	×											×	×
SA12	KM9	×												×

d)

图3-45 15/3t桥式起重机电气控制原理图

交流控制屏与 LK1-12/90 型主令控制器组成的磁力控制器控制。上述控制原理在前面均已讨论过，不再重复。

图 3-45 中，M5 为主钩电动机，M4 为副钩电动机，M3 为小车电动机，M1、M2 为大车电动机，它们分别由主令控制器 SA5 和凸轮控制器 SA1、SA2、SA3 控制。SQ 为主钩提升限位开关，SQ5 为副钩提升限位开关，SQ3、SQ4 为小车两个方向的限位开关，SQ1、SQ2 为大车两个方向的限位开关。

3 个凸轮控制器 SA1、SA2、SA3 和主令控制器 SA5，交流保护箱 XQB，紧急开关等安装在操纵室中。电动机各转子电阻 $R_1 \sim R_5$，大车电动机 M1、M2，大车制动器 YB1、YB2，大车限位开关 SQ1、SQ2，交流控制屏放在大车的一侧。在大车的另一侧，装设了 21 根辅助滑线以及小车限位开关 SQ3、SQ4。小车上装设有小车电动机 M3、主钩电动机 M5、副钩电动机 M4 及其各自的制动器 YB3 ~ YB6，还有主钩提升限位开关 SQ 与副钩提升限位开关 SQ5。

图 3-45d 中给出了主令控制器和各凸轮控制器触点闭合表，据此请读者自行分析控制原理。表 3-8 为 15/3t 桥式起重机电气元件明细表。

表 3-8　15/3t 桥式起重机电气元件明细表

代　号	名　称	型　号	规　格	数　量
M5	主钩电动机	JZR$_2$-62-10	48kW	1 台
M1	副钩电动机	JZR$_2$41-8	11kW	1 台
M2	小车电动机	JZR$_2$16-6	3.5kW	1 台
M3、M4	大车电动机	JZR$_2$31-6	6.3kW	2 台
SA3	副钩凸轮控制器	KT14-25J/1		1 个
SA2	小车凸轮控制器	KT14-25J/1		1 个
SA1	大车凸轮控制器	KT14-60J/2		1 个
SA5	主钩主令控制器	LK1-12/90		1 个
YB4	副钩电磁制动器	YWZ-300/25J		1 个
YB3	小车电磁制动器	YWZ-200/10		1 个
YB1、YB2	大车电磁制动器	YWZ-200/25J		2 个
YB5、YB6	主钩电磁制动器	YWZ-400/100J		2 个
R4	副钩电阻器	RT41-8/1		1 只
R3	小车电阻器	RT12-6/1		1 只
R1、R2	大车电阻器	RT22-6/1		2 只
R5	主钩电阻器	RS63-10/5		1 只
QS	总电源开关	HD9-400/3		1 只
QS2	主钩电源开关	HD11-200/2		1 只
QS3	主钩控制电源开关	DZ5-50		1 只
QS1	紧急开关	LX8-5		1 只
SB1	起动按钮	LA19-11		1 只
KM	主接触器	CJ12-250/3		1 个

代　号	名　　称	型　号	规　格	数　量
KI0	总过电流继电器	JL5-300		1个
KI1、KI2	大车过电流继电器	JL5-20x4		2个
KI3	小车过电流继电器	JL5-15x2		1个
KI4	副钩过电流继电器	JL5-40x2		1个
KI5	主钩过电流继电器	JL5-150x2		1个
FU1	主钩控制电路熔断器	RL1-15		1个
FU2	保护箱控制电路熔断器	RL1-15		1个
KM1、KM2	主钩升降接触器	CJ12-100/3		2个
KM3	主钩制动接触器	CJ10-20		1个
KM6～KM9	主钩加速级接触器	CJ12-100/3		4个
KV	零压继电器	CK10-20		1只
SQ	主钩上升位置开关	LX10-31		1只
SQ5	副钩上升位置开关	LX10-31		1只
SQ1～SQ4	大、小车位置开关	LX10-11		4只
SQ6	舱门安全开关	LX6-01		1只
SQ7、SQ8	横梁安全开关	LX6-10		2只
KM4、KM5	主预备接触器	CJ12-100/3		2只

2. 15/3t 桥式起重机常见电气故障的诊断与检修

（1）合上电源总开关 QS，并按下起动按钮 SB1 后，主接触器 KM 不吸合

1）线路无电压，应检查总开关 QS 及起动按钮 SB1。

2）熔断器 FU2 熔断，应更换 FU2 的熔心。

3）紧急按钮在按下位置或安全开关 SQ6～SQ8 未闭合时，应检查相应各安全开关，并修复。

4）主接触器 KM 线圈断路，应更换主接触器 KM。

5）各凸轮控制器手柄没在零位，应使凸轮控制器手柄设在零位。

6）过电流继电器 KI0～KI4 动作后未复位，应更换过电流继电器 KI0～KI4。

（2）主接触器吸合后，过电流继电器 KI0～KI4 立即动作

凸轮控制器 SA1～SA3 电路接地；电动机 M1～M4 绕组接地；电磁抱闸线圈 YB1～YB4 接地，应用万用表电阻挡或绝缘电阻表检查相关线路，查找接地点。

（3）当电源接通，转动凸轮控制器手轮后，电动机不起动

1）凸轮控制器主触点接触不良，应修复凸轮控制器主触点。

2）滑触线与集电环接触不良，应清除滑触线与集电环接触点之间的杂质并修复。

3）电动机定子绕组或转子绕组断路，应用万用表测量，并更换相应绕组。

4）电磁抱闸线圈断路或制动器未放松，应用万用表测量，更换电磁抱闸线圈或检查制动器机械部分并更换。

（4）转动凸轮控制器后，电动机起动运转，但达不到额定功率且转速明显减慢

1）线路压降太大，供电质量差，应减少线路中的附加阻性元件。

2）制动器未全部松开，应检查制动器机械部分并更换。

3）转子电路中的附加电阻未完全切除，应断开附加电阻。

4）机构卡住，应疏通机构。

（5）制动电磁铁线圈过热

1）电磁铁线圈的电压与线路电压不符；制动器的工作条件与线圈特性不符；电磁铁的牵引力过载，应重选与线路电压、制动器的工作条件及负载相符的电磁铁线圈或电磁铁。

2）电磁铁工作时，动、静铁心间的间隙过大，应调整电磁铁动、静铁心之间的弹簧。

（6）制动电磁铁噪声大

1）交流电磁铁短路环开路，应更换交流电磁铁或维修短路环。

2）动、静铁心端面有油污，应清除动、静铁心端面的油污。

3）铁心松动，铁心极面不平及变形，应更换铁心。

4）电磁铁过载，应重选电磁铁。

（7）凸轮控制器在工作过程中卡住或转不到位

1）凸轮控制器动触点卡在静触点下面，应清理动静触点杂质并修复。

2）定位机构松动，应更换定位机构。

（8）主钩既不能上升又不能下降

1）如果欠电压继电器 KV 不吸合，可能是 KV 线圈断开，过电流继电器 KI5 未复位，主令控制器 SA5 零位连锁触点未闭合，熔断器 FU1 熔断，应用万用表检查 KV 线圈并更换。

2）如果欠电压继电器 KV 吸合，则可能是自锁触点未接通，主令控制器的触点 SA2、SA3、SA4、SA5 或 SA6 接触不良，电磁抱闸制动器线圈开路未松闸，应检查自锁触点或主令控制器的触点 SA2、SA3、SA4、SA5 及 SA6，并更换不良触点，然后用万用表检查电磁抱闸制动器线圈并更换。

小　结

本项目对几种典型生产机械的电气控制进行了讨论和分析，目的不仅是掌握某一具体的控制设备，更为重要的是掌握分析一般生产机械电气控制的方法，培养分析与排除电气设备故障的能力，进而为设计一般电气设备控制电路打下基础。

1. 主电路的分析

分析典型设备的电气控制线路时，应先分析主电路，掌握各电动机的作用、起动方法、调速方法、制动方法以及各电动机的保护，并应注意各电动机控制的运动形式之间的相互关系，如主电动机和冷却泵电动机之间的顺序；主运动和进给运动之间的顺序；各进给方向之间的联锁关系。

2. 控制电路的分析

分析控制电路时，应分析每一个控制环节对应的电动机，注意机械和电气的联动，各环节之间的互锁和保护。

3. 各典型生产机械电气控制的特点

1）C650-2 型卧式车床设有刀架快速电动机，主轴电动机容量较大且设有电气反接制动

停车，为便于对刀操作，主轴可作点动调整，设有主轴电动机负载检测环节，这都是为适应中型车床加工需要而设置的。

2）M7130 型平面磨床设有电磁吸盘控制。

3）Z3040 型摇臂钻床设有两套液压控制系统及摇臂的松开-移动-夹紧的自动控制，尤其是机-电-液的相互配合。

4）T68 型卧式镗床设有双速电动机控制环节，正、反转的反接制动及变速时的断续自动低速冲动。

5）X62W 型卧式万能铣床设有主轴反接制动、变速冲动，机械操作手柄与行程开关、机械挂挡的操作控制及 3 个运动方向进给的联锁关系。

6）起重机是起重运输设备，其工作类型都是重复短时工作制，在运行中要求实现调速及准确停车，要求运行安全，有各种电气保护与机械安全保护环节与装置。因此其拖动电动机为起重专用的电动机，电气控制线路能够实现电动机调速，并使电动机运行在不同运行状态，以获得不同运行速度或转为低速，以获得准确停车。

4. 生产机械电气故障的诊断与检修

1）向操作者了解故障发生的经过及情况，对分析和处理故障大有好处。

2）从电气控制线路图上，根据故障症状进行逻辑分析，找出故障发生的可能范围。

3）根据分析找出故障的可能范围进行一般性外观检查，看接线端是否松动，线圈是否烧坏，触点有无粘连，电器运动部件是否卡住，熔断器是否熔断等。

4）在外观检查无法发现故障时，则可进一步通电检查。此时应尽量将运动部件与拖动电动机脱开，一个环节、一个环节地进行，观察各电气元件动作顺序是否正确，有时采用一根导线在故障点电路中逐个短接电路或触点来观察电气元件动作情况，进而查出故障点，此时应特别注意安全，并在有分析的情况下进行，切不可乱碰。

5）利用万用表测试并查找故障点。

6）由于生产机械电气控制往往机-电-液相互配合，故应在机修人员的配合下进行。

7）认真总结经验，寻找规律。

习　　题

3-1　试述 C650-2 型车床主轴电动机的控制特点及时间继电器 KT 的作用。

3-2　C650-2 型车床的电气控制具有哪些保护环节？

3-3　在 M7130 型平面磨床中为什么采用电磁吸盘来夹持工件？电磁吸盘线圈为何要用直流供电而不能用交流供电？

3-4　在 M7130 型平面磨床电气原理图中，若将热继电器 FR1、FR2 保护触点分别串接在 KM1、KM2 线圈电路中，有何缺点？

3-5　M7130 型平面磨床电气控制线路中具有哪些保护环节？

3-6　试叙述将工件从吸盘上取下时的操作步骤及电路工作情况。

3-7　Z3040 型摇臂钻床在摇臂升降过程中，液压泵电动机 M3 和摇臂升降电动机 M2 应如何配合工作？以摇臂下降为例分析电路工作情况。

3-8　在 Z3040 型摇臂钻床电气控制线路中，行程开关 SQ1～SQ4 各有何作用？

3-9　在 Z3040 型摇臂钻床电气控制线路中，设置了哪些联锁与保护环节？

3-10　在 Z3040 型摇臂钻床电气控制线路中，时间继电器 KT 与电磁阀 YV 在什么时候动作？YV 的动作时间比 KT 长还是短？YV 什么时候不动作？

3-11 桥式起重机的电气控制有哪些控制特点？

3-12 桥式起重机上采用了各种电气制动，为何还必须设有机械制动？

3-13 桥式起重机上的电动机为何不采用熔断器和热继电器作保护？

3-14 由 LK1-12/90 型主令控制器和 PQR10A 系列控制屏组成的磁力控制器的控制电路有何特点？操作时应注意什么？

3-15 当桥式起重机正在起吊，大车向前、小车向左运动，小车碰撞终端开关时，将会影响哪些运动？要想将小车推出终端开关，应如何操作？

3-16 桥式起重机能上、下、左、右运动，但不能向前运动，这是为什么？

3-17 X62W 型万能铣床由哪些基本控制环节组成？

3-18 在 X62W 型万能铣床的电气控制线路中，若发生下列故障，请分别分析其故障原因：

1）主轴停车时，正、反方向都没有制动作用。

2）进给运动中，不能向前、右，能向上、后、左，也不能实现回转工作台运动。

3）进给运动中，能向上、下、左、右、前，不能向后。

4）进给运动中，能向上、下、右、前，不能向左。

3-19 在 T68 型中，时间继电器 KT 的作用是什么？其延时长短有何影响？

3-20 在 T68 型中，出现下列故障，请分别加以分析：

1）主轴电动机低速挡能起动，但高速挡起动时，只能长期运行在低速挡的速度下。

2）高速挡操作时，能低速起动，后又自动停止。

3）变速操作时，有主轴变速冲动，但没有进给变速冲动。

项目4 直流电机的原理、控制与检修

➢ **教学目标**

1. 熟练掌握直流电机的基本工作原理。
2. 熟悉直流电机的基本结构，理解铭牌数据的含义。
3. 熟练掌握直流电动机的基本方程及机械特性。
4. 掌握直流电动机的电气控制。
5. 熟练进行直流电机常见故障的检修。

旋转电机是一种机电能量转换的机电装置，把电能转换为机械能的称为电动机；把机械能转换为电能的称为发电机。电流有交、直流之分，所以旋转电机也有直流电机与交流电机两大类。

直流电机就是利用电磁感应原理实现直流电能和机械能的相互转换的机电装置，将直流电能转换为机械能的电机称为直流电动机，如图4-1所示；反之，则称为直流发电机。

图 4-1 直流电动机实物

直流电动机具有调速范围广且平滑、起动转矩大的优点，广泛用于起动和调速要求较高的生产机械中，如起重机、矿井提升设备、电力机车、轧钢机、大型精密机床等。在自动控制系统中，小容量的直流电动机应用也很广泛。直流发电机则作为各种直流电源使用。目前，虽然由晶闸管整流器件组成的直流电源正逐步取代直流发电机，但直流电动机仍以其调速性能良好的优势在许多场合占据一定地位。

本项目主要介绍直流电动机的原理、控制与检修。

任务4.1 直流电机的原理与检修

4.1.1 任务描述

有一个电吹风机上的小型直流电动机，工作时必须用手拧一拧转轴才能起动，但转动无力。

4.1.2　任务分析

直流电动机在运行过程中可能发生各种故障，而且这些故障相互影响。要想正确使用和维修直流电动机，就必须掌握直流电动机的结构、工作原理及机械特性。下面对直流电机的一些基本知识进行介绍。

4.1.3　相关知识

1. 直流电机的工作原理

（1）直流电动机的工作原理

直流电动机的工作原理是基于安培定律的。若均匀磁场 B_x 与导体相互垂直，且导体中通以电流 i，则作用于载流导体上的电磁力 f 为

$$f = B_x li \tag{4-1}$$

式中　l——导体的有效长度（m）；

　　　i——导体中的电流（A）；

　　　f——导体所受的电磁力（N）。

由式（4-1）可知，对于长度一定的导体来说，所受电磁力的大小由导体所在位置的磁感应强度和通过导体的电流所决定，而电磁力的方向可由左手定则来判定。

图 4-2 所示为一台最简单的直流电动机的模型。N 和 S 是一对固定的磁极。磁极之间有一个可以转动的铁质圆柱体——称为电枢铁心。铁心表面固定一个用绝缘导体构成的电磁线圈 abcd，线圈的两端分别接到相互绝缘的两个弧形铜片上，弧形铜片称为换向片。它们组合起来称为换向器。

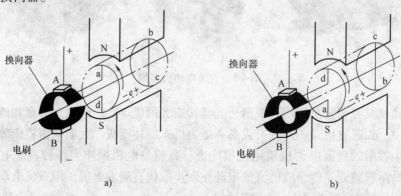

图 4-2　直流电动机模型

在换向器上放置固定不动而与换向片滑动接触的电刷 A 和 B，线圈 abcd 通过换向器和电刷接通外电路。电枢铁心、电磁线圈（又称电枢线圈）和换向器构成的整体称为电枢。

作为直流电动机运行时，将直流电源加于电刷 A 和 B，例如将电源正极加于电刷 A，电源负极加于电刷 B，如图 4-2a 所示，线圈 abcd 中流过电流，在导体 ab 中，电流由 a 流向 b，在导体 cd 中，电流由 c 流向 d。载流导体 ab 和 cd 均处于 N、S 极之间的磁场当中，受到电磁力的作用，电磁力的方向用左手定则确定，可知这一对电磁力形成一个转矩，称为电磁转矩，转矩的方向为逆时针方向，使整个电枢逆时针方向旋转。当电枢旋转 180°，导体 cd 转到 N 极下，ab 转到 S 极下，如图 4-2b 所示，由于电流仍从电刷 A 流入，使 cd 中的电流变

为由 d 流向 c，而 ab 中的电流由 b 流向 a，从电刷 B 流出。用左手定则判别可知，电磁转矩的方向仍是逆时针方向。

由此可见，加在直流电动机上的直流电源，通过换向器和电刷，在电枢线圈中流过的电流方向是交变的，而每一极性下的导体中的电流方向始终不变，因而产生单方向的电磁转矩，使电枢向一个方向旋转，这就是直流电动机的工作原理。

实际的直流电动机，电枢圆周上均匀地嵌放许多线圈，相应地换向器由许多换向片组成，使电枢线圈所产生总的电磁转矩足够大并且比较均匀，电动机的转速也就比较均匀。

(2) 直流发电机的工作原理

直流发电机的工作原理是基于电磁感应定律的。电磁感应定律告诉我们，在均匀磁场中，当导体切割磁感应线时，导体中就有感应电动势产生。若磁感应线、导体及其运动方向三者相互垂直，则导体中产生的感应电动势 e 的大小为

$$e = B_x l v \tag{4-2}$$

式中　B_x——磁感应强度，或称磁通密度（T 或 Wb/m^2）；

　　　l——导体切割磁感应线的有效长度（m）；

　　　v——导体与磁场的相对切割速度（m/s）；

　　　e——导体上的感应电动势（V）。

由式（4-2）可知，对于长度一定的导体来说，导体中感应电动势的大小由导体所在位置的磁感应强度和导体切割磁场的速度决定，而感应电动势的方向可由右手定则来确定。

直流发电机的模型与直流电动机相同。不同的是电刷上不加直流电源，而是利用原动机拖动电枢朝某一方向旋转。

直流发电机的简化模型如图 4-3 所示。图中 N、S 极为固定不动的定子磁极，用以产生磁场。容量较小的发电机是用永久磁铁作磁极的，容量较大的发电机的磁场是由直流电流通过定子磁极上装有的励磁绕组产生的。用来产生 N、S 极的绕组称为励磁绕组，励磁绕组中通过的电流称为励磁电流。根据右手定则，导体 ab 中电动势的方向由 b 指向 a，导体 cd 中电动势的方向由 d 指向 c，所以电刷 A 为正极性，电刷 B 为负极性。电枢旋转 180°时，导体 cd 转至 N 极下，感应电动势的方向由 c 指向 d，电刷 A 与 d 所连换向片接触，仍为正极性；导体 ab 转至 S 极下，感应电动势的方向变为由 a 指向 b，电刷 B 与 a 所连换向片接触，仍为负极性。根据以上工作过程可以看出，直流发电机电枢线圈中的感应电动势

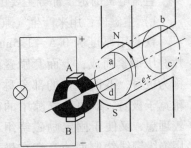

图 4-3　直流发电机模型

的方向是交变的，而通过换向器和电刷的作用，在电刷 A、B 两端输出的电动势是方向不变的直流电动势。若在电刷 A、B 之间接上负载，发电机就能向负载供给直流电能。这就是直流发电机的基本工作原理。

由以上分析可知，若在直流电机的电刷上加直流电源，就可以将电能转化成机械能，作为直流电动机使用；若再用原动机拖动电枢铁心旋转，就可以将机械能转换成电能。可见，一台直流电机既可以作为电动机使用，也可以作为发电机使用，只是外界的条件不同而已。所以，电机这种机电双向能量转换的特性称为电机的可逆性。在实际应用中，一般只利用电机的一个方面。

2. 直流电机的基本结构

直流电机主要由定子（静止部分）和转子（转动部分）组成，这两部分之间的间隙称为气隙。其中，定子的主要作用是作为电机的机械支撑和产生磁场。转子的主要作用是产生感应电动势和电磁转矩，实现能量的转换。直流电机的横剖面示意图及结构如图4-4及图4-5所示。

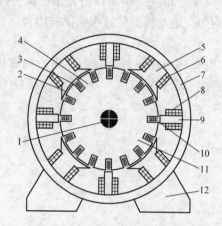

图 4-4　直流电机横剖面示意图

1—转轴　2—极靴　3—电枢槽　4—电枢齿
5—主磁极铁心　6—励磁绕组　7—定子磁轭
8—换向极绕组　9—换向极铁心　10—电枢绕组
11—电枢铁心　12—底座

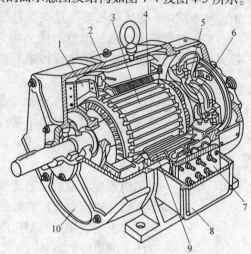

图 4-5　直流电机的结构

1—风扇　2—机座　3—电枢　4—主磁极　5—刷架
6—换向器　7—接线板　8—出线盒
9—换向极　10—端盖

（1）定子部分

直流电机的定子部分主要由主磁极、换向极、机座和电刷装置组成。

1）主磁极：用来产生气隙磁场，由主磁极铁心和励磁绕组两部分组成，如图4-6所示。

铁心用厚度为 0.5～1.5mm 的钢板冲片叠压铆紧而成，上面套励磁绕组的部分称为极身，下面扩宽的部分称为极靴。极靴宽于极身，既可使气隙中的磁场分布比较理想，又便于固定励磁绕组。励磁绕组用绝缘铜线绕制而成，套在极身上，再将整个主磁极用螺钉固定在机座上。大的直流电机在极靴上开槽，槽内嵌放补偿绕组，与电枢绕组串联，用以抵消极靴范围内的电枢反应磁动势，从而减少气隙磁场的畸变，改善换向，提高电机运行可靠性。

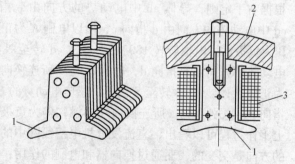

图 4-6　主磁极

1—极靴（极身）　2—机座　3—励磁绕组

2）换向极：用来改善直流电机的换向，由铁心和套在铁心上的换向极绕组组成，如图4-7所示。铁心常用整块钢或厚钢板制成，匝数不多的换向极绕组与电枢绕组串联。换向极的极数一般与主磁极的极数相同。换向极的作用是产生附加磁场，改善电机的换向，减少电刷与换向器之间的火花，避免换向器烧毁。

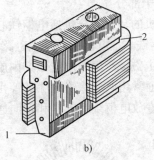

图 4-7 换向磁极

1—换向极铁心 2—换向极绕组 3—换向极

　　直流电机无论发电机还是电动机，其运行时，转子（即电枢）总是有电流通过，建立电枢磁场，该磁场与主磁场（即励磁绕组通电产生的磁场）成正交关系，故称交轴电枢磁场（它使主磁场歪扭，且或多或少对主磁场有削弱作用）。为抵消电枢磁场对主磁场的歪扭及换向元件电抗电势等的影响，在电枢磁场轴线方向的定子内周上装置换向极。经直流电机不同运行方式下电枢磁场的分析，对换向极性作这样的要求：作为发电机运行时，换向极极性与前方的主极极性相同；作为电动机运行时，换向极极性与后方的主极极性相同。

　　3）机座：电机定子部分的外壳称为机座。机座一方面用来固定主磁极、换向极和端盖，并起整个电机的支撑和固定作用；另一方面也是磁路的一部分，借以构成磁极之间的通路。磁通通过的部分称为磁轭。为保证机座具有足够的机械强度和良好的导磁性能，一般用低碳钢铸成或用钢板焊接而成。机座的两端有端盖，中、小型电机前、后端盖都装有轴承，用于支撑转轴；大型电机则采用座式滑动轴承。

　　4）电刷装置：使转动部分的电枢绕组与外电路接通，将直流电压、电流引出或引入电枢绕组。电刷装置与换向器相配合，起整流器或逆变器的作用。电刷装置由电刷、刷握、压紧弹簧和铜丝辫等零件组成，如图 4-8 所示。图 4-8a 所示为电刷，一般采用石墨和铜粉压制焙烧而成，它放置在刷握中，由弹簧将其压在换向器的表面上，电刷个数一般等于主磁极的数目。

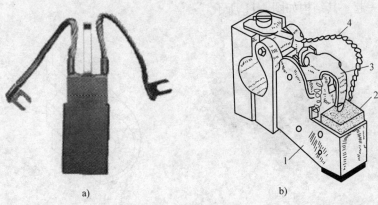

图 4-8 电刷装置

1—刷握 2—电刷 3—压紧弹簧 4—铜丝辫

（2）转子部分

直流电机的转子部分包括电枢铁心、电枢绕组、换向器、转轴和轴承等。

1）电枢铁心：电枢铁心是主磁路的一部分。电枢铁心冲片及电枢如图 4-9 所示。由于转子在定子主磁极产生的恒定磁场内旋转，因此电枢铁心内的磁通是交变的，为减少涡流和磁滞损耗，通常用两面涂绝缘漆的厚度为 0.35mm 或 0.5mm 的硅钢片叠装而成。冲片上有均匀分布的嵌放电枢绕组的槽和轴向通风孔。

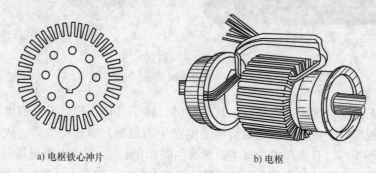

a) 电枢铁心冲片   b) 电枢

图 4-9　电枢铁心冲片及电枢

2）电枢绕组：由许多按一定规律连接的线圈组成，是直流电机的主要电路部分。它的作用是产生感应电动势和电磁转矩，从而实现机电能量的转换。电枢绕组是用绝缘铜线制成元件，然后嵌放在电枢铁心槽内，每个线圈（元件）有两个出线端，分别接到换向器的两个换向片上。所有线圈按一定规律连接成一个闭合回路，如图 4-10 所示。

3）换向器：直流电机换向的组成部分，是直流电机特有的关键部件，也是最薄弱的一环，它的质量好坏直接影响到直流电机的运行可靠性。换向器由换向器套筒、换向片（铜）、云母片（厚度为 0.4～1.2m）和压紧圈等组成紧密整体。小型换向器用热固性环氧树脂热压成整体。换向片数目与线圈数目相等。线圈首尾端嵌放在换向片端部槽内或升高片上，并焊接在一起。其结构如图 4-11 所示。

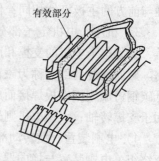

有效部分

图 4-10　线圈在槽内安装示意图

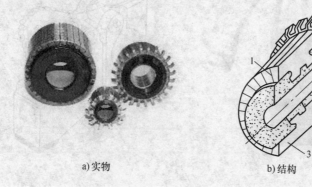

a) 实物   b) 结构

图 4-11　换向器

1—云母片　2—V 形套筒　3—换向片

4）转轴：转轴用来传递转矩。为了使直流电机能安全、可靠地运行，转轴一般用合金钢锻压加工而成。

3. 直流电机的铭牌

按照国家标准及电机设计和试验数据，规定电机在一定条件下的运行状态，称为电机的额定运行。在额定运行情况下，电机最合适的技术数据称为电机的额定值。主要的额定值标注在电机的铭牌上。电机在额定值下可以长期安全工作，并保持良好的性能。过载可能造成电机过热，降低使用寿命，甚至损坏电机；而轻载对设备和能量都是一种浪费，降低了电机的效率，应尽量避免。显然，额定值是使用和选择电机的依据，因此使用前一定要详细了解这些铭牌数据，表4-1为某台直流电动机的铭牌。

表4-1　某台直流电动机的铭牌

型　号	Z_3-95	产品编号	7001
功率	30kW	励磁方式	他励
电压	220V	励磁电压	220V
电流	160.5A	工作方式	连续
转速	750r/min	绝缘等级	定子 B 转子 B
标准编号	JB 1104-68	重量	685kg
×××电机厂		出厂日期	年　月

（1）型号

型号表明该电机所属的系列及主要特点。我国直流电机的型号采用大写汉语拼音字母和阿拉伯数字的组合表示，例如型号 Z_3-95 中的"Z"表示普通用途直流电机；下脚标"3"表示第 3 次改型设计；数字"9"是机座直径尺寸序号；数字"5"是铁心长度序号。

（2）额定值

1）额定功率 P_N：指电机在规定的工作条件下，长期运行时的允许输出功率，对发电机是指正、负电刷之间输出的电功率，对电动机是指轴上输出的机械功率，单位为 W 或 kW。

2）额定电压 U_N：指在规定的工作条件下，直流发电机电刷两端的允许输出电压或直流电动机电刷两端允许施加的电源电压，单位为 V 或 kV。

3）额定电流 I_N：指额定电压和额定负载时，允许电机长期输出（发电机）或输入（电动机）的电流，单位为 A。

对发电机，有
$$P_N = U_N I_N$$

对电动机，有
$$P_N = U_N I_N \eta_N$$

式中　η_N——额定效率。

4）额定转速 n_N：额定转速指电机在额定电压和额定负载时的旋转速度，单位为 r/min。

此外，铭牌上还标有励磁方式、工作方式、绝缘等级、质量等参数，还有一些额定值，如额定效率 η_N、额定转矩 T_N、额定温升 τ_N，一般不标注在铭牌上。

例 4-1　一台直流发电机，$P_N = 10\text{kW}$，$U_N = 230\text{V}$，$n_N = 2850\text{r/min}$，$\eta_N = 85\%$，求其额定电流和额定负载时的输入功率。

解：

$$L_N = \frac{P_N}{U_N} = \frac{10 \times 10^3}{230}A \approx 43.48A$$

$$P_1 = \frac{P_N}{\eta_N} = \frac{10 \times 10^3}{0.85}W \approx 11746.71W \approx 11.76kW$$

例 4-2　一台直流电动机，$P_N = 17kW$，$U_N = 220V$，$n_N = 1500r/min$，$\eta_N = 83\%$，求其额定电流和额定负载时的输入功率。

解：

$$I_N = \frac{P_N}{U_N \eta_N} = \frac{17 \times 10^3}{220 \times 0.83}A \approx 93.1A$$

$$P_1 = U_N I_N = 220 \times 93.1W = 20482W \approx 20.48kW$$

4. 直流电机的励磁方式及基本公式

（1）直流电机的励磁方式

励磁方式是指励磁绕组中励磁电流获得的方式。直流电机的运行特性与它的励磁方式有很大的关系。直流电机的励磁方式可分为他励、并励、串励和复励，如图 4-12 所示。复励又分为积复励和差复励。

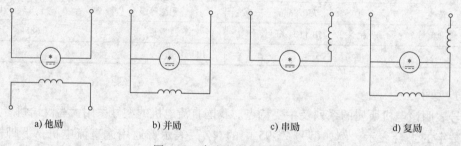

图 4-12　直流电机的励磁方式

1）他励直流电机：励磁绕组与电枢绕组在电路上互不相连，由两个相互独立的直流电源分别向励磁绕组和电枢绕组供电，如图 4-12a 所示。它的励磁电流仅取决于励磁电源的电压和励磁回路的电阻，与电枢端电压无关。由永久磁铁做成主磁极的也可看做他励的一种。由于励磁电流 I_f 的大小与电枢端电压 U 和电枢电流 I_a 无关，所以为便于控制，I_f 相对于 I_a 来说要小得多，因此励磁绕组的匝数较多，截面面积较小。

2）并励直流电机：并励电机的励磁绕组与电枢绕组并联，如图 4-12b 所示。并励电机的励磁电流不仅与励磁回路的电阻有关，而且还受电枢端电压的影响。由于并励绕组承受着电枢两端的全部电压，其值较高。为了减小绕组的铜损，并励绕组的匝数较多，并且用较细的导线绕成。对并励直流电动机来说，电源提供的线路电流 $I = I_a + I_f$。

3）串励直流电机：串励电机的励磁绕组与电枢绕组串联。为了减小串励绕组的电压降及铜损，串励绕组用截面面积较大的导线绕成，且匝数较少，如图 4-12c 所示。电源提供的线路电流 I、电枢电流 I_a 和励磁电流 I_f 是相等的，即 $I = I_a + I_f$。

4）复励直流电机：复励电机的磁极上有两个励磁绕组，一个与电枢绕组并联，另一个与电枢绕组串联，如图 4-12d 所示。并励电机、串励电机、复励电机在用作发电机时，其励磁电流都是由它们自己供给的，故统称为自励电机。更值得注意的是：复励按产生的磁动势相互叠加结果可分为积复励和差复励。两个励磁绕组如果产生的磁动势方向相同称为积复励，方向相反则称为差复励。这两种复励形式直流电机的运行特性差别很大，直流电动机根本不采用差复励，差复励发电机则作直流电焊机用。

（2）直流电机的基本公式

直流电机的电枢是实现机电能量转换的核心。一台直流电机运行时，无论是作为发电机还是作为电动机，电枢绕组中都要因切割磁感应线而产生感应电动势，同时载流的电枢导体与气隙磁场相互作用产生电磁转矩。

1）直流电机的电枢电动势。在直流电机中，感应电动势是因电枢绕组和磁场之间的相对运动，即导体切割磁感应线而产生的。根据电磁感应定律，电枢绕组中每根导体的感应电动势为 $e = B_x l v$。对于给定的电机，电枢绕组的电动势即每一并联支路电动势，等于并联支路每根导体电动势的总和，线速度 v 与转子的转速 n 成正比。因此电枢电动势 E_a 可用下式表示：

$$E_a = C_e \Phi n \tag{4-3}$$

式中　C_e——电动势常数，$C_e = pN/(60a)$，取决于电机的结构；

　　　Φ——气隙合成磁场的每极磁通（Wb）；

　　　转子转速 n 的单位为 r/min，电动势 E_a 的单位为 V。

式（4-3）表明，直流电机的感应电动势与每极磁通成正比，与转子转速成正比。

2）直流电机的电磁转矩。在直流电机中，电磁转矩是由电枢电流与气隙磁场相互作用而产生的电磁力所形成的。根据安培力定律，作用在电枢绕组每一根导体上的电磁力为 $F = B_x l i$。对于给定的电机，磁感应强度 B 与每极磁通 Φ 成正比；每根导体中的电流 i 与从电刷流入的电枢电流 I_a 成正比，即电磁转矩与每极的磁通 Φ 和电枢电流 I_a 的乘积成正比。因此，电磁转矩 T（单位为 N·m）的大小可由下式来表示：

$$T = C_T \Phi I_a \tag{4-4}$$

式中　C_T——转矩常数，$C_T = pN/(2\pi a)$；

　　　I_a——电枢电流（A）；

式（4-4）表明，直流电机的电磁转矩与每极磁通成正比，与电枢电流成正比。

电动势常数 C_e 与转矩常数 C_T 之间的关系为

$$\frac{C_T}{C_e} = \frac{pN/(2\pi a)}{pN/(60a)} = \frac{60}{2\pi} = 9.55$$

即　　　　　　　　　　　　　　$$C_T = 9.55 C_e \tag{4-5}$$

有必要再次指出，无论是直流发电机还是直流电动机，在运行时都同时存在感应电动势和电磁转矩。但是，对直流发电机而言，因电磁转矩 T 的方向与发电机转向相反，故电磁转矩是制动转矩，而电枢电动势为电源电动势；对直流电动机而言，因电枢电动势的方向与电枢电流的方向相反，故电枢电动势为反电动势，而电磁转矩是拖动转矩。

3）直流电机的电磁功率。以上分析的电磁转矩和感应电动势是直流电机的基本物理量，并在直流电机的机电能量转换过程中具有重要意义。下面以发电机为例，来说明机电能量转换的关系。

直流发电机是将机械能转换为电能的电磁装置。在将机械能转换为电能的过程中，必须遵循能量守恒定律，即发电机输入的机械能和输出的电能及在能量转换过程中产生的能量损耗之间要保持平衡关系。当直流发电机在原动机产生的拖动转矩 T_1 的作用下旋转时，发电机电枢绕组的载流导体将受到电磁转矩的作用，而且电磁转矩 T 的方向和拖动转矩 T_1 的方向相反，是制动转矩。如果这时原动机不继续输入机械功率，那么发电机转速将下降，直至为零，也就不能继续输出电能了。所以，为了继续输出电能，原动机应不断地向发电机轴上输入机械功率，以产生拖动转矩 T_1 去克服制动的电磁转矩 T，即 $T_1 > T$，来保持发电机恒速转动，从而向外不断输出电功率。由此可知，电磁转矩 T 作为拖动转矩 T_1 的阻转矩来吸收原动机的大部分机械功率，并通过电磁感应的作用将其转换为电功率。由力学可知，机械功率可以表示为转矩和转子机械角速度 Ω 的乘积，因此原动机为克服制动的电磁转矩 T 所输入的这部分机械功率，可表示为电磁转矩 T 与 Ω 的乘积，即 $T\Omega$。

这部分机械功率（$T\Omega$）是不是经过电磁感应的作用，都转变为电功率了呢？我们可用数学方法证明如下：

根据电磁转矩表达式（4-4）和 $\Omega = 2\pi n/60$ 可得

$$T\Omega = \frac{PN}{2\pi a}\Phi I_a \frac{2\pi n}{60} = \frac{PN}{60a}\Phi_n I_a = E_a I_a$$

上式说明，机械功率（$T\Omega$）全部转换为电功率 $E_a I_a$。通常把由机械功率完全转变为电功率的这部分功率称为电磁功率 P_{em}（单位为 W），即

$$P_{em} = T\Omega = E_a I_a \tag{4-6}$$

式中　Ω——转子的机械角速度（rad/s），$\Omega = 2\pi n/60$；

通过以上分析可知，发电机的电磁转矩 T 在机电能量转换过程中起着关键性的作用，是机电能量转换得以实现的必要因素。由于有了制动的电磁转矩 T，发电机才能从原动机吸收大部分机械功率，并通过电磁感应的作用将其转换为电功率。电磁功率是联系机械量和电磁量的桥梁，在电磁量与机械量的计算中有很重要的意义。

同理，直流电动机在机电能量转换过程中，为了连续转动而输出机械能，电源电压 U 必须大于 E_a，以不断向电动机输入电能，将电功率属性的电磁功率 $E_a I_a$ 转换为机械功率属性的电磁功率 $T\Omega$，反电动势 E_a 在这里起着关键性的作用。

5. 直流电动机的运行原理

直流电动机的基本方程式是指直流电动机稳定运行时电路系统的电动势平衡方程式、机械系统的转矩平衡方程式以及能量转换过程中的功率平衡方程式。这些方程式既反映了直流电动机内部的电磁过程，又表达了电动机内外的机电能量转换，说明了直流电动机的运行原理。下面以他励直流电动机为例进行分析。

（1）电动势平衡方程式

当直流电动机稳定运行时，电枢绕组切割气隙磁场产生感应电动势 E_a，由前面的分析可知电动势 E_a 为反电动势，E_a 的方向与电枢电流 I_a 的方向相反，如图 4-13 所示。根据基尔霍夫电压定律可写出他励直流电动机的电动势平衡方程式为

$$U = E_a + I_a R_a \tag{4-7}$$

式中　R_a——电枢回路总电阻，包括电枢绕组的电阻和一对电刷的接触电阻。

式（4-7）表明：直流电机在电动运行状态下，电压 U

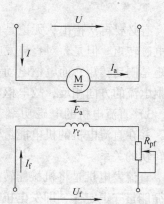

图 4-13　他励直流电动机的电路

必须大于电枢电动势 E_a，才能使电枢电流流入电动机。反之，电机将处于发电机运行状态。

（2）转矩平衡方程式

直流电动机稳定运行时，转速恒定，其轴上的拖动转矩必须与轴上的阻转矩（制动转矩）保持平衡，否则，电动机就不能保持匀速转动。而拖动转矩就是电磁转矩 T，阻转矩包括电动机轴上的负载转矩 T_L 和电动机本身的空载阻转矩 T_0，因此直流电动机稳定运行时必然有以下平衡关系：

$$T = T_L + T_0$$

稳定运行时，电动机轴上的输出转矩 T_2 与负载转矩 T_L 平衡，即 $T_2 = T_L$，因此上式也可写成

$$T = T_2 + T_0 \tag{4-8}$$

这就是直流电动机稳定运行时的转矩平衡方程式。

（3）功率平衡方程式

根据能量守恒定律，能量不能"自生"，也不能"消失"，只能相互转换，对直流电动机也是如此。下面研究他励直流电动机的功率平衡方程式，即单位时间内的能量传输和转换关系。

他励直流电动机输入的电功率为

$$P_1 = UI_a = (E_a + I_a R_a)I_a = E_a I_a + I_a^2 R_a = P_{em} + p_{Cua} \tag{4-9}$$

式中　p_{Cua}——电枢绕组电阻和电刷接触电阻引起的损耗，称为电枢铜损，$p_{Cua} = I_a^2 R_a$。

1）铁损 p_{Fe}：指电枢铁心中的磁滞损耗和涡流损耗，在转速和气隙磁感应强度变化不大的情况下，可认为铁损是不变的，即为不变损耗。

2）机械损耗 p_m：包括轴承及电刷的摩擦损耗和通风损耗。通风损耗包括通风冷却用的风扇功率和电枢转动时与空气摩擦而损耗的功率。机械损耗与电机转速有关，当电动机的转速变化不大时，机械损耗可以看做是不变的，即为不变损耗。

3）附加损耗 p_{ad}：又称杂散损耗。对于直流电机，这种损耗包括由于电枢铁心边缘有齿槽存在，使气隙磁通的大小发生脉振而在铁心中产生的铁损，及由换向电流产生的铜损等。这些损耗是难以精确计算的，一般占额定功率的 $0.5\% \sim 1\%$。

电磁功率 P_{em} 扣除以上损耗后就是电动机轴上输出的机械功率 P_2，即

$$P_2 = P_{em} - p_{Fe} - p_m - p_{ad} = P_{em} - p_0 \tag{4-10}$$

式中　p_0——直流电动机的空载损耗，$p_0 = p_{Fe} + p_m + p_{ad}$

综上所述，可得他励直流电动机的功率平衡方程式为

$$\begin{aligned} P_1 &= P_{em} + p_{Cua} = P_2 + p_0 + p_{Cua} \\ &= P_2 + p_{Fe} + p_m + p_{ad} + p_{Cua} \\ &= P_2 + \sum p \end{aligned} \tag{4-11}$$

式中　$\sum p$——总损耗，$\sum p = p_{Fe} + p_m + p_{ad} + p_{Cua}$

根据他励直流电动机的功率平衡方程式，可以画出其功率流程图，如图 4-14 所示。图中 p_f 为励磁损耗，并励直流电动机的功率平衡方程式中需要考虑励磁损耗。

直流电动机的效率 η 为

$$\eta = \frac{P_2}{P_1} \times 100\% = \frac{P_1 - \sum p}{P_1} \times 100\%$$

下面讨论直流电动机功率和转矩之间的关系。根据电磁功率的公式（1-6）可得

$$T = \frac{P_{em}}{\Omega} = \frac{P_{em}}{2\pi n/60} = 9.55 \frac{P_{em}}{n}$$

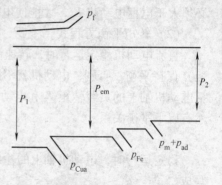

同理

$$T_2 = \frac{P_2}{\Omega} = 9.55 \frac{P_2}{n}$$

$$T_0 = \frac{P_0}{\Omega} = 9.55 \frac{P_0}{n}$$

电动机在额定状态运行时，$P_2 = P_N$，$T_2 = T_N$，$n = n_N$，则

图4-14 他励直流电动机的功率流程

$$T_N = \frac{p_N}{\Omega_N} = 9.55 \frac{p_0}{n_N}$$

例4-3 一台他励直流电动机接在220V的电网上运行，已知 $a = 1$，$p = 2$，$N = 372$，$n = 150r/min$，$\Phi = 1.1 \times 10^{-2} Wb$，$R_a = 0.208\Omega$，$p_{Fe} = 362W$，$p_m = 204W$，忽略附加损耗，求：

（1）此电机是发电机运行还是电动机运行？

（2）输入功率、电磁功率和效率。

（3）电磁转矩、输出转矩和空载阻转矩。

解：（1）判断运行状态

判断一台电机是何种运行状态，可比较电枢电动势和端电压的大小

$$E_a = \frac{pN}{60a}\Phi n = \left(\frac{2 \times 372}{60 \times 1} \times 1.1 \times 10^{-2} \times 1500\right)V = 204.6V$$

因为 $U > E_a$，所以此电机是电动机运行状态。

（2）求输入功率 P、电磁功率 P_{em} 和效率 η

根据 $U = E_a + I_a R_a$，得电枢电流为

$$I_a = \frac{U - E_a}{R_a} = \frac{220 - 204.6}{0.208}A \approx 74A$$

输入功率为 $P_1 = UI_a = 220 \times 74W = 16280W \approx 16.28kW$

电磁功率为 $P_{em} = E_a I_a = 204.6 \times 74W = 15140.4W \approx 15.14kW$

输出功率为 $P_2 = P_{em} - p_{Fe} - p_m = (15140.4 - 362 - 204)W = 14574.4W \approx 14.57kW$

效率为 $\eta = \frac{P_2}{P_1} \times 100\% = \frac{14.57}{16.28} \times 100\% \approx 89.5\%$

（3）求电磁转矩 T、输出转矩 T_2 和空载阻转矩 T_0

电磁转矩为 $T = 9.55 \frac{P_{em}}{n} = 9.55 \times \frac{15140.4}{1500}N \cdot m \approx 96.39N \cdot m$

输出转矩为 $T_2 = 9.55 \frac{P_2}{n} = 9.55 \times \frac{14574.4}{1500}N \cdot m \approx 92.79N \cdot m$

空载阻转矩为 $T_0 = T - T_2 = (96.39 - 92.79)N \cdot m = 3.6N \cdot m$

6. 电力拖动系统的基本知识

电动机作为原动机，生产机械为负载，电动机带动生产机械运转的方式，称为电力拖

动。电力拖动系统是由电动机拖动，并且通过传动机构带动生产机械运动的一个动力学系统。

电力拖动系统一般由电动机、生产机械的传动机构、工作机构、控制设备和电源组成，如图4-15所示。

电动机作为系统的原动机，拖动生产机械的工作机构。电动机和工作机构间通过传动机构进行连接，控制设备由各种控制电气元件、工业控制计算机、可编程序控制器等组成，用以控制电动机的运动，从而对生产机械的运动实现自动控制，电源为电动机和控制设备提供电能。常见的电力拖动系统有洗衣机、水泵、机床、电梯等。

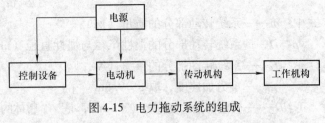

图4-15 电力拖动系统的组成

（1）单轴电力拖动系统的运动方程式

单轴电力拖动系统就是电动机的轴与生产机械的轴直接连接的系统，如图4-16a所示。作用在该连接轴上的转矩有电动机的电磁转矩 T、电动机的空载阻转矩 T_0 及生产机械的负载转矩 T_L。设转轴的角速度为 Ω，系统的转动惯量为 J（包括电动机转子、联轴器和生产机械的转动惯量），系统各物理量的参考方向如图4-16b所示，则根据动力学定律，可得到系统的运动方程为（T_0 很小，可忽略）

$$T - T_L = J\frac{\mathrm{d}\Omega}{\mathrm{d}t} \tag{4-12}$$

式中　T——电动机的电磁转矩，即拖动转矩（N·m）；

　　　T_L——生产机械的负载转矩，即阻转矩（N·m）；

　　　J——系统的转动惯量（kg·m²）；

　　　Ω——转轴的机械角速度（rad/s）；

　　　t——时间（s）。

式（4-12）为单轴电力拖动系统的运动方程式，它描述了作用在单轴拖动系统的转矩与转速变化率之间的关系，是分析电力拖动系统各种运转状态的基础。

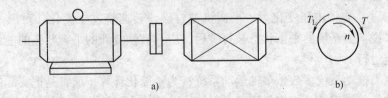

a)　　　　　　　　　　　　　　　b)

图4-16 单轴电力拖动系统及各物理量的参考方向

在实际工程计算中，经常用转速 n 代替角速度 Ω 来表示系统转动速度，用飞轮惯量或称飞轮矩 GD^2 代替系统转动惯量 J 来表示系统的机械惯性。Ω 与 n 的关系，J 与 GD^2 的关系分别如下：

$$\Omega = \frac{2\pi n}{60} \tag{4-13}$$

$$J = m\rho^2 = \frac{G}{g}\frac{D^2}{4} = \frac{GD^2}{4g} \qquad (4\text{-}14)$$

将式（4-13）和式（4-14）代入式（4-12），化简得

$$T - T_{\mathrm{L}} = \frac{GD^2}{375}\frac{\mathrm{d}n}{\mathrm{d}t} \qquad (4\text{-}15)$$

式中 m——系统转动部分的质量（kg）；

      ρ、D——系统转动部分的惯性半径与惯性直径（m）；

      G——系统转动部分的重力（N）；

      g——重力加速度，取 $g = 9.8\mathrm{m/s^2}$；

  GD^2——转动部分的飞轮矩（N·m²），是一个整体的物理量，反映了转动体的惯性。

（2）运动方程中方向的约定

式（4-15）是电力拖动系统运动方程的实用形式，式中的 T、T_{L} 和 n 都是有方向的量，计算时必须正确确定各量的正、负号，才能正确反映各量之间的动力学关系。一般首先确定转速 n 的正方向，若电磁转矩 T 的方向与转速 n 的正方向相同，则 T 为正，反之，则 T 为负；若负载转矩 T_{L} 的方向与转速 n 的正方向相反，则 T_{L} 为正，反之，则 T_{L} 为负。

转速 n 的正方向可任意选取，即选顺时针或逆时针，但工程上一般对起重机械选取提升重物时的转速方向为正，龙门刨床工作台则以切削时的转速方向为正。

（3）电力拖动系统的运动状态分析

式（4-15）描述了电力拖动系统的转矩与转速变化率之间的关系，由此式可知电力拖动系统的转速变化率 $\mathrm{d}n/\mathrm{d}t$（加速度）是由 $T\text{-}T_{\mathrm{L}}$ 决定的，$T\text{-}T_{\mathrm{L}}$ 称为动态转矩，因此根据式（4-15）可分析电力拖动系统的运动状态。

首先规定某一旋转方向为转速的正方向，即 $n > 0$。在此旋转方向下，根据式（4-15）分析电力拖动系统的运动状态如下：

1）当 $T = T_{\mathrm{L}}$ 时，$\mathrm{d}n/\mathrm{d}t = 0$，$n = 0$ 或 $n =$ 常数，即电力拖动系统处于静止或稳定（匀速）运转状态。

2）当 $T > T_{\mathrm{L}}$ 时，$\mathrm{d}n/\mathrm{d}t > 0$，电力拖动系统处于加速状态（过渡过程中）。

3）当 $T < T_{\mathrm{L}}$ 时，$\mathrm{d}n/\mathrm{d}t < 0$，电力拖动系统处于减速状态（过渡过程中）。

由分析可知，当 $T = T_{\mathrm{L}}$ 时，系统处于稳定运转状态。但当受到外界的干扰时，如负载转矩 T_{L} 增加或减小、电源电压变化等，平衡将被打破，转速将发生变化。对于一个稳定的电力拖动系统来说，当系统的平衡状态被打破后，应具有恢复新的平衡状态的能力，在新的平衡状态下稳定运行。

实际的电力拖动系统多数是多轴运动系统，为了简化计算，通常是把实际的多轴系统折算为一个等效的单轴系统，折算的原则是保持拖动系统在折算前、后，其传送的功率和储存的动能不变，如图 4-17b 所示，多轴多速的系统可简化等效为单轴系统。具体的折算方法在此不作阐述。

7. 生产机械的负载转矩特性

电力拖动系统的运动方程式集电动机的电磁转矩 T、生产机械的负载转矩 T_{L} 及系统的转速 n 之间的关系于一体，定量地描述了拖动系统的运动规律。但是要对运动方程式求解，首先必须知道电动机的机械特性 $n = f(T)$ 和生产机械的负载转矩特性 $n = f(T_{\mathrm{L}})$。

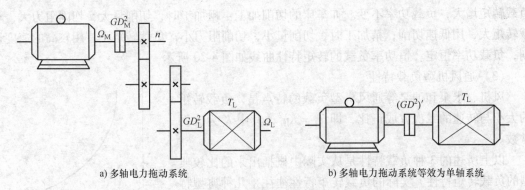

a) 多轴电力拖动系统   b) 多轴电力拖动系统等效为单轴系统

图 4-17　多轴电力拖动系统

生产机械的转速 n 与其负载转矩 T_L 之间的关系称为负载转矩特性。生产机械的种类很多，它们的负载转矩特性也各不相同，但大致可以归纳为以下 3 种类型。

（1）恒转矩负载特性

负载转矩 T_L 的大小为一恒定值，与转速 n 无关，这种特性称为恒转矩负载特性。恒转矩负载又可分为反抗性恒转矩负载和位能性恒转矩负载两种。

1）反抗性恒转矩负载的特点是：负载转矩的大小恒定不变，但负载转矩的方向总是与生产机械的运动方向相反，当运动方向改变时，负载转矩的方向也随之改变，即 $n > 0$ 时，$T_L > 0$；$n < 0$ 时，$T_L < 0$，但 T_L 的绝对值保持不变。该负载的转矩特性如图 4-18 所示，总在第一或第三象限。但应注意：$n = 0$ 时，负载转矩 T_L 不存在。皮带运输机、轧钢机、机床的刀架平移和行走机构等都是反抗性恒转矩负载。

2）位能性恒转矩负载的特点是：负载转矩的大小恒定，而且具有固定的方向，不随转速方向的改变而改变，即 $n > 0$ 时，$T_L > 0$，负载转矩为制动转矩（阻转矩）；$n < 0$ 时，$T_L > 0$，负载转矩为拖动转矩。这种负载的转矩特性如图 4-19 所示，总是在第一或第四象限。起重类机械提升和下放重物时产生的负载转矩，是典型的位能性恒转矩负载，无论是提升重物、下放重物，还是静止，负载转矩的大小及方向都不变。

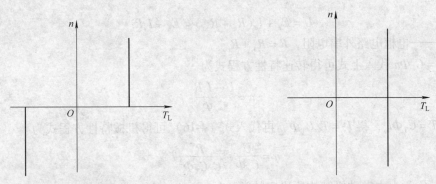

图 4-18　反抗性恒转矩负载的转矩特性　　　图 4-19　位能性恒转矩负载的转矩特性

（2）恒功率负载的特点是负载的功率为一恒定值，这时负载的功率值为

$$P_L = T_L \Omega = T_L(2\pi n/60) = 常数$$

上式说明负载的转矩 T_L 与转速 n 成反比。转速升高时，负载转矩减小；转速降低时，

负载转矩增大，负载功率不变。如车床的切削加工：粗加工时，切削量大，切削阻力大，负载转矩大，用低速切削；精加工时，切削量小，切削阻力小，负载转矩小，用较高的速度切削，负载功率恒定。恒功率负载的转矩特性曲线如图 4-20 所示。

（3）通风机型负载特性

风机、水泵和油泵等通风机型负载的特点是，负载转矩的大小与转速的二次方成正比，即 $T_L = Kn^2$，其中 K 为比例常数。

以上所述的 3 种负载特性是从实际中概括出来的比较典型的负载转矩特性。实际的负载转矩特性往往是几种典型特性的综合。例如实际鼓风机，除了有风机负载特性外，轴上还有一个摩擦转矩，为反抗性的恒转矩，所以实际的鼓风机负载转矩特性应为风机负载转矩特性与恒转矩负载特性的组合。

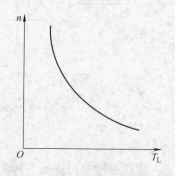

图 4-20　恒功率负载的转矩特性

8. 他励直流电动机的机械特性

他励直流电动机的机械特性是指电动机的电枢电压 U、气隙磁通 Φ 及电枢电路总电阻为恒定值时电动机的转速 n 与电磁转矩 T 的关系曲线，即 $n = f(T)$，这是电动机最重要的特性。

根据电力拖动系统运动方程式，可将电动机的机械特性与负载的转矩特性相互联系起来，对电力拖动系统的稳定运行和动态过程进行分析和计算。

（1）他励直流电动机的机械特性方程式

直流电动机的机械特性方程式可由直流电动机的基本方程式推导出。图 4-21 所示为他励直流电动机的接线图，根据基尔霍夫电压定律可列出直流电动机的电动势平衡方程式为

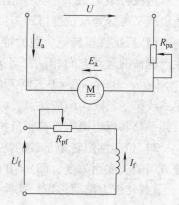

图 4-21　他励直流电动机的接线图

$$U = E_a + I_a(R_a + R_{pa}) = E_a + I_a R$$

式中　R_{pa}——电枢电路外串电阻，$R = R_a + R_{pa}$。

将 $E_a = C_e \Phi n$ 代入上式可得转速特性方程式为

$$n = \frac{U - I_a R}{C_e \Phi} \tag{4-16}$$

根据 $T = C_T \Phi I_a$，得 $I_a = T / C_T \Phi$，再代入式（4-16）可得机械特性方程式为

$$n = \frac{U}{C_e \Phi} - \frac{R}{C_e C_T \Phi^2} T \tag{4-17}$$

式中　C_e、C_T——由电动机结构所决定的常数。

当 U、Φ、R 为恒定值时，机械特性曲线 $n = f(T)$ 如图 4-22 所示，它是一条向下倾斜的直线。

式（4-17）又可写为

$$n = n_0 - \beta T = n_0 - \Delta n \tag{4-18}$$

式中 n_0——理想空载转速，即 $T = 0$ 时的转速，$n_0 = U/(C_e\varPhi)$。电动机在实际空载状态运行时，虽然轴上的输出转矩 $T_2 = 0$，但电动机还必须克服空载阻转矩 T_0，使 $T = T_0 \neq 0$，所以实际空载转速 n_0' 略低于理想空载转速 n_0。

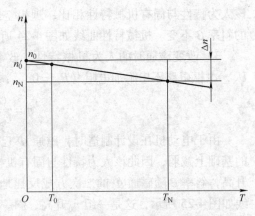

图 4-22　他励直流电动机的机械特性曲线

    β——机械特性曲线的斜率，$\beta = R/(C_e C_T \varPhi^2)$。$\beta$ 值越小，直线的倾斜度越小，转速随转矩的变化越小，机械特性越硬；β 值越大，直线的倾斜度越大，机械特性越软。机械特性的软硬是相对的，没有严格的界限。

    Δn——转速降，$\Delta n = RT/(C_e C_T \varPhi^2) = \beta T$。$\beta$ 值越大，在相同的电磁转矩下，转速降也越大，电动机的转速也就越低。

（2）他励直流电动机的固有机械特性

当电动机的电源电压 $U = U_N$，每极磁通 $\varPhi = \varPhi_N$，电枢电路不串入附加电阻，即 $R_{pa} = 0$ 时的机械特性，称为固有机械特性。根据式（4-17）可得固有机械特性的方程式为

$$n = \frac{U_N}{C_e \varPhi_N} - \frac{R_a}{C_e C_T} T \tag{4-19}$$

固有机械特性曲线如图 4-23 所示，由于电枢电路没有串入附加电阻，而电枢绕组的电阻值 R_a 较小，特性曲线的斜率较小，因此他励电动机的固有机械特性曲线较硬。

（3）他励直流电动机的人为机械特性

1）电枢电路串电阻时的人为机械特性。电枢电路串电阻时的人为机械特性是指保持电源电压 $U = U_N$，每极磁通 $\varPhi = \varPhi_N$，在电枢电路串接附加电阻 R_{pa} 时的机械特性。其机械特性方程式为

$$n = \frac{U_N}{C_e \varPhi_N} - \frac{R_a + R_{pa}}{C_e C_T \varPhi_N^2} T \tag{4-20}$$

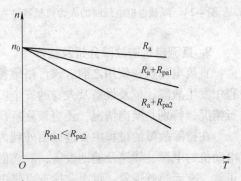

图 4-23　他励直流电动机的固有机械特性曲线
和电枢串电阻时的人为机械特性曲线

与固有机械特性比较可知，理想空载转速 n_0 不变，特性曲线的斜率 β 增大，转速降增大。R_{pa} 越大，β 和 Δn 也越大，特性曲线变软。机械特性如图 4-23 所示，是一组 n_0 相同的人为机械特性曲线。

2）改变电压时的人为机械特性。改变电压时的人为机械特性是指保持每极磁通 $\varPhi = \varPhi_N$，电枢电路不串接附加电阻（$R_{pa} = 0$），仅改变（降低）电压时的机械特性。其机械特性方程式为

$$n = \frac{U}{C_e \varPhi} - \frac{R_a}{C_e C_T \varPhi^2} T \tag{4-21}$$

由于受电动机绝缘强度限制，改变电压时，仅限于在额定电压的基础上降低电压，因此

该人为特性与固有机械特性相比，理想空载转速 n_0 随电压 U 的降低成正比降低，特性曲线的斜率 β 不变。机械特性曲线如图 4-24 所示，为一组平行于固有机械特性曲线的直线。

3）改变磁通时的人为机械特性。改变磁通时的人为机械特性是指保持电源电压 $U = U_N$，电枢电路不串附加电阻（$R_{pa} = 0$），减小磁通 Φ 时的机械特性。其机械特性方程式为

$$n = \frac{U_N}{C_e \Phi} - \frac{R_a}{C_e C_T \Phi^2} T \tag{4-22}$$

由于电动机在设计制造时，磁通 Φ 已接近饱和，不容易增加，磁通一般只能在额定值的基础上减弱，因此该人为特性与固有机械特性相比，理想空载转速 n_0 随磁通 Φ 的减小而升高，斜率 β 随磁通 Φ 的二次方成反比地增大，机械特性变软。不同磁通时的机械特性曲线如图 4-25 所示，这是一组 n_0 升高，斜率 β 变大的直线。

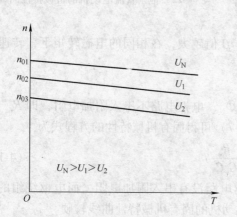

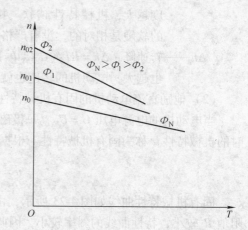

图 4-24　降低电枢电压时的人为机械特性曲线　　图 4-25　减弱磁通时的人为机械特性曲线

9. 直流电机的故障分析及检修

直流电动机在使用之前应该严格地按照产品使用说明书认真安装、检查，以免在运行过程中发生故障，危及设备及人身的安全。在使用直流电动机的时候，要经常观察电动机的运行情况，特别是换向情况，还应该注意观察电动机各部分的温升是否有过热情况。

在排除故障的过程中要遵循由外到内的原则，一般都按如下步骤进行：首先，检查直流电动机的电源、线路及辅助设备，看它们是否正常；其次，检查直流电动机所带的负载是否正常，有无超载现象；再次，检查直流电动机的机械部分（如电刷架是否松动、电刷接触是否良好、轴承转动是否灵活）；最后，检查直流电动机的内部。对于直流电动机的内部故障而言，大多数故障可以从换向火花增大和运行状态异常反映出，所以要分析直流电动机的内部故障产生的原因，就必须仔细观察换向火花的显现情况和运行时出现的其他异常情况。通过认真分析，根据直流电动机的内部规律和经验做出判断，找到原因。

下面简单介绍直流电机各部位常见的故障及处理方法。

（1）直流电机换向故障分析

直流电机的换向故障是直流电机拖动控制中经常遇到的重要故障。换向不良不但将严重影响直流电机的正常工作，还会危及直流电机的安全，造成较大的经济损失。换向故障的分析、检测、维护是现场技术人员必不可少的基本技能。

直流电机换向不良的现象很多，主要表现在如下几个方面：

1) 换向火花增大。换向火花是衡量换向优劣的主要标准。换向火花状态的一种反映是火花的形状。在正常运行时，一般是在电刷边缘出现少量点状火花或粒状火花，分布均匀。当换向恶化、不良时，会出现舌状火花或带爆鸣的飞溅火花和环状火花，这些火花危害极大，可烧坏换向器和电刷。火花状态的另一种反映是火花颜色。换向正常时，一般为蓝色、淡黄色或淡白色。当换向不良时则会出现明亮色或红色火花，严重情况会出现绿色火花。

2) 换向器表面烧伤。在正常换向运行时，换向器表面是平滑、光亮，无任何磨损、印迹或斑点的。当换向不良时，换向器表面会出现以下两种常见的异常烧伤。第一种是烧痕，在换向器表面出现一般用汽油擦不掉的烧伤痕迹。若换向片倒角不良、云母片突出，换向片棱边上将出现烧痕；当换向片研磨不良时换向片中间可能出现烧痕；当换向极绕组接线极性有误时，则换向片可能会发黑。第二种是节痕，节痕是指换向器表面出现有规律的变色或痕迹。节痕分两种：一种是槽距型节痕，其痕迹规律是按电枢槽间距出现的伤痕，主要的原因为换向极偏强或偏弱；另一种是极距型节痕，伤痕是按极数或极对数间隔排列的，主要的原因是并接线套开焊或升高片焊接不良。

3) 电刷镜面出现异常现象。正常换向运行时，电刷与换向器的接触面是光亮平滑的，通常称为镜面。当电机换向不良时，电刷镜面会出现雾状、麻点和烧伤痕迹。如果电刷材质中含有碳化硅或金刚砂之类物质时，镜面上就会出现白色斑点或条痕。当空气湿度过大，或空气含酸性气体时，电刷表面会沉积一些细微的铜粉末，这种现象称为"镀铜"，当电机发生镀铜时，换向器的氧化膜被破坏，使换向恶化。

分析产生故障的原因主要有以下几方面：

① 机械方面的原因。直流电机的电刷和换向器的连接属于滑动接触，保持良好的滑动接触，才可能有良好的换向。但腐蚀性气体、空气湿度、电机振动、电刷和换向器装配质量及安装工艺等因素都会影响电刷和换向器的滑动接触情况，当电机振动、电刷和换向器的机械原因使电刷和换向器的滑动接触不良时，就会在电刷和换向器之间产生有害的火花。

② 电气方面的原因。一般电机在设计与制造时都作了较好的补偿与处理，电刷通过换向器与几何中心线的元件接触，使换向元件不切割主磁场。但是由于维修后换向绕组、补偿绕组安装不准确，磁极、刷盒装配偏差，造成各磁极间距离相差太大、各磁极下的气隙不均匀、电刷没有对齐中心、电刷沿换向器圆周不等分（一般电机电刷沿换向器圆周等分差不超过 0.5mm）。上述原因都可使电枢反应电动势增大，从而使换向恶化，产生有害火花。

③ 其他方面的原因。电枢元件断线或焊接不良；电枢绕组短路；电源对换向的影响。

（2）直流电机电枢绕组故障分析

直流电机电枢绕组是电机产生感应电动势和电磁转矩的核心部件，输入的电压较高、电流较大，它的故障不但直接影响电机的正常运行，也随时危及电机和运行人员的安全，所以在直流电机的运行维护过程中，必须随时监测，一旦发现电枢故障，应立即处理，避免事故扩大造成更大损失。直流电机电枢绕组的主要故障现象及原因见表4-2。

表 4-2　直流电机电枢绕组的主要故障现象及原因

主要故障现象	原　因
直流电机过热	1. 电机的运行方式与电机设计方案不符 2. 电机长时期过载 3. 电机的风路道塞，铁心和线圈表面被纤维绒毛或灰尘覆盖 4. 对于维修后重装的电机，散热风扇叶片曲面方向与电机旋转方向矛盾 5. 空气过滤器堵塞、油腻污染 6. 工作环境恶劣 7. 设计的电机通风管道口径太小，曲度太大，弯头太多等造成的通风散热不畅等
电枢绕组短路	往往是由于绝缘老化，机械磨损使同槽线圈间的匝间短路或上、下层之间的层间短路
电枢绕组断路	1. 换向片与导线接头焊接不良 2. 由于电机的振动过大而造成脱焊 3. 个别也有内部断线的
电枢绕组短接	多数是由于槽绝缘及绕组相间绝缘导体与硅钢片碰接所致

（3）直流电机运行过程中的性能异常及维护

直流电机运行过程中的性能异常及维护见表4-3。

表 4-3　直流电机运行过程中的性能异常及维护

性能异常现象		原因及解决方法
转速异常	转速偏高	励磁绕组中发生短路现象或个别磁极磁性装反，或励磁绕组断线，磁极只有剩磁
	转速偏低	电枢回路中连接点接触不良，使电枢回路电阻压降增大。解决方法：检查电枢回路中各连接点接头焊接是否良好，接触是否可靠
	转速不稳	解决方法：检查串励绕组极性是否准确；减少励磁绕组并增大励磁电流；检查电刷是否在中心线上，如不在应加以调整
电流异常		①机械传动有摩擦；②轴承太紧；③电枢回路中引线相碰；④发生短路；⑤电枢电压过高
局部过热		①电枢绕组中有短路现象；②导体各连接点接触不良；③换向器上火花太大；④电刷接触不良

（4）直流电机运行常见故障及处理方法

直流电机运行常见故障是复杂的，在实际运行中，往往一个故障现象总是与多种因素有关。只有在实践中认真总结经验，仔细检测、诊断，观察分析，才能准确地找到故障原因，做出正确的处理方案，起到事半功倍的效果。表4-4为直流电机的常见故障分析。

表 4-4　直流电机的常见故障分析

故障现象	故障原因	故障排除
自励直流发电机不能建立起端电压	1. 自励直流发电机发不出剩磁电压，故无法形成自励过程，所以无法建立起端电压 2. 自励直流发电机励磁的方向与剩磁方向反使得励磁变成了退磁，甚至消失，致使发不出电，无电压输出 3. 励磁回路电阻过大，超过了临界电阻值	1. 检查励磁电位器，将其电阻值调到最小 2. 若仍无端压建立，就检测剩磁（可用指南针测试） 3. 若有剩磁存在，则改变励磁绕组与电枢的并联端线；若无剩磁，则先用直流电源给励磁绕组充磁，再投入运行即可

(续)

故障现象	故障原因	故障排除
直流电动机通电后不能起动	1. 电枢回路断路，无电枢电流，所以无起动转矩，无法起动。故障点多在电枢回路的控制开关、保护电器以及电枢绕组与换向极、补偿极的接头处 2. 励磁回路断路，励磁电阻过大，励磁线接地，励磁绕组维修后空气隙增大，这些磁场故障会造成缺磁、磁场削弱，故无起动转矩或起动转矩太小，无法起动 3. 起动时的负载转矩过大，起动时的电磁转矩小于静阻转矩 4. 电刷严重错位 5. 电刷研磨不良，压力过大 6. 电动机负荷过大	1. 对于电枢断路、励磁回路断路，分别沿两个回路查找断路点，修复断点 2. 查找短路点，局部修理或更换 3. 重新调整电枢起动电阻、励磁起动电阻（电枢电阻调大，励磁电阻调小） 4. 调整电刷位置到几何中心线，精细研磨电刷，测试调整电刷压力到正确值 5. 对于脱焊点应重新焊接 6. 若负载过重则应减轻负载起动
电枢冒烟	1. 长时期过载运行 2. 换向器或电枢短路 3. 发电机负载短路 4. 电动机端电压过低 5. 电动机直接起动或反向运转频繁 6. 定、转子铁心摩擦。	1. 恢复正常负载 2. 用毫伏表检测是否短路，是否有金属屑落入换向器或电枢绕组 3. 检查负载线路是否短路 4. 恢复电压正常值 5. 避免频繁反复运行 6. 检查气隙是否均匀，轴承是否磨损
直流电动机温度过高	1. 电源电压过高或过低 2. 励磁电流过大或过小 3. 电枢绕组、励磁绕组匝间短路 4. 气隙偏小 5. 铁心短路 6. 定、转子铁心摩擦 7. 通风道不畅，散热不良	1. 调整电源电压至标准值 2. 查找励磁电流过大或过小的原因，进行相应处理 3. 查找短路点，局部修复或更换绕组 4. 调整气隙 5. 修复或更换铁心 6. 校正转轴，更换轴承 7. 疏通风道，改善工作环境
电刷下火花过大	1. 电刷不在中心线上 2. 电刷与换向器接触不良 3. 刷握松动或装置不正 4. 电刷与刷握装配得过紧 5. 电刷压力大小不当或不均匀 6. 换向器表面不光洁，不圆或有污垢 7. 换向片间云母片突出 8. 电刷磨损过度 9. 过载时换向极饱和或负载剧烈波动 10. 换向极绕组短路 11. 电枢过热，电枢绕组的接头片与换向器脱焊 12. 检修时将换向片绕组接反 13. 刷架位置不均匀，引起电刷间的电流分布不均匀；转子平衡未校正	1. 调整刷杆座位置 2. 研磨电刷接触面，并在轻载下运行30min 3. 紧固或纠正刷握位置 4. 调整刷握弹簧压力或换刷握 5. 洁净或研磨换向器表面 6. 换向器刻槽、倒角、再研磨 7. 按制造厂原用牌号更换电刷 8. 恢复正常负载 9. 紧固底脚螺栓，防振动 10. 检查换向极绕组，修复损坏的绝缘层 11. 检查换向片脱焊处，修复 12. 用指南针检测主极与换向极的极性，纠正接线 13. 调整刷架位置，等分均匀
机壳漏电	1. 运行环境恶劣，电机受潮，绝缘电阻降低 2. 电源引出接头碰壳 3. 接地装置不良	1. 测量绕组对地绝缘，如低于0.5MΩ，应加以烘干 2. 重新包扎接头，修复绝缘 3. 检测接地电阻是否符合规定，规范接地

209

4.1.4 任务实施

1. 针对故障现象进行原理分析

由单相线圈组成的直流电机只有两个换向器，在转动过程中存在一个"死区"位置。所以，一般这种直流小电机中至少要有 3 个换向器铜片，故线圈也增加为 3 组，线圈头分别与 3 个换向片压在一起，当一处接触不良或换向片脱落时，相当于只有两个换向片，在起动时，若处于死区，则无起动转矩，故不转动，只要外部用力，使其偏离死区，就转起来了，于是出现上述故障。

2. 检查方法

拆下电机，用万用表检测 3 个换向片，正常情况下，两两是接通的，若一个与另两个不通或电阻增大，说明故障点在此。故障为换向片与线圈脱焊或严重接触不良，使电枢电流和电磁转矩减小，故无法起动并伴有运行无力。

3. 处理方法

对于线圈接触不良，将线圈重新接好即可；对于换向片脱落，可用绝缘导线将其拉紧到原处，也可用强力胶水粘贴。

任务4.2 直流电动机的起动控制

4.2.1 任务描述

一台他励直流电动机，$P_N = 5.6\text{kW}$，额定电压 $U_N = 220\text{V}$，额定电流 $I_N = 31\text{A}$，额定转速 $n_N = 1000\text{r/min}$，电枢回路总电阻 $R_a = 0.4\Omega$，现对该台电动机进行起动，分析采用何种方法起动较合适。

4.2.2 任务分析

在实际生产中，直流电动机经常用于拖动各种生产设备。要求直流电动机必须能够可靠地起动，有时还需要电动机进行反转。要想设计出可靠的起动电路和正、反转控制线路，就必须了解直流电动机起动和反转的基本知识，下面就对直流电动机的起动和反转方法加以介绍。

4.2.3 相关知识

1. 他励直流电动机的起动

电动机接通电源后，转子由静止状态开始加速，转速逐渐升高，直到转速稳定，这一过程为电动机的起动过程，简称起动。他励直流电动机起动时，首先必须给电动机的励磁绕组通入额定的励磁电流，然后再接通电枢电路的电源。

电力拖动系统对直流电动机起动的要求是：

1）起动时的起动转矩要足够大，起动转矩应大于负载转矩（$T_{st} > T_L$），使电动机能够在负载情况下顺利起动，且起动过程的时间尽量短一些。

2）起动电流 I_{st} 不能太大，限制在允许的范围之内。因为起动电流很大，将使电动机换向困难，产生较强的火花，损坏电动机。

3）起动控制设备简单、可靠、经济、操作方便。

他励直流电动机常用的起动方法有全压起动、降压起动和电枢电路串电阻起动 3 种。

（1）全压起动

全压起动是他励直流电动机直接加额定电压进行起动，又称直接起动。这种起动方法在起动开始瞬间，电动机因为机械惯性作用，转速 $n = 0$，电枢电动势 $E_a = C_e \Phi_n = 0$，忽略电枢电路电感的作用，则起动瞬间的起动电流为

$$I_{st} = I_a = \frac{U_N - E_a}{R_s} = \frac{U_N}{R_a}$$

由于他励直流电动机的电枢电阻 R_a 较小，这时的起动电流可达 10～20 倍的额定电流，大的起动电流会产生较强的火花，甚至产生环火，烧坏换向器和电刷，而且这个瞬间，起动电流产生大的起动转矩 $T_{st} = C_T \Phi I_{st}$，会使拖动系统受到冲击，损坏拖动系统的传动机构。所以只有小容量（几百瓦）的电动机允许全压（直接）起动。一般允许直流电动机的起动电流 $I_{st} = 1.5 I_N \sim 2 I_N$，为此，对于大容量的直流电动机，在起动时必须限制起动电流，常用的方法是降低电源电压或在电枢电路串电阻。

（2）减压起动

减压起动是电动机的电枢绕组由一可调电压的电源（如可控整流器）供电，接线如图 4-26a 所示。起动时，先接通励磁绕组电源，并将励磁电流调到额定值，然后由低向高调节电枢绕组电压。开始时，加到电枢两端的电压应使得电枢电路的电流 I_{st} 不超过 $1.5 I_N \sim 2 I_N$，电磁转矩 $T_{st} > T_L$，电动机开始起动，随着转速的升高，E_a 也逐渐增大，电枢电流减小，电磁转矩也相应减小。为保证起动过程中有足够大的电磁转矩，电压必须不断地提高，直到 $U = U_N$。

减压起动时的机械特性曲线如图 4-26b 所示。电动机将沿图中的 $a \rightarrow b \rightarrow c \rightarrow \cdots \rightarrow k \rightarrow$ 加速到 p 点，电动机进入稳定运行，起动过程结束。

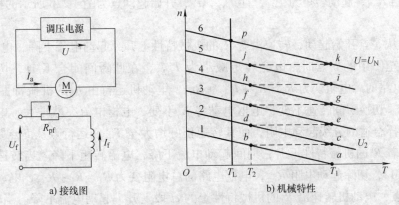

a) 接线图　　　　　　b) 机械特性

图 4-26　减压起动时的接线图及机械特性曲线

减压起动法在起动过程中损耗较小、起动平稳，便于实现自动化。

（3）电枢电路串电阻起动

电动机起动时，在他励直流电动机的电枢电路串接可调电阻 R_{st}，称为起动电阻，将起动电流 I_{st} 限制在允许值范围 $I_{st} = 1.5 I_N \sim 2 I_N$。起动电流为 $I_{st} = U_N / (R_a + R_{st})$，则起动电阻为

$$R_{st} = \frac{U_N}{I_{st}} - R_a$$

电动机起动完毕，应将串接在电枢电路中的电阻 R_{st} 切除，使电动机在固有机械特性上运行。但 R_{st} 不能一次全部切除，若一次全部切除，会引起过大的电流冲击，因此，起动过程中，在起动电流的允许值范围内，先切除一部分电阻，待转速升高后，再切除一部分电阻，如此逐步地每次切除一部分，直到 R_{st} 全部切除为止，起动过程结束。这种起动方法称为串电阻分级起动，起动级数不宜过多，一般分为 2~5 级。

下面对分级起动法进行分析，如图 4-27a 所示为三级起动时的起动接线图。起动电阻分为 3 级，分别是 R_{st1}、R_{st2} 和 R_{st3}，它们与接触器的常开触点 KM1、KM2 和 KM3 分别并联，通过时间继电器来控制接触器触点 KM1、KM2 和 KM3 依次闭合，实现分级起动。

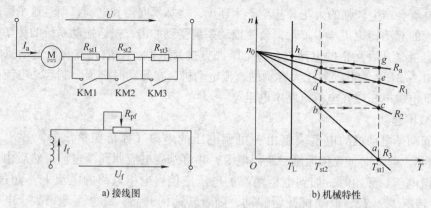

a) 接线图　　　　　　　　　　b) 机械特性

图 4-27　电枢电路串电阻起动时的接线图及机械特性曲线

电动机起动时，首先给励磁绕组中通入额定的励磁电流，然后在电枢电路两端加上额定电压。在开始起动瞬间，触点 KM1、KM2 和 KM3 是断开的，电动机电枢电路的总电阻为 $R_3 = R_a + R_{st1} + R_{st2} + R_{st3}$，起动转矩为 T_{st1}，且 $T_{st1} > T_L$，开始起动点为图 4-27b 所示的机械特性曲线中的 a 点。

电动机从 a 点开始起动，转速沿着 R_3 的机械特性上升，起动电流下降，电磁转矩减小，当转速上升至图中的 b 点时，电磁转矩减小为 T_{st2}，，在此瞬间闭合 KM1，切除起动电阻 R_{st1}，电枢电路的总电阻变为 $R_2 = R_a + R_{st2} + R_{st3}$，电动机运行由 R_3 的机械特性切换到 R_2 的机械特性上。切换瞬间转速不变，电枢电动势 E_a 不变，电枢电流突然增大，电磁转矩成比例增大。选择合适的分级起动电阻，使其转矩正好增大至 T_{st1}，运行点从 b 点跳到 c 点，此后转速又沿着 R_2 的机械特性上升，期间起动电流下降，电磁转矩下降。当转速上升至 d 点时，闭合 KM2，切除起动电阻 R_{st2}，电枢电路的总电阻变为 $R_1 = R_a + R_{st3}$，电动机运行点从 d 点跳至 e 点，电动机转速沿 R_1 的机械特性上的 ef 段上升，起动电流下降。当转速升高到 f 点时，闭合 KM3，切除最后一级起动电阻，运行点从 f 点过渡到固有机械特性曲线上的 g 点，此后电动机转速沿固有机械特性曲线上升到 h 点。在该点处 $T = T_L$，电动机稳定运行起动过程结束。

在电动机起动过程中，为减小起动时对系统生产机械的冲击，各级起动电阻的计算，应以在起动过程中最大的起动电流 I_{st1}（或最大起动转矩 T_{st1}）与切换起动电流 I_{st2}（或切换起

动转矩 T_{st2}）不变为原则。对普通的直流电动机通常取：

$$I_{st1} = (1.5 \sim 2) I_N$$
$$I_{st2} = (1.1 \sim 1.2) I_N$$

在起动过程中，起动电阻有能量损耗。因此这种起动方式常应用于中、小型直流电动机。

2. 他励直流电动机的反转

在生产过程中，经常需要改变电动机的转动方向，为此需要电动机反向起动和运行。要改变直流电动机的方向，就必须改变直流电动机电磁转矩的方向。由 $T = C_T \Phi I_a$，不难看出，欲改变电磁转矩的方向只需改变磁通的方向或者电枢电流的方向即可，但如果同时改变二者，则电磁转矩的方向不变。因此，改变直流电动机转向的方法有两种：

（1）改变励磁电流的方向

保持电枢绕组两端电源电压的极性不变，将励磁绕组反接，使励磁电流反向，从而改变磁通 Φ 的方向。

（2）改变电枢绕组两端电源电压的极性

保持励磁绕组的电压极性不变，将电枢绕组反接，使电枢电流改变方向。

3. 直流电动机起动的电气控制线路

（1）直流电动机单向起动控制线路

直流电动机有串励、并励、复励、他励 4 种，其控制线路基本相同。下面仅讨论直流他励电动机的起动控制线路。

如图 4-28 所示为电枢串二级电阻，按时间原则起动控制线路。图中，KM1 为起动接触器，KM2、KM3 为短接起动电阻接触器，KI1 为过电流继电器，KI2 为欠电流继电器，KT1、KT2 为断电延时型时间继电器，R_1、R_2 为起动电阻，R_3 为放电电阻，M 为直流电动机的励磁绕组。

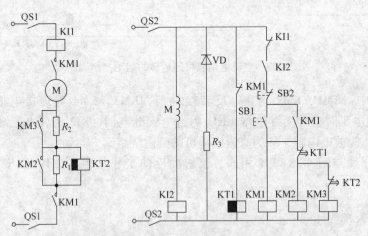

图 4-28　直流电动机串二级电阻按时间原则起动控制线路

合上电动机电枢电源开关 QS1，电路无动作。合上控制电路开关 QS2，此时 KI2 线圈得电，常开触点闭合为起动做准备。同时 KT1 线圈通电，其常闭触点断开，切断 KM2、KM3 线圈电路。保证起动时电阻 R_1、R_2 全部串入电枢回路。这时，按下起动按钮 SB2，KM1 通电并自锁，主触点闭合，接通电动机电枢电路，电枢串入二级电阻起动，同时 KM1 的常闭触点断开，使 KT1 断电，为 KM2、KM3 通电短接电枢回路电阻做准备。在电动机起动的同时，并接在 R_1 电阻两端的 KT2 通电，其常闭触点打开，使 KM3 不能通电，确保 R_2 串入电枢。

经一段时间延时后，KT1 延时闭合触点闭合，KM2 通电，短接电阻 R_1，随着电动机转速升高，电枢电流减小，为保持一定的加速转矩，起动过程中将串接电阻逐级切除，就在 R_1 被短接的同时，KT2 线圈断电，经一定延时，KT2 常闭触点闭合，KM3 通电，短接 R_2，电动机在全电压下运转，起动过程结束。

电动机保护环节：过电流继电器 KI1 实现过载保护和短路保护；欠电流继电器 KI2 实现欠磁场保护；电阻 R_3 与二极管 VD 构成电动机励磁绕组断开电源时的放电回路，避免发生过电压。

（2）可逆运转起动控制线路

改变直流电动机的旋转方向有两种方法：其一是改变励磁电流的方向，其二是改变电枢电压极性。由于前者电磁惯性大，对于频繁正、反向运行的电动机，通常采用后一种方法。图 4-29 所示为直流电动机可逆运转的起动控制线路。

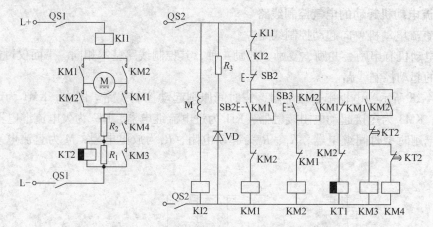

图 4-29　直流电动机可逆运转的起动控制线路

在图 4-29 中，KM1、KM2 为正、反转接触器，KM3、KM4 为短接电枢电阻接触器，KT1、KT2 为断电延时型时间继电器，KI1 为过电流继电器，KI2 为欠电流继电器，R_1、R_2 为起动电阻，R_3 为放电电阻，M 为直流电动机的励磁绕组。

线路工作原理与图 4-28 基本相同，仅增加反向工作接触器 KM2 以实现电动机反转控制。

4.2.4　任务实施

1. 采用直接起动

起动电流为

$$I_{st} = \frac{U_N}{R_a} = \frac{220}{0.4}A = 550A$$

若电网允许，可采取此方法，否则不能。

2. 采用转子回路串电阻起动

若将起动电流降为额定电流的 2 倍，则应串入的电阻为

$$R_{st} = \frac{U_N}{2I_N} - R_a = \left(\frac{220}{2 \times 31} - 0.4\right)\Omega = 3.15\Omega$$

任务 4.3 直流电动机的调速控制

4.3.1 任务描述

某生产线中有一条输送带由直流电动机驱动，根据其所输送的货物不同，要求输送的速度不同，现设计该直流驱动电动机的调速电路。

4.3.2 任务分析

直流电动机最大的优点是具有线性的机械特性，调速性能优异，因此广泛应用于对调速性能要求较高的自动控制系统中。要了解、分析和掌握直流电动机的调速方法，首先要掌握直流电动机的机械特性，了解生产机械的负载特性。直流电动机有 3 种不同的人为机械特性，所对应的就是 3 种不同性能的调速方法，分别应用于不同的场合。因此熟悉机械特性是基础，掌握调速方法是目的。知道了各种调速方法的性能特点后，就可以根据实际生产机械负载的工艺要求来选择一种最合适的调速方法，发挥直流电动机的最大效益。

4.3.3 相关知识

在实际生产过程中，为了保证产品质量、提高生产率，要求生产机械在不同的条件下采用不同的工作速度。这种人为地改变生产机械工作速度的方法称为调速。

调节生产机械的转速有两种方法：

1) 改变机械传动机构的速比，从而调节生产机械的转速，这种方法称为机械调速。

2) 改变电动机的电气参数，以改变电动机的转速，从而调节生产机械的转速，这种方法称为电气调速。这种调速方法的传动机构简单，可以实现无级调速，且易于实现电气自动化。

电气调速是指在负载转矩不变的条件下，通过人为地改变电动机的有关参数，调节电力拖动系统的转速。这里要注意的是，调速和由电动机负载变化引起的转速变化是两个不同的概念。负载变化引起的转速变化是自动进行的，电动机运行工作点只在一条机械特性曲线上变动。调速是根据生产需要人为地改变电动机的电气参数，使电动机的运行工作点由一条机械特性曲线转变到另一条机械特性曲线上，从而在某一固定不变的负载下得到不同的转速。因此调速方法就是改变电动机机械特性的方法。这里只介绍电气调速。

1. 调速指标

（1）调速范围 D

调速范围是指电动机在额定负载转矩下，可调到的最高转速 n_{max} 与最低转速 n_{min} 之比，用 D 表示，即

$$D = \frac{n_{\max}}{n_{\min}}$$

不同的生产机械对调速的范围要求不同，例如车床要求 D 为 $20 \sim 120$，龙门刨床要求 D 为 $10 \sim 40$，轧钢机要求 D 为 $3 \sim 120$，造纸机械要求 D 为 $3 \sim 20$ 等。

（2）静差率 δ

静差率是指电动机在某一条机械特性曲线上运行时，由理想空载到额定负载运行的转速降 Δn_N 与理想空载转速 n_0 之比（用百分数表示），用 δ 表示，即

$$\delta = \frac{\Delta n_N}{n_0} \times 100\% = \frac{n_0 - n_N}{n_0} \times 100\%$$

静差率的大小反映了静态转速的相对稳定性，即负载转矩变化时转速变化的程度。转速变化小，稳定性就好。由他励直流电动机的机械特性可知，机械特性越硬，静差率越小，稳定性越好。

一般静差率 $\delta < 50\%$，不同的生产机械要求不一样，如刨床要求 $\delta \leqslant 10\%$，高精度的造纸机要求 $\delta \leqslant 0.1\%$，卧式车床要求 $\delta \leqslant 30\%$ 等。

（3）调速的平滑性

调速的平滑性是指相邻两极（i 级和 i-1 级）转速之比，用 φ 表示，即

$$\varphi = \frac{n_i}{n_{i-1}}$$

在允许的调速范围内调速级数越多，即每一级调节的量越小，调速的平滑性越好。显然，φ 越接近 1，平滑性越好，当 $\varphi \approx 1$ 时，可近似看作无级调速。不同的生产机械对平滑性的要求不同。

（4）调速时的允许输出

调速时的允许输出是指在额定电流条件下调速时，电动机允许输出的最大转矩或最大功率。允许输出的最大转矩与转速无关的调速方法，称为恒转矩调速；允许输出的最大功率与转速无关的调速方法，称为恒功率调速。

（5）调速的经济性

调速的经济性是指对调速设备的投资、运行过程中的电能损耗、维护费用等进行综合性比较，在满足一定的技术指标下，确定调速方案，力求投资设备少、电能损耗小，且维护方便。

2. 他励直流电动机的调速方法

根据他励直流电动机的机械特性方程式：

$$n = \frac{U}{C_e \Phi} - \frac{R_a + R_{pa}}{C_e C_T \Phi^2} T$$

可以看出，当转矩 T 不变时，改变电枢电路串接的电阻 R_{pa}、电枢两端电压 U 和气隙磁通 Φ 都可以改变电动机的转速。因此他励直流电动机调速的方法有 3 种，即电枢电路串电阻调速、降低电枢电压调速和弱磁调速。

（1）电枢电路串电阻调速

电枢电路串电阻调速是指保持电源电压 $U = U_N$，励磁磁通 $\Phi = \Phi_N$，通过在电枢电路串接电阻 R_{pa} 进行调速。电枢电路串电阻调速时，电动机的机械特性如图 4-30 所示。从图中可

以看出，负载转矩 T_L 不变，电枢电路未串接电阻时，电动机稳定运行在固有机械特性的 A 点上，转速为 n_A；当串入电阻 R_{pa1} 后，将在 C 点稳定运行，转速为 n_C；串入电阻 R_{pa2} 后，稳定运行在 D 点，转速为 n_D，电枢电路串入不同的电阻，可得到不同的转速，串入的电阻 R_{pa} 越大，转速越低，达到了调速的目的。下面对调速的物理过程进行分析。

设电动机在电枢电压、励磁电流及负载转矩均保持不变时，运行在机械特性的 A 点，此时 $T = T_L$，电枢电流为 I_a。开始调速时，在电枢电路串入电阻 R_{pa1}，由于机械惯性电动机转速不能突变，电枢电动势仍为 $E_a = C_e \Phi n_A$，而电枢电流 $I_a = (U_N - E_a)/(R_a + R_{pa1})$ 减小，$T = C_T \Phi I_a$ 减小，运行点由 A 点平移到人为机械特性的 B 点，此时由于 $T < T_L$，电动机开始减速，在 $R_a + R_{pa1}$ 的机械特性上运行。随着转速的降低，电枢电动势减小，电枢电流和电磁转矩上升，当回升到原来的 I_a 及 T 时，$T = T_L$，在 C 点稳定运行，转速为 n_C，调速过程结束。同理，如再改变电阻由 R_{pa1} 增大到 R_{pa2}，可使转速继续下降，如图 4-30 中所示的 D 点，稳定运行转速为 n_D。

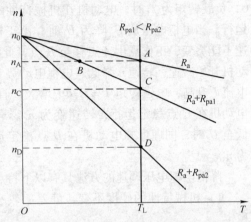

图 4-30　电枢电路串电阻调速的机械特性

电枢电路串电阻调速的方法具有以下特点：

1）转速只能从额定值往下调，且机械特性变软，转速降 Δn_N 增大，静差率明显增大，转速的稳定性变差，因此调速范围较小，一般情况下 $D = 1 \sim 3$。

2）调速电阻 R_{pa} 不易实现连续调节，只能分段有级调节，调速平滑性差。

3）调速电阻 R_{pa} 中有较大电流 I_a 流过，消耗较多的电能，不经济。

4）调速设备投资小，方法简单。

这种调速方法适用于小容量电动机运行速度较低，且调速性能要求不高的生产机械，如中、小型的起重机械和运输牵引装置等。

例 4-4　一台他励直流电动机，其铭牌数据为 $P_N = 22kW$，$U_N = 220V$，$I_N = 115A$，$n_N = 1500r/min$，已知电枢电阻 $R_a = 0.1\Omega$，电动机拖动额定恒转矩负载运行，若采用电枢串电阻的方法将转速降至 $1000r/min$，应串联多大的电阻？

解： 根据他励直流电动机的电动势平衡方程式，可得额定运行时电枢电动势为

$$E_{aN} = U_N - I_N R_a = (220 - 115 \times 0.1)V = 208.5V$$

根据 $E_a = C_e \Phi n$，由于串电阻调速前后的磁通 Φ 不变，因此调速前后的电动势与转速成正比，故转速为 $1000r/min$ 时的电动势为

$$E_a = \frac{n}{n_N} E_{aN} = \frac{1000}{1500} \times 208.5V = 139V$$

根据 $T = C_T \Phi I_a$，由于调速前后的磁通 Φ 不变，$T = T_L$ 未变，因此调速前后的电枢电流 $I_a = I_N$ 不变，故串电阻调速至 $1000r/min$ 时的电动势平衡方程式为

$$U_N = E_a + I_N(R_a + R_{pa})$$

所串电阻为

$$R_{pa} = \frac{U_N - E_a}{I_N} - R_a = \left(\frac{220 - 193}{115} - 0.1\right)\Omega \approx 0.604\Omega$$

（2）降低电枢电压调速

降低电枢电压调速是指保持磁通 $\Phi = \Phi_N$，且电枢电路不串接附加电阻（$R_{pa} = 0$），通过降低电枢两端电压 U 进行调速。降低电枢电压调速时的机械特性如图 4-31 所示。

降低电枢电压调速的物理过程：当 $\Phi = \Phi_N$，$R_{pa} = 0$，负载转矩为 T_L 时，电动机在机械特性的 A 点上稳定运行。当电枢电压从 U_N 降为 U_1 时，由于机械惯性，转速不能突变，工作点由 A 点移至 B 点，此时 $T < T_L$，电动机开始减速，转速 n 降低，电枢电动势 E_a 降低，电枢电流 I_a 升高，电磁转矩 $T = C_T \Phi I_a$ 增大，直到 $T = T_L$ 时，电动机在 C 点稳定运行，转速变为 n_C。若电压继续降低至 U_2 时，同理可知电动机在 D 点稳定运行，转速变为 n_D。

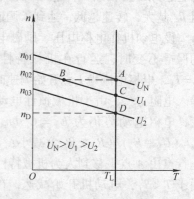

图 4-31　降低电枢电压调速的机械特性

降低电枢电压调速的方法具有以下特点：

1）机械特性的硬度不变，静差率较小，调速性能稳定。

2）调速的范围大，调速的平滑性好，可实现无级调速。

3）功率损耗小，效率高。

4）调压电源设备的费用较高。

例 4-5　在例 4-4 的他励直流电动机中，参数不变，若采用降低电源电压的方法进行调速，将转速调至 1000r/min，电源电压应为多少？

解：由例题 1-4 的计算可知，采用降低电压的方法把转速降至 1000r/min 时，电枢电动势 $E_a = 139$V，$T = T_L$ 未变，电枢电流 $I_a = I_N$，故转速降到 1000r/min 时的电压为

$$U = E_a + I_N R_a = (139 + 115 \times 0.1)\text{V} = 150.5\text{V}$$

（3）弱磁调速

弱磁调速是指保持电动机的电枢电压 $U = U_N$，电枢电路不串接附加电阻（$R_{pa} = 0$），通过减小磁通 Φ 进行调速。通常可通过增大励磁电路电阻减小磁通 Φ，但磁通不能太小。弱磁调速时的机械特性如图 4-32 所示。从图中可以看出，负载转矩 T_L 不变，若电动机原在 A 点上稳定运行，当磁通 Φ 减小至 Φ_1（略微减小）时，电枢电动势 $E_a = C_e \Phi n$ 减小，电枢电流 $I_a = (U_N - E_a)/R_a$ 增大较多，电磁转矩 $T = C_T \Phi I_a$ 仍增大，工作点由 A 点平移至 B 点，由于 $T > T_L$，转速上升，随着转速的逐渐升高，电动势 E_a 回升，电流 I_a 回降，电磁转矩 T 回降，当 T 降到 $T = T_L$ 时，电动机在机械特性的 C 点稳定运行，转速变为 n_C。

弱磁调速的方法具有以下特点：

1）转速只能向上调，由于转速受转向条件及机械强度的限制，因此调速的范围不大，一般 D 为 1~2。

2）机械特性稍有变软，静差率 δ 基本保持不变，转速稳定性好。

3）励磁电流较小，便于连续调节，可平滑调速，实现无级调速。

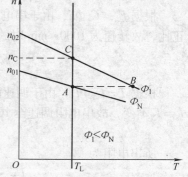

图 4-32　弱磁调速的机械特性

218

4）调节励磁的可变电阻器功率较小，所以电能损耗小。

5）调速设备投资小，控制和维护方便，较为经济。

任务4.4 直流电动机的制动控制

4.4.1 任务描述

有一台普通机床在改造为数控机床的过程中，需要加入电气准停部分。现对电气准停部分进行线路设计。

4.4.2 任务分析

使用一台电动机时，除了需要电动机提供驱动转矩外，还要电动机在必要时，提供制动转矩，以便限制转速或快速停车。例如，电车下坡和制动时，起重机下放重物时，机床反向运动开始时，都需要电动机进行制动。因此，掌握直流电动机制动的方法，对电气技术人员来说是很重要的。

4.4.3 相关知识

在实际生产中，许多机械设备为了提高生产效率和产品质量，经常需要电动机能够迅速、准确地停止或反向旋转，为了达到目的，要对电动机进行制动。

电力拖动系统的制动，通常采用机械制动和电气制动两种方法进行。机械制动是利用摩擦力产生阻转矩来实现的，如电磁抱闸，若采用此方法，闸皮磨损严重，维护工作量增加。所以对频繁起动制动和反转的生产机械，一般都不采用机械制动而采用电气制动。电气制动就是使电动机产生一个与转速方向相反的电磁转矩。电气制动方法便于控制，易于实现自动化，也比较经济。下面仅讨论电气制动。

电动机在一般情况下运行时，其电磁转矩方向与转速方向相同，这种运行状态称为电动运行状态。电动机处于电动运行状态时，其机械特性位于坐标平面的第一、第三象限。由于电动机处于制动运行状态时，其电磁转矩方向与转速方向相反，因此其机械特性位于坐标平面的第二、第四象限。这是制动状态与电动状态的根本区别。

电气制动的方法有3种：能耗制动、反接制动和回馈制动。

1. 能耗制动

（1）能耗制动的特性

能耗制动是把正处于电动运行状态的电动机电枢绕组从电网上断开，并立即与一个附加制动电阻 R_{bk} 相连接构成闭合电路。能耗制动又可分为能耗制动停车和能耗制动运行。

如图4-33a所示，为实现电动机拖动反抗性负载快速停车，先将KM1断开，电动机电枢与电源脱离，电压 $U=0$；再将KM2闭合，电枢通过电阻 R_{bk} 构成闭合电路。在电路切换的瞬间，由于机械惯性作用，电动机转速不能突变，转速 n 仍保持原电动状态的大小和方向，因此电枢电动势 E_a 的大小和方向不变，根据电动机的电动势平衡方程式：

$$U = E_a + I_a(R_a + R_{bk})$$

可得电枢电流：

$$I_a = \frac{E_a}{R_a + R_{bk}} < 0$$

电枢电流为负值，说明电枢电流与电动状态时的方向相反，因此产生的电磁转矩反向，与转速方向相反，成为制动转矩，如图 4-33b 所示。在制动转矩的作用下，转速迅速下降，当 $n = 0$ 时，$E_a = 0$、$I_a = 0$、$T = 0$，制动过程结束。在制动过程中，电动机将生产机械储存的动能转换为电能消耗在电阻（$R_a + R_{bk}$）上，直到电动机停止转动为止。所以这种制动方式称为能耗制动。

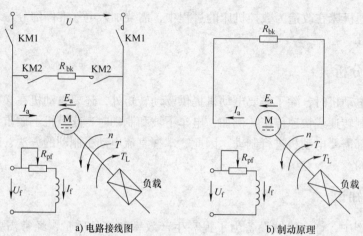

a) 电路接线图　　　　　　　　　　　b) 制动原理

图 4-33　他励直流电动机能耗制动时的接线图及制动原理

能耗制动时，$U = 0$，$R = R_a + R_{bk}$，其机械特性方程式为

$$n = \frac{R_a + R_{bk}}{C_e C_T \Phi_N^2} T$$

由上式可知其机械特性曲线为一条通过原点，位于第二象限的直线，如图 4-34 所示。设电动机原在固有特性的 A 点稳定运行，切换到能耗制动的瞬间，转速 n_A 不能突变，电动机的工作点从 A 点跳到 B 点，此点的电磁转矩 $T_B < 0$，与负载转矩同方向，拖动系统在负载转矩和电磁转矩的共同作用下，迅速减速，运行点沿能耗制动特性曲线 BO 下降，直到原点，电磁转矩及转速降为零，电动机停车。

假设电动机原来拖动位能性负载在固有机械特性的 A 点运行，以转速 n_A 提升重物，如图 4-34 所示。为了使电动机匀速下放重物，首先采用能耗制动使电动机减速，这时工作点由 A 点跳至 B 点，再沿特性曲线 BO 下降至 O 点，在该点电磁转矩和转速均为零。此时拖动系统在位能负载转矩 T_L 的作用下使电动机反转，如图 4-35 所示，并反向加速，$n < 0$，$E_a < 0$，$I_a > 0$，$T > 0$，T 与 n 的方向相反，电动机运行在第四象限的机械特性上，如图 4-34 中的虚线 OC 段所示。随着转速的反向升高，电枢电动势 E_a 增加，电枢电流 I_a 增加，电磁转矩 T 增加，直到 $T = T_L$ 时，在 C 点稳定运行，匀速下放重物，电动机处于能耗制动稳定运行状态。但 R_{bk} 不宜太小，因 I_a 受电机换向条件限制不能太大，所以规定制动开始时的最大允许制动电流 $I_{bk} \leq （2 \sim 2.5）I_N$，则制动电阻 R_{bk} 应为

$$R_{bk} \geq \frac{E_a}{I_{bk}} - R_a$$

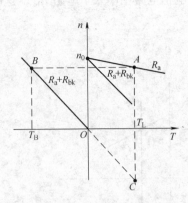

图 4-34　能耗制动时的机械特性

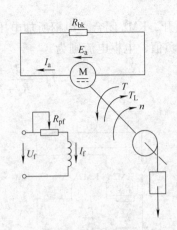

图 4-35　他励直流电动机能耗制动运行原理图

由以上分析可知，能耗制动的特点是：方法比较简单，运行可靠，且比较经济。制动转矩随转速的下降而减小，因此制动比较平稳，便于准确停车，且制动安全。能耗制动可使反抗性负载准确停车或位能性负载低速下放，适用于要求准确停车的场合制动停车，或提升装置匀速下放重物。

（2）能耗制动控制线路

图 4-36 为直流电动机单向运行串二级电阻起动，停车采用能耗制动的控制线路。

图中，KM1 为电源接触器，KM2、KM3 为起动接触器，KM4 为制动接触器，KI1 为过电流继电器，KI2 为欠电流继电器，KV1 为电压继电器，KT1、KT2 为断电延时型时间继电器。

电动机起动时的线路工作情况与图 4-28 相同。制动停车时，按下停止按钮 SB1，接触器 KM1 线圈断电，自锁触点断开，切断电枢直流电源，励磁绕组仍与电源接通。此时电动机因惯性仍以较高速度旋转，电枢两端仍有一定电压，并联在电枢两端的 KV1 经自锁触点仍保持通电，使 KM4 通电，将

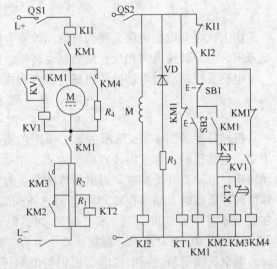

图 4-36　直流电动机单向起动，能耗制动的控制线路

电阻 R_4 并接在电枢两端，电动机实现能耗制动，转速急剧下降，电枢电动势也随之下降，当降至一定值时，KV1 释放，KM4 断电，电动机能耗制动结束。

2. 反接制动

（1）反接制动特性

反接制动根据具体的实现方法，又可分为电枢反接制动和倒拉反接制动。

1）电枢反接制动。电枢反接制动是在制动时将电源极性对调，反接在电枢两端，同时还要在电枢电路中串一制动电阻 R_{bk}，如图 4-37a 所示为电路原理接线图。当接触器的触点 KM1 闭合，KM2 断开时，电动机拖动负载在 A 点稳定运行，如图 4-37b 所示。电动机制动

时，KM1 断开，KM2 闭合，电枢所加电压反向，同时在电枢电路中串入了电阻 R_{bk}，这时电枢电压变为负值，电枢电流则为

$$I_a = \frac{-U - E_a}{R_a + R_{bk}} = -\frac{U + E_a}{R_a + R_{bk}} < 0$$

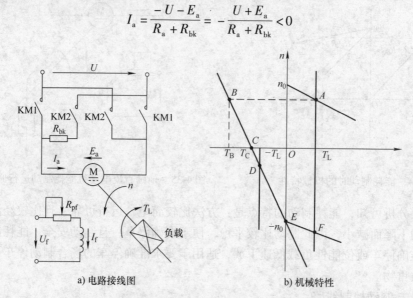

a) 电路接线图　　　　　　　b) 机械特性

图 4-37　他励直流电动机电枢反接制动电路与机械特性

由上式可知电枢电流 I_a 变为负值而改变方向，电磁转矩 $T = C_T \Phi I_a$ 也随之变为负值而改变方向，与原转速方向相反，成为制动转矩，使电动机处于制动状态。

电枢反接制动时电动机的机械特性方程式为

$$n = \frac{-U_N}{C_e \Phi_N} - \frac{R_a + R_{bk}}{C_e C_T \Phi_N^2} T = -n_0 - \frac{R_a + R_{bk}}{C_e C_T \Phi_N^2} T$$

机械特性如图 4-37b 所示的第二象限的直线段部分。在电源反接切换的瞬间，转速 n_A 不变，电动机的工作点由 A 点跳至 B 点，电磁转矩 T 反向，$T < 0$，$n > 0$，电磁转矩 T 为制动转矩，电动机开始减速，沿机械特性曲线的 BC 段下降，至 C 点时，$n = 0$。当负载为反抗性恒转矩负载时，如果在 C 点将电源迅速切除，电动机就停止转动，制动过程结束；如果在 C 点不将电源切除，当 $|T_C| \leqslant T_L$ 时，电动机堵转，当 $|T_C| > T_L$ 时，电动机反向起动，沿曲线 BC 至 D 点时，满足 $|T_C| = T_L$，在 D 点处于反向电动稳定运行状态。

电枢反接制动过程中，电动机仍与电网连接，且从电网吸收电能，同时随着转速的降低，系统储存的动能减少，减少的动能从电动机轴上输入转换为电能，这两部分电能全部消耗在电枢电路的电阻上。

电枢反接制动开始瞬间，电枢电流的大小取决于电源电压 U_N、制动开始时的电动势 E_a 及电枢电路的电阻$(R_a + R_{bk})$。为了把电枢电流限制在 $I_{bk} = (2 \sim 2.5) I_N$ 范围内，则制动电阻为

$$R_{bk} \geqslant \frac{U_N + E_a}{I_{bk}} - R_a$$

若制动前在额定负载下运行，可认为 $E_a \approx U_N$，则制动电阻的近似值为

$$R_{bk} \geqslant \frac{2U_N}{I_{bk}} - R_a \approx \frac{2U_N}{I_{bk}}$$

由以上分析可知电枢反接制动的特点是：设备简单、操作方便、制动转矩较大、制动强烈。但制动过程中能量损耗较大，在快速制动停车时，若不及时切断电源就可能反转，不易实现准确停车。电枢反接制动可使反抗性负载快速停车或正、反转，适用于要求快速停车的生产机械，对于要求迅速停车并立即反转的生产机械更为理想。

2）倒拉反接制动。倒拉反接制动的方法使用在电动机拖动位能性负载，由提升重物转为下放重物的系统中，将重物低速匀速下放，制动控制线路接线图如图 4-38a 所示。其接线与提升重物时的电动状态基本相同，只是在电枢电路串联了一个大的电阻 R_{bk}。

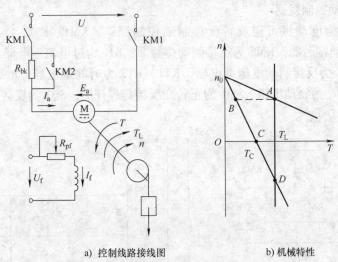

a) 控制线路接线图   b) 机械特性

图 4-38 他励直流电动机倒拉反接制动线路与机械特性

当电动机提升重物时，KM1 和 KM2 闭合，电动机在机械特性的 A 点稳定运行，如图 4-38b 所示。下放重物时，将 KM2 断开，电枢电路在 KM2 断开的瞬间串入一个较大的电阻 R_{bk}，电动机的转速 n_A 不能突变，工作点由 A 点跳至人为机械特性的 C 点。由于电枢串入了较大电阻，这时电枢电流变小，电磁转矩 T 变小，即 $T < T_L$，因此系统不能将重物提升。在负载重力的作用下，转速迅速沿特性下降到 $n = 0$，如图 4-38b 所示的 D 点，在该点电磁转矩还是小于负载转矩，即 $T < T_L$，电动机开始反转，也称为倒拉反转，使转速反向，$n < 0$，$E_a = C_e \Phi n < 0$，电枢电流则为

$$I_a = \frac{U_N - E_a}{R_a + R_{bk}} = \frac{U_N + E_a}{R_a + R_{bk}} > 0$$

由上式可知，电枢电流仍是正值，未改变方向，以致电磁转矩 T 也是正值，未改变方向，但转速已改变方向，因此电磁转矩 T 与转速 n 方向相反，为制动转矩，电动机处于制动状态。由上式可知，随着转速的升高，电枢电流增大，电磁转矩也增大，直到 $T = T_L$ 时，如图 4-38b 所示的 B 点，电动机将在 B 点稳定运行，开始匀速下放重物。

倒拉反接制动的机械特性方程式与电动状态时的一样，即为

$$n = \frac{U}{C_e \Phi} - \frac{R_a + R_{bk}}{C_e C_T \Phi^2} T = n_0 - \frac{R_a + R_{bk}}{C_e C_T \Phi^2} T$$

由于电枢电路串接的电阻 R_{bk} 较大，因此 n 为负值，机械特性为第四象限的部分。倒拉反接制动时的制动电阻为

$$R_{bk} = \frac{U_N + |E_a|}{I_{bk}} - R_a$$

倒拉反接制动的功率关系与电源反接制动的功率关系相同，区别在于电源反接制动时，电动机输入的机械功率由系统储存的动能提供，而倒拉反接制动则是由位能性负载以位能减少来提供的。

倒拉反接制动的特点是：设备简单、操作方便，电枢电路串入的电阻较大，机械特性较软，转速稳定性差，能量损耗较大。倒拉反接制动仅适用于低速下放重物，不能用于制动停车。

（2）反接制动控制线路

图4-39所示为电动机可逆旋转反接制动控制线路，KM1、KM2为正、反转接触器，KM3、KM4为起动接触器，KM5为反接制动接触器，KI1为过电流继电器，KI2为欠电流继电器，KV1、KV2为反接制动电压继电器，KT1、KT2为时间继电器，R_1、R_2为起动电阻，R_3为放电电阻，R_4为制动电阻，SQ1为正转变反转行程开关，SQ2为反转变正转行程开关。

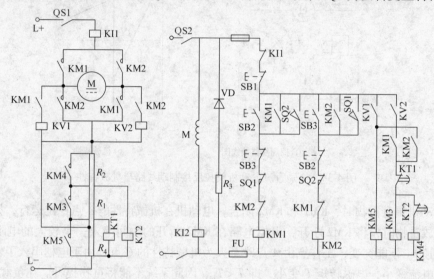

图4-39　电动机可逆旋转反接制动控制线路

该电路采用时间原则两级起动，能正、反转运行，并能通过行程开关SQ1、SQ2实现自动换向。在换向过程中，电路能实现反接制动，以加快换向过程。下面以电动机正向转反向为例说明电路工作情况。

电动机正向运转，拖动运动部件，当撞块压下行程开关SQ1时，KM1、KM3～KM5、KV1断电，KM2通电，使电动机电枢接上反向电源，同时KV2通电，反接时的电枢电路如图4-40所示。

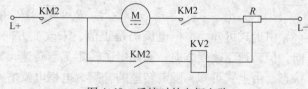

图4-40　反接时的电枢电路

由于机械惯性存在，电动机转速n与电动势E_a的大小和方向来不及变化，且电动势E_a的方向与电压降IR方向相反，此时反接电压继电器KV2的线圈电压很小，不足以使KV2通电，使KM3～KM5线圈处于断电状态，电动机电枢串入全部电阻进行反接制动。随着电动机转速下降，E_a逐渐减小，反接继电器KV2上电压逐渐增加。当$n \approx 0$时，$E_a \approx 0$，加至KV2线圈两端电压使它吸合，使KM5通电，短接反接制动电阻R_4，电动机串入R_1、R_2进行反向起动，直至反向正常运转。

当反向运转拖动运动部件，撞块压下行程开关 SQ2 时，则由 KV1 控制实现反转—制动—正向起动过程。

3. 回馈制动

若在外部条件的作用下，使电动机的实际转速高于理想空载转速，即 $|n| > n_0$ 时，电动机即可运行在回馈制动状态。回馈制动一般出现在下面两种情况中。

（1）位能性负载拖动电动机时

电动机拖动位能性负载提升重物时，若将电源反接，电动机就进入电枢反接制动状态，转速 n 沿电枢反接制动的机械特性 BC 段迅速下降至 C 点，如图 4-37b 所示。当转速降为零时，不断开电源，电动机开始反向起动，转速反向升高至 E 点时，电磁转矩 $T = 0$，但负载转矩 $T_L > 0$，电动机在位能负载 T_L 的作用下沿机械特性的 EF 段继续反向升速（$R_{bk} = 0$），工作点进入机械特性的第四象限部分，这时电动机的转速高于理想空载转速，即
$|n| > |-n_0|$，使 $|C_e \Phi_N n| > |-C_e \Phi_N n_0|$，即 $|E_a| > U_N$，则电枢电流为

$$I_a = \frac{-U_N - E_a}{R_a + R_{bk}} = \frac{-U_N + |E_a|}{R_a + R_{bk}} > 0$$

因此电磁转矩 $T > 0$，而 $n < 0$，电磁转矩 T 为制动转矩，电动机进入制动状态。由于此时 $|E_a| > U_N$，电动机变为发电机，向电网输入电能，故称为回馈制动，在机械特性 EF 段随着转速 n 的反向升高，电动势 E_a 增加，电流 I_a 增加，电磁转矩 T 增加，直到 $T = T_L$ 时，在 F 点稳定运行，匀速下放重物。

（2）电动机降压调速时

在电动机降压调速的过程中，若突然降低电枢电压，感应电动势还来不及变化，就会发生 $n > n_0$，$E_a > U$ 的情况，即出现了回馈制动状态。

如图 4-41 所示，当电压从 U_N 降到 U_1 时，转速逐步下降，在转速从 n_N 降到 n_{01} 的期间，由于 $E_a > U_1$ 将产生回馈制动，此时电枢电流及电磁转矩方向将与正向电动状态时相反，而转速方向未改变。在转速从 n_{01} 降到 n_1 期间，由于 $E_a < U_1$，此时电枢电流及电磁转矩方向将与正向电动状态时相同，电动机恢复到电动状态下工作。现将他励直流电动机 4 个象限运行的机械特性画在一起，如图 4-42 所示，便于读者加深理解和综合分析。

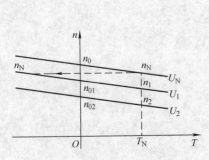

图 4-41　他励直流电动机降压
调速过程中的回馈制动

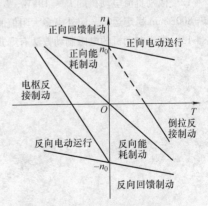

图 4-42　他励直流电动机各种
运行状态的机械特性

小　　结

1）直流电动机由定子和转子组成。定子主要由主磁极、换向极、机座和电刷装置组成，主要作用是建立主磁场；转子部分包括电枢铁心、电枢绕组、换向器、转轴等，主要作用是产生电磁转矩和感应电动势，实现能量转换。

2）励磁方式是指励磁绕组中励磁电流获得的方式。直流电机按励磁方式不同可分为他励、并励、串励、复励。复励又分积复励和差复励。

3）直流电动机的起动方式有：全压起动、电枢回路串电阻起动和降压起动。

4）直流电机电气调速方法有：电枢回路串电阻调速、改变电枢端电压调速、减弱磁通（改变励磁电流）调速。

5）直流电机电气制动的方法主要有：能耗制动、反接制动和回馈制动。

习　　题

4-1　直流电动机由哪些主要部件组成？各起什么作用？

4-2　简述直流电机的可逆性。

4-3　一台直流电动机的额定功率 $P_N = 10kW$，额定电压 $U_N = 400V$，额定转速 $n_N = 2680r/min$，额定效率 $\eta_N = 82.7\%$。试求：

（1）额定负载时的输入功率 P_1；

（2）电动机的额定电流 I_N。

4-4　什么是电动机的固有机械特性和人为机械特性？各有什么特点？

4-5　说明直流电动机的机械特性方程、n_0 和 Δn 的物理意义。

4-6　直流电动机有哪几种励磁方式？

4-7　说明直流电动机输入功率、电磁功率、输出功率的意义，这 3 个量之间有什么关系？

4-8　直流电动机起动时应该注意哪些问题？

4-9　直流电动机有哪几种起动方式？各有什么特点？

4-10　直流电动机的调速方法有哪几种？简述其特点。

4-11　一台并励直流电动机的额定电压 $U_N = 220V$，$I_N = 122A$，$R_a = 0.169\Omega$，$R_f = 100\Omega$，$n_N = 960r/min$。若保持额定转矩不变，使转速下降到750r/min，求需在电枢电路中串入电阻 R 的阻值。

4-12　他励直流电动机的 $P_N = 18kW$，$U_N = 220V$，$I_N = 94A$，$n_N = 1000r/min$，求若在额定负载转速下降至 $n = 800r/min$ 稳定运行，应外串多大阻值的电阻？若采用降压方法，电源电压应降至多少伏？

4-13　直流电动机的电磁制动方法有哪几种？各有什么优、缺点？

项目5　其他常用电机的应用与检修

> ➤ **教学目标**
> 1. 了解单相异步电动机的结构和应用。
> 2. 理解单相异步电动机的工作原理、机械特性、起动及调速方法。
> 3. 熟悉交直流伺服电动机的功能、性能要求及结构。
> 4. 掌握交直流伺服电动机的工作原理，理解其机械特性和调节特性。
> 5. 熟悉步进电动机的功能和结构。
> 6. 掌握步进电动机的运行方式和工作原理，理解步进电动机的运行特性。

随着现代科学技术的不断进步，电力拖动系统中除了普遍使用的交直流电机以外，还有多种具有特殊性能的小功率电机。这类电机由驱动微电机和控制电机构成，简称为微控电机。驱动微电机用来拖动各种小型负载，功率一般都在750W以下，最小的不到1W，因此外形尺寸较小，相应的功率也小，如单相异步电机。控制电机是指用于自动控制系统的具有特殊性能的小功率电机，这一类电机主要是在控制系统中用于信号的检测、传递、执行、放大或转换等，要求具有较高的控制性能，如要求反应快、精度高、运行可靠、体积小、重量轻等。但控制电机的电磁过程和所遵循的基本电磁规律与常规旋转电机没有本质上的区别。

控制电机广泛用于现代军事装备、航空航天技术、现代工业技术、现代交通运输、民用领域的尖端技术，如导弹遥控遥测、雷达自动定位、飞机自动驾驶、工业机器人控制、数控机床、高级轿车、录音录像设备等都少不了控制电机。控制电机主要有伺服电动机、步进电动机等。

任务5.1　单相异步电动机的应用与检修

5.1.1　任务描述

单相异步电动机是用单相交流电源供电的异步电动机。由于它结构简单、成本低廉、运行可靠、维修方便，并可以直接接在单相220V交流电源上使用，因此广泛用于办公场所、家用电器等方面，在工、农业生产及其他领域中，单相异步电动机的应用也越来越广泛，如台扇、吊扇、洗衣机、电冰箱、吸尘器、电钻、小型鼓风机、小型机床和医疗器械等，都需要单相异步电动机驱动。现有一台正在运行中的电扇，转速突然下降，后以低速反转，需分析查找故障原因并排除。

5.1.2　任务分析

运行中的电扇转速突然下降，实际是驱动电扇的单相异步电动机工作速度出现了问题，要排除该故障，需要了解单相电动机的结构、工作原理、起动及调速方法，能正确地使用单相异步电动机，了解单相异步电动机的检修常识。单相异步电动机的调速方法主要有变极调速、降压调速（又分为串联电抗器、串联电容器、自耦变压器和串联晶闸管调压调速方法）、抽头调速等。

5.1.3 相关知识

1. 单相异步电动机的结构

单相异步电动机的结构图如图 5-1 所示。单相异步电动机和三相笼型异步电动机从结构上看基本差不多，主要区别在定子绕组。三相笼型异步电动机的定子放置有三相绕组，而单相异步电动机的定子上放置有一个单相主绕组（工作绕组）和一个辅助（起动）绕组。主绕组和辅助绕组在空间位置上相差 $90°$ 电角度，它的转子也为笼型转子。

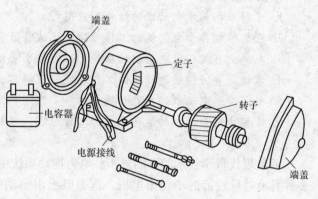

图 5-1 单相异步电动机的结构

2. 单相单绕组异步电动机的工作原理

首先假设定子只放置装有主绕组（工作绕组），如果仅将单相异步电动机的工作绕组接通单相交流电源，当该绕组流过单相交流电流时，由前面的学习可知，电动机中产生的磁动势是一个脉振磁动势 F。该脉振磁动势可以分解为两个幅值相等（等于脉振磁动势幅值的一半）、同步转速相同、旋转方向相反的圆形旋转磁动势，即 $F = F_+ + F_-$，如图 5-2 所示。其中 F_+ 的转向与电动机转向相同，称为正向旋转磁动势；F_- 的转向与电动机转向相反，称为反向旋转磁动势。

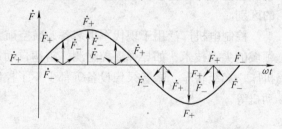

图 5-2 单相绕组通电时的脉振磁动势变化曲线

单相异步电动机的转子在脉振磁动势作用下产生的电磁转矩，就等于正向旋转磁动势 F_+ 和反向旋转磁动势 F_- 分别作用下产生的电磁转矩 T_+ 和 T_- 之和。单相异步电动机中，正向旋转磁动势 F_+ 作用下产生的电磁转矩为 T_+，机械特性为 $n = f(T_+)$（曲线 1），向旋转磁动势作用下产生的电磁转矩为 T_-，机械特性为 $n = f(T_-)$（曲线 2），两条机械特性曲线是对称的，合成电磁转矩为 $T = T_+ + T_-$，合成机械特性为 $n = f(T)$（曲线 3），如图 5-3 所示。由图可知，合成机械特性为一条过坐标原点的曲线，由该曲线可以看出单相异步电动机具有下列特点：

1）当转速 $n = 0$（起动）时，电磁转矩 $T =$

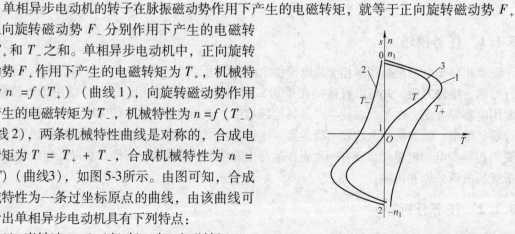

图 5-3 单相单绕组异步电动机的机械特性曲线

0。表明只有主绕组通电时，电动机无起动转矩，不能自行起动。

2）当转速 $n>0$ 时，电磁转矩 $T>0$；当 $n<0$ 时，$T<0$。这表明如果由于其他原因（如外力作用）使电动机正转或反转，且电磁转矩大于负载转矩，电动机就能在电磁转矩的作用下进入稳定区域稳定运行。

综上所述，单相异步电动机定子上若只有主绕组（工作绕组），则电动机无起动转矩，不能自行起动，但是可以运行，因此需要解决单相异步电动机的起动问题。为此，在单相异步电动机的定子上增加一个辅助绕组（起动绕组），必须有两相绕组才能使单相异步电动机自行起动运行。

3. 两相绕组异步电动机的机械特性

当单相异步电动机的主绕组和辅助绕组同时通入相位不同的两相交流电流时，将产生一个椭圆形旋转磁动势。可证明一个椭圆形旋转磁动势 F 可分解为一个正向旋转磁动势 F_+ 和一个反向旋转磁动势 F_-，即 $F=F_+ + F_-$，且这两个磁动势大小不相等，即 $F_+ \neq F_-$。若 $F_+ > F_-$，这两个磁动势在转子上产生的电磁转矩分别为 T_+ 和 T_-，正转的机械特性 $n = f(T_+)$（曲线1）和反转的机械特性 $n=f(T_-)$（曲线2），如图5-4所示。由于 $F_+ \neq F_-$，因此 $n = f(T_+)$ 和 $n = f(T_-)$ 不对称。在合成磁动势 F 作用下产生的电磁转矩 $T = T_+ + T_-$，合成机械特性 $n = f(T)$（曲线3）为一条不过坐标原点的曲线，如图5-4所示。由该机械特性曲线可看出，在 $F_+ > F_-$ 的情况下，$n=0$ 时，$T>0$，电动机有正向起动转矩，可以自行起动并正向运行。显然，$F_+ < F_-$ 时，即在椭圆形旋转磁动势反转的情况下，电动机亦能反向起动，并且反向运行。

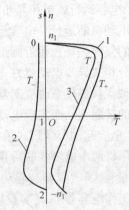

图5-4　两相绕组通电时的机械特性曲线

以上分析表明，单相异步电动机自行起动的条件是电动机起动时的磁动势是椭圆形或圆形旋转磁动势，因此单相异步电动机必须有一个辅助绕组（起动绕组），并且要使起动绕组和工作绕组中的电流相位不同。

4. 单相异步电动机的起动

根据起动方法的不同，单相异步电动机可分为电容分相式、电阻分相式和罩极式3类。下面分别进行介绍。

（1）电容分相式单相异步电动机

电容分相式单相异步电动机的定子上有两个绕组：一个是主绕组，另一个是起动绕组，两绕组在空间相差90°，如图5-5所示，起动绕组与电容器串联，起动时，利用电容器使起动绕组的电流在相位上比主绕组的电流超前接近90°电角度，由于起动绕组串联了电容器，使得在两绕组中形成了两相电流，在气隙中形成了旋转磁场，产生了起动转矩，电动机起动后将起动绕组断开。

电容分相式单相异步电动机可根据起动绕组是否参与正常运行分为3类：电容起动式单相异步电动机、电容运行式单相异步电动机和电容起动与运行式单相异步电动机。

1）电容起动式单相异步电动机。起动绕组仅参与起动，当转速上升到70% ~85%额定

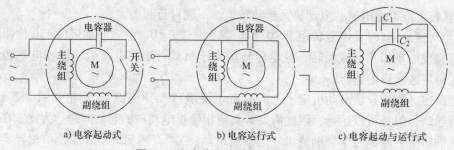

a) 电容起动式   b) 电容运行式   c) 电容起动与运行式

图 5-5　电容分相式单相异步电动机

转速时，由离心开关将起动绕组从电源上切除。它适用于具有较高起动转矩的小型空气压缩机、电冰箱、磨粉机、水泵及满载起动的小型机械。

2）电容运行式单相异步电动机。这种电动机没有离心开关，起动绕组不但参与起动，也参与电动机的运行。电容运行式单相异步电动机实际上是一台两相异步电动机，其定子绕组产生的气隙磁场较接近圆形旋转磁场。因此，其运行性能较好，功率因数、过载能力比普通单相分相式异步电动机好，适用于电风扇、洗衣机、通风机、录音机等各种空载或轻载起动的机械。只要任意改变起动绕组（或工作绕组）首端和末端与电源的接线，即可改变旋转磁场的转向，从而实现电动机的反转。

3）电容起动与运行式单相异步电动机（也称为单相双值电容式异步电动机）。这种电动机采用将两个电容并联后再与起动绕组串联的接线方式。两只电容，一只称为起动电容器 C_1（容量较大），仅参与起动，起动结束后，由离心开关将其切除与起动绕组的连接；另一只称为工作电容器 C_2（容量较小），则在全过程均接入。这类电动机具有较好的运行性能、起动能力大、过载性能好、效率和功率因数高，适用于电冰箱、空调、水泵和小型机械。

（2）电阻分相式单相异步电动机

电阻分相式单相异步电动机如图 5-6 所示。两个绕组接在同一单相电源上，副绕组中串一个离心开关。起动后，待转速达到 75% ~ 80% 的同步转速时，装在转轴上的离心开关或起动继电器将起动绕组断开，由主绕组单独运行工作。这种单相异步电动机实质上是两相起动单相运转。为了使起动绕组中的电流与工作绕组中的电流之间有相位差，从而产生起动转矩，通常设计时，起动绕组的匝数比工作绕组匝数少一些，起动绕组的导线截面面积比工作绕组的截面面积小得多。这样，起动绕组的电阻比工作绕组的电阻大，而它的电抗较工作绕组小。由于绕组中电流的相位差不大，因此起动转矩较小。

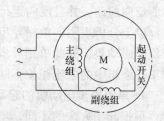

图 5-6　电阻分相式单相异步电动机

单相电阻起动式电动机适用于具有中等起动转矩和过载能力的小型车床、鼓风机、医疗器械等。

单相电阻分相式异步电动机改变转向的方法，是把工作绕组或起动绕组中的任何一个绕组接电源的两出线端对调，使椭圆形旋转磁场的转向改变，因而转子的转向也随之而改变。

（3）罩极式单相异步电动机

容量很小的单相异步电动机常利用罩极法来产生起动转矩。罩极式单相异步电动机转子仍为笼型结构，定子由硅钢片叠成，可做成凸极式和隐极式两种类型。图 5-7 所示为凸极式定子的罩极电动机结构示意图。两个凸极上装有集中绕组，称为主绕组。每个极的侧面约1/3处，开有一个小槽，槽中嵌入短路铜环，也称短路环，把磁极一小部分罩起来，故称为罩极式异步电动机。

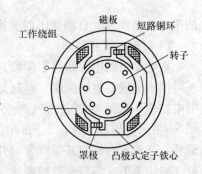

图 5-7 凸极式定子的罩极电动机结构

给单相罩极式异步电动机的定子绕组通入正弦交流电后，在励磁绕组与短路环的共同作用下，磁极之间形成一个连续移动的磁场，好似旋转磁场一样，从而使笼型转子受力而旋转。旋转磁场的形成可用图 5-8 说明。

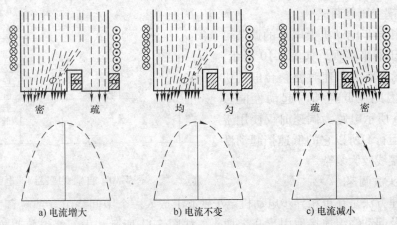

图 5-8　单相罩极式异步电动机中磁场的移动原理

1）当流过励磁绕组的电流由零开始增大时，由电流产生的磁通也随之增大。但在被短路环罩住的一部分磁极中，根据楞次定律，变化的磁通将在短路环中产生感应电动势和电流，力图阻止原磁通的增加，从而使被罩磁极中的磁通较疏，未罩磁极中的磁通较密，如图 5-8a 所示。

2）当电流达到最大值时，电流的变化率近似为 0，这时短路环中基本上没有感应电流产生，因而磁极中的磁通均匀分布，如图 5-8b 所示。

3）当励磁绕组中的电流由最大值下降时，短路环中又有感应电流产生，以阻止被罩部分磁极中磁通的减小，因而此时被罩部分的磁通分布较密，而未罩部分的磁通分布较疏，如图 5-8c 所示。

综合以上分析可以看出，单相罩极式电动机磁极的磁通分布在空间是移动的，由磁极的未罩部分向被罩部分移动，这种持续移动的磁通，其作用与旋转磁场相似，也可以使转子获得起动转矩而旋转。要改变罩极式异步电动机的旋转方向，只能改变罩极的方向，这一般难以实现，所以罩极式异步电动机通常用于不需要改变转向的电气设备中。

罩极式电动机的结构简单、维护方便、价格低廉，但起动转矩小，它主要用于小功率空载或轻载起动的场合，如在台式电扇、换气扇、小型风机及办公自动化设备上采用。

5. 单相异步电动机的调速

单相异步电动机的调速方法主要有变极调速、降压调速（又分为串联电抗器、串联电容器、自耦变压器和串联晶闸管调压调速方法）、抽头调速等。下面简单介绍目前采用较多的串电抗器调速、自耦变压器调速、抽头法调速和晶闸管调速。

（1）串电抗器调速

在电动机的电源线路中串联起分压作用的电抗器，电抗器为一带抽头的铁心电感线圈，通过调节抽头选择电抗器的匝数来调节电抗值，从而改变电动机两端的电压，达到调速的目的，如图5-9所示。当开关S在1挡时电动机转速最高，在5挡时转速最低。开关S有旋钮开关和琴键开关两种，这种调速方法接线方便、结构简单，容易调整转速比，常用于简易的家用电器，如台扇、吊扇中。但消耗的材料多，调速面积大。

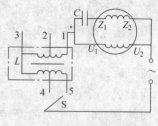

图5-9　串电抗调速电路

（2）自耦变压器调速

加在单相异步电动机上电压的调节可通过自耦变压器来实现，如图5-10所示，图5-10a所示电路为调速时使整台电动机降压运行，因此在低速挡时起动性能较差，图5-10b所示电路为调速时仅使用工作绕组降压运行，所以它的低速挡起动性能较好，但接线较为复杂。

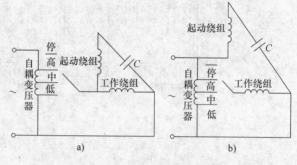

图5-10　自耦变压器调速电路

（3）抽头法调速

这种调速方法是在单相异步电动机定子铁心上嵌入一个中间绕组（或称调速绕组），它与工作绕组及起动绕组连接后引出几个抽头，如图5-11所示。中间绕组起调节电动机转速的作用，这样就省去了调速电抗器铁心，降低了产品成本，节约了电抗器上的能耗。根据中间绕组与工作绕组及起动绕组的接线不同，常用的有T形接法和L形接法。与串电抗器调速相比，抽头法调速用料省、耗电少，但是绕组嵌线和接线比较复杂。

（4）晶闸管调速

目前采用晶闸管调压的无级调速已越来越多，利用改变晶闸管的导通角，来实现加在单相异步电动机上的交流电压的大小，从而达到调节电动机转速的目的，如图5-12所示，整个电路只用了双向晶闸管、双向二极管、带电源开关的电位器、电阻和电容等元器件，电路结构简单，调速效果好。

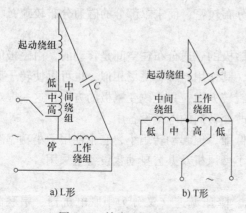

图5-11　抽头法调速电路

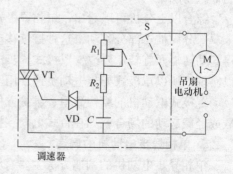

图5-12　吊扇晶闸管调压调速电路

6. 单相异步电动机的常见故障及检修

不同结构的单相异步电动机的故障也有所不同。根据单相异步电动机的实际运行情况，现将单相异步电动机的常见故障及故障产生原因和排除方法介绍如下，见表5-1。

表5-1　单相异步电动机的常见故障、原因及其排除方法

故障现象	故障原因分析	故障排除方法
通电后电动机不能起动	1. 熔断器熔丝熔断 2. 保护系统温度设置过低 3. 无电压或电压过低 4. 电动机接线错误 5. 电源线开路 6. 一次绕组或二次绕组开路 7. 一次绕组或二次绕组短路 8. 起动电容器损坏 9. 开关损坏 10. 轴承磨或轴承装配不良	1. 更换熔丝 2. 重新设置保护温度 3. 测量并调整电压 4. 检查接线并纠正 5. 用万用表找出电源线开路点并重新焊接 6. 用万用表确定故障点，更换线圈 7. 用短路侦察器确定故障点，并重绕线圈 8. 更换同规格电容器 9. 更换开关 10. 更换轴承，重新装配调整，检查是否转动灵活
电动机发热	1. 电动机接线错误 2. 绕组有匝间短路 3. 电压不正常 4. 电源频率不对 5. 定、转子气隙中有杂物，通风条件不好 6. 轴承润滑脂干涸，轴承损坏 7. 电动机过载 8. 机械传动不灵活 9. 起动开关未能打开 10. 环境温度太高	1. 检查接线，改正错误 2. 更换绕组 3. 测量电压，并采取措施使电压正常 4. 检查电源频率 5. 清除杂物并保持通风畅通 6. 清洗轴承，换上新的润滑脂 7. 减轻负载检查机械传动部分 8. 检修机械传动部分 9. 调整起动开关 10. 改善周围环境及通风条件
电动机运行中噪声大	1. 转子导条松脱或断条 2. 轴承损坏或缺油 3. 离心开关损坏 4. 电动机轴向游隙过大 5. 电动机底脚螺栓松动 6. 电动机或电动机附件未紧固 7. 电动机与负载轴中心未对准 8. 气隙中有杂物 9. 电动机轴弯曲 10. 电动机与负载共振	1. 检查导条并修复 2. 更换轴承或加油 3. 修复或更换离心开关 4. 轴向游隙应小于0.4mm，过松应加垫片 5. 紧固底脚螺栓 6. 紧固螺钉 7. 调整电动机与负载联轴器 8. 清理气隙中的杂物 9. 校正电动机轴 10. 采取相应措施减振
电动机转速达不到额定值	1. 定子绕组有匝间短路 2. 轴承磨损造成阻转矩加大 3. 电源电压太低 4. 轴承缺油 5. 电容器损坏	1. 更换定子绕组 2. 更换轴承 3. 调整电源电压 4. 清洗轴承，补充新油 5. 更换电容器
电动机振动大	1. 电动机与负载不同心 2. 各处螺栓未紧固 3. 绕组匝间短路 4. 电动机轴弯曲	1. 校正电动机与负载直至二者同心 2. 紧固螺栓 3. 用万用表分别测每个绕组的直流电阻，找出有匝间短路的绕组进行更换 4. 更换电动机轴

故障现象	故障原因分析	故障排除方法
电动机外壳带电	1. 电源线绝缘损坏 2. 电动机引线绝缘损坏	1. 更换电源线 2. 对电动机引线进行包扎
电动机运行中冒烟，发出焦糊味	1. 绕组短路烧毁 2. 绝缘受潮严重，通电后绝缘被击穿烧毁 3. 绝缘老化脱落，造成烧毁	检查短路点和绝缘状况，根据检查结果局部或整体更换绕组

5.1.4 任务实施

1）拆开电扇中的单相异步电动机，观察内部结构。

2）故障检查与排除：检查定子绕组，经检查发现定子绕组连接正确，不存在短路问题，检查电容器，发现电容器短路，之后重新接线，从而排除故障。

任务5.2 伺服电动机的应用与检修

5.2.1 任务描述

伺服电动机是一种受输入电信号控制并能作出快速响应的电动机。主要应用于雷达天线、潜艇、卫星及工业自动生产系统等方面。在运行中若出现一些故障，该如何排除这些故障呢？

5.2.2 任务分析

伺服电动机的作用是将输入的电压信号（控制电压）转换成轴上的角位移或角速度输出。在自动控制系统中常作为执行元件来使用，它具有服从控制信号的要求而动作的功能，在信号到来之前，转子静止不动；当信号到来后，转子立即转动；控制信号一旦消失，转子立即停转；若控制信号的方向改变，转子也立即反转。由于这种"伺服"性能，因而把这类电动机称为伺服电动机。通过改变控制电信号的大小和极性，可改变电动机的转速和转向。

自动控制系统对伺服电动机的基本要求如下：

1）无"自转"现象：即要求控制电动机在有控制信号时迅速转动，而当控制信号消失时必须立即停止转动。控制信号消失后，电动机仍然转动的现象称为自转，自动控制系统不允许有"自转"现象。

2）空载始动电压低：电动机空载时，转子从静止到连续转动的最小控制电压称为始动电压。始动电压越小，电动机的灵敏度越高。

3）机械特性和调节特性的线性度好：线性的机械特性和调节特性有利于提高系统的控制精度，能在宽广的范围内平滑稳定地调速。

4）快速响应性好：即要求电动机的机电时间常数要小，堵转转矩要大，转动惯量要小，转速能随控制电压的变化而迅速变化。

根据使用电源性质的不同，伺服电动机可分为直流伺服电动机和交流伺服电动机两大类。交、直流伺服电动机作为执行元件，可用于中、高档数控机床的主轴驱动和速度进给伺服系统，工业用机器人的关节驱动伺服系统，火炮、机载雷达等伺服系统。

5.2.3 相关知识

1. 直流伺服电动机

直流伺服电动机是指使用直流电源工作的伺服电动机，实质上就是一台他励式直流电动机。

（1）直流伺服电动机的结构和分类

直流伺服电动机的结构和普通直流电动机基本相同，也是由定子和转子两大部分组成，其外形如图 5-13 所示。按励磁方式不同，又可分为永磁式（代号 SY）和电磁式（代号 SZ）两种。永磁式直流伺服电动机是在定子上装置由永久磁钢做成的磁极，其磁场不能调节。电磁式直流伺服电动机的定子通常由硅钢片冲制叠装而成，外套励磁绕组。

图 5-13　直流伺服电动机的外形

直流伺服电动机按结构可分为普通型直流伺服电动机、盘形电枢直流伺服电动机、空心杯电枢直流伺服电动机、无槽电枢直流伺服电动机等几种。

1）普通型直流伺服电动机。普通型直流伺服电动机的结构形式与普通直流电动机的相同，只是它的容量和体积要小得多。按励磁方式，它又可以分为电磁式和永磁式两种。电磁式直流伺服电动机的定子铁心通常由硅钢片冲制叠压而成，励磁绕组直接绕制在磁极铁心上，使用时需加励磁电源。永磁式直流伺服电动机的定子上安装由永久磁钢制成的磁极，不需励磁电源。

2）盘形电枢直流伺服电动机。图 5-14 所示为盘形电枢直流伺服电动机的结构简图。定子是由永久磁钢和前后磁轭组成的，转轴上装有圆盘。电动机的气隙位于圆盘的两侧，圆盘上有电枢绕组，绕组可分为印制绕组和绕线盘形绕组两种形式。盘形电枢上电枢绕组中的电流沿径向流过圆盘表面，并与轴向磁通相互作用而产生转矩。

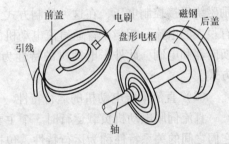

图 5-14　盘形电枢直流伺服电动机的结构简图

盘形电枢直流伺服电动机多用于低速、经常起动和反转的机械中，其输出功率一般在几瓦到几千瓦的范围内，大功率的主要用于雷达天线的驱动、机器人的驱动和数控机床等。另外，由于它呈扁圆形，轴向占的位置小，安装方便。

3）空心杯形电枢直流伺服电动机。图 5-15 所示为空心杯形电枢直流伺服电动机的结构简图，其定子部分包括一个外定子和一个内定子。外定子可以由永久磁钢制成，也可以是通常的电磁式结构；内定子由软磁材料制成，以减小磁路

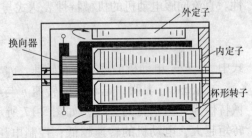

图 5-15　空心杯形电枢直流伺服电动机结构简图

的磁阻，仅作为主磁路的一部分。空心杯形转子上的电枢绕组，可以采用印制绕组，也可先绕成单个成型绕组，然后将它们沿圆周的轴向排列成空心杯形，再用环氧树脂固化。电枢绕组的端侧与换向器相连，由电刷引出。空心杯形转子直接固定在转轴上，在内、外定子的气隙中旋转。

空心杯形直流伺服电动机的价格比较昂贵，多用于高精度的仪器设备中，如监控摄像机和精密机床等。

4）无槽电枢直流伺服电动机。无槽电枢直流伺服电动机的电枢铁心上不开槽，电枢绕组直接排列在铁心圆周表面，再用环氧树脂将它和电枢铁心固化成一个整体，如图 5-16 所示。这种电动机的转动惯量和电枢绕组的电感比前面介绍的两种无铁心转子的电动机要大些，动态性能也比它们差。

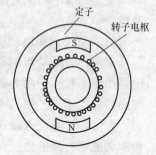

图 5-16　无槽电枢直流伺服
电动机结构简图

此外，还有无刷直流伺服电动机，它可以实现无接触（无刷）电子换向，既具有直流伺服电动机良好的机械特性和调节特性，又具有交流电动机维护方便、运行可靠的优点。

（2）直流伺服电动机的工作原理与控制方式

直流伺服电动机的工作原理与普通直流电动机的相同。只要在其励磁绕组通入电流且产生磁通，当电枢绕组中通过电流时，电枢电流就与磁通相互作用产生电磁转矩，使电动机转动。这两个绕组中的一个断电时，电动机立即停转，无自转现象。

直流伺服电动机工作时有两种控制方式，即电枢控制方式和磁场控制方式。永磁式的直流伺服电动机只有电枢控制方式。电枢控制方式是励磁绕组接恒定的直流电源，产生额定磁通，电枢绕组接控制电压，当控制电压的大小和方向改变时，电动机的转速和转向随之改变，当控制电压消失时，电枢停止转动。磁场控制方式是将电枢绕组接到恒定的直流电源，励磁绕组接控制电压，在这种控制方式下，当控制电压消失时，电枢停止转动，但电枢中仍有很大的电流，相当于普通直流电动机的直接起动电流，因而损耗的功率很大，还容易烧坏换向器和电刷，此外，电动机的特性为非线性。因此，自动控制系统中一般采用电枢控制方式。

（3）直流伺服电动机的运行特性

直流伺服电动机负载运行时 3 个主要的运行变量为电枢电压 U_a、转速 n 和电磁转矩 T。它们之间的关系特性称为运行特性，包括机械特性和调节特性。

1）机械特性。采用电枢控制方式的直流伺服电动机，当控制电压 U_a = 常数时，磁通 Φ = 常数（不考虑电枢反应），其转速 n 与电磁转矩 T 之间的关系曲线 $n = f(T)$ 称为机械特性。直流伺服电动机的机械特性表达式与他励直流电动机的机械特性表达式相同，为

$$n = \frac{U_a}{C_e\Phi} - \frac{R_a}{C_e C_T \Phi^2}T = n_0 - \beta T \tag{5-1}$$

式中　n_0——电动机的理想空载转速，$n_0 = U_a/(C_e\Phi)$，n_0 与控制电压 U_a 成正比。

式（5-1）表明，电动机的转速 n 与电磁转矩 T 为线性关系，在控制电压不同时，机械特性为一组平行的直线，如图 5-17 所示。从图中可以看出：控制电压 U_a 一定时，电磁转矩越大，电动机的转速越低；控制电压升高，机械特性向右平移，堵转转矩 T_d 成正比地增大。

2）调节特性。在电动机的电磁转矩 T = 常数时，伺服电动机的转速 n 与控制电压 U_a 之间的关系曲线 $n = f(U_a)$ 称为调节特性。由式（5-1）可知，在 T = 常数时，磁通 Φ = 常数，转速 n 与控制电压 U_a 为线性关系，转矩 T 不同时，调节特性是一组平行的直线，如图 5-18 所示。从图中可以看出：在 T 一定时，控制电压 U_a 升高，转速 n 也升高；负载转矩增大，即 T 增大，调节特性向右平移，始动电压 U_{a0} 成正比地增大。例如在 $T_L = T_1$ 时，只有当控制电压 $U_a > U_{a01}$ 时，电动机才能转起来，而当 $U_a = 0 \sim U_{a01}$ 时，电动机不转，称 $0 \sim U_{a01}$ 区间为失灵区或死区，电压 U_{a01} 称为始动电压。负载转矩 T_L 不同，始动电压也不同，T_L 越大，始动电压越大，且始动电压或失灵区的大小与负载转矩成正比。$T = 0$ 时的特性为理想空载特性，这时只要有控制电压 U_a，电动机就转动。实际空载时，$T = T_0 \neq 0$，始动电压不为零，T_0 越大，需要的始动电压越大。

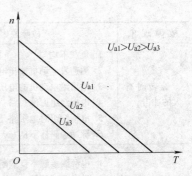

图 5-17　直流伺服电动机的机械特性

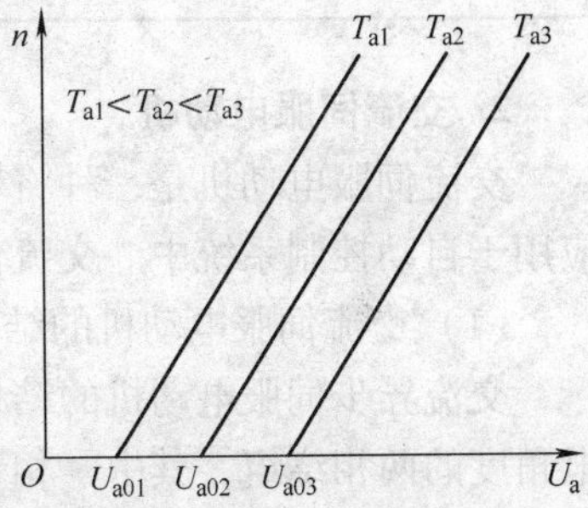

图 5-18　直流伺服电动机的调节特性

（4）直流伺服电动机的型号参数

以 JSF-60-40-30-DF-100 为例来介绍直流伺服电动机的型号参数。

JSF：无电刷直流伺服电动机。

60：电动机的外径（mm）。

40：额定功率，以 10W 为单位，即此时的额定功率为 400W。

30：额定转速，以 100r/min 为单位，即此时的额定转速为 3000r/min。

D：额定电压，A 表示 24V，B 表示 36V，C 表示 48V，D 表示 72V。

F：装配选项，K 表示键槽，F 表示扁平轴，S 表示光轴，G 表示减速机，P 表示特殊制作。

100：编码器的分辨率。

（5）直流伺服电动机的常见故障及检修

直流伺服电动机的常见故障、原因及排除方法见表 5-2。

表 5-2　直流伺服电动机的常见故障、原因及排除方法

故障现象	故障原因分析	故障排除方法
低速加工时工件表面有大的振纹	1. 速度环增益设定不当 2. 电动机的永久磁体局部退磁 3. 电动机性能下降，纹波过大	1. 检查增益参数是否与要求一致，依照参数说明书正确设置参数 2. 采用交换法，判断是否需要重新充磁或更换永久磁铁 3. 更换电动机
在运转、停车或变速时有振动	1. 脉冲编码器工作不良 2. 绕组对地短路或绕组之间短路 3. 电动机接触不良	1. 测量脉冲编码器的反馈信号，更换脉冲编码器 2. 排除短路点，处理好屏蔽与接地 3. 重新调整、安装电动机
电动机运行时噪声太大	1. 换向器接触面的粗糙，换向器的局部短路 2. 轴向间隙过大	1. 检查并更换转向器 2. 利用数控装置进行螺距误差、反向间隙补偿

237

故障现象	故障原因分析	故障排除方法
旋转时有大的冲击	1. 负载不均匀 2. 测速发电动机输出电压突变 3. 输出给电动机的电压波纹太大 4. 电枢绕组内部短路 5. 电枢绕组对地短路 6. 脉冲编码器不良	1. 可目测和分析，改善切削条件 2. 更换测速发电动机 3. 采用稳压电源 4. 更换驱动器 5. 排除短路点，处理好屏蔽与接地 6. 更换编码器
直流伺服电动机不转	1. 电源线接触不良或断线 2. 没有驱动信号 3. 永久磁铁脱落 4. 制动器未松开 5. 电动机本身故障	1. 正确连接或更换电源线 2. 检查信号驱动线路，确保信号线连接可靠 3. 更换永磁体或电动机 4. 检查制动器，确保制动器能够正常工作，必要时更换制动器 5. 维修或更换电动机

2. 交流伺服电动机

交流伺服电动机是一种将输入的电信号转换成电动机转轴的机械转动的控制电机，大量应用于自动控制系统中。交流伺服电动机的外形如图 5-19 所示。

（1）交流伺服电动机的结构

交流异步伺服电动机的结构与单相异步电动机类似。其定子铁心中安放着空间相距 90°电角度的两相绕组，其中一相作为励磁绕组，另一相作为控制绕组，如图 5-20 所示。交流异步伺服电动机的转子通常采用以下两种结构形式。

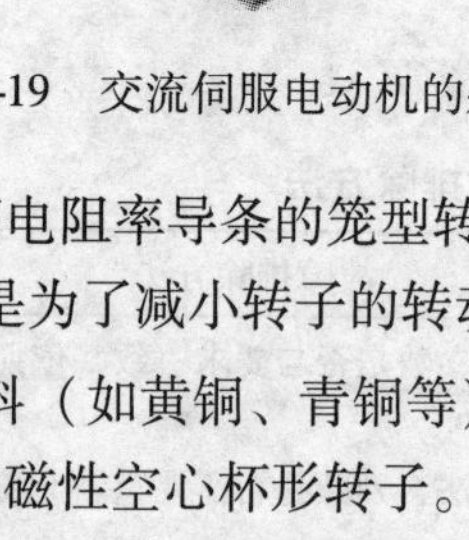

图 5-19　交流伺服电动机的外形

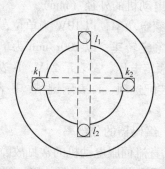

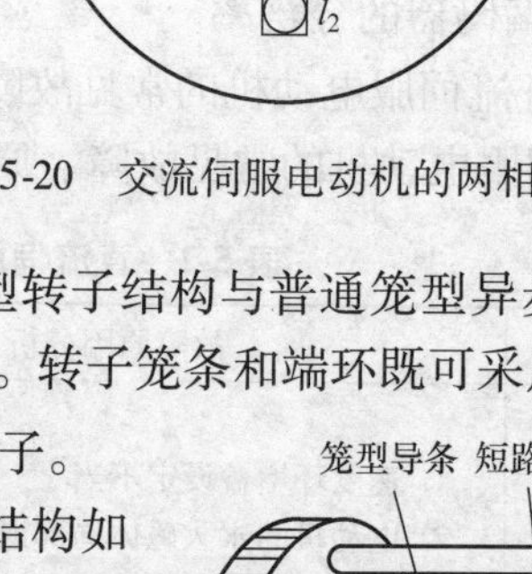

图 5-20　交流伺服电动机的两相绕组

1）高电阻率导条的笼型转子。高电阻率导条的笼型转子结构与普通笼型异步电动机的类似，但是为了减小转子的转动惯量，转子做得细而长。转子笼条和端环既可采用高电阻率的导电材料（如黄铜、青铜等）制造，也可采用铸铝转子。

2）非磁性空心杯形转子。非磁性空心杯形转子的结构如图 5-21 所示。定子分外定子铁心和内定子铁心两部分，由硅钢片冲制后叠成。外定子铁心槽中放置空间相距 90°电角度的两相绕组。内定子铁心中不放绕组，仅作为磁路的一部分，以减小主磁通磁路的磁阻。空心杯形转子由非磁性铝或铝合金制成，放在内、外定子铁心之间，并固定在转轴上。

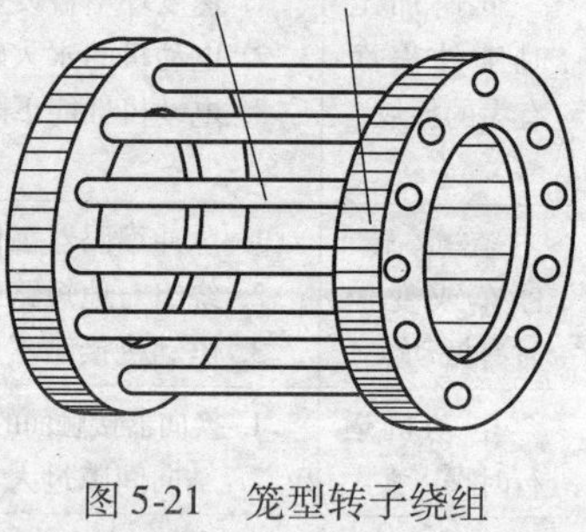

非磁性空心杯形转子的壁很薄，一般在 0.3mm 左右，因

图 5-21　笼型转子绕组

238

而具有较大的转子电阻和很小的转动惯量。其转子上无齿槽，故运行平稳、噪声小。这种结构的电动机内、外定子之间的气隙较大，因此电动机的励磁电流较大，致使电动机的功率因数较低，效率也较低。同样体积下，空心杯形转子伺服电动机的堵转转矩要比笼型的小得多，因此，采用杯形转子大大减小了转动惯量，但是它的快速响应性能并不一定优于笼型结构。笼型伺服电动机在低速运行时有抖动现象，而非磁性空心杯形转子伺服电动机克服了这一缺点，常用于要求低速平滑运行的系统中。国产的 SK 系列伺服电动机就采用这种结构形式。

（2）交流伺服电动机的工作原理

交流异步伺服电动机实际上是一种两相异步电动机，图 5-22 为交流伺服电动机的工作

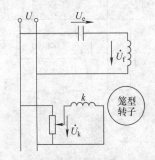

原理图，$\dot{U}_k$ 为控制电压，$\dot{U}_f$ 为励磁电压，它们的相位相差 90°电角度，可在空间形成圆形或椭圆形的旋转磁场，转子在磁场的作用下产生电磁转矩而旋转。运行时，励磁绕组接至电压恒为 $\dot{U}_f$ 的交流电源，控制绕组输入控制电压 $\dot{U}_k$，$\dot{U}_k$ 与 $\dot{U}_f$ 频率相同，当电动机起动时，若控制电压 $\dot{U}_k = 0$，相当于定子单相通电，气隙中只有脉振磁动势，无起动转矩，转子不会转起来；若 $\dot{U}_k \neq 0$，且 $\dot{U}_k$ 与 $\dot{U}_f$ 不同相，定

图 5-22　交流伺服电动机的工作原理

子两相绕组则通以两相交流电，气隙中就产生旋转磁场，对转子产生电磁转矩，力图使电动机转起来。若起动转矩大于负载转矩，转子就会按控制信号要求旋转。当电动机旋转时，若控制信号 $\dot{U}_k = 0$，转子理应立即停下来，但是由于此时励磁绕组所加电压 $\dot{U}_f$ 不变，则相当于单相异步电动机的运行情况。若电动机参数选择不合理，电动机将会继续旋转，使电动机失控，这种控制电压为零时，电动机自行旋转的失控现象称为"自转"。自动控制系统中，不允许伺服电动机出现"自转"现象，消除自转现象的可行办法是增大转子绕组电阻。

交流伺服电动机比普通电动机的调速范围宽，当不加控制电压时，电动机的转速应为零，即使此时有励磁电压。交流伺服电动机的转子电阻，也应比普通电动机大，而转动惯量小，目的是拥有好的机械特性。

（3）交流伺服电动机的控制方式

交流伺服电动机不仅需要控制它的起动与停止，而且还需控制它的转速和转向。两相交流伺服电动机的控制是通过改变其气隙的旋转磁场来实现的。

对于两相交流伺服电动机，如在其定子对称的（正交的、且结构相同的）两相交流绕组中通以两相对称的（正交的、且幅值相等的）交流电，产生的气隙旋转磁动势是圆形的；若通以不对称交流电流，即两相电流幅值不同或相位差不是 90°电角度，则气隙旋转磁动势是椭圆形的。所以，当改变控制电压时，气隙磁动势一般是椭圆形的，由这个椭圆形旋转磁动势产生相应的电磁转矩，使伺服电动机的转子按要求转动。改变控制电压的大小或改变它与励磁电压之间的相位角或同时改变这两个值，都能使气隙旋转磁动势的大小和椭圆度发生变化，从而引起电磁转矩的变化，达到改变电动机转速和转向的目的。因此两相交流伺服电动机有以下 3 种控制方式：

1）幅值控制：即保持控制电压与励磁电压的相位差为90°，仅改变控制电压的幅值，幅值控制的电路如图5-23a所示。

2）相位控制：即保持控制电压和励磁电压都是额定值的条件下，仅改变控制电压和励磁电压的相位差，来对伺服电动机进行控制的方法称为相位控制，相位控制的电路如图5-23b所示。

3）幅相控制：同时改变控制电压和励磁电压的幅值和相位差来实现电动机转速的控制方式，幅相控制的电路如图5-23c所示。

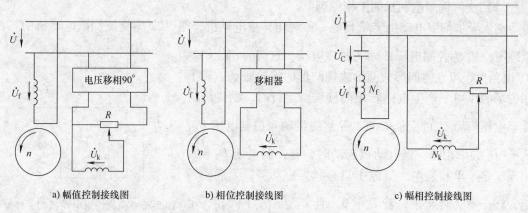

a) 幅值控制接线图　　　　b) 相位控制接线图　　　　c) 幅相控制接线图

图5-23　交流伺服电动机控制电路

（4）交流伺服电动机的型号参数

以 SM100-050-30LFB 为例来介绍交流伺服电动机的型号参数。

SM：表示电动机为正弦交流信号驱动的永磁同步交流伺服电动机。

100：电动机的外径（mm）。

050：电动机的额定转矩（N·m），其值为三位数乘以0.1。

30：电动机的额定转速（r/min），其值为两位数乘以100。

L 或 H：电动机适配驱动器的工作电压，L 表示 AC220V，H 表示 AC380V。

F、F1 或 R1：反馈元件的规格，F 表示复合式增量编码器；F1 表示省线式增量编码器；R1 表示单极旋转变压器。

B：电动类型，基本型。

（5）交流伺服电动机的故障诊断及检修

交流伺服电动机常见的故障现象、原因及其排除方法见表5-3。

表5-3　交流伺服电动机常见的故障现象、原因及排除方法

故障现象	原因分析	排除方法
接线松开	虚焊，连接不牢固	使接线连接牢固
插座脱焊	虚焊	检查脱焊点并使其焊接牢固
位置检测装置故障	无输出信号	更换反馈装置
电磁阀得电不松开、失电不制动	电磁制动故障	更换电磁阀

任务 5.3　步进电动机的应用与检修

5.3.1　任务描述

随着电子技术和计算机的迅速发展，步进电动机的应用日益广泛，如机械加工、绘图机、自动记录仪表和数-模变换装置中，都使用了步进电动机。在工作过程中出现步进电动机只响不转的问题，如何解决？

5.3.2　任务分析

步进电动机是一种将电脉冲信号转换为相应的角位移或直线位移的微电机，如图 5-24 所示。它由专门的驱动电源供给电脉冲，每当一个电脉冲信号加到步进电动机的控制绕组上时，它的轴就转动一定的角度，角位移量或线位移与输入的电脉冲数成正比，转速与脉冲频率成正比。因此，步进电动机又称脉冲电动机。要进行步进电动机的故障排除，就需要对步进电动机的结构、工作原理、工作方式等有所了解。

图 5-24　步进电动机的外形

5.3.3　相关知识

1. 步进电动机的分类

步进电动机的种类很多，一般按励磁方式可分为磁阻式（俗称反应式）、永磁式和永磁感应式（混合式）3 种；按相数可分为单相、两相、三相和多相等。其中反应式步进电动机是我国目前使用最广泛的一种，它具有惯性小、反应快和速度高的特点。下面以反应式步进电动机为例说明步进电动机的结构和原理。

2. 三相反应式步进电动机的结构和工作原理

图 5-25 所示为三相反应式步进电动机的结构，其定子、转子铁心均用硅钢片或其他软磁材料叠压而成。定子上均匀分布 6 个磁极，每两个相对的磁极绕有同一相绕组，三相控制绕组 U、V、W 接成星形，转子是 4 个均匀分布的齿，齿宽等于定子极靴的宽度，转子上无绕组。

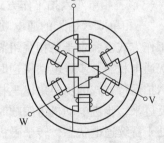

图 5-25　三相反应式步进电动机的结构

（1）三相单三拍工作方式

三相反应式步进电动机的工作原理如图 5-26 所示。工作时，各相绕组按一定顺序先后通电。当 U 相定子绕组通电时，V 相和 W 相都不通电，由于磁通具有通过磁阻最小路径的特点，因此转子齿 1 和 3 的轴线与定子极 U1 和 U2 的轴线对齐（负载转矩为零时），如图 5-26a 所示；当 U 相断电，而 V 相通电时，则转子将逆时针转过 30°，使转子齿 2 和 4 的轴线与定子极 V1 和 V2 的轴线对齐，如图 5-26b 所示；当 V 相断电，而 W 相通电时，转子再逆时针转过 30°，转子 1 和 3 的轴线与定子极 W1 和 W2 的轴线对齐，如图 5-26c 所示。如此循环往复按 U→V→W→U 的顺序通电，气隙中就产生步进式的旋转磁场，转子就会一步一步地按逆时针方向转动。步进电动机的转速取决于定子绕组与电源接通、断开的频率，即输入电脉冲的频率；旋转方向则取决于定子绕组轮流通电的顺序。若电动机通电顺序改为 U→W→V→U，则电动机为顺时针方向旋转。定子绕组与电源的接通或断开，一般由数字逻辑电路或计算机软件来控制。

a) U相通电　　　　b) V相通电　　　　c) W相通电

图 5-26　三相反应式步进电动机的工作原理

上述通电过程中，控制绕组每改变一次通电方式，步进电动机就走一步，称其为一拍。每一拍转子所转过的空间角度称为步距角，以 θ_s 表示。上述通电方式，称为"三相单三拍"，"三相"是指定子共有三相绕组；"单"是指每次通电时，只有一相控制绕组通电；"三拍"是指每经过 3 次切换，通电状态完成一个循环，转子转过一个齿距对应的空间角度。三相单三拍通电方式时的步距角 θ_s 为 30°。单三拍通电方式在切换时出现的一相绕组断电而另一相绕组开始通电的状态容易造成失步，而且由于单一定子绕组通电吸引转子，也易使转子在平衡位置附近产生振荡，运行稳定性较差，因而较少使用。

（2）三相双三拍工作方式

"三相双三拍"的通电顺序是 UV→VW→WU→UV，每次同时有两相绕组通电，双三拍运行方式的步距角仍为 30°，由于双三拍控制每次有两相绕组通电，而且切换时总保持一相绕组通电，所以工作比较稳定。

（3）三相单双六拍工作方式

"三相单双六拍"的通电顺序为 U→UV→V→VW→W→WU→U，如图 5-27 所示，在这种工作方式下，定子三相绕组需经过 6 次切换才能完成一个循环，故称为"六拍"，每改变一次通电状态，步进电动机逆时针方向旋转 15°，即步距角 θ_s 变为 15°。由此可见，三相单双六拍运行方式的步距角比三相单三拍和三相双三拍运行方式的步距角少一半。若将通电顺序反过来，步进电动机将按顺时针方向旋转。此种运行方式因转换过程中始终保证有一个绕组处于持续通电状态，转子磁极受其磁场的控制，因此不易失步，运行可靠、稳定，在实际中应用较广泛。

a) U相通电　　　　b) U，V 两相通电　　　　c) V相通电　.

图 5-27　三相反应式步进电动机三相单双六拍的工作原理图

（4）小步距角三相反应式步进电动机工作原理

由于上述步进电动机的步距角较大，如用于精度要求很高的数控机床等控制系统，会严重影响到加工工件的精度。这种结构只在分析原理时采用，实际使用的步进电动机都是小步距角的。图 5-28 所示为最常见的一种小步距角的三相反应式步进电动机的结构。

在图 5-28 中，三相反应式步进电动机定子上有 6 个磁极，极上有定子绕组，两个相对极由一相绕组控制，共有 U、V、W 三相定子绕组。转子圆周上均匀分布若干小齿，定子每个磁极的极靴上也均匀分布若干小齿。根据步进电动机的工作要求，定子及转子的齿宽、齿距必须相等，定、转子齿数要适当配合。当 U 相控制绕组通电时，电动机产生沿 U 极轴线方向的磁场，因磁通要按磁阻最小的路径闭合，使转子受到磁阻转矩的作用而转动，直到转子齿和定子 U 极面上的齿对齐为止。在转子上有 40 个齿，每个齿的齿距为 $360°/40 = 9°$，而每个定子磁极的极距为 $360°/6 = 60°$，所以每一极距所占的齿数不是整数。

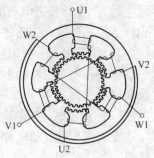

图 5-28　小步距角的三相反应式步进电动机的结构

当 U 极面下的定、转子齿对齐时，V 极和 W 极面下的齿就分别和转子齿错开 1/3 齿距。若断开 U 相控制绕组而由 V 相控制绕组通电，这时电动机中产生沿 V 极轴线方向的磁场。同理，在磁阻的作用下，转子按顺时针方向转过 30°，使定子 V 极面下齿和转子齿对齐，相应定子 U 极和 W 极面下的齿又分别和转子齿相错 1/3 的转子齿距。以此类推，在三相单三拍运行中，当定子绕组按 U→V→W→U 顺序循环通电时，转子就沿逆时针方向以每一脉冲走 30° 的规律进行转动；若改变通电顺序，即按 U→W→V→U 顺序循环通电时，转子则沿顺时针方向以每一拍 30° 的规律转动。若按三相单双六拍运行，步距角则为 15°，是单三拍的一半。根据以上讨论可得出步进电动机的步距角公式为

$$\theta_s = \frac{360°}{mZ_rC} = \frac{360°}{NZ_r} \tag{5-2}$$

式中　N——拍数，$N = mC$；

C——状态系数，采用单三拍或双三拍方式时，$C = 1$，采用单双六拍方式时，$C = 2$。

由此可知，增加拍数和转子的齿数可减小步距角，有利于提高控制精度。增加电动机的相数可增加拍数，从而减小步距角。但相数越多，电源及电动机的结构越复杂。目前步进电动机一般做到六相，所以增加转子齿数是减小步距角的一个有效途径。

由式（5-2）可求得步进电动机的转速公式为

$$n = \frac{60f}{mZ_rC} = \frac{60f}{NZ_r} \tag{5-3}$$

式中　f——步进电动机的脉冲频率（拍/s 或脉冲数/s）。

由此可知，步进电动机的转速与拍数 N、转子齿数 Z_r 及脉冲频率 f 有关。当转子齿数一定时，转速与输入的脉冲频率成正比，与拍数成反比。

3. 步进电动机的特性

（1）步进电动机的振荡、失步与对策

步进电动机的振荡和失步是一种普遍存在的现象，它影响应用系统的正常运行，因此要尽力避免。

1）振荡。步进电动机的振荡现象主要发生于：步进电动机工作在低频区、共振区和步进电动机突然停车时。当步进电动机工作在低频区时，由于励磁脉冲间隔的时间较长，步进电动机变形为单步运行；当步进电动机的脉冲频率接近步进电动机的固有振荡频率或振荡频率的分频或倍频时，会使振荡加剧，严重时造成失步。

2）失步。步进电动机的失步原因有2种：一是转子的转速慢于旋转磁场的速度，或者说慢于换相速度；二是转子的平均速度大于旋转磁场的速度。

3）消除振荡——阻尼方法。阻尼方法有机械阻尼法和电子阻尼法。机械阻尼法比较单一，就是在电动机转轴上加阻尼器；电子阻尼法则有多相励磁法、变频变压法、细分步法、反向阻尼法。

（2）步进电动机的运行特性

反应式步进电动机有3种运行状态，即静态运行状态、步进运行状态和高频恒频运行状态。

1）静态运行状态。步进电动机的某一相（或两相）绕组通有电流而不改变通电状态，转子固定于某一位置的状态，称为静态运行状态。

静态运行的主要特性是矩角特性，矩角特性是指步进电动机的静转矩 T 与失调角 θ 之间的关系曲线 $T = f(\theta)$。静转矩就是静态运行时的电磁转矩（反应转矩），失调角是转子偏离初始平衡位置的电角度，一相通电时就是通电相下定、转子齿中心线间所加的电角度 θ，一个齿距 l 对应的电角度为 $360°$，以此衡量 θ 角的大小。当步进电动机一相通电，通电相极下定、转子齿对齐时，失调角 $\theta = 0°$，如图 5-29a 所示，电动机转子无切向磁拉力作用，不产生转矩，即 $T = 0$。如在转子轴上加一顺时针方向的负载转矩，使转子齿向右偏离定子齿一个角度 θ，出现切向磁拉力，产生转矩 T，其方向与转子齿偏离的方向相反，故 T 为负值。当 $0 < \theta < 90°$ 时，θ 越大，转矩 T 亦越大，如图 5-29b 所示；当 $\theta = 90°$ 时，转子所受切向磁拉力最大，转矩 T 最大；当 $\theta > 90°$ 时，由于磁阻显著增大，定、转子齿之间磁力线的数目显著减少，切向磁拉力和转矩 T 减小；$\theta = 180°$ 时，转子齿处于两个定子齿的正中间，两个定子齿作用于转子齿的切向磁拉力互相抵消，转矩 T 又等于零，如图 5-29c 所示；当 $\theta > 180°$ 时，转子齿受另一边定子齿的磁拉力的作用，出现与 $\theta < 180°$ 时相反方向的转矩，T 为正值，如图 5-29d 所示。同理，当 $-180° < \theta < 0°$ 时，T 为正，当 $\theta = 180°$ 时，$T = 0$。根据以上分析所得 T 与 θ 的关系，绘成正弦曲线，即为转角特性，如图 5-30 所示。

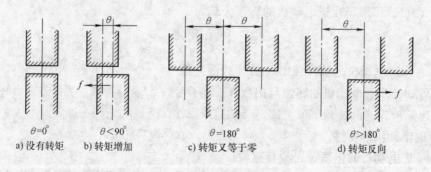

图 5-29 步进电动机的转矩与失调角的关系

通过以上分析可知，当磁阻式步进电动机空载运行时，转子静态的稳定平衡位置在 $\theta = 0°$ 处，这是因为当有外力扰动使转子偏离平衡位置时，只要失调角在 $0° < \theta < 180°$ 范围内，外力扰动去掉之后，转子即能自动恢复到原来平衡位置 $\theta = 0°$ 处。当外力扰动使 $\theta = \pm 180°$ 时，虽然在该点转子齿受到的两个定子齿的切向磁拉力互相抵消，但是只要 θ 值稍有变化，磁拉力失去平衡，转子就不会返回原来的平衡位置，稳定性即被破坏。由此可见，$\theta = \pm 180°$

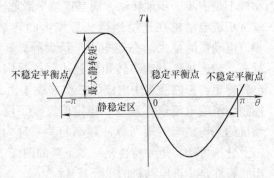

图 5-30　反应式步进电动机的矩角特性

这两个点为不稳定平衡点。两个不稳定平衡点之间的区域，称为静稳定区。

在矩角特性上，电磁转矩的最大值称为最大静转矩 T_{max}，对应 $\theta = \pm 90°$。T_{max} 表示步进电动机承受负载的能力，是步进电动机最主要的性能指标之一，它的大小与通电状态及绕组中电流的大小有关。

2）步进运行状态。当控制脉冲频率很低时，步进电动机在下一个脉冲到来之前已走完一步，并且已经停止转动，这种工作状态称为步进运行状态。步进运行状态的主要特性是动稳定区，动稳定区是指控制绕组从一种通电状态换接到另一种通电状态时，不会引起失步的区域。当步进电动机工作以三相单三拍空载运行时，在 u 相通电状态下，其矩角特性曲线 u 如图 5-31 所示，转子的稳定平衡点为矩角特性曲线 u 上的 O_u 点。当下一个控制脉冲来到，即 u 相断电、v 相通电时，矩角特性变为曲线 v。曲线 u 和曲线 v 相隔一个步距角 θ_s，转子新的稳定平衡点为 O_u，但在切换的瞬间，转子还处于 O_u 点，电磁转矩 T 从特性曲线 u

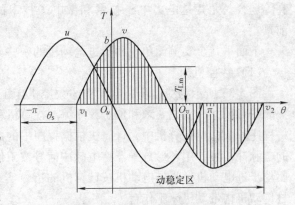

图 5-31　步进电动机的动稳定区

上的 O_u 点跳变到特性曲线 v 上的 B 点，这时 $T > 0$。在电磁转矩 T 的作用下，转子逆时针向新的平衡位置 O_v 运动，该过程可表示 $O_u \rightarrow B \rightarrow O_v$。

在改变通电状态的瞬间，转子位置只要处于 v_1 与 v_2 之间的区域，就能趋向新的平衡点，进入稳定位置。所以 v_1 与 v_2 之间的区域称为步进电动机空载状态下的动稳定区。显然，动稳定区与静稳定区重叠越大，步进电动机的稳定性越好，转子从原稳定平衡点到达新的稳定平衡点的时间越短，能够响应的频率也就越高；而步距角越小，即相数或拍数越多，动稳定区就越接近静稳定区，运行的稳定性就越好。

在图 5-31 中，相邻两相（u 相和 v 相）单独通电时的矩角特性交点所对应转矩 T_{Lm} 称为步进电动机的最大负载转矩或起动转矩，它是步进电动机从静止状态突然起动并不失步运行所能带动的最大负载转矩，也是步进电动机的主要性能指标之一。

3）高频恒频运行状态（连续运行状态）

连续运行状态是指当脉冲频率很高，其周期比转子振荡的过渡过程时间还短时，步进电动机不是一步一步地转动，而是连续平滑地转动。

步进电动机在连续运行状态产生的转矩称为动态转矩。步进电动机的最大动态转矩小于最大静转矩，而且脉冲频率越高、转速越高，动态转矩就越小。这是因为步进电动机的电磁转矩与控制绕组中电流的二次方成正比，当频率较高时，控制绕组的电流来不及达到稳定值又要下降。通常把步进电动机的平均动态转矩与脉冲频率的关系称为矩频特性。通过以上分析可知，矩频特性是一条下降的曲线，如图5-32所示。矩频特性是步进电动机的重要特性。

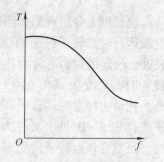

图 5-32　步进电动机的矩频特性

步进电动机在连续运行状态下，不失步正常运行的最高脉冲频率称为连续运行频率。连续运行频率越高，表示电动机在一定条件下的调速范围越大。步进电动机在连续运行状态下，不失步正常起动的最高脉冲频率称为起动频率，它是衡量步进电动机快速性的重要技术指标。

4. 步进电动机的应用

步进电动机既可作执行元件，也可作驱动元件，应用十分广泛，如机械加工、绘图机、机器人、计算机的外部设备、自动记录仪表等，它主要用于工作难度大、要求速度快、精度高等场合，尤其是电力电子技术和微电子技术的发展为步进电动机的应用开辟了广阔的前景。

下面举几个实例简单说明步进电动机的一些典型应用。

（1）数控机床

图5-33所示为应用步进电动机的数控机床工作示意图。加工复杂零件时，应先根据工件的图形尺寸、工艺要求和加工程序编制计算机程序，并记录在穿孔机上；再由光电阅读机将程序输入微型计算机中，计算机根据程序中的数据和指令进行计算和控制；发出一定频率的电脉冲信号，用环形分配器将电脉冲信号按工作方式进行分配，再经过脉冲放大器放大后驱动步进电动机。步进电动机按计算机的指令实现迅速起动、调速、正/反转等功能，并通过传动机构带动机床工作台。

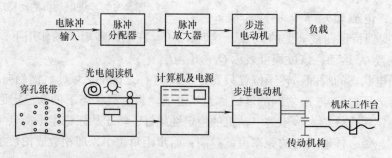

图 5-33　应用步进电动机的数控机床工作示意图

（2）医疗机械

医院内的医疗器械离患者最近，需要使用振动小、噪声低的步进电动机。液体定量传输和传输量管理要使用高精度的输液泵驱动仪器和各种分析仪器等，定量输液采用步进电动机非常合适。透析设备或注射泵等由于靠近患者，大多使用振动噪声小的三相RM型步进电动机或 HB 型步进电动机。注射泵采用步进电动机的原因是与无刷电动机相比能得到低速大转矩。今后，能代替人完成治疗任务的，动作准确和静音度高的、使用电动机的医疗设备会越来越多地应用于临床。

（3）针式打印机

一般针式打印机的字车电动机和走纸电动机都采用步进电动机，如 LQ-1600K 型打印机。在逻辑控制电路（CPU 和门阵列）的控制下，走纸步进电动机通过传动机构带动纸辊转动，每转一步使纸移动一定的距离。字车步进电动机可以加速或减速，使字车停在任意指定位置，或返回到打印起始位置。字车步进电动机的步进速度是由一单元时间内多个驱动脉冲所决定的，改变步进速度可产生不同的打印模式中的字距。

5. 步进电动机的驱动电源

步进电动机每相绕组不是恒定地通电，而是按照一定的规律轮流通电，为此需由专门的驱动电源供电。

步进电动机的驱动电源一般由变频信号源、脉冲分配器和功率放大器这 3 个基本部分组成，如图 5-34 所示。变频信号源是一个频率可从几十赫兹到几十千赫兹连续变化的脉冲发生器。脉冲分配器是根据指令将脉冲信号按一定的逻辑关系加到各相的功率放大器上去，使步进电动机按一定的运行方式运转，实现正、反转和定位。经脉冲分配器出来的脉冲，其驱动功率很小，而步进电动机的绕组需要较大的电流才能工作，所以脉冲分配器产生的脉冲信号需要经过功率放大器才能驱动步进电动机。

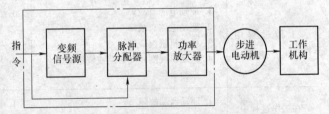

图 5-34　步进电动机驱动电源框图

（1）脉冲分配器（环形分配器）

脉冲分配器用于控制步进电动机的通电运行方式，其作用就是根据数控装置送来的一系列指令脉冲，按一定的顺序和分配方式，控制各项绕组的开通和关断。同时由于电动机有正、反转要求，所以脉冲分配器的输出既是周期性的，又是可逆的，故又称为环形分配器。

（2）功率放大电路

功率放大电路的功能是将环形分配器发出的信号放大至几安到十几安的电流送到各相绕组。对步进电动机驱动电路的要求是：

1）能提供前后沿好的接近矩形波的励磁电流。

2）驱动电路本身功耗小、效率高。

3）能稳定可靠地运行。

4）成本低且便于维护。

目前功率放大电路的控制方式较多，常使用单电压驱动、双电压驱动、恒流斩波驱动、调频调压驱动等。

6. 步进电动机的型号表示

（1）反应式步进电动机的型号表示

型号为 110BF3 的反应式步进电动机的含义如下：

110：电动机的外径（mm）。

BF：反应式步进电动机。

3：定子绕组的相数。

（2）混合式步进电动机的型号表示

型号为55BYG4的混合式步进电动机的含义如下：

55：电动机的外径（mm）。

BYG：混合式步进电动机。

4：励磁绕组的相数。

7. 步进电动机的常见故障及检修

步进电动机的常见故障及其排除方法见表5-4。

表5-4　步进电动机的常见故障、原因及其排除方法

故障现象	故障原因分析	故障排除方法
电动机故障	1. 步进电动机不是连续运行 2. 驱动脉冲大但电动机不运行	更换电动机
工作过程中停车	1. 驱动电源有故障 2. 驱动电路有故障 3. 电动机绕组烧坏 4. 电动机线圈匝间短路或绕组接地 5. 杂物卡住	1. 用万用表测量驱动电源的输出，更换驱动电源 2. 更换驱动电源 3. 更换电动机绕组 4. 用万用表测量线圈间是否短路或更换电动机绕组 5. 清除杂物
在工作过程中，某轴突然停止，俗称"闷车"	1. 驱动器端故障 2. 电动机端故障 3. 电动机定子与转子之间的气隙过大 4. 负载过大或切削条件不良	1. 检查驱动器确保有正常输出 2. 更换电动机 3. 调整气隙或更换电动机 4. 改善加工条件，减轻负载
电动机不旋转	1. 熔丝熔断 2. 动力线短路或开路 3. 参数设置不当 4. 电动机卡死	1. 更换熔丝 2. 确保动力线连接良好 3. 依照参数说明书，重新说明相关参数 4. 主要是机械故障，排除卡死的故障原因，经验证，确保电动机正常后，方可继续使用
电动机尖叫	CNC中与伺服驱动有关的参数设定、调整不当	正确设置相关参数
电动机发热异常	电源线R、S、T连接线不搭配	正确连接R、S、T线
工作时噪声特别大，低频旋转时有进二退一现象，高速上不去	1. 电源线相序有误 2. 电动机运行在低频区或共振区 3. 纯惯性负载、正、反转频繁	1. 调整电源线相序 2. 分析电动机速度及电动机频率后，调整加工切削参数 3. 重新考虑机床的加工能力
步进电动机失步或多步	1. 负载过大，超过电动机的承载能力 2. 负载忽大忽小，毛坯余量分配不均匀 3. 负载转动惯量过大，起动时失步、停止时过冲 4. 转动间隙大小不均匀 5. 传动间隙使零件产生弹性形变 6. 电动机工作在振荡失步区干扰 7. 电动机故障	1. 重新调整加工程序切削参数 2. 调整加工条件 3. 重新考虑负载的转动惯量 4. 进行机械传动精度检验，进行螺旋误差补偿 5. 针对零件材料重新考虑加工方案 6. 分析电动机速度及电动机频率调整加工切削参数 7. 处理好接地，做好屏蔽处理 8. 更换电动机

5.3.4 任务实施

1）断开电路，分析故障原因，采取相应措施逐一排除故障。

2）检查线路，先检查电动机线路是否有破损和断开，经检查电动机线路完好无破损；检查负载，电动机脱开负载检查，经检查负载没有过载；检查输入脉冲的频率，经检查发现步进电动机的输入频率过高，导致电动机只响不转。因此减小输入频率，从而排除故障。

小　结

1）单相异步电动机的单相绕组通入单相正弦交流电，产生脉动磁场，无起动转矩，所以要利用辅助方法进行起动，常用的起动方法有电容分相式起动、电阻分相式起动和罩极式起动。分相式起动通过分相元件（电阻或电容）将通入的单相交流电分解成具有一定相位差的两相交流电产生旋转磁场，获得起动转矩。罩极式起动通过加装短路环产生移动磁场，获得起动转矩。

单相异步电动机的调速方法主要有变频调速、晶闸管调速、串电抗器调速和抽头法调速等。

2）伺服电动机在自动控制系统中作执行元件，其类型分为直流和交流伺服电动机 2 种。直流伺服电动机的基本结构和特性与他励式直流电动机一样，不同的是一个绕组用于励磁，另一个绕组用于接收控制信号。

交流伺服电动机的定子上有空间上相差 90°电角度的两相绕组，一相为励磁绕组，一相为控制绕组。改变控制电压的大小和相位即可实现对交流伺服电动机的控制，控制方式有幅值控制、相位控制和幅相控制 3 种。

3）步进电动机是一种将脉冲信号转换成角位移或直线位移的执行元件，主要用于数字控制系统。步进电动机每给一个脉冲信号就前进一步，转子就转过一个步距角。根据电动机的结构与材料的不同，步进电动机分为反应式、永磁式和混合式 3 种类型。

习　题

5-1　比较单相异步电动机在结构上与三相异步电动机有哪些主要的不同之处？

5-2　仅有一个工作绕组的单相异步电动机为什么不能自行起动？

5-3　如何改变单相异步电动机的转动方向？罩极式单相异步电动机的转向能否改变？为什么？

5-4　常用的台式电风扇可用哪几种调速方法？

5-5　直流伺服电动机常用的控制方式有哪些？

5-6　交流伺服电动机的转子构造主要分哪几种？各有什么特点？

5-7　交流伺服电动机的"自转"现象指什么？采用什么办法消除"自转"现象？

5-8　步进电动机按励磁方式分可分为哪 3 种？按相数分可分为哪几种？

5-9　什么是步进电动机的步距角？什么是单三拍、单双六拍和双三拍工作方式？

5-10　一台三相磁阻式步进电动机，采用三相单三拍方式通电时，步距角为 1.5°，求转子的齿数。

项目 6　电气控制系统的设计与安装

> **教学目标**
> 1. 掌握电气控制系统设计的内容、程序和基本原则。
> 2. 掌握电气控制系统设计的主要方法。
> 3. 掌握电气控制系统的安装和调试。

在学习了电动机的起动、调速、制动等控制线路及一些生产机械的控制线路后，不仅应掌握继电接触式控制系统的典型环节，而且应具备一般生产机械电气控制线路的分析能力。在此基础上，本项目以 CW6163 型卧式车床为例，来讨论继电接触式电气控制系统的设计，包括继电接触式控制系统设计的内容、一般程序、设计原则、设计方法和步骤，以及控制系统的安装与调试方法等。

任务 6.1　电气控制系统设计的内容和原则

6.1.1　任务描述

CW6163 型卧式车床的主要结构、设计要求及电动机的选择。

6.1.2　任务分析

要想对 CW6163 型卧式车床的主要结构、设计要求及电动机的选择进行详细的分析，首先需要掌握电气控制系统设计的内容、程序和基本原则。

6.1.3　相关知识

1. 电气控制系统设计的主要内容

电气控制系统设计的基本内容是根据控制要求，设计和编制出设备制造和使用维修过程中必备的图样、资料等。图样包括电气原理图、电气系统的组件划分图、电气元件布置图、电气安装接线图、电气箱图、控制面板图、元器件安装底板图和非标准件加工图等；资料有编制外购成件目录、材料消耗清单、设备说明书等。

电气控制系统的设计内容主要包括电气原理设计和电气工艺设计两部分，现以电力拖动控制系统为例说明两部分的设计内容。

（1）电气原理设计内容

1）拟定电气设计任务书。

2）确定电力拖动方案以及控制方案。

3）选择电动机，包括电动机的类型、电压等级、容量及转速，并选择出具体型号。

4）设计电气控制的原理框图，包括主电路、控制电路和辅助控制电路，确定各部分之间的关系，拟订各部分的技术要求。

5）设计并绘制电气原理图，计算主要技术参数。

6）选择电气元件，制定电动机和电气元件明细表以及装置易损件及备用件的清单。

7）编写设计说明书。

（2）电气工艺设计内容

电气工艺设计是为了便于组织电气控制装置的制造与施工，实现电气原理图设计功能和各项技术指标，为设备的制造、调试、维护、使用提供必要的技术资料。电气工艺设计的主要内容如下。

1）根据已设计完成的电气原理图及选定的电气元件，设计电气设备的总体配置，绘制电气控制系统的总装配图及总接线图。总图应反映出电动机、执行电器、电气箱各组件、操作台布置、电源以及检测元件的分布状况和各部分之间的接线关系与连接方式，这一部分的设计资料供总体装配调试以及日常维护使用。

2）按照电气原理框图或划分的组件，对总原理图进行编号、绘制各组件原理电路图，列出各组件的元件目录表，并根据总图编号标出各组件的进出线号。

3）根据各组件的原理电路及选定的元件目录表，设计各组件的装配图（包括电气元件的布置图和安装图）、接线图，图中主要反映各电气元件的安装方式和接线方式。这部分资料是各组件电路的装配和生产管理的依据。

4）根据组件的安装要求，绘制零件图样，并标明技术要求。这部分资料是机械加工和对外协作加工所必需的技术资料。

5）设计电气箱。根据组件的尺寸及安装要求，确定电气箱结构与外形尺寸，设置安装支架，标明安装尺寸、安装方式、各组件的连接方式、通风散热及开门方式。在这一部分的设计中，应注意操作维护的方便与造型的美观。

6）根据总原理图、总装配图及各组件原理图等资料，进行汇总，分别列出外构件清单、标准件清单以及主要材料消耗定额。这部分是生产管理和成本核算所必须具备的技术资料。

7）编写使用说明书。

工艺设计的主要目的是便于组织电气控制装置的制造，实现电气原理设计所要求的各项技术指标，为设备在今后的使用、维修提供必要的图样资料。在实际设计过程中，根据生产机械设备的总体技术要求和电气系统的复杂程度，可对上述步骤作适当的调整及修正。

2. 电气控制系统设计的一般程序

（1）拟订设计任务书

设计任务书是整个系统设计的依据，也是工程竣工验收的依据，必须认真对待。设计任务书下达部门往往只对系统的功能要求和技术指标提出一个粗略轮廓，而涉及设备应达到的各项具体技术指标和各项具体要求，则是由技术领导部门、设备使用部门及承担机电设计任务部门等几个方面共同讨论协商，最后以技术协议形式予以确定的。

在电气设计任务书中，除应简要说明所设计的机械设备的型号、用途、工艺过程、技术性能、传动要求、工作条件、使用环境等外，还应说明以下技术指标及要求。

1）控制精度，生产效率要求。

2）有关电力拖动的基本特性，如电动机的数量、用途、负载特性、调速范围以及对反向、起动和制动的要求等。

3）用户供电系统的电源种类，电压等级、频率及容量等要求。

4）有关电气控制的特性，如自动控制的电气保护、联锁条件、动作程序等。

5）其他要求，如主要电气设备的布置草图、照明、信号指示、报警方式等。

6）目标成本及经费限额。

7）验收标准及方式。

（2）电力拖动方案的确定原则

电力拖动方案是指根据设备加工精度和加工效率要求、生产机械的结构、运动部件的数量、运动要求、负载性质、调速要求等条件确定电动机的类型、数量、传动方式，拟订电动机起动、调速、反向、制动等控制要求，作为设计电气原理图及选择电气元件的依据。因此，在设计任务书下达后，要认真做好调研工作，要注意借鉴已经获得成功并经生产实践验证的类似设备或生产工艺，列出多种方案，经分析比较后再作决定。生产机械电力拖动方案主要根据生产机械调速要求来确定。

1）对于无电气调速要求的生产机械。一般在不需电气调速和起制动不频繁时，应首先考虑采用笼型异步电动机拖动。只有在负载静转矩很大或有飞轮的拖动装置中，才考虑采用绕线转子异步电动机。当负载很平稳，容量大且起制动次数很少时，采用同步电动机更合理，这样既可充分发挥同步电动机效率高、功率因数高的优点，还可调节励磁使其工作在过励情况下，以便提高电网功率因数。

2）对于要求电气调速的生产机械。这时，应根据生产机械提出的一系列调速技术要求（调速范围、调速平滑性、机械特性硬度、转速调节级数及工作可靠性等）来选择拖动方案，在满足技术性能指标前提下，进行经济性能比较（设备初投资、调速效率、功率因数及维修费用等），最后确定最佳拖动方案。

① 调速范围 D 为 2～3，调速级数≤2～4，一般采用改变极对数的双速或多速笼型异步电动机拖动。

② 调速范围 $D<3$，且不要求平滑调速时，采用绕线转子异步电动机，但仅适用于短时或重复短时负载的场合。

③ 调速范围 D 为 3～10，且要求平滑调速，在容量不大的情况下，可采用带滑差离合器的交流电动机拖动系统。若需长期低速运行，也可考虑采用晶闸管电源的直流拖动系统。

④ D 为 10～100 时，可采用 G-M 系统（即直流发电机-电动机组构成的直流调速系统）或晶闸管电源的直流拖动系统。

3）电动机调速性质的确定。电动机调速性质是指电动机在整个调速范围内转矩、功率与转速的关系，是允许恒功率输出还是恒转矩输出。

电动机的调速性质应与生产机械的负载特性相适应。以车床为例，其主运动需恒功率传动，进给运动则要求恒转矩传动。对于电动机，若采用双速笼型异步电动机拖动，当定子绕组由三角形联结改为星形联结时，转速由低速升为高速，功率却变化不大，适用于恒功率传动；由星形联结改为双星形联结时，电动机输出转矩不变，适用于恒转矩传动。对于直流他励电动机，改变电枢电压调速为恒转矩调速，而改变励磁调速为恒功率调速。

若采用不对应调速，即恒转矩负载采用恒功率调速或恒功率负载采用恒转矩调速，都将使电动机额定功率增大 D 倍，且使部分转矩未得到充分利用。所以，选择调速方法，应尽可能使它与负载性质相同。

（3）拖动电动机的选择

1）电动机选择的基本原则：

① 电动机应完全满足生产机械提出的有关机械特性的要求；

② 电动机在工作过程中，功率能被充分利用；

③ 电动机的结构形式适合周围环境条件。

2）电动机形式的选择。在工作方式上，按生产机械的不同可相应选择连续、短时及断续周期性工作制的电动机。

按安装方式不同分为卧式与立式两种，一般选用卧式电动机，只有为简化传动装置时才选用立式电动机。

按不同工作环境选择电动机的防护形式。开启式适用于干燥及清洁的环境；防护式适用于干燥和灰尘不多，没有腐蚀性和爆炸性气体的环境；封闭式有自扇冷式、他扇冷式和密封式3种，前两种用于潮湿、多腐蚀性灰尘、易受风雨侵蚀的环境，后一种用于浸入水中的机械；防爆式用于有爆炸危险的环境中。

3）电动机额定电压的选择。交流电动机额定电压应与供电电网电压一致。一般车间低压电网电压为380V，因此中、小型异步电动机的额定电压为220/380V（△/丫联结）及380/600V（△/丫联结）两种，后者可用丫-△起动。当电动机功率较大，供电电压为6000V及10000V时，可选用3000V、6000V及10000V的高压电动机。

直流电动机的额定电压也要与电源电压一致。当直流电动机由单独的直流发电动机供电时，额定电压常用220V及110V；大功率电动机可提高到 $600 \sim 800V$，甚至为1000V。当电动机由晶闸管整流装置供电时，为配合不同的整流电路形式，新改进的 Z_3 型电动机除了原有的电压等级外，还增设了160V（配合单相整流）及440V（配合三相桥式整流）两种电压等级；Z_2 型电动机也增加了180、340、440V等电压等级。

4）电动机额定转速的选择。对于额定功率相同的电动机，额定转速越高，电动机尺寸、重量和成本越小，因此选用高速电动机较为经济。但由于生产机械所需转速一定，电动机转速越高，传动机构转速比越大，传动机构越复杂。因此应综合考虑电动机与机械两方面的多种因素来确定电动机的额定转速。

① 电动机连续工作时，很少起动、制动，可从设备初始投资、占地面积和维护费用等方面，以几个不同的额定转速进行全面比较，最后确定转速比和电动机的额定转速。

② 电动机经常起动、制动及反转，但过渡过程持续时间对生产率影响不大时，除考虑初始投资外，主要以过渡过程能量损耗最小为条件来选择转速比及电动机额定转速。

③ 电动机经常起动、制动及反转，过渡过程持续时间对生产率影响较大时，主要以过渡过程时间最短为条件来选择电动机额定转速。

5）电动机容量的选择。电动机的容量反映了它的负载能力，它与电动机的允许温升和过载能力有关。前者是电动机负载时允许的最高温度，与绝缘材料的耐热性能有关；后者是电动机的最大负载能力，在直流电动机中受整流条件的限制，在交流电动机中由最大转矩决定。实际上，电动机的额定容量由允许温升决定。

电动机容量的选择有两种方法：一种是分析计算法；另一种是调查统计类比法。分析计算法是指根据生产机械负载图，在产品目录上预选一台功率相当的电动机，再用此电动机的技术数据和生产机械负载图求出电动机的负载图，最后，按电动机的负载图从发热方面进行校验，并检查电动机的过载能力是否满足要求，如不满足要求，则再选一台电动机重新进行计算，直至合格为止。此法计算工作量较大，负载图的绘制较困难。

调查统计类比法是指在不断总结经验的基础上，选择电动机容量的一种实用方法，此法比较简单，但也有一定局限。它是将各国同类型先进的机床电动机容量进行统计和分析，从中找出电动机容量和机床主要参数间的关系，再依据我国实际情况得出相应的计算公式。下面列出几种典型机床电动机的调查统计类比法公式（式中 P 的单位为 kW）。

① 车床：

$$P = 36.5D^{1.54}$$

式中 D——工件最大直径（m）。

② 立式车床：

$$P = 20D^{0.88}$$

式中 D——工件最大直径（m）。

③ 摇臂钻床：

$$P = 0.0646D^{1.19}$$

式中 D——最大钻孔直径（mm）。

④ 卧式镗床：

$$P = 0.004D^{1.7}$$

式中 D——镗杆直径（mm）。

⑤ 外圆磨床：

$$P = 0.1KB$$

式中 B——砂轮宽度（mm）；

       K——考虑砂轮主轴采用不同轴承时的系数，当采用滚动轴承时，K 为 $0.8 \sim 1.1$；采用滑动轴承时，K 为 $1.0 \sim 1.3$。

⑥ 龙门铣床：

$$P = \frac{B^{1.16}}{166}$$

式中 B——工作台宽度（mm）。

此外，还有另一种类比法，即调查长期运行的同类生产机械的电动机容量，并对机械主要参数、工作条件进行类比，然后再确定电动机的容量。

（4）电气控制方案的确定

在几种电路结构及控制形式均可以达到同样的控制技术指标的情况下，到底选择哪一种控制方案，往往要综合考虑各个控制方案的性能，包括设备投资、使用周期、维护检修、发展等因素。电气控制的方案具有如下确定原则。

1）自动化程度与国情相适应。根据当前科学技术的发展，电气控制方案尽可能选用最新科学技术，同时又要与企业自身的经济实力、各方面的人才素质相适应。

2）控制方式应与设备的通用及专用化相适应。对于工作程序固定的专用机械设备，使用中并不需要改变原有程序，可采用继电接触式控制系统，控制线路在结构上接成"固定"式的；对于要求较复杂的控制对象或者要求经常变换工作程序和加工对象的机械设备，可以采用可编程序控制器控制系统。

3）控制方式随控制过程的复杂程度而变化。在生产机械控制自动化中，随控制要求及控制过程的复杂程度不同，可以采用分散控制或集中控制的方案，但是各台单机的控制方式和基本控制环节则应尽量一致，以便简化设计和制造过程。

4）控制系统的工作方式，应在经济、安全的前提下，最大限度地满足工艺要求。

此外，控制方案的选择，还应考虑采用自动或半自动循环、工序变更、联锁、安全保护、故障诊断、信号指示、照明等。

（5）设计电气原理图

设计电气原理图并合理选择元器件，编制电气元件目录清单。

（6）设计施工图

设计电气设备制造、安装、调试所必需的各种施工图样，并以此为根据编制各种材料定额清单。

（7）编写说明书

编写设计说明书和使用说明书。

3. 电气控制系统设计的基本原则

生产机械电气控制系统是生产机械不可缺少的重要组成部分，它对生产机械能否正确、可靠地工作起着决定性的作用。为此，必须正确设计电气控制线路，合理选用电气元件，使控制系统遵循如下原则。

（1）电气控制系统应满足生产机械的工艺要求

在设计前，应对生产机械工作性能、结构特点、运动情况、加工工艺过程及加工情况有充分的了解，并在此基础上考虑控制方案，如控制方式、起动、制动、反向、调速要求，以及必要的联锁与保护环节，以保证生产机械工艺要求的实现。

（2）在满足生产工艺要求的前提下，力求使控制线路简单、经济

1）尽量选用标准电气元件，尽量减少电气元件的数量，尽量选用相同型号的电气元件以减少备用品的数量。

2）尽量选用标准的、常用的或经过实践考验的典型环节或基本电气控制线路。

3）尽量减少不必要的触点，以简化电气控制线路。

4）尽量缩短连接导线的数量和长度。

5）控制线路在工作时，除必要的电气元件必须通电外，其余的尽量不通电以节约电能。

（3）保证电气控制线路工作的可靠性

保证电气控制线路工作的可靠性，最主要的是选择可靠的电气元件。同时，在具体的电气控制线路设计上要注意以下几点。

1）正确连接电气元件的触点。同一电气元件的常开和常闭触点靠得很近，如果分别接在电源的不同相上，如图 6-1a 所示的限位开关 SQ 的常开和常闭触点，常开触点接在电源的一相，常闭触点接在电源的另一相上，当触点断开产生电弧时，可能在两触点间形成飞弧造成电源短路。如果改成图 6-1b 的形式，由于两触点间的电位相同，则不会造成电源短路。因此，

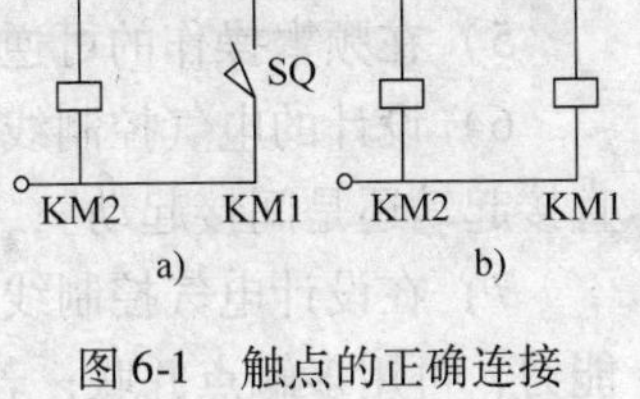

图 6-1　触点的正确连接

在设计控制线路时，应使分布在线路不同位置的同一电器触点尽量接到同一个极或尽量共接同一等位点，以免在电器触点上引起短路。

2）正确连接电气元件的线圈。

① 在交流控制线路中不允许串联接入两个电气元件的线圈，即使外加电压是两个线圈额定电压之和，如图 6-2 所示。这是因为每个线圈上所分配到的电压与线圈的阻抗成正比，而两个电气元件的动作总是有先有后，不可能同时动作。若接触器 KM1 先吸合，则线圈的电感显著增加，其阻抗比未吸合的接触器 KM2 的阻抗大，因而在该线圈上的电压降增大，使 KM2 的线圈电压无法达到动作电压，此时，KM2 线圈电流增大，有可能将线圈烧毁。因此，若需要两个电气元件同时工作，其线圈应并联连接，如图 6-2b 所示。

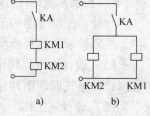

图 6-2　线圈的正确连接

② 两电感量相差悬殊的直流电压线圈不能直接并联。如图 6-3a 所示，YA 为电感量较大的电磁铁线圈，KV 为电感量较小的继电器线圈，当 KM 触点断开时，由于电磁铁 YA 线圈电感量较大，产生的感应电动势加在电压继电器 KV 的线圈上，流经 KV 线圈上的电流有可能达到其动作值，从而使继电器 KV 重新吸合，过一段时间 KV 又释放，并不断重复这种动作，这种情况显然是不允许的。为此，应在 KV 的线圈电路中单独加一 KM 的常开触点，如图 6-3b 所示。

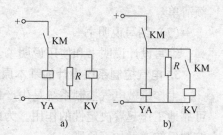

图 6-3　电磁铁与继电器线圈的连接

3）避免出现寄生电路。在电气控制线路的动作过程中，发生意外接通的电路称为寄生电路。寄生电路将破坏电气元件和控制线路的工作顺序或造成误动作。图 6-4a 所示是一个具有指示灯和过载保护的电动机正、反向控制电路。正常工作时，能完成正、反向起动、停止和信号指示。但当热继电器 FR 动作时，产生寄生电路，电流的流向如图中虚线所示，使正向接触器 KM1 不能释放，起不了保护作用。如果将指示灯与其相应接触器线圈并联，则可防止寄生电路，如图 6-4b 所示。

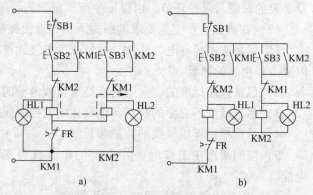

图 6-4　防止寄生电路

4）在电气控制线路中应尽量避免许多电气元件依次动作才能接通另一个电气元件的控制线路。

5）在频繁操作的可逆线路中，正、反向接触器之间要有电气联锁和机械联锁。

6）设计的电气控制线路应能适应所在电网的情况。并据此来决定电动机的起动方式是直接起动还是间接起动。

7）在设计电气控制线路时，应充分考虑继电器触点的接通和分断能力。若要增加接通能力，可用多触点并联；若要增加分断能力，可用多触点串联。

（4）保证电气控制线路工作的安全性

在事故情况下，电气控制线路应能保证操作人员、电气设备、生产机械的安全，并能有效地制止事故的扩大。为此，在电气控制线路中应采取一定的保护措施，常用的有：采用漏电保护开关的自动切断电源的保护、短路保护、过电流保护、过载保护、失电压保护、欠电压保护、联锁保护和极限保护等。

（5）应力求操作、维护、检修方便

电气控制线路对电气控制设备而言应力求维修方便，使用简单。为此，在具体进行电气控制线路的安装与配线时，电气元件应留有备用触点，必要时留有备用元件；为检修方便，应设置电气隔离，避免带电检修工作；为调试方便，控制方式应操作简单，能迅速实现从一种控制方式到另一种控制方式的转变，如从自动控制转换到手动控制等；设置多点控制，便于在生产机械旁进行调试；操作回路较多时，如要求正反向运转并调速，应采用主令控制器，而不能采用许多按钮。

6.1.4　任务实施

1．CW6163 型卧式车床的主要结构及设计要求

（1）CW6163 型卧式车床的主要结构

CW6163 型卧式车床属于普通的小型车床，性能优良，应用较广泛。其主轴运动的正、反转由两组机械式摩擦片离合器控制，主轴的制动采用液压制动器，进给运动的纵向左右运动、横向前后运动及快速移动均由一个手柄操作控制，可完成工件的最大车削直径为630mm，工件的最大长度为 1500mm。

（2）CW6163 型卧式车床对电气控制的要求

1）根据工件的最大长度要求，为了减少辅助工作时间，要求配备一台主轴运动电动机和一台刀架快速移动电动机，主轴运动的起、停要求两地操作控制。

2）车削时产生的高温，可由一台普通冷却泵电动机加以控制。

3）根据整个生产线状况，要求配备一套局部照明装置及必要的工作状态指示灯。

2．电动机的选择

根据前面的设计要求可知，本设计需配备 3 台电动机，其主要技术数据如下。

1）主轴电动机 M1：型号选定为 Y160M-4，性能指标为 11 kW、380V、22.6A、1460r/min。

2）冷却泵电动机 M2：型号选定为 JCB-22，性能指标为 0.125kW、0.43A、2790r/min。

3）快速移动电动机 M3：型号选定为 Y90S-4，性能指标为 1.1kW、2.7A、1400r/min。

任务 6.2　电气控制线路的设计

6.2.1　任务描述

CW6163 型卧式车床的电气控制线路的设计。

6.2.2　任务分析

要想对 CW6163 型卧式车床的电气控制线路进行完整的设计，首先需要掌握电气控制线路的设计步骤和方法。

6.2.3　相关知识

当生产机械电力拖动方案及电动机容量确定之后，在明确控制系统设计要求的基础上，就可进行电气控制线路的设计。电气控制线路的设计方法有经验设计法和逻辑设计法两种，现分别进行介绍。

1. 经验设计法

经验设计法又称为一般设计法、分析设计法，是根据生产机械的工艺要求和生产过程，选择适当的基本环节（单元电路）或典型电路，综合形成电气控制线路的方法。一般不太复杂的（继电接触式）电气控制线路都可以按照这种方法进行设计。这种设计方法简单、易于掌握、便于推广，在电气控制中被普遍采用。其缺点是不易获得最佳设计方案，当经验不足或考虑不周时会影响线路工作的可靠性。因此，应反复审核线路工作情况，有条件时应进行模拟试验，发现问题及时修改，直至线路动作准确无误，满足生产工艺要求为止。

（1）经验设计法的基本步骤

1）设计各控制单元环节中拖动电动机的起动、正、反向运转、制动、调速、停车等的主电路或执行元件的电路。

2）设计满足各电动机的运转功能和工作状态的控制电路，以及满足执行元件实现规定动作的指令信号的控制电路。

3）连接各单元环节构成满足整机生产工艺要求，实现加工过程自动或半自动调整的控制电路。

4）设计保护、联锁、检测、信号和照明等环节控制电路。

5）全面检查所设计的电路。应特别注意电气控制系统在工作过程中因误操作、突然失电等异常情况下不应发生事故，或所造成的事故不应扩大，力求完善整个系统的控制线路。

（2）经验设计法的基本设计方法

1）根据生产机械的工艺要求和工作过程，适当选用已有的典型基本环节，将它们有机地组合起来加以适当的补充和修改，综合成所需要的电气控制线路。

2）若选择不到适当的典型基本环节，则根据生产机械的工艺要求和生产过程自行设计，边分析边画图，将输入的主令信号经过适当的转换，得到执行元件所需的工作信号。随时增减电气元件和触点，以满足所给定的工作条件。

（3）经验设计法举例

下面以龙门刨床横梁升降控制线路的设计为例来说明经验设计法的方法与步骤。

1）横梁升降机构的工艺要求。

① 由于机床加工工件位置的高低不同，要求横梁能作上升、下降的调整运动。

② 为保证机床能够进行加工，横梁在立柱上必须具有夹紧装置。先松开，后移动，再夹紧，这些运动分别由横梁升降电动机与夹紧电动机拖动。

③ 在动作配合上，当横梁上升时，按放松→上升→夹紧顺序进行控制与动作；当横梁下降时，按放松→下降→回升→夹紧顺序进行控制与动作。

④ 横梁上升、下降均有限位保护，对于夹紧电动机应有过电流保护，即具有一定夹紧力。

2）电气控制线路设计方法与步骤。

① 从横梁运动要求出发，确定电动机控制方式。横梁升降电动机 M1 拖动横梁上升与下降，横梁夹紧放松电动机 M2 拖动横梁夹紧装置实现放松与夹紧，所以都要求电动机正、反转。由于横梁升降运动为调整运动，所以对 M1 采用点动控制，而 M2 按一定顺序进行工作且自动进行。

② 根据横梁运动程序要求，夹紧电动机与升降电动机之间有一定的关系：当发出"上升"指令后，先使 M2 工作，将横梁松开，待完全松开后，发出信号，使 M2 停止工作，同时使 M1 工作，拖动横梁移动。横梁松开信号由复合行程开关 SQ1 发出，当夹紧时 SQ1 不受压，当放松到一定程度时，夹紧机构经杠杆将 SQ1 压下，发出"已放松"信号。

③ 当横梁移动到位后，撤除横梁移动指令，使 M1 立即停止工作，同时接通 M2，并使 M2 反向运行，拖动夹紧机构使横梁夹紧。在夹紧过程中夹紧开关 SQ1 复位，为下次放松作准备。当夹紧到一定程度，M2 处于堵转状态，主电路电流升高，当达到串接在主电路中的过电流继电器的整定值时，过电流继电器动作，发出夹紧信号，切断 M2 电路，全部过程结束。

④ 横梁下降过程若不考虑回升动作时，其动作过程与上升时相同。

由上述 4 点出发，设计出图 6-5 所示电路。

⑤ 在图 6-5 所示电路中，需用具有两对常开触点的按钮，此时引入一个中间继电器 KA2，用按钮来控制 KA2，再由 KA2 来控制横梁的升、降和放松，并用按钮的常闭触点来进行升与降的联锁，如图 6-6a 所示。

⑥ 进一步考虑横梁回升运动。由于回升时间短，故采用断电延时的时间继电器 KT 来控制。将 KT 通电瞬时闭合、断电延时断开的常开触点与夹紧接触器 KM4 常开触

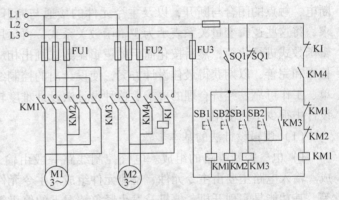

图 6-5　横梁升降电气控制线路草图一

点串联后再并联在 KA2 常开触点两端，再去控制上升接触器 KM1，而 KT 则由下降接触器 KM2 控制，如图 6-6b 所示。

⑦ 引入各种联锁与保护：

SQ2——横梁与侧刀架运动的限位保护；

SQ3——横梁上升极限保护；

SQ4——横梁下降极限保护；

横梁上升与下降的电气联锁；

横梁夹紧与放松的电气联锁；

FU1、FU2——短路保护。

至此，横梁升降机构电气控制线路设计完毕，最后形成图 6-7 所示电路。

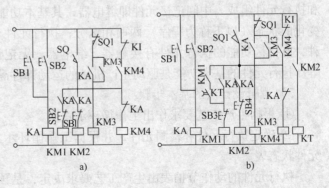

图 6-6　横梁升降电气控制线路草图二

⑧ 进行电气控制线路的校核。校核电气控制线路是否满足生产机械的工艺要求，是否存在寄生电路等。

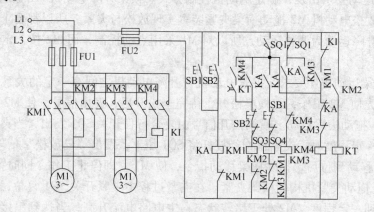

图 6-7 完善的横梁升降电气原理图

2. 逻辑设计法

逻辑设计法是利用逻辑代数这一数学工具来设计电气控制线路。它是从工艺资料（工作循环图、液压系统图）出发，将控制线路中的接触器、继电器等电气元件线圈的通电与断电，触点的闭合与断开，以及主令元件的接通与断开等均看成逻辑变量，并根据控制要求，将这些逻辑变量关系表示为逻辑函数关系式，再运用逻辑函数基本公式和运算规律对逻辑函数式进行化简，然后按化简后的逻辑函数式画出相应的电路结构图，最后再作进一步的检查和完善，以期获得最佳设计方案，使设计出的控制线路既符合工艺要求，又达到线路简单、工作可靠、经济合理的要求。这种设计法设计难度较大，设计过程较复杂，在一般常规设计中很少单独使用。

（1）逻辑设计法的基本步骤

1）电气控制线路的组成。电气控制线路一般由输入电路、输出电路和执行元件等组成。输入电路主要由主令元件、检测元件组成。主令元件包含手动按钮、开关、主令控制器等，其功能是实现开机、停机及发生紧急情况下的停机等控制，这里主令元件发出的信号称为主令信号；检测元件包含行程开关、压力继电器、速度继电器等各种继电器元件，其功能是检测物理量，作为程序自动切换时的控制信号，即检测信号、主令信号、检测信号、中间元件发出的信号、输出变量反馈的信号组成控制线路的输入信号。输出电路由中间记忆元件和执行元件组成。中间记忆元件即继电器，其基本功能是记忆输入信号的变化，使得按顺序变化的状态（以下称为程序）两两相区分；执行元件分为有记忆功能的和无记忆功能的两种，有记忆功能的执行元件有接触器、继电器，无记忆功能的执行元件有电磁阀、电磁铁等。执行元件的基本功能是驱动生产机械的运动部件满足生产工艺要求。

2）逻辑设计法的基本步骤：

① 根据生产工艺要求作出工作循环示意图。

② 确定执行元件和检测元件，并根据工作循环示意图作出执行元件动作节拍表和检测元件状态表。

执行元件的动作节拍表由生产工艺要求决定，是预先提供的。执行元件动作节拍表实际上表明接触器、继电器等电气元件线圈在各程序中的通电、断电情况。

检测元件状态表是根据各程序中检测元件状态的变化编写的。

③ 根据主令元件和检测元件状态表写出各程序的特征数，确定待相区分组，增设必要的中间记忆元件，使待相区分组的所有程序区分开。

程序特征数是程序中所有主令元件和检测元件的状态构成的二进制数码的组合数。例如当一个程序有两个检测元件时，根据状态取值的不同，则该程序可能有 4 个不同的特征数。

当两个程序中不存在相同的特征数时，这两个程序是相区分的，否则是不相区分的。将具有相同特征数的程序归为一组，称为待相区分组。根据待相区分组可设置必要的中间记忆元件，通过中间记忆元件的不同状态将各待相区分组区分开。

④ 列出中间记忆元件的开关逻辑函数式和执行元件的逻辑函数式，进而根据逻辑函数式建立电气控制线路图。

⑤ 对按逻辑函数式画出的控制线路进行检查、化简和完善，增加必要的保护和联锁环节。

（2）逻辑设计法举例

下面以典型的液压纵、横油缸进给加工系统的线路进行逻辑设计法的设计。

1）液压纵、横油缸进给加工系统的工作循环示意图。纵、横油缸进给加工系统的加工工艺要求：

① 起动液压油泵，发出纵向油缸"向前"指令，纵向油缸带动刀具快进、工进，工进结束后在终点位置停留并发出信号。

② 紧接着横向油缸带动刀具快进、工进，工进完成后快速退回原位并发出信号使纵向油缸带动刀具快速退回原位，整个循环结束。

由上述工艺要求，画出工作循环图及液压系统图，如图 6-8 与图 6-9 所示。在工作循环图中各行程开关的工作状态规定如下：

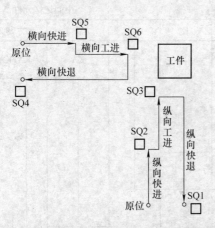

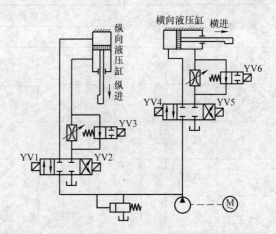

图 6-8　液压纵、横油缸进给加工系统的工作循环图　　图 6-9　液压纵、横向油缸进给加工系统的液压系统图

SQ1 压下，即"1"状态，表示纵向油缸在原位；

SQ2 压下，表示纵向油缸快进转工进。它由长挡铁撞压，挡铁的长度由工进距离决定；

SQ3 压下，表示纵向油缸工进结束；

SQ4 压下，表示横向油缸在原位；

SQ5 压下，表示横向油缸快进转工进，由长挡铁撞压，挡铁的长度由工进距离决定；

SQ6 压下，表示横向油缸前进至终点。

2）制作执行元件动作节拍表及检测元件状态表。本例执行元件动作节拍表就是液压电磁阀 YV1～YV6 的通断表，由液压设计人员根据设计出的液压系统图提供，见表 6-1 中执行元件节拍表一栏。

表 6-1 工作状态表

程 序	名 称	执行元件节拍表						检测元件状态表							转换主令
		YV1	YV2	YV3	YV4	YV5	YV6	SQ1	SQ2	SQ3	SQ4	SQ5	SQ6	SB	
0	原始	−	−	−	−	−	−	1	0	0	1	0	0	0	SB
1	纵快	+	−	−	−	−	−	$\frac{1}{0}$	0	0	1	0	0	$\frac{1}{\phi}$	SQ2
2	纵工	+	−	+	−	−	−	0	1	0	1	0	0	ϕ	SQ3
3	横快	+	−	+	+	−	−	0	1	1	$\frac{1}{0}$	0	0	ϕ	SQ4
4	横工	+	−	+	+	−	+	0	1	1	0	1	0	ϕ	SQ5
5	横退	+	−	+	−	+	−	0	1	1	0	$\frac{1}{0}$	$\frac{1}{0}$	ϕ	SQ5
6	纵退	−	+	−	−	−	−	0	$\frac{1}{0}$	$\frac{1}{0}$	1	0	0	ϕ	SQ4
0′	原始	−	−	−	−	−	−	1	0	0	1	0	0	ϕ	SQ1

表 6-2 中间记忆元件设置表

程 序	名 称	待相区分组						中间记忆元件	
		A	B	C	D	E	F	方案1	方案2
0	原始	●						KA	KA1KA2
1	纵快								
2	纵工								
3	横快								
4	横工						●		
5	横退								
6	纵退								
0′	原始								

检测元件状态表是对照工作循环图并根据各程序中检测元件状态变化情况列写出来的,其列写规则为:

① 在某一程序中,若检测元件处于原始状态,则记为"0"状态,若元件处于受激状态,则记为"1"状态。

② 在某一程序中,若检测元件状态由 0→1 或由 1→0,则相应记作 $\frac{0}{1}$ 或 $\frac{1}{0}$。

③ 在某一程序中,若检测元件状态不变,则记作"φ"。

本例由行程开关 SQ1～SQ6 作为检测元件,它们在各程序中的状态见表 6-1 中检测元件状态表一栏。

3）中间记忆元件的设置。有了执行元件节拍表和检测元件状态表,紧接着要分析单纯依靠主令元件和检测元件的触点状态能否实现控制要求,即单纯依靠 SB、SQ1～SQ6 为逻辑变量能否实现 YV1～YV6 的逻辑函数,要不要设置中间记忆元件。为此,引入程序特征码的概念。

① 程序特征码。由某一个程序所有主令元件和检测元件状态开关量构成的二进制数码称为该程序的特征码。表 6-1 中各程序的特征码如下:

"0"程序特征码为 1001000;

"1"程序特征码为 1001001、0001000;

"2"程序特征码为 0101000;

"3"程序特征码为 0111000、0110000;

"4"程序特征码为 0110100;

"5"程序特征码为 0110110、0110000、0110100、0110010;

"6"程序特征码为 0111000、0101000、0011000、0001000。

应当指出,程序特征码不是一个数,而是开关线路触点状态组合的反映。一个程序可能有几个特征码,以反映该程序中存在的几个开关组合状态。利用程序特征码可方便地判断两个不同程序是否可以区分。

② 程序两两相区分与待相区分组。两个程序的特征码不同,说明这两个程序已相区分;若两程序的特征码完全相同,说明这两个程序是不相区分。为此,应对各程序特征码进行比较,将那些相同程序特征码归为一组,成为待相区分组。本例的待相区分组有以下 6 组:A 组（0、1 程序重复特征码为 1001000）、B 组（1、6 程序重复特征码为 0001000）、C 组（2、6 程序重复特征码为 0101000）、D 组（3、5 程序重复特征码为 0110000）、E 组（3、6 程序重复特征码为 0111000）、F 组（4、5 程序重复特征码为 0110100）。

将这些待相区分组填入表 6-2,填空规则为:每一待相区分组各占一列,在该列中用粗直线将已相区分的程序划去,不相区分的程序空下;相邻两个程序不相区分,则在程序分界线上标以黑点,如 A 组 0、1 程序,F 组 4、5 程序分界线上就有黑点。

③ 中间记忆元件的设置。查出待相区分组后,便可设置中间记忆元件,将各待相区分组区分开,设置的方法和规则是:用带有箭头的线段表示中间记忆元件在此处通电,这样对于线段通过的程序,该元件通电,而无线段通过的程序,该元件在这一程序是断电的,我们利用中间记忆元件通电与否将待相区分组中两个程序相同的特征码区别开。而中间记忆元件带箭头的线段其起点和终点应尽可能设在能区别更多待相区分组的地点。

一般，当已知待相区分组数目为 a，待相区分组中圆点和线段数总和为 b 时，理论上中间记忆元件设置的最少数目 $c = \dfrac{b}{2a}$。待相区分组中线段数是这样计算的：将该待相区分组中 0 程序的起点与本组最后一个程序的终点连成一点，然后再数线段数。

上述用待相区分组的概念，基本上确定了一个控制线路最少和必要的中间记忆元件数，但是，排除控制线路后，若元件触点不够或为了带动无记忆功能的执行元件，仍可能有针对地增加中间记忆元件。

4）列写有关元件逻辑函数式，进而画出相应的控制线路结构图。

① 列写中间记忆元件开关逻辑式的基本要求。根据列出的逻辑式画出的电路应不会发生误动作。中间记忆元件应只在指定的主令程序开启动作，并在指定的程序关闭释放。另外，当一个转换主令信号既要作为一个中间记忆元件的关闭信号，又要作为另一个中间记忆元件的开启信号时，应明确其主从关系，设法消除可能由此引起的竞争现象。

② 中间记忆元件开关逻辑式的列写。KA1 的开启信号为 SB，关断信号为 $\overline{SQ4}$。由此可列出 KA1 的逻辑式：

$$F\,\mathrm{KA1} = \mathrm{SB} + \overline{\mathrm{SQ4}}\,\mathrm{KA1}$$

但这一开关逻辑式不够严密，因 SB 与 SQ4 在任一程序都有误按与误碰的可能性。为此，除了相应的程序转换主令信号外，还应有适当的约束条件，防止中间记忆元件的误动作。例如 KA1 在 i 程序开启，在 $i + n + 1$ 程序关闭，开关逻辑式应为：

$$F\,\mathrm{KA1} = X_{\mathrm{开}} + \overline{X}_{\mathrm{关}}\,\mathrm{KA1} = X_i X_{\mathrm{开约}} + (\overline{X}_{i+n+1} + X_{\mathrm{关约}})\mathrm{KA1}$$

式中　X_i——转入第 i 程序时的转换主令信号；

　　$X_{\mathrm{开约}}$——开启约束信号；

　　$\overline{X}_{i+n+1}$——转入第 $i + n + 1$ 程序的转换主令信号；

　　$X_{\mathrm{关约}}$——关闭约束信号。

为使中间记忆元件不发生误动作，对开启及关闭约束信号提出如下要求：对于 $X_{\mathrm{开约}}$，要求在 $i - 1$ 及 i 程序时为 "1" 状态，而在其他情况下最好为 "0" 状态。对于 $X_{\mathrm{关约}}$，要求在 $i + n + 1$ 及 $i + n$ 程序时为 "0" 状态，而在其他情况下最好均为 "1" 状态。在上例中取 SQ1 作为 KA1 的 $X_{\mathrm{开约}}$，而将 $\overline{\mathrm{KA2}}$ 作为 KA1 的 $X_{\mathrm{关约}}$。KA1 的逻辑式则为

$$F\,\mathrm{KA1} = \mathrm{SBSQ1} + (\overline{\mathrm{SQ4} + \mathrm{KA2}})\mathrm{KA1}$$

③ 无记忆功能执行元件逻辑函数式的列写。无记忆功能的执行元件如电磁阀、电磁铁等的动作可通过检测元件与中间记忆元件来控制。应先通过执行元件节拍表来分析其通电状态，然后写出它的逻辑函数式。如电磁阀 YV3，由执行元件节拍表可知，它在第 2～5 程序范围内通电，其他程序断电。查找检测元件状态表，没有一个检测元件正好在第 2～5 程序范围内得电，唯有行程开关 SQ2 较为接近，它在 2～6 程序内得电，若由 SQ2 来控制，势必在第 6 程序内 YV3 发生误动作，必须引入约束条件。

KA1 在第 6 程序为 "0" 状态，而在第 1～5 程序都为 "1" 状态，若将 SQ2、KA1 两个元件 "与" 起来，便能满足 YV3 的要求，于是便有逻辑式：

$$F\,\mathrm{YV3} = \mathrm{SQ2KA1}$$

通过上述方法，可将中间记忆元件及执行元件的逻辑式列写如下：

$$F\,\mathrm{KA1} = \mathrm{SB}\,\overline{\mathrm{KA2SQ4}}\,\mathrm{SQ1} + (\overline{\mathrm{SQ4} + \mathrm{KA2}})\mathrm{KA1}$$

$$F\,KA2 = (SQ6 + KA2)\overline{SQ1}$$
$$F\,YV1 = KA1$$
$$F\,YV2 = \overline{KA1}\,KA2$$
$$F\,YV3 = SQ2\,KA1$$
$$F\,YV4 = \overline{KA2}\,SQ3$$
$$F\,YV5 = KA1\,KA2$$
$$F\,YV6 = \overline{KA2}\,SQ5$$

④ 绘制电气控制线路图。根据列写的逻辑式可绘制电气控制线路草图，把每一逻辑式画成一条支路，然后将这些支路并联起来，便构成总的电气控制线路草图。对于某些执行元件，如电磁阀、电磁铁、离合器等应注意其电流种类及电压等级。电气控制线路如图 6-10 所示。

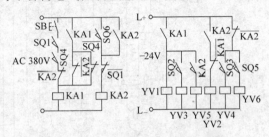

图 6-10　电气控制线路

5）进一步检查、化简和完善电气控制线路。画出电气控制线路后应作进一步研究：是否符合控制要求；是否发生竞争现象；各元件触点是否够用；各逻辑式能否化简；考虑各种联锁和保护等。最后将主电路与控制电路画在一起，完成整个线路设计，如图 6-11 所示。

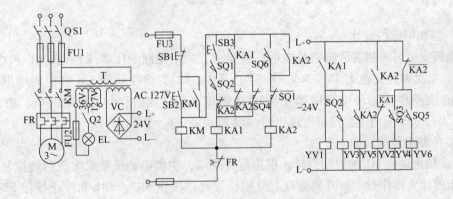

图 6-11　纵、横油缸液压进给加工电气控制线路

6.2.4　任务实施

1. CW6163 型卧式车床电气控制线路图的设计

（1）主电路的设计

1）主轴电动机 M1。根据设计要求，主轴电动机的正、反转由机械式摩擦片离合器加以控制，且根据车削工艺的特点，同时考虑到主轴电动机的功率较大，最后确定 M1 采用单向直接起动控制方式，由接触器 KM 进行控制。对 M1 设置过载保护 FR1，并采用电流表 PA 根据指示的电流监视其车削量。由于向车床供电的电源开关要装熔断器，所以电动机 M1 没有用熔断器进行短路保护。

2）冷却泵电动机 M2 及快速移动电动机 M3。由前文可知，M2 和 M3 的功率及额定电流均较小，因此可用交流中间继电器 KA1 和 KA2 来进行控制。在设置保护时，考虑到 M3 属于短时运行，故不需设置过载保护。

综合以上的考虑，绘出 CW6163 型卧式车床的主电路如图 6-12 所示。

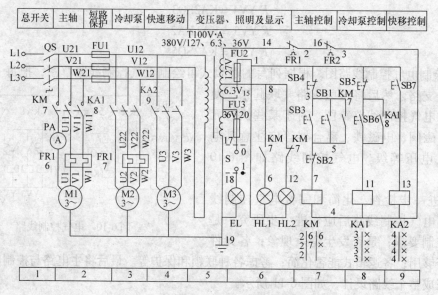

图 6-12　CW6163 型卧式车床电气原理图

（2）控制电源的设计

考虑到安全可靠和满足照明及指示灯的要求，采用控制变压器 T 供电，其一次侧为交流 380V，二次侧为交流 127V、36V、6.3V。其中，127V 给接触器 KM 和中间继电器 KA1 及 KA2 的线圈供电，36V 给局部照明电路供电，6.3V 给指示灯电路供电。由此绘出 CW6163 型卧式车床的电源控制电路如图 6-12 所示。

（3）控制电路的设计

1）主轴电动机 M1 的控制设计。根据设计要求，主轴电动机要求实现两地控制。因此可在机床的床头操作板上和刀架拖板上分别设置起动按钮 SB3、SB1 和停止按钮 SB4、SB2 来进行控制。

2）冷却泵电动机 M2 和快速移动电动机 M3 的控制设计。根据设计要求和 M2、M3 需完成的工作任务，确定 M2 采用单向起、停控制方式，M3 采用点动控制方式。

综合以上的考虑，绘出 CW6163 型卧式车床的控制电路如图 6-12 所示。

（4）局部照明及信号指示电路的设计

局部照明设备用照明灯 EL、灯开关 S 和照明回路熔断器 FU3 来组合。

信号指示电路由两路构成：一路为三相电源接通指示灯 HL2（绿色），在电源开关 QS 接通以后立即发光，表示机床电气线路已处于供电状态；另一路指示灯 HL1（红色），表示主轴电动机是否运行。两路指示灯 HL1 和 HL2 分别由接触器 KM 的常开和常闭触点进行切换通电显示。

由此，绘出 CW6163 型卧式车床的照明及信号指示电路如图 6-12 所示。

2. 电气元件的选择

在电气原理图设计完毕之后就可以根据电气原理图进行电气元件的选择工作。

（1）电源开关 QS 的选择

QS 的作用主要是用于电源的引入及控制 M1 ~ M3 起、停和正、反转等，因此 QS 的选择主要考虑电动机 M1 ~ M3 的额定电流和起动电流。由前面已知 M1 ~ M3 的额定电流数值，通过计算可得额定电流之和为 25.73A，同时考虑到 M2、M3 虽为满载起动，但功率较小，M1 虽功率较大，但为轻载起动。所以 QS 最终选择 HZ10-25/3 型组合开关，额定电流为 25A。

（2）热继电器 FR 的选择

根据电动机的额定电流进行热继电器的选择。由前面 M1 和 M2 的额定电流，现选择如下：

1）FR1 选用 JR0-40 型热继电器。热元件额定电流为 25A，额定电流调节范围为 16 ~ 25A，工作时调整在 22.6A。

2）FR2 选用 JR0-40 型热继电器。热元件额定电流为 0.64A，额定电流调节范围为 0.40 ~ 0.64A，工作时调整在 0.43A。

（3）接触器的选择

根据负载回路的电压、电流，接触器所控制回路的电压及所需触点的数量等来进行接触器的选择。本设计中 KM 主要对 M1 进行控制，而 M1 的额定电流为 22.6A，控制回路电源为 127V，需主触点 3 对，辅助常开触点两对，辅助常闭触点一对。所以 KM 选择 CJ10-40 型接触器，主触点额定电流为 40A，线圈电压为 127V。

（4）中间继电器的选择

本设计中由于 M2 和 M3 的额定电流都很小，因此可用交流中间继电器代替接触器进行控制。这里 KA1 和 KA2 均选择 JZ7-44 型交流中间继电器，常开、常闭触点各 4 个，额定电流为 5A，线圈电压为 127V。

（5）熔断器的选择

根据熔断器的额定电压、额定电流和熔体的额定电流等进行熔断器的选择。本设计中涉及的熔断器有 3 个：FU1、FU2、FU3。这里主要分析 FU1 的选择，其余类似。

FU1 主要对 M2 和 M3 进行短路保护，M2 和 M3 的额定电流分别为 0.43A、2.7A。因此熔体的额定电流为

$$I_{\text{fu1}} \geqslant (1.5 \sim 2.5) I_{\text{Nmax}} + \sum I_{\text{N}}$$

计算可得 $I_{\text{fu1}} \geqslant 7.18$A，因此 FU1 选择 RL1-15 型熔断器，熔体为 10A。

（6）按钮的选择

根据需要的触点数目、动作要求、使用场合、颜色等进行按钮的选择。本设计中 SB3、SB4、SB6 选择 LA-18 型按钮，颜色为黑色；SB1、SB2、SB5 也选择为 LA-18 型按钮，颜色为红色；SB7 的选择型号也相同，但颜色为绿色。

（7）照明及指示灯的选择

照明灯 EL 选择 JC2 型，交流 36V，40W，与灯开关 S 成套配置；指示灯 HL1 和 HL2 选择 ZSD-0 型，指标为 6.3V、0.25A，颜色分别为红色和绿色。

（8）控制变压器的选择

变压器的具体计算、选择请参照有关书籍。本设计中变压器选择 BK-100 型，380V、220V/127V、36V、6.3V。

综合以上的计算，给出 CW6163 型卧式车床的电气元件明细表见表6-3。

表6-3　CW6163型卧式车床的电气元件明细表

符　号	名　　称	型　号	规　　格	数　量
M1	主轴电动机	Y160M-4	11 kW，380V，22.6A，1460r/min	1 台
M2	冷却泵电动机	JCB-22	0.125 kW，0.43 A，2790r/min	1 台
M3	快速移动电动机	Y90S-4	1.1 kW，2.7 A，1400 r/min	1 台
QS	电源开关	HZ10-25/3	三极，500V，25 A	1 只
KM	交流接触器	CJ10-40	40A，线圈电压127V	1 个
KA1，KA2	交流中间继电器	JZ7-44	5 A，线圈电压127V	2 个
FR1	热继电器	JR0-40	热元件额定电流25A，整定电流22.6A	1 个
FR2	热继电器	JR0-40	热元件额定电流0.64A，整定电流0.43A	1 个
FU1	熔断器	RL1-15	500V，熔体10A	1 个
FU2，FU3	熔断器	RL1-15	500V，熔体2A	2 个
T	控制变压器	BK-100	100V·A，380V/127V，36V、6.3V	1 台
SB3，SB4，SB6	控制按钮	LA-18	5 A，黑色	3 只
SB1，SB2，SB5	控制按钮	LA-18	5 A，红色	3 只
SB7	控制按钮	LA-18	5 A，绿色	1 只
HL1，HL2	指示灯	ZSD-0	6.3V，绿色1，红色1	2 只
EL，S	照明灯及灯开关		36 V，40 W	2 只
PA	交流电流表	62 T2	0～50A，直接接入	1 个

任务6.3　电气元件布置图及电气安装接线图的设计

6.3.1　任务描述

CW6163 型卧式车床的电气元件布置图及电气安装接线图的设计。

6.3.2　任务分析

设计电气元件布置图及电气安装接线图的目的是为了满足电气控制设备的调试、使用和维修等要求。在完成了 CW6163 型卧式车床的电气原理图的设计及电气元件的选择之后，即可以进行电气元件布置图及电气安装接线图设计。

6.3.3　相关知识

1. 电气元件布置图的设计

电气元件布置图是指某些电气元件按一定的原则组合，如电气控制箱中的电器板、控制面板、放大器等。电气元件布置图的设计依据的是电气原理图。

（1）电气元件布置图的绘制原则

在一个完整的自动控制系统中，同一组件中的电气元件的布置原则如下。

1）体积大和较重的元件应安装在电器板的下面，发热元件应安装在电器板的上面。

2）强电与弱电分开，应注意弱电屏蔽，防止外界干扰。

3）需要经常维护、检修、调整的电气元件安装位置不宜过高或过低。

4）电气元件的布置应考虑整齐、美观、对称。结构和外形尺寸较类似的电气元件应安装在一起，以利于加工、安装、配线。

5）各种电气元件的布置不宜过密，要有一定的间距，若采用板前走线槽配线方式，应适当加大各排电气元件间距，以利布线和维护。

各种电气元件的位置确定之后，便可以进行电气元件布置图的绘制。电气元件布置图是根据电气元件的外形尺寸按比例进行绘制，并标明各电气元件之间的间距尺寸。同时，还要根据本部件进出线的数量和导线规格，选择适当的接线端子板和接插件，按一定顺序标上进出线的接线号。

（2）电气元件布置图设计举例

以图 6-13 所示的 C620-1 型车床电气原理图为例，设计它的电气元件布置图，如图 6-14 所示，设计步骤如下。

1）根据各电气元件安装位置的不同进行划分。本例中的按钮 SB1、SB2、照明灯 EL 及电动机 M1、M2 等安装在电气箱外，其余各电气元件均安装在电气箱内。

2）根据各电气元件的实际外形尺寸进行电器布置。如果采用线槽布线，还应画出线槽的位置。

3）选择进出线方式，标出接线端子。

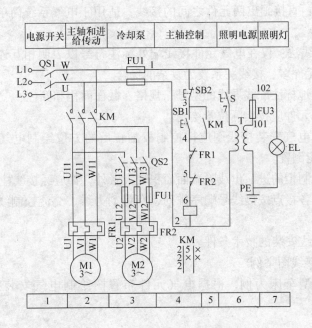

图 6-13　C620-1 型车床电气原理图

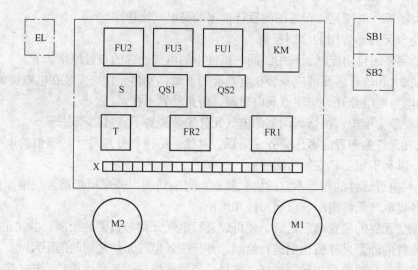

图 6-14　C620-1 型车床电气元件布置图

2. 电气安装接线图的设计

电气安装接线图是根据电气原理图和电气元件布置图进行绘制的。它表示了成套装置的连接关系，是电气设备的安装、电气元件间的配线及电气故障的检修等的依据。

（1）电气安装接线图的绘制原则

1）图中所有电气元件的带电部分应按实物，依对称原则绘制。

2）图上各电气元件，均应注明与电气原理图上一致的文字符号、接线端号。

3）图中一律用细线条绘制，应清楚地表示出各电气元件的接线关系和接线去向。接线图的接线关系有以下两种画法。

① 直接接线法：直接画出两元件之间的接线，适用于电气系统简单、电气元件少、接线关系简单的场合。

② 符号标注接线法：仅在电气元件接线端处标注符号以表明相互连接关系，适用于电气系统复杂、电气元件多、接线关系较为复杂的场合。

4）按规定清楚地标注配线导线的型号、规格、截面面积和颜色。

5）图中各电气元件应按实际位置绘制。

6）板后配线的电气安装接线图应按控制板翻转后的方位绘制电气元件，以便施工配线，但触点方向不能倒置。

7）接线板或控制柜的进、出线除截面面积较大者外，都应经接线柱排外接。

8）接线柱排上各接点按接线号顺序排列，并将动力线、交流控制线、直流控制线等分类排开。

9）注明有关接线安装的技术条件。

（2）电气安装接线图举例

同样以 C620-1 型车床为例，根据电气元件布置图绘制电气安装接线图，如图 6-15 所示。

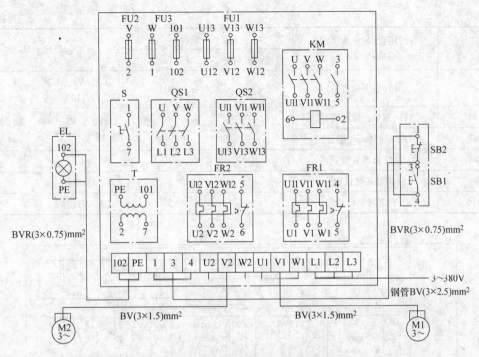

图 6-15　C620-1 型车床电气安装接线图

6.3.4　任务实施

1. 绘制电气元件布置图和电气安装接线图

依据电气原理图的布置原则并结合 CW6163 型卧式车床的电气原理图的控制顺序对电气元件进行合理布局，做到连接导线最短，导线交叉最少。

电气元件布置图完成之后，再依据电气安装接线图的绘制原则及相应的注意事项进行电气安装接线图的绘制。这样所绘制的电气元件布置图如图 6-16 所示，电气安装接线图如图 6-17 所示，电气安装接线图中的管内敷线明细表 6-4。

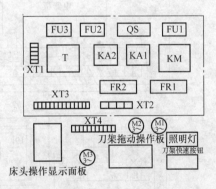

图 6-16　CW6163 型卧式车床电气元件布置图

表 6-4　CW6163 型卧式车床的电气接线图中管内敷线明细

代　号	穿线用管(或电缆类型)内径/mm	电　线		接线号
		截面面积/mm²	根　数	
#1	15(聚氯乙烯软管)	4	3	U1、V1、W1
#2	15(聚氯乙烯软管)	4	2	U1、U11
		1	7	1、3、5、6、9、11、12
#3	15(聚氯乙烯软管)	1	13	U2、V2、W2、U3、V3、W3、1、3、5、7、13、17、19
#4	G3/4(in)螺纹管			

代 号	穿线用管（或电缆类型）内径/mm	电 线		接 线 号
		截面面积/mm²	根 数	
#5	15（金属软管）	1	10	U3、V3、W3、1、3、5、7、13、17、19
#6	15（聚氯乙烯软管）	1	8	U3、 V3、 W3、1、3、5、
#7	18mm×16mm（铝管）			7、13
#8	11（金属软管）	1	2	17、19
#9	8（聚氯乙烯软管）	1	2	1、13
#10	YHZ 橡套电缆	1	3	U3、V3、W3

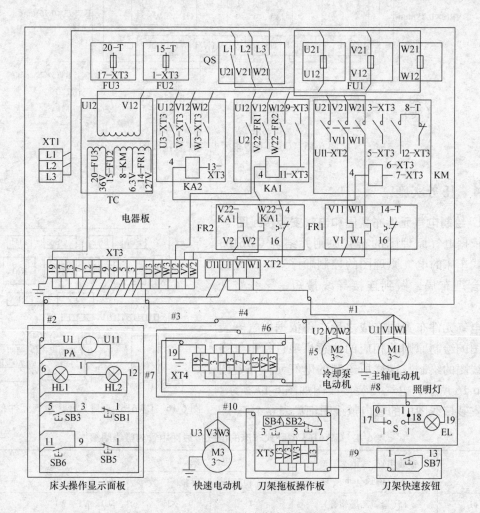

图 6-17　CW6163 型卧式车床电气接线图

2. 检查和调整电气元件

根据电气元件明细表中所列的元件，配齐电气设备和电气元件，并结合前面所讲述的内容，逐件对其进行检验、检查和调整。

任务6.4 电气控制系统的安装与调试

6.4.1 任务描述

CW6163 型卧式车床电气控制系统的安装与调试。

6.4.2 任务分析

在完成了 CW6163 型卧式车床的电气元件布置图及电气安装接线图的设计之后，即可以进行电气控制系统的安装与调试。

6.4.3 相关知识

1. 安装与调试的基本要求

（1）生产机械设备对电气线路的基本要求

1）所设计的电气线路必须满足生产机械的生产工艺要求。

2）电气控制线路的动作应准确，动作顺序和安装位置要合理。安装位置既要紧凑又要留有余地。

3）为防止电气控制线路发生故障，对设备和人身造成伤害，电气控制线路各环节之间应具有必要的联锁和各种保护措施。

4）电气控制线路要简单经济。

5）维护和检修方便。

（2）生产机械电气线路的安装要求及步骤

根据生产机械的结构特点、操作要求和电气线路的复杂程度决定生产机械电气线路的安装方式和方法。对控制线路简单的生产机械，可把生产机械的床身作为电气控制柜（箱或板）；对控制线路复杂的生产机械，常将控制线路安装在独立的电气控制柜内。

1）安装前的准备工作。

① 为安装接线以及维护检修方便，首先要充分了解生产机械的电气原理图，然后要对电气原理图进行标注，其具体了解内容有：生产机械的主要结构和运动形式；电气原理图由几部分构成，各部分又有哪几个控制环节，各部分之间的相互关系如何；各种电气元件之间的控制及连接关系；电气控制线路的动作顺序；电气元件的种类、数量和规格等。

② 检查电气元件，其检查内容有：根据电气元件明细表检查各电气元件和电气设备是否短缺，规格是否符合设计要求，若不符合要求，应更换或调整；检查各电气元件的外观是否损坏，各接线端子及紧固件有无短缺、生锈等，尤其是电气元件中触点的质量；检查有延时作用的电气元件的功能是否正常；用兆欧表检查电气元件及电气设备的绝缘电阻是否符合要求，用万用表或电桥检查一些电气元件或电气设备（接触器、继电器、电动机）线圈的通断情况，以及各操作机构和复位机构是否灵活。

③ 导线的类型、绝缘性、截面面积和颜色根据电动机的额定功率、控制电路的电流容量、控制回路的子回路数及配线方式来选择。

④ 绘制电气安装接线图。根据电气原理图，对电气元件在电气控制柜或配电板或其他

安装底板上进行布局，其布局的总原则是：连接导线最短，导线交叉最少。为便于接线和维修，控制柜所有的进出线要经过接线端子板连接，接线端子板安装在柜内的最下面或侧面，接线端子的节数和规格应根据进出线的根数及流过的电流进行选配组装，且根据连接导线的线号进行编号。

⑤ 准备好安装工具和检查仪表。

2）电气控制柜（箱或板）的安装。

① 安装电气元件。按产品说明书和电气接线图进行电气元件的安装，做到安全可靠，排列整齐。电气元件的安装步骤如下：

底板选料：可选择厚度为 2.5 ~ 5mm 的钢板或厚度为 5mm 的层压板等。

底板剪裁：按电气元件的数量、大小、位置和安装接线图确定板面的尺寸。

电气元件的定位：按电气元件产品说明书的安装尺寸，在底板上确定元件安装孔的位置并固定钻孔中心。

钻孔：选择合适的钻头对准钻孔中心进行冲眼。

电气元件的固定：用螺栓和适当的垫圈，将电气元件按各自的位置在底板上进行固定。

② 电气元件之间的导线连接。接线时应按照电气安装接线图的要求，并结合电气原理图中的导线编号及配线要求进行。

所有导线的连接必须牢固，不得松劲，在任何情况下，连接器件必须与连接的导线截面和材料性质相适应。导线与端子的接线，一般一个端子只连接一根导线，有些端子不适合连接软导线时，可在导线端头上采用针形、叉形等冷压接线头，导线的接头除必须采用焊接方法外，所有的导线应当采用冷压接线头，若电气设备在运行时承受的振动很大，则不许采用焊接的方式。

导线的颜色标志：保护导线采用黄、绿双色，动力电路的中性线和中间线采用浅蓝色，交、直流动力线路采用黑色，交流控制电路采用红色，直流控制电路采用蓝色等；导线的线号标志：导线的线号标志必须与电气原理图和电气安装接线图相符合，且在每根连接导线的接近端子处需套有标明该导线线号的套管。

控制柜的内部配线方法有板前配线、板后配线和线槽配线等。板前配线和线槽配线综合的方法较广泛采用，板后配线采用较少。采用线槽配线时，线槽装线不要超过线槽容积的70%，以便安装和维修。线槽外部的配线，对装在可拆卸门上的电气元件接线必须采用互连端子板或连接器，它们必须牢固固定在框架、控制箱或门上。从外部控制电路、信号电路进入控制箱内的导线超过 10 根时，必须接到端子板或连接器件过渡，但动力电路和测量电路的导线可以直接接到电器的端子上。

由于控制柜一般处于工业环境中，为防止铁屑、灰尘和液体的进入，除必要的保护电缆外，控制柜所有的外部配线一律装入导线通道内，且导线通道应留有裕量，供备用导线和今后增加导线之用。导线一般采用钢管作为导线通道，钢管壁厚应不小于 1mm，如用其他材料，壁厚必须有等效于壁厚为 1mm 钢管的强度。移动部件或可调整部件上的导线必须用软线且必须支撑牢固，保证在接线上不至于产生机械拉力和弯曲。不同电路的导线可以穿在同一管内，或处于同一电缆之中，如果它们的工作电压不同，则所用导线的绝缘等级必须满足其中最高一级电压的要求。

导线连接的步骤：了解电气元件之间导线连接的走向和路径；根据导线连接的走向、路径及连接点之间的长度，选择合适的导线长度，并将导线的转弯处弯成90°；用电工工具剥除导线端子处的绝缘层，套上导线的标志套管，将剥除绝缘层的导线弯成羊角圈，按电气安装接线图套入接线端子上的压紧螺钉并拧紧；所有导线连接完毕后要进行整理，做到横平竖直，导线之间没有交叉、重叠且相互平行。

2. 电气控制柜的安装配线

电气控制柜的配线有柜内和柜外两种：柜内配线有明配线、暗配线和线槽配线等；柜外配线有线管配线等。

（1）柜内配线

1）明配线。明配线又称板前配线，这种配线方式的导线走向较清晰，对于安全维修及故障的检查较方便，适用于电气元件较少，电气线路比较简单的设备。采用这种配线需注意如下几方面。

① 连接导线一般选用 BV 型的单股塑料硬线。

② 线路应整齐美观、横平竖直，导线之间不交叉、不重叠，转弯处应为直角，成束的导线用线束固定，导线的敷设不影响电气元件的拆卸。

③ 导线和接线端子应保证可靠的电气连接，线端应弯成羊角圈。对不同截面的导线在同一接线端子连接时，截面面积大的在上，且每个接线端子原则上不超过两根导线。

2）暗配线。暗配线又称板后配线，采用这种配线方式的板面整齐美观，且配线速度快。采用这种配线方式应注意如下几方面。

① 电气元件的安装孔和导线穿线孔的位置应准确，孔的大小应合适。

② 板前与电气元件的连接线应接触可靠，穿板的导线应与板面垂直。

③ 配电盘固定时，应使安装电气元件的一面朝向控制柜的门，便于检查和维修，板与安装面要留有一定的裕量。

3）线槽配线

这种配线方式综合了明配线和暗配线的优点，适用于电气线路较复杂、电气元件较多的设备，是目前使用较广的一种接线方式。

线槽一般由槽底和盖板组成，其两侧留有导线的进出口，槽中容纳导线（多采用多股软导线做连接导线），视线槽的长短用螺钉固定在底板上。

4）配线的基本要求

① 配线之前首先要认真阅读电气原理图、电器布置图和电气安装接线图，做到心中有数。

② 根据负荷的大小及配线方式，回路的不同选择导线的规格、型号，并考虑导线的走向。

③ 首先对主电路进行配线，然后对控制电路配线。

④ 具体配线时应满足以上3种配线方式的具体要求及注意事项，如横平竖直、减少交叉、转角成直角、成束导线用线束固定、导线端部加有套管、与接线端子相连的导线头弯成羊角圈、整齐美观等。

⑤ 导线的敷设不应妨碍电气元件的拆卸。

⑥ 配线完成之后应根据各种图样再次检查是否正确无误，若无错误可将各种紧压件压紧。

（2）线管配线

线管配线属于柜外配线方式，这种配线方式耐潮、耐腐蚀、不易遭受机械损伤，适用于有一定的机械压力的地方。

1）铁管配线。

① 根据使用的场合、导线截面面积和导线根数选择铁管的类型和管径，且管内应留有40%的裕量。

② 尽量取最短距离敷设线管，管路尽量少弯曲，不得不弯曲时，弯曲半径一般不小于管径的 4～6 倍，弯曲后不应有裂缝。如将管路引出地面，离地面应有一定的高度，一般不小于 0.2m。

③ 同一电压等级或同一回路的导线允许穿在同一线管内，管内的导线不准有接头，也不准有绝缘破损之后修补的导线。

④ 线管在穿线时可以采用直径为 1.2mm 的钢丝作引线，敷设时要清除管内的杂物和水分。明面敷设的线管应做到横平竖直，必要时可采用管卡支持。

⑤ 铁管应可靠地保护接地和接零。

2）金属软管配线。对生产机械本身所属的各种电气元件或各种设备之间的连接常采用这种连接方式。根据穿管导线的总截面面积选择软管的规格，软管的两头应有接头以保证连接，在敷设时中间部分应用适当数量的管卡加以固定，有所损坏或有缺陷的软管不能使用。

3. 电气控制柜的调试

这一步骤是生产机械在正式投入使用之前的必经步骤。

（1）调试前的准备工作

1）调试前必须了解各种电气设备和整个电气系统的功能，掌握调试的方法和步骤。

2）作好调试前的检查工作，具体工作如下。

① 根据电气原理图、电气安装接线图和电气元件布置图检查各电气元件的位置是否正确，并检查其外观有无损坏，触点接触是否良好，配线导线的选择是否符合要求，柜内和柜外的接线是否正确、可靠及接线的各种具体要求是否达到，电动机有无卡壳现象，各种操作、复位机构是否灵活，保护电器的整定值是否达到要求，各种指示和信号装置是否按要求发出指定信号等。

② 用兆欧表对电动机和连接导线进行绝缘电阻检查，其绝缘电阻应分别符合各自的绝缘电阻要求，如连接导线的绝缘电阻不小于 $7M\Omega$，电动机的绝缘电阻不小于 $0.5 M\Omega$ 等。

③ 与操作人员和技术人员一起检查各电气元件动作是否符合电气原理图的要求及生产工艺要求。

④ 检查各开关按钮、行程开关等电气元件是否处于原始位置，调速装置的手柄是否处于最低速位置。

（2）电气控制柜的调试

在调试前的准备工作完成之后方可进行试车和调试工作。

1）空操作试车。断开主电路，接通电源开关，使控制电路空操作，检查控制电路的工作情况。如有异常，立刻切断电源开关检查原因。

2）空载试车。在第一步的基础之上，接通主电路即可进行。首先点动检查各电动机的转向及转速是否符合要求，然后调整好保护电器的整定值，检查指示信号和照明灯的完好性等。

3）带负荷试车。在第一步和第二步通过之后，即可进行带负荷试车。首先在正常的工作条件下，验证电气设备所有部分运行的正确性，特别是验证在电源中断和恢复时对人身和设备的伤害、损坏程度，然后再进一步观察机械动作和电气元件的动作是否符合原始工艺要求，调整行程开关、挡块的位置和各种电气元件的整定数值。

4）试车的注意事项：

① 调试人员在调试前必须熟悉生产机械的结构、操作规程和电气系统的工作要求。

② 通电时，先接通主电源，断电时，顺序相反。

③ 通电后，注意观察各种现象，随时作好停车准备，以防止意外事故发生。

6.4.4 任务实施

1. 电气控制柜的安装接线

（1）制作安装底板

CW6163 型卧式车床的电气线路较复杂，根据电气安装接线图，其制作的安装底板有柜内电器板（配电盘）、床头操作显示面板和刀架拖动操作板共 3 块。柜内电器板可以采用 4mm 的钢板或其他绝缘板做底板。

（2）选配导线

根据 CW6163 型卧式车床的特点，其电气控制柜的配线方式选用明配线。根据 CW6163 型卧式车床的电气接线图中管内敷线明细表中已选配好的导线进行配线。

（3）规划安装线和弯电线管

根据安装的操作规程，首先在底板上规划安装的尺寸以及电线管的走向线，并根据安装尺寸锯电线管，根据走线方向弯管。

（4）安装电气元件

根据安装尺寸线进行钻孔，并固定电气元件。

（5）电气元件的编号

根据车床的电气原理图给安装完毕的各电气元件和连接导线进行编号，给出编号标志。

（6）接线

根据接线的要求，先接控制柜内的主电路、控制电路，再接柜外的其他电路和设备，包括床头操作显示面板、刀架拖动操作板、电动机和刀架快速按钮等。特殊的、需外接的导线接到接线端子排上，引入车床的导线需用金属导管保护。

2. 电气控制柜的安装检查

（1）常规检查

根据 CW6163 型卧式车床的电气原理图及电气安装接线图对安装完毕的电气控制柜逐线检查，核对线号，防止错接、漏接，检查各接线端子的情况是否有虚接情况，以及时改正。

（2）用万用表检查

在不通电的情况下，用电阻挡进行线路的通断检查，具体检查如下。

1）检查控制电路。断开电动机 M1 的主电路接在 QS 上的 3 根电源线 U21、V21、W21，再断开 FU1 之后与电动机 M2、M3 的主电路有关的 3 根电源线 U12、V12、W12，用万用表

的 $R \times 100$ 挡，将两个表笔分别接到熔断器 FU1 两端，此时电阻应为零，否则有断路现象；各个相间，电阻应为无穷大；断开 1、14 连接线，分别按下 SB3、SB4、SB6、SB7，若测得一电阻值（依次为 KM、KA1、KA2 的线圈电阻）则 1-14 接线正确；按下接触器 KM、KA1 的触点架，此时测得的电阻仍为 KM、KA1 的线圈电阻，则 KM、KA1 自锁起作用，否则 KM、KA1 的常开触点可能虚接或漏接。

2）检查主电路。接上主电路的 3 根电源线，断开控制电路（取出 FU1 的熔心），取下接触器的灭弧罩，合上开关 QS，将万用表的两个表笔分别接到 L1-L2、L2-L3、L3-L1，此时测得的电阻应为 ∞，若某次测得为零，则说明对应两相接线短路；按下接触器 KM 的触点架，使其常开触点闭合，重复上述测量，则测得的电阻应为电动机 M1 两相绕组的阻值，三次测的结果应一致，否则应进一步检查。

将万用表的两个表笔分别接到 U12-V12、U12-W12、V12-W12 之间，此时测得的电阻应为 ∞，否则有短路；分别按下接触器 KA1、KA2 的触点架，使其常开触点闭合，重复上述测量，则测得的电阻应分别为电动机 M2、M3 两相绕组的阻值，三次测的结果应一致，否则应进一步检查。

经上述检查如发现问题应结合测量结果分析电气原理图，排除故障之后再进行以下的步骤。

3. 电气控制柜的调试

经以上检查准确无误后，可进行通电试车。

（1）空操作试车

断开图 6-12 中 M1 主电路接在 QS 上的 3 根电源线 U21、V21、W21 和 M2、M3 主电路接在 FU1 之后的 3 根电源线 U12、V12、W12，合上电源开关 QS，使得控制电路得电。按下起动按钮 SB3 或 SB4，KM 应吸合并自锁，指示灯 HL1 应亮；按下 SB2 或 SB1，KM 应断电释放，指示灯 HL2 应亮；合上开关 S，局部照明灯 EL 应亮，断开 S 照明灯应灭。KA1、KA2 的检查类似。

（2）空载试车

第一步通过之后，断电接上 U12、V12、W12，然后送电，合上 QS，按下 SB3 或 SB4 观察主轴电动机 M1 的转向、转速是否正确，再接上 U21、V21、W21，按下 SB6 和 SB7 观察冷却泵电动机 M2 和快速移动电动机 M3 的转向、转速是否正确。空载试车时应先拆下连接主轴电动机和主轴变速箱的传动带，以免转向不正确损坏传动机构。

（3）带负荷试车

在机床电气线路和所有机械部件都安装调试妥当后，按照 CW6163 型卧式车床的各项性能指标及工艺要求进行逐项试车。

小　　结

本项目介绍了继电接触式控制系统的经验设计法、逻辑设计法以及生产机械电气设备的施工设计。它们都应在满足生产机械工艺要求的前提下，做到运行安全、可靠，操作、维修方便，设备投资费用节省。这就要求灵活运用所学知识，努力设计出最佳电气控制线路，生产出优良的电气设备来实现上述目的。

经验设计法又称分析设计法，它是根据生产机械的工艺要求与工作过程，充分运用典型控制环节，加以补充修改，综合成所需要的电气控制线路；当无典型环节可借鉴时，只有采取边分析、边画图、边修改的办法来重新设计。此法易于掌握但不易获得最优方案。设计中必须反复审核线路的工作情况，有条件的最好进行模拟试验，直至运行正常，符合工艺要求为止。

逻辑设计法是根据生产机械的工艺要求，首先作出工作循环图；再决定执行元件与检测元件并作出执行元件的动作节拍表和检测元件的状态表，由状态表写出各程序的特征码，进而设置中间记忆元件；进一步列写中间记忆元件开关逻辑函数式及执行元件动作逻辑函数式；最后由逻辑代数式作出电气原理图。这种设计方法能收到较好的设计效果。

本项目要求学会运用手册、产品样本正确选择电动机、电气元件、导线截面面积等，掌握设备安装、调整和试车的方法；能完成生产机械电力装备的全部工作。读者应积极参加生产实践，逐步提高电气控制线路的设计水平和实践能力。

习 题

6-1 电气控制设计中应遵循的原则是什么？设计内容包括哪些方面？

6-2 如何确定生产机械电气拖动方案？

6-3 电气原理图的设计方法有几种？常用什么方法？设计电气原理图的要求有哪些？

6-4 经验设计法的内容是什么？如何应用经验设计法？

6-5 如何绘制电气设备及电气元件的布置图和安装图？有哪些注意事项？

6-6 安装电气元件之前，为什么必须进行检查？检查的主要内容有哪些？

6-7 安装电气控制柜的一般步骤有哪些？调试前应做哪些准备？调试的内容有哪些？调试中应注意什么？

6-8 采用经验设计法设计一个以行程原则控制的机床控制线路。要求工作台每往复一次（自动循环），即发出一个控制信号，以改变主轴电动机的转向一次。

6-9 某机床由两台三相笼型异步电动机 M1 与 M2 拖动，其拖动要求是：

（1）M1 容量较大，采用丫-△降压起动，停车带有能耗制动；

（2）M1 起动后经 20s 后方允许 M2 起动（M2 容量较小，可直接起动）；

（3）M2 停车后方允许 M1 停车；

（4）M1 与 M2 的起动、停止均要求两地控制。

试设计电气原理图并设置必要的电气保护。

6-10 某机床有 3 台电动机，其容量分别为 2.8kW、6.1A，0.6kW、1.6A，1.1kW、2.4A，采用熔断器作短路保护，试选择总电源熔心的额定电流等级和熔断器的型号。

附　　录

附录 A　常用电气图形及文字符号新旧对照表

名　称		新标准		旧标准		名　称		新标准		旧标准	
		图形符号	文字符号	图形符号	文字符号			图形符号	文字符号	图形符号	文字符号
一般三极电源开关			QS		K	接触器	线圈		KM		C
低压断路器			QF		UZ		主触点				
位置开关	常开触点		SQ		XK		常开辅助触点				
	常闭触点						常闭辅助触点				
	复合触点					速度继电器	常开触点		KS		SDJ
熔断器			FU		RD		常闭触点				
按钮	起动		SB		QA	时间继电器	线圈		KT		SJ
	停止				TA		常开延时闭合触点				
							常闭延时断开触点				

280

名　称		新标准		旧标准		名　　称	新标准		旧标准	
		图形符号	文字符号	图形符号	文字符号		图形符号	文字符号	图形符号	文字符号
按钮	复合		SB		时间继电器	常闭延时闭合触点		KT		SJ
时间继电器	常开延时断开触点		KT		SJ	桥式整流装置		VC		ZL
热继电器	热元件		FR		RJ	照明灯		EL		ZD
	常闭触点					信号灯		HL		XD
继电器	中间继电器线圈		KA		ZJ	电阻器		R		R
	欠电压继电器线圈	$U<$	KV		QYJ	接插器		X		CZ
	过电流继电器线圈	$I>$	KI		GLJ	电磁铁		YA		DT
	常开触点		相应继电器符号		相应继电器符号	电磁吸盘		YH		DX
	常闭触点					串励直流电动机		M		ZD
	欠电流继电器线圈	$I<$	KI	与新标准相同	QLJ	并励直流电动机				

名 称	新标准 图形符号	新标准 文字符号	旧标准 图形符号	旧标准 文字符号	名 称	新标准 图形符号	新标准 文字符号	旧标准 图形符号	旧标准 文字符号
万能转换开关		SA	与新标准相同	HK	他励直流电动机		M		ZD
制动电磁铁		YB		DT	复励直流发电机				
电磁离合器		YC		CH	直流发电机		G		ZF
电位器		RP	与新标准相同	W	三相笼型异步电动机		M		D

附录 B　低压电器产品型号的编制方法

　　我国的低压电器的产品型号适用于下列 12 大类产品：刀开关和转换开关、熔断器、断路器、控制器、接触器、起动器、控制继电器、主令电器、电阻器、变阻器、调整器、电磁铁。

1. 低压电器产品型号组成形式及含义

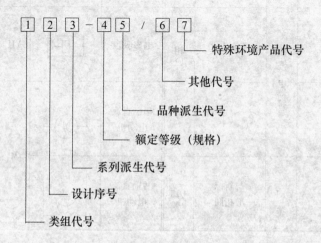

2. 低压电器产品型号类组代号

代号	名称	A	B	C	D	G	H	J	K	L	M	P	Q	R	S	T	U	W	X	Y	Z
H	刀开关和转换开关				隔离器	熔断器式隔离器	封闭式负荷开关		开启式负荷开关					熔断式刀开关	转换隔离器					其他	组合开关
R	熔断器			插入		汇流排式				螺旋式	密封管式				快速	有填料管式			限流	其他	自复式
D	断路器									照明	灭磁				快速			框架式	限流	其他	塑料外壳式
K	控制器					鼓形						平面				凸轮				其他	
C	接触器					高压		交流				中频			时间					其他	直流
Q	起动器	按钮式		磁力				减压						手动			油浸		星三角	其他	综合
J	控制继电器									电流		热			时间	通用			温度	其他	中间
L	主令电器	按钮							主令控制器						主令开关	足踏开关	万能转换开关	行程开关		其他	
Z	电阻器		板形元件	冲片元件		管形元件									烧结元件	铸铁元件					
B	变阻器			旋臂式						励磁		频敏	起动		石墨	起动调速	油浸起动	液体起动	滑线式	其他	
T	调整器				电压								牵引					起重			制动
M	电磁铁																				
A	其他			保护器	插销	灯			接线盒	电铃											

3. 低压电器产品型号通用派生代号

派 生 字 母	代 表 意 义
A、B、C、D、……	结构设计稍有改进或变化
J	交流、防溅式、节电型
Z	直流、防振、重任务、自动复位
W	无灭弧装置
N	可逆、逆向
S	三相、双线圈、防水式、手动复位、3个电源、有锁住机构
P	单相、电压的、防滴式、电磁复位、两个电源、电动机操作
K	开启式
H	保护式、带缓冲装置
M	灭磁、母线式、密封式、明装式
Q	防尘式、手车式、柜式
L	电流的、摺板式、剩余电流动作保护、单独安装式
F	高返回、带分励脱扣、多纵缝灭弧结构式、防护盖式

4. 低压电器产品特殊环境产品代号

派 生 字 母	说 明	备 注
T	按湿热带临时措施	
TH	湿热带型	
TA	干热带型	此项派生代号加注在产品全型号后
G	高原	
H	船用	
Y	化工防腐用	

附录 C 安培定律及电磁感应定律

1. 安培定律

安培定律是关于磁场对载流导线作用力的基本定律。如图 C-1 所示，放在磁场中的某点处的电流元，将受到磁场的作用力，这个力称为安培力。当电流 I 的方向与磁感应强度 B 的方向垂直时，则

$$F = BIl \qquad\qquad (C-1)$$

此时，安培力的方向可用左手定则判定：左手平展，使大拇指与其余四指垂直，并与手掌在一个平面内，让磁感线垂直穿过手心（手心对准 N 极，手背对准 S 极），四指指向电流方向（即正电荷运动的方向），则大拇指所指方向为通电导体所受安培力的方向。

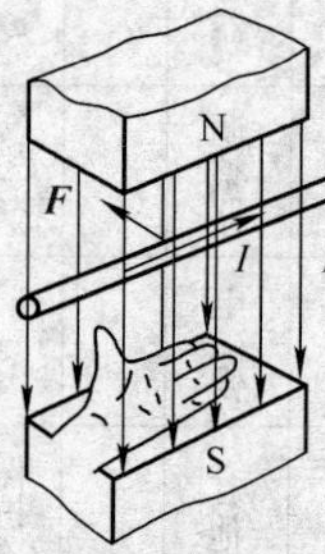

图 C-1 载流导体与磁场方向垂直时的受力

2. 安培定则

安培定则表示电流和电流激发磁场的磁感线方向间的关系，也

称右手螺旋定则。

（1）通电直导线中的安培定则

用右手握住直导线，让大拇指指向电流的方向，那么弯曲的四指所指的方向就是磁感线的环绕方向，如图 C-2a 所示。

（2）通电螺线管中的安培定则

用右手握住通电螺线管，使四指弯曲与电流方向一致，那么大拇指所指的方向就是 N 极，如图 C-2b 所示。

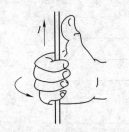 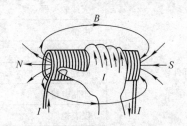

a) 通电直导线中的安培定则　　　　b) 通电螺线管中的安培定则

图 C-2　安培定则

3. 电磁感应定律

当通过导电回路所包围的面积中的磁通发生变化时，就会在导电回路中产生感应电动势，感应电动势的大小正比于回路内磁通对时间的变化率，这通常称为法拉第定律。

电磁感应过程中，感应电流产生的磁通总是要反抗原有磁通的变化。即原磁通增加时，感应电流产生的磁通与原磁通方向相反；原磁通减少时，感应电流的磁通与原磁通方向一致，这通常称为楞次定律。根据楞次定律可判断感应电动势的方向。

法拉第定律和楞次定律结合起来，就完整地反映了电磁感应的规律，称为电磁感应定律。

若选择磁通 Φ 的参考方向与感应电动势 e 的参考方向符合右手螺旋关系，则对于 N 匝线圈来说，其感应电动势为

$$e = -N\frac{\mathrm{d}\Phi}{\mathrm{d}t} \tag{C-2}$$

如图 C-3 所示，一矩形线框放在磁感应强度为 B 的均匀磁场中，线框平面与磁感应线垂直，导线 ab 长为 l，且以速度 v 向右做切割磁感应线运动。根据电磁感应定律式（C-2）可推导出导线 ab 中产生的感应电动势的大小为

$$e = Blv \tag{C-3}$$

当导线垂直切割磁感应线时，产生的感应电动势的方向可用右手定则判定：右手平展，使大拇指和其余四指垂直，并且都和手掌在一个平面内，让磁感线垂直穿过手心，大拇指指向导线切割磁感应线运动的方向，则四指所指方向就是感

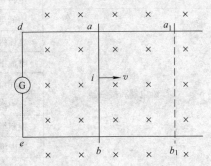

图 C-3　导线垂直切割磁感应线的感应电动势

应电流的方向，即感应电动势的方向。

注意：若导线不运动，而是磁场运动，则大拇指所指方向应与磁场运动方向相反。

附录 D　电气技术中常用文字符号

1. 常用基本文字符号

序　号	设备、装置、元器件种类	设备、装置、元器件名称	单字母符号	双字母符号
1	组件和部件	天线放大器	A	AA
		电桥		AB
		晶体管放大器		AD
		磁放大器		AM
		印制电路板		AP
		仪表柜		AS
		抽屉柜		AT
2	电量到电量变换器或电量到非电量变换器	压力变换器	B	BP
		位置变换器		BQ
		速度变换器		BV
		温度变换器		BT
3	电容器	电容器	C	
4	保护器件	具有瞬时动作的限流保护器件	F	FA
		具有延时动作的限流保护器件		FR
		具有瞬时和延时动作的限流保护器件		FS
		熔断器		FU
		限压保护器件		FV
5	信号器件	声响指示器	H	HA
		光指示器		HL
		指示灯		HL
		蜂鸣器		HZ
		电铃		HE
6	继电器和接触器	中间继电器	K	KA
		电压继电器		KV
		电流继电器		KI
		时间继电器		KT
		压力继电器		KP
		控制继电器		KC
		速度继电器		KS
		接触器		KM

序　号	设备、装置、元器件种类	设备、装置、元器件名称	单字母符号	双字母符号
7	电动机	力矩电动机	M	MT
		交流电动机		MA
		同步电动机		MS
		伺服电动机		MV
8	测量设备和试验设备	电流表	P	PA
		电压表		PV
		（脉冲）计数器		PC
		频率表		PF
		电度表		PJ
		温度计		PH
		电钟		PT
		功率表		PW
9	电力电路的开关器件	断路器	Q	QF
		隔离开关		QS
		负荷开关		QL
		刀开关		QK
		电动机保护开关		QM
10	电阻器	制动电阻器	R	RB
		频敏变阻器		RF
		压敏电阻器		RV
		热敏电阻器		RT
		起动电阻器（分流器）		RS
		光敏电阻器		RL
		电位器		RP
11	控制电路的开关选择器	控制开关	S	SA
		控制按钮		SB
		压力传感器		SP
		温度传感器		ST
		位置传感器		SQ
		转速传感器		SR
12	变压器	电流互感器	T	TA
		控制电路电源用变压器		TC
		电炉变压器		TF
		电压互感器		TV
		电力变压器		TM
		整流变压器		TR

序　号	设备、装置、元器件种类	设备、装置、元器件名称	单字母符号	双字母符号
13	端子、插头、插座	输出口	X	XA
		连接片		XB
		分支器		XC
		插头		XP
		插座		XS
		端子板		XT
14	电器操作的机械器件	电磁铁	Y	YA
		电磁制动器		YB
		电磁离合器		YC
		防火阀		YF
		电磁吸盘		YH
		电动阀		YM
		电磁阀		YV
		牵引电磁铁		YT
15	终端设备、滤波器、均衡器、限幅器	衰减器	Z	ZA
		定向耦合器		ZD
		滤波器		ZF
		终端负载		ZL
		均衡器		ZQ
		分配器		ZS

2. 常用辅助文字符号

序号	名　　称	符号	序号	名　　称	符号
1	电流	A	14	顺时针	CW
2	交流	AC	15	逆时针	CCW
3	自动	AUT	16	降	D
4	加速	ACC	17	直流	DC
5	附加	ADD	18	减	DEC
6	可调	ADJ	19	接地	E
7	辅助	AUX	20	紧急	EM
8	异步	ASY	21	快速	F
9	制动	BRK	22	反馈	FB
10	黑	BK	23	向前，正	FW
11	蓝	BL	24	绿	GN
12	向后	BW	25	高	H
13	控制	C	26	输入	IN

序号	名　称	符号	序号	名　称	符号
27	增	ING	42	红	RD
28	感应	IND	43	复位	RST
29	低，左，限制	L	44	备用	RES
30	闭锁	LA	45	运转	RUN
31	主，中，手动	M	46	信号	S
32	手动	MAN	47	起动	ST
33	中性线	N	48	置位，定位	SET
34	断开	OFF	49	饱和	SAT
35	闭合	ON	50	步进	STE
36	输出	OUT	51	停止	STP
37	保护	P	52	同步	SYN
38	保护接地	PE	53	温度，时间	T
39	保护接地与中性线共用	PEN	54	真空，速度，电压	V
40	不保护接地	PU	55	白	WH
41	反	R	56	黄	YE

参 考 文 献

[1] 赵红顺. 常用电气控制设备 [M]. 上海：华东师范大学出版社，2008.

[2] 李益民，刘小春. 电动机与电气控制技术 [M]. 北京：高等教育出版社，2006.

[3] 孟宪芳. 电动机及拖动基础 [M]. 西安：西安电子科技大学出版社，2006.

[4] 许晓峰. 电动机及拖动 [M]. 北京：高等教育出版社，2006.

[5] 许翏，王淑英. 电气控制与 PLC 应用 [M]. 3 版. 北京：机械工业出版社，2007.

[6] 薛岩. 电气控制与 PLC 技术 [M]. 北京：北京航空航天大学出版社，2010.

[7] 魏润仙，孙善君. 电动机控制与应用 [M]. 北京：北京大学出版社，2010.

[8] 劳动和社会保障部教材办公室. 电力拖动控制线路与技能训练 [M]. 北京：中国劳动社会保障出版社，2001.

[9] 龙飞文. 变压器构造及维修 [M]. 北京：中国劳动社会保障出版社，2006.

[10] 张运波. 工厂电气控制技术 [M]. 北京：高等教育出版社，2001.

[11] 赵明. 工厂电气控制设备 [M]. 北京：机械工业出版社，1996.

[12] 田淑珍. 工厂电气控制设备及技能训练 [M]. 北京：机械工业出版社，2007.

[13] 马应魁. 电气控制技术实训指导 [M]. 北京：化学工业出版社，2006.

[14] 顾绳谷. 电动机及拖动基础 [M]. 北京：机械工业出版社，2004.

[15] 胡幸鸣. 电动机及拖动基础 [M]. 北京：机械工业出版社，2002.

[16] 劳动部培训司. 电动机原理与维修 [M]. 北京：中国劳动社会保障出版社，2002.

[17] 厉文健. 电动机常见故障检修 [M]. 北京：机械工业出版社，2003.

[18] 许翏. 工厂电气控制设备 [M]. 北京：机械工业出版社，1999.

[19] 全国电气信息结构文件编制和图形符号标准化技术委员会，中国标准出版社第四编辑室. 电气简图用图形符号国家标准汇编 [M]. 北京：中国标准出版社，2009.

[20] 赵明，许翏. 工厂电气控制设备 [M]. 北京：机械工业出版社，2004.

[21] 杨渝钦. 控制电动机 [M]. 北京：机械工业出版社，1990.

[22] 程明. 微特电动机及系统 [M]. 北京：中国电力出版社，2004.